THE QUR'AN AS TEXT

ISLAMIC PHILOSOPHY THEOLOGY AND SCIENCE

Texts and Studies

EDITED BY

H. DAIBER and D. PINGREE

VOLUME XXVII

THE QUR'AN AS TEXT

EDITED BY

STEFAN WILD

TUTA SUB AEGIDE PALLAS · 1683 ·

E.J. BRILL
LEIDEN · NEW YORK · KÖLN
1996

The paper in this book meets the guidelines for permanence and durability of the Committee on Production Guidelines for Book Longevity of the Council on Library Resources.

Library of Congress Cataloging-in-Publication Data

The Qur'an as text / edited by Stefan Wild.
p. cm. — (Islamic philosophy, theology, and science, ISSN 0169-8729 ; v. 27)
In English, French, and German with translations into English.
"A symposium on the 'Qur'an as text' which was held in Bonn from the 17th to the 21st of November 1993"—Pref.
Includes bibliographical references and index.
ISBN 9004103449 (alk. paper)
1. Koran. I. Wild, Stefan, 1937- . II. Series.
BP130.Q87 1995
297'.1226—dc20 95-30502
CIP

Die Deutsche Bibliothek – CIP-Einheitsaufnahme

The Qur'an as text / ed. by Stefan Wild.
Leiden ; New York ; Köln : Brill, 1996
(Islamic philosophy, theology, and science ; Vol. 27)
Einheitssacht.: Qur'ān
ISBN 90-04-10344-9
NE: Wild, Stefan [Hrsg.]; EST; GT

ISSN 0169-8729
ISBN 90 04 10344 9

PRINTED IN THE NETHERLANDS

CONTENTS

PREFACE

A symposium is—if we follow the Oxford Dictionary—either an after-dinner drinking-party with music, dancers, and merry conversation, or a philosophical or other friendly discussion. The second meaning has developed to include any set of contributions on one topic by various authors. In view of the subject matter at hand, it is definitely this last function which prompted the invitation to a symposium on the "Qurʾan as Text" which was held in Bonn from the 17th to the 21st of November 1993.

Symposia are frequently held in order to mark the state of the art in a given area or discipline. No less often, they are intended to mark a change in emphasis. They may indicate that the centre of scholarly attention has subtly or radically shifted, that a certain method is considered *passé*, that a new method has asserted itself. At the risk of being a little pompous we could even say that a symposium may mark a change of paradigm. I confess that such ideas were not far from my mind in issuing the invitations to join the symposium. This attempt to mark a shift of attention in Qurʾanic studies was based on the conviction that one major strand of philological research on the Qurʾan had demonstrably lost much of its interest since the end of the 19th century.

These studies were primarily concerned with looking for Jewish, Christian, Manichaean, and other *influences* on the Qurʾan. Starting perhaps with Abraham Geigers's venerable dissertation, "Was hat Mohammed aus den Judentum aufgenommen?" (Bonn 1833), this approach produced a flood of books and articles which continues to this day. The call to examine the sources was usually solidly rooted in philological textual criticism and historicist method, and in much of the scholarly corpus of knowledge produced, the questions asked were adequately answered.

The genesis of the Qurʾanic text, a related subject, continues to absorb the interest of scholars, and the gap between John Wansbrough's "late-dating" of the final redaction of the Qurʾanic text and the mainstream traditional early dating is still unbridged. Many important questions in this realm remain unanswered, some may not yet be adequately formulated. But even if adequately answered, questions of this sort do not exhaust the topic. Surely, if we knew everything knowable about the sources of Goethe's *Faust* or the redaction of the New Testament, nobody would claim that meant that we had grasped the real importance of these texts. In Qurʾanic studies, however, there still seems to be a lingering belief that the history of the constitution of the Qurʾanic text is the key to its ultimate importance.

However, if I am not mistaken, there has been a definite and irrevocable shift of attention in the last decades. The new interest is devoted to the Qurʾan as a textual corpus *regardless of its scriptural prehistory*. The question of Jewish, Christian, or other influences belongs clearly to the prehistory of the Qurʾan, as does the problem of the redaction of its text. The Qurʾanic *textus receptus*, the text as we have it, shaped and shapes the religious convictions of Muslims and is, moreover, the central cultural text in many Islamic cultures. Mohammed Arkoun has called this phenomenon *le fait coranique*, more precisely the Official Closed Corpus. Moreover, the Qurʾan is to this day for the Arabic language a supremely potent model. The importance of Martin Luther's translation of the Bible for the German language provides only the faintest historical parallel to the Qurʾan as the most decisive single factor in the history of the Arabic language and its literature. The Qurʾan, therefore, had to be seen, and has come to be seen, as a literary document with its own structure—although its very name *qurʾān* indicates that this literary aspect is intimately and possibly dialectically linked to its liturgical function as recitation. Oral and scriptural aspects have to be distinguished but both are aspects of one and the same entity. Thus, an intertextual approach suggests itself. Moreover, the Qurʾan is in a remarkable and possibly unique way a strongly self-referential text, a holy text with a fair share of metatextuality.

What I have provisionally called the "pre-history" of the Qurʾanic text seems to have become to many scholars less important than the history of the reception of this text. While in numerous instances we may never know the exact meaning of the *ipsissima verba* as uttered by the prophet Mohammed for himself or for his audience, we do know something, perhaps even a lot, about what they meant for later generations of Muslims. It seems that the history of the interpretation of the Qurʾan, the history of its reception, the history of its aesthetic role, is becoming an important new focus of Qurʾanic research. Nobody has forgotten that Ignaz Goldziher published his masterpiece *Die Richtungen der islamischen Koranauslegung* in 1920—we do not have to start from scratch. But the focus of interest is shifting.

This new interest is linked to a certain general hermeneutical wariness, to a new interest in literary forms and structures, to the development of semantics, semiotics, and textual linguistics, to the theory of discourse, and possibly to other international academic currents. Here as in other areas, the field of Islamic studies is not exactly a trendsetter. It is gratifying to note that the first antecedents of this new approach may be found in the work of an Egyptian scholar, Amīn al-Khūlī (died 1967). He developed the idea of a literary approach to exegesis (*al-minhaj al-ʾadabī li-l-tafsīr*) of the Qurʾanic text as early as the 1930s. One of the first Egyptian proponents of this approach was Sayyid Quṭb (1906–1966) who, in light of his later radically integrist career may seem at first glance an unlikely candidate for this stance. In present-day Egypt, Naṣr Ḥāmid Abū Zayd is today perhaps the best known representative of this approach, although Amīn al-Khūlī's widow, ʿĀʾisha ʿAbdarraḥmān, has contributed a respectable number of works in her late husband's manner. In Germany at least, the most prominent example of a literary approach to the Qurʾanic text is the work of Angelika Neuwirth. In Great Britain, significant steps have been taken by John Wansbrough, in Japan, the late Toshihiko Izutsu played a pioneering role in the new semantic approach. A whole new area of investigation has been opened up by Jan Assmann's *Das kulturelle Gedächtnis. Schrift, Erinnerung und politische Identität in frühen Hochkulturen* (München 1992), in which the general importance of a collective memory made visible and audible, and the cultural impact of different scriptural phenomenologies is shown. Examples of a new spirit in Qurʾanic studies can be found in two important collections of articles: Andrew Rippin (ed.), *Approaches to the History of the Interpretation of the Qurʾān* (Oxford 1988) and G.R. Hawting and Abdul-Kader A. Shareef (edd.), *Approaches to the Qurʾān* (London 1993), which both document and discuss this development. In a way, this publication of the papers delivered at the Bonn symposium aspires to be a worthy sequel to the two collections just named.

The names of symposia are often unfulfilled promises. And to a certain extent, the Bonn symposium is no exception. It is not only impossible but even undesirable to oblige a number of specialists in the field to take up any given approach. The motto "The Qurʾan as Text" could be taken as a challenge or as non-commital invitation to comment on or analyze any aspect of the Qurʾan, which happens to be an Arabic text. Both interpretations were, of course, legitimate and welcome.

It so happened that the apogee of the court case against Naṣr Abū

Zayd coincided with his presence at the symposium. An Egyptian lawyer had tried to have Abū Zayd's marriage dissolved by court verdict and had argued that in his academic work, Abū Zayd had shown himself to be an apostate and a nonbeliever and that therefore his marriage to a Muslim wife was invalid. To some extent, many of the discussions during the symposium were overshadowed by this affair. The issue was, of course, much more a matter of Egyptian domestic politics than a scholarly debate on the methodology of Qur'anic exegesis. But it was triggered by Abū Zayd's study on "The Concept of Text" (*Mafhūm al-naṣṣ*, Cairo 1990), the text referred to being the Qur'anic text. And it served as a useful reminder that scholarly work is not seen always, nor by everyone, as purely academic.

It is regrettable that this collection cannot document the discussions that followed the papers at the symposium. There was a spirited exchange of views after Hassan Hanafi's expressed scepticism about whether there can be exegesis of the Qur'ān without political afterthoughts or at least political implications. There was a nearly unanimous rejection of an attempt to distinguish between a non-Muslim and a Muslim scholarship in present-day Qur'anic studies. The issue crops up time and again at congresses of this sort see, e.g., the proceedings of the "International Congress for the Study of The Qur'ān—The Qur'ān through Fourteen Centuries", held at the Australian National University, Canberra, 8–13 May 1980, (Canberra 1980). And there was complete agreement that an appeal should be made to the Egyptian authorities to safeguard academic freedom in the case of Naṣr Abū Zayd.

Thanks are due to many for their part in bringing about the symposium. First, to my colleague, Professor Dr. Dr. Hans Waldenfels, who agreed to sponsor the symposium within the framework of the "Graduierten-Kolleg Interkulturelle religiöse bzw. religionsgeschichtliche Studien", thus enabling the Orientalisches Seminar to organise a proper symposium. The presence of students, including students not specialising in Islamic Studies, and the fact that colleagues from neighboring disciplines participated in the discussions was generally seen as an important asset to the symposium. Ms. Annemarie Thillosen was an excellent organisor, who tirelessly worked to overcome all sorts of administrative problems. Of the students at the Orientalisches Seminar at Bonn University, Heike Gems, Angelika Schmitt, Christian Szyska, and Arno Tappe deserve special gratitude; Matthias Radscheit deserves praise for compiling the index.

Stefan Wild *Bonn, 31 December 1994*

Postscript: "Circumstances" prevented Naṣr Abū Zayd from submitting in time a final version of his paper "Levels of context and the problem of interpretation in contemporary religious discourse". These circumstances, alluded to in the Preface, developed into a campaign culminating in June 1995 in a decision by an Egyptian government court to dissolve Abū Zayd's marriage to Dr. Ibtihāl Younis against the couple's will. The reason adduced by the judge was that Abū Zayd was an apostate and could therefore not be legally married to a Muslim woman. Abū Zayd's protest that he was a believing Muslim was of no avail. The scandal of this court verdict went through the world press. The verdict aimed not only at destroying Abū Zayd's marriage, but by declaring him officially an apostate put him into acute physical danger. This and intense psychological pressure made academic work in Egypt for both of them virtually impossible. Abū Zayd and his wife had to be placed under police protection for fear that some fanatic would take what he considered the Islamic law in his own hand and "execute" him as an apostate. The court case was reviewed by the Egyptian Court of Cassation in September 1995, it failed to anull the verdict. Meanwhile, many Egyptian intellectuals—some of them usually qualified as Islamists—had protested publicly against this abuse of the sharia. But the campaign, supported even by Azhar-sheikhs, continued. In August 1995 life in Egypt became unbearable for Abū Zayd and his wife. They were forced to flee Egypt and to go into exile in Europe. The loss is Egypt's but not Egypt's alone. It is a defeat of academic freedom in the whole Arab world. For further details, the reader is referred to Rotraud Wielandt's contribution in this volume.

One of Abū Zayd's books will soon be available in a German translation: Nasr Abu Zaid, *Islam und Politik. Kritik des religiösen Diskurses*, (transl. by Cherifa Magdi) Frankfurt/Main 1995. A Persian translation of his contested study on the Qurʾanic text to be published in Iran is said to be in preparation.

S. W. *30 October 1995*

A. STUDIES ON THE TEXT

MUḤAMMAD, LE CORAN ET LES «CONTRAINTES DE L'HISTOIRE»*

Claude Gilliot

I. *Introduction*

Le rapport entre le Muḥammad et le Coran, d'une part, et l'histoire, d'autre part, n'a cessé de retenir l'attention des chercheurs, car c'est une question fondamentale non seulement pour connaître le milieu dans lequel le Coran a vu le jour et pour comprendre le texte lui-même, mais aussi pour lire les grands commentaires coraniques. Dès lors, il sera moins question ici du «Coran comme texte» en tant que tel que de l'archéologie de ce texte, ce qui est aussi une façon de tenter de le mieux comprendre.

On mesure[1] le chemin parcouru dans l'exégèse néo-testamentaire depuis qu'Albert Schweitzer (1906) a inauguré la «recherche du Jésus de l'histoire»[2]. Ceux des islamologues qui en ont conscience lorgnent avec envie sur leurs collègues exégètes du Nouveau Testament. Comme le rappelle Francis E. Peters[3] dans un article

---

* Ce titre nous a été inspiré par A.E. Harvey, *Jesus and the Constraints of History*, Philadelphie, 1982.

[1] Les § 2–3 sont repris, avec quelques modifications, de Cl. Gilliot, «Bulletin d'islamologie et d'études arabes», *Rev. Sc. ph. th.*, 77 (1993), p. 461–2, section intitulée: «Recherches sur "le Mahomet de l'histoire" et son milieu».

[2] En fait, la distinction entre le Jésus de la foi et le Jésus de l'histoire a été, semble-t-il, faite pour la première fois par Martin Kähler en 1892. Pour les références à ce débat, mais sans la mention de Kähler, *v.* Xavier-Léon Dufour, *Les évangiles et l'histoire de Jésus*, Paris, Seuil, 1963, p. 19–20, n. 1.

[3] F.E. Peters, «The Quest of the Historical Muhammad», *IJMES*, 23 (1991), p. 291–313. Pour le Nouveau Testament, l'A. s'appuie surtout sur S. Neill, *The Interpretation of the New Testament, 1861–1961*, Londres, 1964, et sur S. Neill and T. Wright, *The Interpretation of the New Testament, 1861–1986*, New York, 1988. F.E. Peters n'a pas relevé qu'un article ancien portait déjà ce titre: Arthur Jeffery, «The Quest of the Historical Mohammed», *MW*, XVI (1926), p. 327–340, qui débute ainsi: «En 1906, paraissait en Allemagne un ouvrage sur la vie du Christ qui allait faire date. Il s'intitulait "Von Reimars zu Wrede"; il était l'œuvre d'un jeune chercheur, alors presqu'inconnu, Albert Schweitzer, et il fut traduit en anglais en 1910 par Montgomery sous le titre "The Quest of the Historical Jesus"». L'éminent coraniste anglais continue en présentant sous forme d'un bulletin critique l'état des recherches d'alors sur Mahomet. Cela dit, contrairement à F.P.,

récemment paru, Mahomet pourrait apparaître, au moins en théorie, comme un sujet d'investigation historique très éloigné du fondateur du christianisme, dans la mesure où il n'y a dans sa carrière ni résurrection ni matin pascal qui projettent leur lumière divinisante sur le prophète de l'islam, même s'il existe une piété musulmane à son endroit, comparable *secundum quid* à la piété mariale des catholiques romains et des chrétiens orientaux de toutes confessions. E. Renan n'écrivait-il pas au moment de l'apogée de l'historicisme que:

> Au lieu de ce mystère sous lequel les autres religions enveloppent leurs origines, celle-ci [*sc.* la religion musulmane] naît *en pleine histoire*[4]; ses racines sont à fleur de sol. La vie de son fondateur nous est aussi bien connue que celle de tel réformateur du XVe siècle[5]?

La situation de la recherche a bien changé depuis, surtout pour ce qui est de la naissance du christianisme.

En effet, les progrès dans la connaissance du milieu où vécut Jésus, comme le rappelle F. Peters, sont largement dus à une meilleure approche de l'arrière-plan judaïque et hellénistique de son temps. Il n'en va pas de même, selon lui, du milieu dans lequel évolua Mahomet, tant de vastes zones d'ombres subsistent. Qu'il suffise de rappeler qu'il n'y a pas pour les débuts de l'islam un Flavius Josèphe[6] qui fournirait un contexte politique contemporain, qu'il n'y a point d'apocryphes pour le contexte spirituel et point de «rouleaux» semblables à ceux qui éclairent le «milieu sectaire palestinien». Au lieu de cela, il y a surtout la poésie arabe dont l'authenticité est parfois suspecte, mais qui est néanmoins:

---

il ne fait pas de comparaisons entre l'état des recherches sur le «Jésus de l'histoire» et le «Mahomet de l'histoire».

4 Mis en italique par nous.

5 Ernest Renan, «Mahomet et les origines de l'islamisme», *Revue des deux Mondes*, 1851/4, p. 1065 (l'ensemble, p. 1063–1101), cité par Maxime Rodinson, »La vie de Mahomet et le problème sociologique des origines de l'islam», *Diogène*, 20 (1957), p. 59 (l'ensemble, p. 37–64). Ou encore, de façon moins appuyée, et somme toute plus acceptable: «[. . .] et certes les biographies arabes de Mahomet, celle d'Ibn-Hischam par exemple, ont un caractère bien plus historique que les Évangiles», E. Renan, *La vie de Jésus*, préface de la treizième édition (1866), réimpression, Verviers, Marabout (coll. «Marabout Université», 248), 1974, p. 4. L'assertion de Renan selon laquelle «L'islam naît en pleine histoire» fut réfutée par Henri Lammens, *Fatima et les filles de Mahomet: notes critiques sur l'étude de la Sīra*, Rome, 1912, pour qui tout le matériel documentaire est tardif, tendancieux et forgé.

6 Peters, *art. cit.*, p. 292; *cf.* p. 301.

> le véhicule principal de la période préislamique et des premières périodes musulmanes[7].

De la sorte, le Coran, selon F. Peters:

> apparaît isolé comme un rocher qui s'avance sur une mer désolée [. . .] Les bandes de terrain les plus proches, pour ce qui nous occupe, sont les cultures du Yémen, au sud, de l'Abyssinie, de l'autre côté de la mer Rouge, et les lointains établissements juifs et chrétiens de la Palestine et de la Syrie, au nord, ainsi que de l'Irak chrétien, au nord-est. C'est à peu près comme si l'on tentait d'éclairer les évangiles uniquement à partir de papyri égyptiens et d'inscriptions antiochiennes[8];

et l'auteur de remarquer que le Coran est «un texte sans contexte»[9].

Pourtant la méthode historico-critique peut encore apporter sa contribution à une meilleure connaissance du milieu dans lequel le Coran a vu le jour, et, au-delà d'une conception par trop automatique des influences juives ou chrétiennes (réelles, ce qui n'est plus à démontrer) qui se sont exercées sur Muḥammad et sur le Coran, peut-être rétablir des pans entiers du terreau culturel et spirituel qui est en grande partie à l'origine de ce texte. L'entreprise à laquelle maints de nos devanciers se sont consacrés n'est pas, comme on le sait, des plus facile, dans la mesure où beaucoup des informations que nous fournissent les textes musulmans anciens baignent dans une atmosphère d'imaginaire social, voire d'apologétique. Pourtant la comparaison entre ces textes, la recherche des récits les plus anciens, l'analyse de leurs accords et de leurs contradictions permettent, dans une certaine mesure de parvenir à quelques certitudes dans plusieurs cas ou du moins à des hypothèse vraisemblables dans d'autres. C'est ce à quoi nous voudrions nous employer ici à propos de trois thèmes fondamentaux qui nous paraissent liés: les *ḥanīf*-s, Abraham et le *dīn Ibrāhīm*, et les informants de Muḥammad.

---

[7] Nabia Abbott, *Studies in Arabic Literary Papyri*, I, Chicago, 1957, p. 18. Au cours des dernières décennies, on est redevenu plus optimiste sur l'authenticité de la poésie préislamique, exception faite de Régis Blachère; *v.* Renate Jacobi, «Die altarabische Dichtung», *in* Helmut Gätje (hrsg. von), *Grundriss der arabischen Philologie*, II, Wiesbaden, L. Reichert, 1987, p. 21 (l'ensemble, p. 20–31); *v.* notre compte rendu de cet ouvrage dans *Arabica*, XXXVII (1990), p. 125–136. La contribution de A. El-Tayyib, «Pre-Islamic Poetry», *in* A.F.L. Beeston *et alii* (edited by), *Arabic Litterature to the End of the Umayyad Period, The Cambridge History of Arabic Literature*, I, Cambridge, Cambridge University Press, 1983, p. 27–109, se situe, penseront certains, «avant l'âge de la critique historique».

[8] Peters, *art. cit.*, p. 292.

[9] Peters, *art. cit.*, p. 300.

Pour les deux premiers nous nous appuierons sur les travaux de chercheurs anciens et de plusieurs de nos collègues, notamment Uri Rubin[10] et Reuven Firestone[11]. Pour le troisième nous nous référerons au texte de la communication que nous avons présentée ailleurs sur: «Les ''informateurs'' juifs et chrétiens de Muḥammad: reprise d'un problème posé par Aloys Sprenger et Theodor Nöldeke»[12].

L'une des questions fondamentales pour traiter du milieu dans lequel s'est élaborée la pensée muḥammadienne est celle des *ḥanīf*-s. Il est donc nécessaire de passer en revue tout d'abord quelques-unes des positions adoptées par les chercheurs à ce sujet.

II. *Le problème des* ḥanīf-*s*[13]

1. *Les théories anciennes sur le* ḥanīfisme[14]

La première étude consistante sur ce sujet a été faite par le médecin autrichien Aloys Sprenger dans son ouvrage sur la vie et la doctrine

---

[10] U. Rubin, «Ḥanīfiyya and Kaᶜba. An inquiry into the Arabian pre-Islamic background of *dīn Ibrāhīm*», *JSAI*, 13 (1990), p. 85–112.

[11] Reuven Firestone, «Abraham's journey to Mecca in Islamic exegesis: a form-critical study of a tradition», *Stud. Isl.*, LXXVI (1992), p. 5–24; Id., «Abraham's association with the Meccan sanctuary and the pilgrimage in the pre-Islamic and early islamic periods», *Le Muséon*, 104 (1191), p. 359–87; Id., *Journeys in Holy Lands: The Evolution of the Abraham-Ishmael Legends in Islamic Exegesis*, Albany, NY, 1990, 265p.

[12] Au Sixième Colloque: *From Jahiliyya to Islam* qui s'est tenu à l'Université Hébraïque de Jérusalem du 5 au 10 septembre 1993. Trente-trois pages ronéotées, en soixante-huit paragraphes numérotés, version revue et corrigée, après notre retour de Jérusalem, suite aux remarques de quelques participants dont Messieurs les Professeurs Meir J. Kister, P.S. van Koningsveld, Messieurs les Docteurs Michael Lecker et Miklós Muranyi, lesquels en soient remerciés. Ce texte paraître dans *JSAI*.

[13] Il ne sera pas traité ici de l'origine étymologique du terme. Cela a été fait dans presque toutes les études que nous mentionnons. *V.* récemment, Frederick Mathewson Denny, «Some religio-communal terms and concepts in the Qurʾān», *Numen*, XXIV/1 (1977), p. 27–28 [l'ensemble, p. 26–59], avec une partie des références aux études plus anciennes à la note 16. *V.* plus récemment Josef van Ess, *Theologie und Gesellschaft im 2. und 3. Jahrhundert Hidschra*, Berlin/New York, Walter de Gruyter, II, 1992, p. 443–4, qui souligne de plus que les conquérants musulmans ont pu croire avoir retrouvé à Ḥarrān les vestiges de la [soi-disant] religion abrahamique originelle, en s'appuyant sur le Coran.

[14] La division en cinq théories e été établie par N.A. Faris and Harold W. Glidden, «The Development of the meaning of Koranic Ḥanīf», *in* Rudi Paret (Hrsg.), *Der Koran*, Darmstadt, 1975, p. 255–56, n. 1–5, pour les références [l'ensemble de l'art., p. 265–68, a paru à l'origine *in JPOS*, 19 (1939–40), p. 1–13]. Nous y avons introduit cependant des distinctions que leur liste ne fait pas apparaître, et nous y avons ajouté une sixième position.

de Muḥammad[15]. Il voit dans les *ḥanīf*-s les prédécesseurs de Muḥammad qui se déclarait *ḥanīf* et qui «dans la première année de son enseignement n'a guère fait que confirmer leur doctrine»[16]. Il les considère, en s'appuyant sur Ibn an-Nadīm[17], Ibn al-Munağğim (a. l-Ḥ. ʿA. b. Yaḥ., né 200/815)[18], aṯ-Ṯaʿlabī, etc., comme une secte qui avait des livres saints particuliers (il fait une connexion entre les *ḥanīf*-s et les rouleaux d'Abraham que mentionne le Coran). Seulement il a l'impression que c'étaient plutôt des individus recherchant Dieu, n'appartenant pas à une communauté constituée et ne dépendant pas des lois qui en découlent[19], ce pour quoi ils restaient isolés et se réclamèrent avec le temps tantôt du judaïsme tantôt du christianisme, puis de l'enseignement de Muḥammad.

La position de Sprenger provoqua des réactions, notamment de Julius Wellhausen, pour qui les *ḥanīf*-s:

> ne constituent [cependant] ni une secte ni une communauté organisée, comme le pense Sprenger qui a même découvert des restes d'une littérature propre aux hanifes. Ils ont certes en commun le fait de ne pas trouver leur compte dans le paganisme, de rejeter le polythéisme et d'être gagnés par le sérieux de l'ascèse; mais ils ne ressentent pas pour autant le besoin de représenter extérieurement cette communauté d'esprit. On a, au contraire, l'impression qu'il leur suffit de vaquer chacun pour soi au soin de son âme[20].

Theodor Nöldeke approuva cette opinion de Wellhausen:

---

15 A. Sprenger, *Das Leben und die Lehre des Moḥammad*, Berlin, 1861, I, p. 45–92.

16 «Er nennt sich einen Ḥanyf, und während der ersten Periode seines Lehramtes hat er wenig anderes getan, als ihre Lehre bestätigt».

17 Il consulta le *Fihrist* dans le ms. de Paris, trad. *in Das Leben*, I, p. 46–9, *v.* éd. Flügel, p. 21–2/éd. Tağaddud, p. 24–25/trad. Dodge, I, p. 41–3.

18 Tout au moins, si l'on suit Sprenger, qui déclare qu'il écrivait en 231.

19 Faris and Glidden, *art. cit.*, p. 255, n. 1, associent à cette opinion: L. Cheikho, J. Horovitz et A. von Kremer. On notera toutefois que J. Horovitz, *Koranische Untersuchungen*, Berlin/Leipzig, 1926, p. 58–59, contrairement à Sprenger, ne fait pas l'équivalence entre les *ḥanīf*-s coraniques et les *ṣābiʾūn*.

20 J. Wellhausen, *Reste arabischen Heidentums*, Berlin, 1897^2 (1887^1), p. 238: «Sie bilden jedoch keine Secte, keine organisierte Gemeinschaft, wie Sprenger meint, der sogar Reste einer eigenen Literatur der Hanifen entdeckt hat. Sie haben zwar das miteinander gemein, dass sie im Heidentum kein Genüge finden, den Polytheismus verwerfen, und erfüllt sind von ascetischen Ernste; aber sie haben nicht das Bedürfnis, diese Gemeinschaft der Gesinnung auch äusserlich darzustellen. Im Gegenteil man hat den Eindruck, dass sie sich begnügen, jeder für sich und seine eigene Seele zu sorgen».

> Je n'accorderais pas autant d'importance que Wellhausen aux obscures sectes chrétiennes. Cependant je ne puis qu'être d'accord dans l'ensemble avec sa conception du grand événement qui a fait que le peuple arabe, sous l'effet d'une évolution interne et d'une influence culturelle externe, a abordé l'islâm, et de la manière dont cela s'est déroulé. Il en est de même de ce qu'il dit sur les prédécesseurs immédiats de Muhammed, les hanîfs, en qui il ne voit pas un groupement achevé[21].

Telle fut également la position de Martin Theodor Houtsma[22], qui toutefois, contrairement à Wellhausen, ne limite pas le droit à ce titre aux seuls chrétiens[23].

Selon un troisième point de vue, c'était un mouvement arabe sous influence juive ou chrétienne[24]. Telle est, en gros, la position de

---

[21] Th. Nöldeke, c. r. de Wellhausen, *Reste arabischen Heidenthumes, in ZDMG*, XLI (1887), p. 721: «Auf die obscuren christlichen Secten möchte ich nicht so viel Gewicht legen wie Wlh. Im Ganzen aber kann ich seiner Auffassung des grossen Vorgangs, wie das arabische Volk durch inneren Fortschritt und auswärtigen Cultureinfluss dem Islâm entgegenreifte, nur beistimmen; auch dem, was er über Muhammed's unmittelbare Vorgänger, die Ḥanîfe, sagt, die er nicht als eine geschlossene Vereinigung ansieht».

[22] M.Th. Houtsma (1851–1943; à l'époque, professeur à Utrecht), «Der Islam», *in* P.D. Chantepie de la Saussaye, *Lehrbuch der Religionsgeschichte*, Tübingen, 1905[3] (1897[2]), I, «L'islam», p. 474*sq.*: trad. sous la direction de Henri Hubert et Isidore Lévy (à partir de la 2e éd.), *Manuel d'histoire des religions*, Paris, 1904, p. 258–9. Pour d'autres auteurs qui ont un point de vue presque identique (Hirschfeld, Nöldeke, Lammens), *v.* Faris et Glidden, *art. cit.*, p. 255, n. 2.

[23] Wellhausen, *op. cit.*, p. 240, se référant notamment aux cas de Abū ʿĀmir, dont il sera question plus loin, appelé *ar-rāhib*, écrivait: «Ainsi nous avons un indice décisif en faveur de la relation des débuts de l'islam avec le christianisme. Muhammed a reçu ses premières impulsions des pieux dissidents de La Mecque, et c'est à partir d'eux que le nom hanif jette un pont en direction des ascètes chrétiens, dont on sait aussi par ailleurs qu'ils ont fait une forte impression sur l'esprit des Arabes». [«Damit haben wir ein entscheidendes Indicium für den Zusammenhang des Anfänge des Islam mit dem Christentum gewonnen. Muhammad hat von den frommen Dissenters in Mekka seine ersten Anregungen empfangen, und von diesen schlägt der Name Hanif die Brücke zu den christlichen Asceten, von denen auch andertweitig bekannt ist, dass sie einen gewaltigen Eindruck auf die Gemüter der Araber gemacht haben»]. Le terme «Dissenters» employé ici par Wellhausen est probablement une allusion philologique à l'un des sens de la racine *ḥnf*: pencher, incliner d'un côté, rompre; *v.* Buhl, «Ḥanīf», *EI*[1], *s.v.*, *in fine*; *cf.* F. Schulthess, «Umayya b. Abi-ṣ-Ṣalt», *in* Carl Bezold (hrsg. von), *Orientalische Studien. Theodor Nöldeke zum siebzigsten Geburtstag* . . . , Giessen, 1906, p. 86: «celui qui se détourne, fait sécession». Th. Nöldeke, «Umaija b. Abiṣ Ṣalt (*sic*)», *ZA*, XXVII (1912), p. 159–72, ne traite pas de cette question.

[24] Carl Heinrich Becker, «Abriß der islamischen Religion» [paru à l'origine *s. t.* «Islam» *in RGG*, III, p. 705–45], *in Islamstudien*, Leipzig, 1924, I, p. 347, que Faris and Glidden, p. 256, n. 3, associent à cette position, en fait, ne se prononce pas ici, déclarant seulement qu'on a beaucoup débattu sur ce terme et sur l'historicité des *ḥanīf*-s.

Frants Buhl, qu'il convient de présenter avec plus de détails pour ne pas la trahir. Partant des usages coraniques du terme, il remarque que:

> It is clear here that the word means the original, innate, primitive religion in contrast to the particular religions which arose later, polytheism on the one hand and the in part corrupt religions of the possessors of scriptures[25].

L'utilisation de ce terme dans les textes musulmans postérieurs est dépendante de cet usage coranique[26]. Il est probable qui Muḥammad, de son côté suivait un usage reçu et que le terme désignait:

> des hommes saisis par la religion, aux tendances ascétiques, qui pouvaient être influencés par le christianisme, mais qui ne se rattachaient à aucune des religions existantes, et qui étaient de la sorte appelés «hérétiques, apostats»[27].

La quatrième tendance consiste à voir dans le ḥanīfisme un mouvement arabe.

Telle semblait bien la position de Hubert Grimme, *Mohammed*, Münster, I (1892), p. 12-4; II (1895), p. 59-60. David Samuel Margoliouth, «On the Origin and Import of the names Muslim and Ḥanīf» *JRAS*, NS, XXXV (1903), p. 467-93, a émis l'hypothèse qu'il existait quelques années avant la venue de Muḥammad une sorte de monothéisme dont les adeptes auraient été appelés «Muslims» d'après Musaylima qui le prêchait, et «Ḥanīfiyya» d'après le nom de sa tribu. Cette théorie, *i.e.* celle du lien entre les deux dénominations et Musaylima, fut réfutée par Sir Charles J. Lyall, «The words "Ḥanīf" and "Muslim"», dans la même revue, la même année, p. 771-84. Plus de deux décennies après, Margoliouth est revenu sur le sujet des *ḥanīf*-s, en liaison cette fois avec la «religion naturelle», présente, selon lui en Arabie du Sud: «South Arabia and Islam», *MW*, XIX (1929), p. 5-13, notamment p. 9, 11.

---

25 Fr. Buhl, «Ḥanīf» *SEI*, p. 132; *in EI*[1], *s.v.* Ou selon Frants Buhl, *Das Leben Muhammeds*, Deutsch von Hans Friedrich Schaeder, Leipzig, 1930, réimpr. Heidelberg, 1955 (éd. originale en danois, 1903), p. 69: «Daraus geht hervor, daß das Wort die Anhänger der ursprünglichen, anerschaffenen Religion im Gegensatz zum Heidentum und den verfälschten Schriftreligionen bedeuten soll». L'ensemble, p. 68-72.

26 Buhl, *SEI*, *ibid.*: «The later Islāmic application of the word depends on the linguistic usage of the Ḳurʾān».

27 Buhl, *op. cit.*, p. 71: «... daß das Wort religiöse ergriffene Menschen mit asketischen Neigungen bezeichnete, die wohl vom Christentum beeinflußt waren, sich aber keiner der vorhandenen Religionen anschlossen und daher mit der Bezeichnung "Ketzer, Apostat" bezeichnet wurden».

Dans son ouvrage souvent bien informé, mais marqué par des intentions missionnaires, le Révérend William St. Clair Tisdall, *The Original Sources of the Qur'ân*, Londres/New York, Society for Promoting Christian Knowledge, 1905, p. 260–73, a tout un chapitre (VI) intitulé: «The *Ḥanîfs* and their influence upon nascent Islâm». Pour lui, quelques années avant l'apparition de Muḥammad, des hommes surgirent à Médine, à Taef et à La Mecque, qui rejetaient le culte des idoles et qui voulaient restaurer le culte du Dieu Très-Haut (*God Most High*, *Allāh taʿālā*). Muḥammad adhéra à la doctrine de ces réformateurs, adopta leur doctrine et l'incorpora dans le Coran. Il n'est pas étonnant que les *ḥanīf*-s aient exercé une telle influence sur l'islam naissant, des raisons familiales intervenant ici: les «quatre grands réformateurs» de La Mecque étaient de la parenté de Muḥammad L'A. veut dire par là: Waraqa b. Nawfal, ʿUbaydallāh b. Ǧaḥš, ʿUṯmān b. Ḥuwayriṯ et Zayd b. Nufayl, descendants de Luʾayy (chez Tisdall «Liwaʾ»). *V. Sīra* (éd. Wüstenfeld), p. 143–4.

Mais cette quatrième tendance est surtout représentée par Richard Bell, et plus encore par Johann Fück. Toutefois le point de vue du premier a varié dans le temps. Il a d'abord adopté celui selon lequel Muḥammad a repris dans le Coran un terme «qui était en usage pour signifier une classe d'hommes religieux qui étaient connus et respectés»[28]. Certes, en en faisant un qualificatif pour Abraham, il lui a donné un sens qui correspondait à ses représentations, mais s'il l'a adopté, c'est parce qu'il l'a trouvé déjà en usage, appliqué à «une classe d'hommes qui, se détournant de l'idolâtrie, avaient, dans une certaine mesure, une telle idée[29] de ce qu'était la vraie religion»[30]. Si cette dénomination fut donnée par Muḥammad à Abraham, ce n'est pas parce qu'il était plus *ḥanīf* que les autres *ḥanīf*-s, mais parce que «la reconnaissance de la place d'Abraham et l'idée de cette religion existant éternellement, sans cesse renouvelée par les prophètes, sont apparues chez Muhammad à peu près en même temps. D'autres prophètes et d'autres vrais croyants étaient des *ḥanīfs*»[31].

Dans un article publié cinq ans plus tard, R. Bell, reprenant les

---

28 R. Bell, *The Origin of Islam in its Christian Environment*, Londres, 1926 [Cours professé à Édimbourg en 1925], p. 58.

29 *I.e.* suivre la religion naturelle originelle que Dieu avait mise au cœur de l'homme dès le début.

30 Bell, *op. cit.*, p. 59.

31 *Op. cit.*, p. 132: «The term *ḥanīf* is associated with Abraham not, I think, because Abraham is regarded as specially a *ḥanīf* more than others, but rather because the recognition of the place of Abraham, and the idea of this eternally existing religion again and again renewed by the prophets, came to Muhammad about the same time. Other prophets and other true believers were *ḥanīfs*».

analyses philologiques d'Arthur Jeffery[32], constate tout d'abord que «les *ḥunafā*ʾ étaient les Arabes qui n'étaient ni juifs ni chrétiens, mais qui continuaient à suivre l'ancienne religion innée (*native*)»[33]. Dans le Coran, Muḥammad utilise *ḥanīf* comme l'antithèse de polythéiste, et pratiquement comme l'équivalent de *muslim*[34]. Ici le changement de l'orientation de la prière et la figure d'Abraham vont jouer un rôle fondamental. Muḥammad aura alors «une autre religion, à côté du judaïsme et du christianisme, la religion des Arabes, ou dans le langage de ceux après de qui il avait jusqu'alors pris son information sur des sujets religieux, les *ḥunafā*ʾ». Il conclut l'article comme suit:

> Pour résumer: les *ḥanīf*-s étaient les adeptes de la religion arabe idéale, originelle. Ils n'étaient ni une secte ni un parti d'un peuple historique, mais le produit de l'esprit agité (*unresting*) de Mohammed[35].

Mais cette tendance qui voit dans le ḥanīfisme un mouvement arabe est surtout représentée, sans guère d'ambiguïté, par Johann Fück[36]. Reprenant Tor Andræ qui avait souligné que Muḥammad avait commencé sa prédication non pas avec le thème du monothéisme, mais avec celui de la résurrection et du jugement dernier, preuve que la formule «il n'y a de dieu que Dieu» ne signifait pas l'introduction d'un nouveau dieu pour les Mecquois[37], Fück pense que ce

---

[32] A. Jeffery, *The Foreign Vocabulary of the Qur*ʾ*ān*, Baroda, 1938, p. 112–5. Pour lui, à la suite de Nöldeke, *Neue Beiträge*, p. 35, le terme équivalent en syriaque est communément utilisé dans le sens de *païen*, et pourrait très bien avoir été connu des anciens Arabes, comme terme utilisé par les chrétiens pour désigner ceux qui n'étaient ni juifs ni chrétiens. Margoliouth avait déjà remarqué que, chez les apologètes chrétiens, Rom. 4, 10–12 est un lieu favori pour montrer que la foi d'Abraham lui fut compté comme justice dans ses jours païens, avant le judaïsme, et que M. aurait bien pu suivre ce topos.

[33] R. Bell, «Who were the Hanifs?», *MW*, XX (1930), p. 120–4, ici p. 121: «At a first step, then we may conclude that the *hunafā*ʾ (*sic*) were the Arabs who neither Jews, nor Christians, but who continue to follow the ancient native religion».

[34] *Ibid.*

[35] Bell, *art. cit.*, p. 124: «Now Mohammed had to do with another religion besides Judaism and Christianity—the religion of the Arabs, or in the language of from whom he had hitherto taken this information on religious matters, the *hunafā*ʾ». «To sum up: the *hanīfs* were the followers of the ideal original of Arab religion. They were no sect or party of historical people, but the product of Mohammed's unresting mind».

[36] J. Fück, «Die Originalität des arabischen Propheten», *ZDMG*, XL (1936), p. 515–7 [l'ensemble de l'art. p. 509–25]; repris en trad. angl. «The Originality of the Arabian Prophet», *in* Merlin L. Swartz, *Studies on Islam*, New York/Oxford, OUP, 1981, p. 90–1 [l'ensemble p. 86–98].

[37] Tor Andræ, *Mohammed, sein Leben und sein Glaube*, Göttingen, 1932, p. 19/

qu'on avait appelé à tort «monothéisme primitif» était l'effet des religions monothéistes avec lesquelles les Mecquois avaient été mis en contact avant la venue de Muḥammad par leurs relations commerciales, ce qui n'avait pas été sans ébranler à leurs yeux la validité du paganisme. Il note que:

> la tradition nous a même gardé les noms de certains de ces chercheurs de Dieu (*Gottsucher, seekers after God*) dont les uns cherchèrent le salut dans le judaïsme ou le christianisme, alors que d'autres qui ne voulaient pas renoncer à leur spécificité nationale adoptèrent ce qui dans les religions antérieures leur paraissait utilisable: la foi au Dieu unique, le rejet de tout polythéisme et l'exigence d'une conduite morale[38].

Le Coran, lui, utilise *ḥanīf* pour désigner la religion primitive, et Muḥammad avait clairement conscience que sa doctrine était en accord avec celle des anciens ḥanīfites. «Il nous faut donc admettre l'existence d'un monothéisme national arabe comme étape préparatoire à l'islam»[39]. Pour Fück, il est probable que ce monothéisme national arabe soit pour beaucoup dans ce qui Muḥammad a en commun avec le judaïsme et le christianisme, comme le montre la première période de sa prédication qui a une teinture étonnamment arabe (sourates 111, 106, 105). Il pense même que les ḥanīfites devaient disposer d'un certain nombre de termes religieux, comme par exemple *ṣuḥuf Ibrāhīm wa Mūsā*[40]. On notera que Fück a ceci de commun avec Buhl: dans ses conceptions du ḥanīfisme, Muḥammad se serait appuyé sur un état religieux préexistant dans certains milieux en Arabie, mais Buhl y voit une influence directe juive ou chrétienne plus prononcée que Fück.

Faris et Glidden relèvent une cinquième position selon laquelle le ḥanīfisme était très proche des sabéens[41]. En fait, à y regarder de

---

Mahomet, sa vie et sa doctrine, trad. Jean Gaudefroy-Demombynes, Préface par Maurice Gaudefroy-Demombynes, Paris, 1945, p. 25.

[38] Fück, *art. cit.*, p. 515–6/trad. anglaise, p. 91: «Die Tradition hat uns ja die Namen solcher Gottsucher erhalten, von denen die einen im Juden- oder Christentum Rettung suchten, während andere, die ihre nationale Eigenart nicht aufgeben wollten, aus den älteren Religionen dasjenige übernahmen, was ihnen brauchbar erschien: den Glauben an den einigen Gott, die Ablehnung aller Vielgötterei une die Forderung einer sittlichen Lebenshaltung».

[39] *Art. cit.*, p. 516/p. 91: «Daraus folgt aber, daß wir einen nationalarabischen Monotheismus als Vorstufe zum Islam anzunehmen haben ...».

[40] *Art. cit.*, p. 520/p. 94.

[41] Ils donnent deux références: Tor Andræ, *Mohammed*, trad. T. Menzel, New

près, tout au moins dans le cas de Tor Andræ que ces deux auteurs donnent comme un représentant de cette opinion, la chose n'est pas si claire. En effet, Tor Andræ écrit:

> Nous devons donc supposer que l'effort tendant à l'indépendance religieuse, à la foi en une religion monothéiste et universelle, révélée à tous les peuples (une foi qui dérivait du *ḥanpa* manichéen et sabéen), n'apparut pas au temps de Mahomet comme forcément lié et inhérent à ces sectes[42].

2. *Les théories plus récentes*

Les théories plus récentes ne sont pas nécessairement novatrices, et elles peuvent se réclamer de l'une ou de l'autre des positions plus anciennes, mais en y apportant parfois des éléments nouveaux qui peuvent en renforcer la crédibilité.

> Maxime Rodinson adopte une position prudente sur ce sujet: des raisons de fierté nationale empêchaient des hommes tentés par le monothéisme de se convertir à l'une des deux religions existantes: «Peut-être disait-on déjà d'eux qu'ils étaient *honafâ* (pluriel de *hanîf*) envers Allah, vraisemblablement à partir d'un mot araméen mal compris qui désignait les infidèles»[43].

La première position est celle des sceptiques. Elle s'est imposée peu ou prou depuis quelques décennies, à la suite de W. Montgomery Watt. Pour lui, la conception coranique de ce terme dérive uniquement du Coran. S'il est employé en dehors du Coran, par exemple par les Arabes préislamiques, il signifie, à l'origine «païen»:

> Il est donc vain de rechercher des mouvements religieux ou ascétiques ou des individus à qui ce nom était effectivement donné à l'époque préislamique. Les mouvements et les individus existaient, mais affirmer que quelqu'un était un ḥanīf (au sens islamique) ne peut être le fait que d'un apologète musulman postérieur ou d'une personne soumise à l'influence islamique comme T͟hābit b. Kurra, et n'a donc historiquement aucune valeur[44].

York, 1936, p. 150–5; J. Pedersen, «The Ṣābians», in *A Volume of Oriental Studies presented to Edward G. Browne*, Cambridge, 1922, p. 387–91 (non consulté par nous).

42 Tor Andræ, *op. cit.*, trad. française, p. 109.

43 M. Rodinson, *Mahomet*, Paris, Seuil («Politique»), 1968² (Club du Livre français, 1961¹), p. 89–90.

44 W.M. Watt, «Ḥanīf», *EI*, III, p. 170. *Cf.* Id., *Bell's Introduction to the Qur'ān*, Édimbourg, EUP, 1970, p. 16; où le jugement est moins péremptoire.

Watt a traité à nouveau du sujet récemment, mais sans aucune atténuation dans sa pensée[45].

Pour sa part, John Wansbrough parle, notamment pour ce qu'il appelle «l'odyssée» de Zayd b. ᶜAmr[46], de «mythe (*Wahrsage*, *Deutung*) inventé pour interpréter l'arrière-plan spirituel et intellectuel, et la transformation sociale introduite par la mission (*mabᶜath*) d'un prophète arabe»[47]. Pour Patricia Crone et Michael Cook[48], le concept de *ḥanīf*, associé à Abraham et à sa foi, sert à conférer un statut monothéistique à l'islam basé sur une pratique ancestrale. Patricia Crone[49], s'appuyant sur un récit de Sozomen (de Gaza, VIe s.), remarque que selon lui, il y avait des abrahamistes d'origine, au moins à Gaza, et que certains seraient devenus ce que la tradition musulmane appelle des *ḥanīf*-s, mais elle n'en tire pas de conclusions quant à une groupe constitué.

L'intention apologétique des récits sur les *ḥanīf*-s, comme tant d'autres, n'a pas échappée aux chercheurs, l'objectif de la tradition musulmane étant en cela de montrer que Muḥammad s'inscrivait dans une lignée d'ancêtres monothéistes qui soi-disant n'auraient jamais pratiqué l'idolâtrie. Cette même tradition est même allée plus loin en ce sens, puisqu'elle a présenté parfois les ancêtres généalogiques de Muḥammad comme suivant le ḥanīfisme d'Abraham. C'est ainsi qu'une tradition fait dire à Muḥammad: «N'injuriez pas Maᶜadd, car il se réclamait du ḥanīfisme d'Abraham»[50].

---

45 W.M. Watt, *Muhammad's Mecca. History in the Quran*, Édimbourg, EUP, 1988, p. 37–8: «... prior to Muḥammad's mission there was no such thing as a *ḥanīf* movement so called; the movement is entirely the creation of second-century Muslim scholars such as Ibn Isḥāq, Ibn Ḥabīb and Ibn Qutayba», p. 38.

46 J. Wansbrough, *The Sectarian Milieu. Content and composition of Islamic salvation history*, Oxford, OUP, 1978, p. 6.

47 *Op. cit.*, p. 7: «The passage [*i.e. Sīra*, 222–32] as a whole represents, in the sense defined by Jolles, a myth (*Wahrsage*, *Deutung*) devised to interpret the spiritual, intellectual, and social transformation brought by the mission (*mabᶜath*) of an Arabian prophet».

48 P. Crone and M. Cook, *Hagarism. The Making of the Islamic World*, Cambridge, CUP, 1977, p. 13–14.

49 P. Crone, *Meccan Trade and the Rise of Islam*, Oxford, Blackwell, 1987, p. 190–91, n. 104. Le texte de Sozomen a été mis en valeur également par Michael Cook, *Muhammad*, Oxford, OUP («Past Masters»), 1983, p. 81, et par U. Rubin, «Ḥanīfiyya», *art. cit.*, p. 99, n. 68.

50 Abū l-Baqāʾ Hibatallāh al-Ḥillī (*viv.* seconde moitié du Ve et première moitié du VIe s. h.), *al-Manāqib al-mazyadiyya fī aḫbār al-mulūk al-asadiyya*, éd. Ṣāliḥ Mūsā Darāka et M. ᶜAq. Ḫarīsāt, Amman, Maktabat ar-Risāla al-ḥadīṯa, 1404/1984, p. 334.

Selon d'autres traditions prophétiques ou non prophétiques, il en était de même de Muḍar. Il est dit également de lui, d'al-Yaʾs, d'Asad b. Ḫuzayma, de Rabīʿa et d'al-Ḥariṯ b. Kaʿb qu'ils étaient musulmans[51].

Toutefois l'intention apologétique dont on reconnaît l'évidence n'est pas de soi un empêchement à ce que certains des éléments concernant les *ḥanīf*-s aient un fond de vérité historique. L'argument le plus fort en ce sens est que la tradition musulmane nous a conservé des récits sur des *ḥanif*-s qui étaient opposants de Muḥammad et qui de plus le demeurèrent. C'est ce qu'a montré dernièrement, nous semble-t-il, Uri Rubin dans son étude sur le ḥanīfisme et la Kaʿba[52]. Les trois personnages en question sont connus, il s'agit de Abū ʿĀmir ʿAbd ʿAmr b. Ṣayfī[53], l'un des chefs de Aws de Médine, adversaire implacable de Muḥammad; le deuxième est le poète, chef du clan des Aws Allāh de Médine, Abū Qays b. al-Aslat[54]; le troisième est le poète Umayya b. a. ṣ-Ṣalt[55]. Rubin mentionne également des noms de *ḥanīf*-s qui se firent musulmans et d'autres qui étaient pro-muḥammadiens[56]. Point n'est besoin de reprendre ici ce qu'a écrit Rubin car les informations qu'il donne sont nombreuses et recueillies dans les sources.

Grâce à deux articles fondamentaux de M. Gil[57], plusieurs aspects de l'opposition médinoise à Mahomet ont été élucidés au cours de ces dernières années. Dans le premier, il avait fait le point sur les opposants à l'expédition de Tabūk contre le territoire byzantin en 9/630, la construction de la «mosquée de la discussion» (*masǧid aḍ-ḍirār*)[58], les dissidents, et surtout Abū ʿĀmir, principal chefs des «hypocrites» (*munāfiqūn*) de la tribu médinoise des Aws. Ce dernier était l'équivalent de ʿAbdallāh b. Ubayy pour la tribu des Ḫazraǧ.

---

51 Abū l-Baqāʾ Hibatallāh al-Ḥillī, *Manāqib*, *op. cit.*, p. 358–9; *cf.* p. 347. *V.* U. Rubin, «Ḥanafiyya» [*v.* réf. *supra* n. 10], *art. cit.*, p. 85, qui renvoie au texte d'Abū l-Baqāʾ, découvert par Monsieur le Professeur Kister et établi par lui dans une éd. provisoire en 1969.

52 Rubin, *art. cit.*, p. 85–112.

53 Rubin, *art. cit.*, p. 86–9.

54 Rubin, *art. cit.*, p. 89–94.

55 Rubin, *art. cit.*, p. 94–98.

56 Rubin, *art. cit.*, p. 98–9.

57 Moshe Gil, «The Medinan opposition to the Prophet», *JSAI*, 10 (1987), p. 65–96; «The Creed of Abū ʿĀmir», *Israel Oriental Studies*, X (1992), p. 10–57.

58 «... tentative d'établir un lieu régulier de réunion pour exposer leur doctrine et accomplir les commandements d'offrande, de charité et d'aumône prescrits par le manichéisme», «The Creed of Abū ʿĀmir», *art. cit.*, p. 45, 42.

Les sources présentent généralement Abū ᶜĀmir comme un homme qui était à la recherche de la vraie religion et du vrai prophète. Il avait collecté des informations à ce sujet parmi les chrétiens de Naǧrān et les juifs de Taymā. Finalement il n'embrassa aucune des deux religions, mais se réclama de «la religion/loi d'Abraham» (*dīn Ibrāhīm*), *i.e.* le ḥanīfisme (*al-ḥanīfiyya*). Dans les événements de cette période, un rôle spécial fut joué par deux sous-clans, semble-t-il parmi les plus nobles et les plus prestigieux de Médine, les banū Ḍubayᶜa (clan d'Abū ᶜĀmir) et les Qawāqila. Le chef de file du mouvement était Abū ᶜĀmir, alors en fuite en exil. La raison de l'opposition semblait être une sorte de pacifisme, le refus de verser le sang. Dans le passé, le même groupe s'était opposé au versement de «l'impôt de prélèvement» (*ṣadaqa*, «aumône») et au nouveau système de justice incarné par Mahomet. C'était là se rebeller contre l'essence et contre les fondations de la communauté musulmane: «guerre sainte»[59], «l'impôt de prélèvement» et la fonction politico-juridique du Prophète. Abū ᶜĀmir se voyait comme un véritable *ḥanīf*, il se nommait lui même un *rāhib*[60], opposé à Mahomet, qu'il considérait comme un innovateur.

Dans un deuxième article, paru en 1992, sur le credo d'Abū ᶜĀmir, M. Gil analyse l'arrière-plan idéologique de l'opposition médinoise décrite plus haut et centrée sur le terme de *ḥanīf*, sur la pénétration du voyage d'Énoch en islam et sur le rapport entre le manichéisme et l'islam, pour éclairer cette opposition. Il ressort de ces deux études que ces événements qui se produisirent vers la fin de la vie de Mahomet n'étaient pas une manifestation fortuite dans les débuts de l'histoire de l'islam, mais qu'ils avaient des racines profondes dans le passé.

> Le mouvement avait aussi un chef, en exil, il est vrai, mais c'était encore une terrible menace pour l'unité musulmane.

Grâce aux informations dont nous disposons sur l'histoire et sur les croyances des manichéens, il nous est possible de mesurer l'influence qu'elles exercèrent sur l'islam et de discerner celles qu'elles eurent sur plusieurs croyances et termes de l'époque:

---

59 L'expression est de nous, car, contrairement à ce qui est souvent dit, nous pensons que le Prophète n'a pas pratiqué le *ǧihād* seulement pour «défendre» la communauté, mais aussi avec des visées expansionnistes.

60 La traduction de ce terme pose problème dans certains contextes. Il désigne soit un «moine», soit un «ermite», soit un «ascète». La racine signifie «craindre». Ici la traduction la moins marquée serait peut-être «un craignant-Dieu».

«D'un autre côté, nous pouvons maintenant voir dans le mouvement dirigé par le *rāhib* Abū ᶜĀmir, appelé *ḥanīf*, la tradition manichéenne ancienne contre les innovations du nouveau mouvement ḥanīfite, les musulmans». «Les dissensions n'étaient donc pas des incidents sporadiques, mais l'expression d'une confrontation qui fut d'une portée considérable entre deux croyances.»[61]

Il convient de relier la question des *ḥanīf*-s à l'attachement de Muḥammad à l'idée de *dīn Ibrāhīm* qui, contrairement à ce que croyaient certains chercheurs, semble-t-il essentiellement à la suite de C. Snouck Hurgronje[62], a commencé avant l'hégire. U. Rubin déclare à ce propos: «Here [*i.e.* à La Mecque] there were some older *ḥunafā*ᵓ who probably introduced this idea to the young Muḥammad»[63].

III. *La légende abrahamique*

Contrairement à ce que nous avons fait pour le thème des *ḥanīf*-s, nous ne passerons pas en revue les diverses théories sur la légende abrahamique, car celle-ci est liée, dans une certaine mesure au thème précédent. De plus, un bref état de la question a été établi dernièrement par R. Firestone dans un article récent consacré à la légende du voyage d'Abraham à La Mecque[64]. En étudiant les trois versions principales du récit: celles de ᶜAlī, de Muǧāhid (m. 104/722)[65] et d'Ibn ᶜAbbās[66] (m. 68/687, ou autres dates), on constate que les deux premières s'appuient sur des matériaux qui ont peu de rapport direct avec des légendes bibliques. Abraham y apparaît comme un monothéiste obéissant à Dieu. Elles le relient directement

---

61 «The Creed of Abū ᶜĀmir», *art. cit.*, p. 45.

62 *Het Mekkaansche Feest*, Leyde, Brill, 1880, qui date tous les passages coraniques sur *millat Ibrāhīm* de l'époque médinoise, en confirmité avec sa thèse sur la volonté de M. «d'émanciper l'islam du judaisme», *v. Verspreide Geschriften*, Bonn/Leipzig, 1923, I, p. 24–28. On sait que cette thèse fut discutée par Edmund Beck, «Die Gestalt des Abraham am Wendepunkt der Entwicklung Muhammeds. Analyse von Sure 2,118 (124–)135 (141)», *Muséon*, LXV/1–2 (1952), p. 73–94. *Cf.* le dossier de Willem A. Bijlefeld, «Controversies around the Qurᵓanic Ibrāhīm narrative and its "Orientalist" interpretations», *MW*, LXXII (1982), p. 81–94.

63 Rubin, *art. cit.*, p. 99.

64 R. Firestone, «Abraham's journey to Mecca» [*v.* réf. *supra* n. 11], *art. cit.*, p. 6–9/*Journeys*, p. 70–9.

65 Firestone, *art. cit.*, p. 12–16/*Journeys*, p. 80–2, 102.

66 *Art. cit.*, p. 16–20/*Journeys*, p. 69–71, 102–3.

au site religieux arabe préislamique qu'est la Kaᶜba. Leur but semble être d'établir la Kaᶜba préislamique dans une origine sacrée et monothéiste[67]. La version longue de la légende, celle d'Ibn ᶜAbbās, est plus proche des parallèles bibliques; elle ne s'intéresse pas immédiatement au lieu saint et ne semble pas provenir d'une tradition locale du sanctuaire. C'est plutôt une extension du récit biblique; c'est un midrash musulman de Gn 21, 10–21[68].

Il s'ensuit que l'on peut tirer quelques conclusions[69] sur la nature des communautés arabes préislamiques et sur l'islam en ses débuts. Un lien aurait déjà été établi avant l'islam entre la figure légendaire d'Abraham et la Kaᶜba (versions de ᶜAlī et de Muǧāhid), même s'il est difficile de dire comment des motifs bibliques ont pénétré en Arabie. Les parallélismes qui existent entre la version du voyage d'Abraham attribuée à Ibn ᶜAbbās, d'une part, et la Genèse et l'exégèse juive narrative, d'autre part, posent, quant à eux, la question de l'impact de groupes juifs vivant dans le Ḥiǧāz: on peut penser à des groupes juifs syncrétistes. De plus, l'existence de la version longue d'Ibn ᶜAbbās permet peut-être de suggérer qu'il y aurait eu à un stade ancien de l'islam des «musulmans bibliques», faction parallèle aux «judéo-chrétiens» des débuts du christianisme. Cela permettrait de comprendre qu'aux débuts de l'islam on acceptait des légendes attribuées aux juifs (connues plus tard sous le nom d'*isrāʾīliyyāt*), et qui furent rejetées par la suite[70] durant la première période abbasside. Ailleurs R. Firestone écrit:

> Although Abraham may not have been known necessarily by all pre-Islamic inhabitants of the Hijaz as a monotheist, his stature as a holy man traveling from afar to Mecca for the express purpose of founding its sanctuary seems to have been widely known. Certainly among Jews and Christians as well as among Arabian *ḥanīfs*, Abraham was known as a monotheist[71].

Andrew Rippin a étudié en quelques pages denses «La signification du mythe abrahamique»[72] pour la nouvelle religion. Toutefois nous

---

67 *Art. cit.*, p. 20–21.

68 *Art. cit.*, p. 21.

69 *Art. cit.*, p. 23–24.

70 Et, ajouterons-nous, le plus souvent en vain, jusqu'à nos jours, dans la mesure où elles reçurent un label musulman grâce à des chaînes de garants musulmanes.

71 R. Firestone, «Abraham's association with the Meccan sanctuary» [*v.* réf. *supra* n. 11], *art. cit.*, p. 366.

72 A. Rippin, *Muslims*, Londres et New York, Routledge, 1990, p. 11–13, et

pensons que cette orientation mythique évidente n'empêche pas que la mythe, tout au moins en certaines de ses composantes essentielles, ait pu exister avant l'islam et que Muḥammad l'ait réinvesti au service de sa doctrine.

Toujours en relation avec Abraham, U. Rubin[73] a montré à propos de Zayd b. Nawfal que la Kaᶜba indiquait l'orientation ḥanīfite de la prière et celle de l'islam avant que la direction de Jérusalem ne fût adoptée par Muḥammad pour un certain temps. On sait, en effet, que Muḥammad priait en direction de la Kaᶜba durant les premières années de son activité prophétique à La Mecque.

C'est un milieu en relation avec celui des *ḥanīf*-s, une espèce de *præparatio coranica/mahometica* que nous retrouvons à travers le thème des «informateurs» juifs ou chrétiens de Muḥammad.

IV. *Les «informateurs» de Muḥammad*

Nous résumerons ici les principaux résultats auxquels nous avons abouti dans notre communication sur les «informateurs» juifs et chrétiens de Muḥammad[74]. Il ressort de notre examen des textes que le thème des «esclaves informateurs» s'est surtout développé chez ceux des exégètes de la deuxième moitié du II/VIIIᵉ s. qui avaient le souci des «circonstances de la révélation» et qui avaient une bonne connaissance de la *Vita Mahometæ*[75]. Chez les spécialistes de cette dernière, ce thème est plus rare. En revanche, le topos «Saint! Saint!»[76] et les récits sur ᶜAddās les ont intéressés au plus haut point.

Le Coran, par sa mention de ceux qui «instruisent» Muḥammad était une incitation pour les anciens exégètes à se pencher sur ce

---

plus généralement, p. 9–13, sur la signification de la «préhistoire» antéislamique (*ǧāhiliyya*, discontinuité de l'islam par rapport à son passé) dans l'imaginaire coranique et musulman.

[73] Rubin, *art. cit.*, p. 102–103.

[74] *V. supra* n. 12.

[75] La préférence pour le titre latin plutôt que pour une prosaïque «Vie de Mahomet» (*Sīra*) est un clin d'œil littéraire aux *Vitæ sanctorum* de notre tradition chrétienne. Dans les deux cas, on y trouve de nombreux traits légendaires.

[76] *V.* Gilliot, «Informateurs», § 27–30: certains récits nous présentent Ḫadīǧa se rendant chez le moine Baḥīrā ou chez Waraqa b. Nawfal ou encore chez Waraqa et chez le serviteur/esclave ᶜAddās pour les interroger sur Gabriel. Ils s'esclament: *quddūs*, *quddūs*, et reconnaissent là le *Nāmūs*.

problème. Même si certains des noms de ces «esclaves informateurs» ont de toute évidence été inventés, vu la multiplicité des variantes, on voit mal pourquoi ces exégètes auraient totalement inventé ce thème qui, de soi, n'était pas en faveur de Muḥammad. Celui-ci a pu recevoir des informations de ces «démunis» (*mustaḍᶜafūn*) qui de par leur situation sociale étaient plus réceptifs que d'autres à son nouveau message. Quoi d'étonnant à cela, car la péninsule Arabique avant l'islam et à l'époque de Muḥammad «n'était pas une boîte fermée»[77]. Et il n'y a pas de raison *a priori* de douter que Muḥammad ait pu s'entretenir avec des esclaves, et pourquoi pas des esclaves chrétiens.

Seulement, chaque fois que l'on intègre des bribes de souvenirs et de connaissances éclatés, le savoir est réélaboré, et ce surtout si on l'inclut dans un discours apologétique. Il s'agit ici de poser des «verrous» pour mieux affirmer la nouveauté absolue d'une révélation et d'une culture. Muḥammad a été confronté à ce problème, au dire même du Coran: «Nous savons qu'ils disent: C'est seulement un mortel qui l'instruit! Mais celui auquel ils pensent parle une langue étrangère, alors que ceci est une langue arabe claire» (16, *Naḥl*, 103)[78]. Muḥammad utilisait cet argument pour répondre à ceux qui l'accusaient d'avoir des instructeurs étrangers, en particulier des juifs et des chrétiens. La réponse à cette accusation était qu'il n'en pouvait être ainsi puisque le personnage en question parlait mal l'arabe, ou même parlait une langue étrangère. Ce raisonnement qui paraît décisif aux théologiens musulmans semble avoir fort peu impressioné les contemporains de Muḥammad et d'autres après eux, tout au moins aussi longtemps qu'il n'avait pas encore réussi à imposer le joug de son autorité et de son pouvoir.

Les commentaires coraniques et les Livres des Classes nous ont conservé le souvenir de quelques-uns de ces personnages, juifs et chrétiens, ou considérés comme tels, que certains tenaient pour des informateurs de Muḥammad. L'un des lieux classiques à ce sujet est le commentaire du verset qui vient d'être cité.

---

[77] Sidney Smith, «Events in Arabia in the 6th Century A.D.», *BOAS*, XVI (1954), p. 466.

[78] Ce verset, comme tant d'autres dans le Coran, fait partie de ce qu'on appelle en exégèse vétéro-testamentaire: «Streitgespräch» ou «Disputationswort»; *v.* Claus Westermann, *Grundformen prophetischer Rede*, Munich, Chr. Kaiser Verlag, 1960, p. 144–5.

On peut dire que toutes ces traditions avec leurs variantes ont en commun les points suivants:

- ce personnage ou ces personnages étaient d'origine étrangère;
- ils étaient de condition humble, des esclaves ou des affranchis;
- on dit de certains d'entre eux qu'ils exerçaient le métier de forgeron ou de fourbisseur (*ṣayqal*);
- ils savaient lire, ils possédaient des «livres» ou encore ils lisaient la Thora ou l'Évangile, ou les deux;
- ils avaient des contacts avec le Prophète. Certains disaient qu'il tenait son enseignement d'eux; d'autres, que c'est lui qui les enseignait.

Tous ces récits, malgré leurs divergences, baignent dans une atmosphère initiatique, comme l'indique la relation entre la lecture des livres et le métier que certains d'entre eux exerçaient, le travail du métal. Le terme également employé pour désigner ce métier, *qayn*, est par sa racine apparenté aux termes hébreu, syriaque et éthiopien désignant l'action de chanter, d'entonner une lamentation funèbre (*qayn/qayna*). Comme l'a montré M. Eliade, il semble exister, à des niveaux culturels différents, un lien entre l'art du forgeron, les connaissances occultes la danse, et la poésie[79].

L'ambiance initiatique est encore renforcée par une tradition rapportée par aṭ-Ṭabarī, qui met ces récits en relation avec le thème des sept lectures[80]. Apparemment, ce récit n'a aucun lien avec les autres, pourtant aṭ-Ṭabarī le cite à propos du même verset, comme l'une des circonstances possibles de cette révélation. C'est que tous ces récits sont en relation avec «l'originalité» de la révélation muḥammadienne. Mettre le Prophète en rapport avec les adeptes d'une autre religion, qui, de plus, étaient des étrangers, donc pouvaient connaître d'autres langues, lisaient les Saintes Écritures et exerçaient un artisanat proche de la fonction démiurgique du poète, l'ennemi juré du prophète de l'islam, c'était exposer le Coran à la critique. C'est, de fait, ce qui s'est produit, et c'est ce qu'essayent de neutraliser les commentateurs qui ne pouvaient pas ignorer ces traditions qui circulaient sur les circonstances de la révélation.

---

[79] M. Eliade, *Forgerons et alchimistes*, Paris, 1977, p. 83*sqq*.; G. Lüling, «Archaische Metallgewinnung und die Idee der Wiedergeburt», *in* *ZRGG*, 37 (1985), p. 22–37, repris dans: *Sprache und archaisches Denken*, Erlangen, 1985, p. 133–148; W. Gesenius, *Hebräisches und aramäisches Handwörterbuch*, Berlin/Göttingen/Heidelberg, 1949, réimpr. de 1915[17], p. 712.

[80] *V*. «Informateurs», § 9.

Finalement l'ensemble de ces récits est utilisé à des fins apologétiques dont le point culminant se trouve dans le topos «Saint! Saint!»[81]. Ce même ʿAddās—que ce soit le même ou un autre ou que le récit ait été inventé, peu importe ici,—que les Qurayšites soupçonnaient d'instruire Muḥammad, le reconnaît comme prophète!

L'atmosphère initiatique que nous avons relevée plus haut dans certains de ces récits et le caractère apologétique que nous y constatons comme nous l'avons fait plus haut pour les *ḥanīf*-s ou pour la soi-disant «religion d'Abraham» constituent une «couche» à l'intérieur des traditions. Cela ne s'oppose pas de soi à l'existence d'une «couche originelle», «historique», qui serait l'existence même des «informateurs»[82].

On aura remarqué que le Coran (16, 103) ne nie pas que Muḥammad ait pu avoir des informateurs; il répond simplement qu'il ne peut provenir de quelqu'un qui parle un «mauvais arabe». On prendra au sérieux la remarque des Qurayšites: Muḥammad s'entretenait à La Mecque avec des gens de basse condition, des juifs[83] ou des chrétiens[84]. Il a pu puiser certaines des ses informations auprès d'eux.

Cela correspond bien, nous semble-t-il, au milieu qui a été réceptif à son message en ses débuts, celui des déshérités. On pourrait d'ailleurs y voir un paralèlle avec le milieu des «pauvres de Yahvé» dans lequel aurait fleurit le message de Jésus. Dès lors, l'hypothèse

---

81 *V. supra* n. 76.

82 *V.* du point de vue méthodologique Wolfgang Richter, *Exegese als Literaturwissenschaft*. Entwurf einer alttestamentlichen Literaturtheorie und Methodologie, Göttingen, Vandenhoeck & Ruprecht, 1971, p. 158–65, sur l'assemblage et la classification des critères (*Sammlung und Stichtung von Kriterien*).

83 *Cf.* M. Lecker, «A Note on early marriage links between Qurashîs and Jewish women», *JSAI*, 10 (1987), p. 17–39.

84 Il y avait un «cimetière des chrétiens» (*maqbarat an-naṣārā*) à La Mecque. Il était situé derrière la carrière qui se trouvait sur le chemin du puits de ʿAnbasa à Ḏū Ṭuwan. *V.* Azraqī, éd. Wüstenfeld, p. 501/éd. Rušdī Malḥas, II, p. 298; F. Wüstenfeld, *Geschichte der Stadt Mekka*, Leipzig, 1861, p. 335. *Cf.* Kister, «On strangers and allies in Mecca», *JSAI*, 13 (1990), p. 150. Il y avait des Éthiopiens à Médine. Selon une tradition, M. emmena ʿĀʾiša voir danser de jeunes Éthiopiens, (Ḥabaša ou banū Arfida) un jour de fête. *V.* Buḫārī, 13, *K. al-ʿīdayn*, 2, éd. Krehl, I, p. 242/trad. Houdas, I, p. 312/*Fatḥ*, II, p. 252–56; Ibn Ḥanbal, *Musnad*, VI, p. 233, 242, etc.; Ġazālī, *Iḥyāʾ*, 18, *K. Ādāb as-samāʿ*, Le Caire, al-Maṭbaʿa al-ʿUṯmāniyya, 1352/1933, II, p. 245/Zabīdī, *Itḥāf*, Beyrouth, Dār al-Kutub al-ʿilmiyya, 1409/1989, VII, p. 622–24; James Robson, *Tracts on listening to music*, Londres, 1938, p. 80.

selon laquelle le Coran ne serait pas l'œuvre d'un seul homme, mais se serait constitué progressivement dans un milieu en effervescence spirituelle devrait être travaillée à nouveau. De ce point de vue, la thèse de M. Gil[85] sur les deux formes de ḥanīfisme présentes dans la péninsule Arabique, l'un plus ancien influencé par le manichéisme, celui de Abū ᶜĀmir, et l'autre, en concurrence avec lui, plus novateur, incarné par Muḥammad et son groupe, devrait être prise au sérieux pour d'autres recherches.

On remarquera que les déclarations d'an-Naḍr b. al-Ḥāriṯ[86] sur la similitude entre les récits du Coran transmis par Muḥammad et ceux qu'il avait lui-même entendus à Ḥīra sont ridiculisés par la tradition musulmane qui lui fait dire qu'ils sont semblables à ceux de Rustam et d'Isfandiyār:

> An-Naḍr b. Ḥāriṯ[87] des ᶜAbdaddār dit: «Ce Coran n'est que men-

---

[85] *V.* Gilliot, «Informateurs», § 17–8.

[86] *V.* «Informateurs», § 24 et n. 103.

[87] Sur cet adversaire de M., *v.* Ch. Pellat, *in EI*, VII, p. 874. Avant l'islam, il faisait du commerce avec Ḥīra et la Perse. C'est dans la capitale laḫmide, qu'il aurait entendu des récits qu'il compara par la suite à ceux du Coran, *v.* Tab, XIII, p. 503–04, sur 8, *Anfāl*, 31. Il en aurait même rapporté des «livres»—, on sait qu'elle est considérée comme le lieu où se serait développée tout d'abord l'écriture arabe; *v.* Irfan Shahîd, «al-Ḥīra», *EI*, III, p. 479a: il y aurait copié l'histoire de Rustam et d'Isfandiyār et aurait dit à La Mecque: «Je vous raconte ce que vous raconte M.»; *v.* Muqātil, IV, p. 622–23, sur 83, *Muṭaffifīn*, 13. Il est associé à la critique de M. concernant «les fables des anciens» contenues dans le Coran.

Lors de son séjour à Ḥīra toujours, il se serait initié au luth (*barbāt*); il apprit aux Mecquois à en jouer pour accompagner leur chant. Il y fit aussi l'acquisition de deux esclaves-chanteuses (*qaynatayn*). Autant de «futilités» qui devaient suffire à le déconsidérer du point de vue de la «morale musulmane» postérieure, tout au moins celle de certains *fuqahā*ᵓ! *V.* Balāḏurī, *Ansāb*, I, *op. cit.*, p. 140. Sur les rapports entre l'Arabie et Ḥīra, ainsi que sur la montée de la puissance de La Mecque à la veille de l'hégire, *v.* M.J. Kister, «Al-Ḥīra. Some notes on its relations with Arabia», *Arabica*, XV (1968), p. 143–69/repris dans *Studies in Jāhiliyya and Early Islam*, Londres, 1980, n° III.

Il était affilié au clan des ᶜAbdaddār (Il paraître que W.M. Watt, *Mahomet à la Mecque*, p. 126–27, minimise quelque peu la position des ᶜAbdaddār) et fit partie de la délégation des tribus de Qurayš qui négocia avec M., alors que plusieurs Mecquois avaient déjà adopté l'islam: *v. Sīra* (Wüstenfeld), p. 187/I (as-Saqqā), p. 295/trad. Guillaume, p. 133. Selon Ibn Hišām, il aurait été, avec Manṣūr b. ᶜIkrima, des ᶜAbdaddār lui aussi, le rédacteur du document qui organisa le boycott de M., *v. Sīra* (Wüstenfeld), p. 230/trad. Guillaume, p. 159 et n. 201 d'Ibn Hišām, p. 721; *cf.* F. Wüstenfeld, *Geschichte der Stadt Mekka*, Leipzig, 1861, p. 91.

Il aurait été exécuté avec ᶜUqba b. a. Muᶜayṭ et al-Muṭᶜim b. ᶜAdī par M. ou par ᶜAlī (Balāḏurī, *Ansāb*, I, p. 298). En tout cas, pour Balāḏurī, *op. cit.*, p. 141, c'est al-Miqdād b. al-Aswad (al-Miqdād b. ᶜAmr) qui l'avait fait prisonnier à Badr. M. le fit exécuter en captivité à Uṯayl (*amara. . bi-ḍarbi ᶜunuqihi ṣabran bi-l-Uṯayl*; *i. e.*

songes que Muḥammad a inventés lui-même [...] Ceux qui l'aident ce sont ᶜAddās, affranchi de Ḥuwayṭib b. ᶜAbdalᶜuzzā, et Yasār, serviteur de ᶜĀmir b. al-Ḥaḍramī, et Ǧabr qui était juif, puis se fit musulman». Tous trois faisaient partie des gens du Livre [...] An-Naḍr dit: «Ce Coran, ce n'est qu'une histoire des anciens (*ḥadīṯ al-awwalīn*), [comme] les histoires de Rustam et Isfandiyār[88] [...]» Ce sont ces trois-là qui instruisent Muḥammad, du matin au soir[89].

En fait, an-Naḍr a pu tout aussi bien être frappé par la ressemblance entre certains écrits qu'il connaissait, soit de La Mecque même, soit de Ḥīra où il avait séjourné, et ceux que transmettait Muḥammad. On lui fait dire qu'ils sont semblables à des récits persans pour le ridiculiser.

Cette même tradition musulmane se gaussait également de Musaylima.

Excursus sur Musaylima: Certains devins[90] ont eu quelque succès à l'époque de Mahomet, c'est peut-être l'une des raisons pour

---

lieu-dit entre Badr et aṣ-Ṣafrāʾ (Yāqūt, *Buldān*, I, p. 94a, l. 1). Pour les divergences à propos de celui qui l'a exécuté, *v. Aġānī*, I (Būlāq), p. 10/I (Dār al-Kutub), p. 17–19; IV, p. 31/IV, p. 203.

88 Dans l'éd. de Muqātil: *Isfandibāz*; de même sur 8, *Anfāl*, 31, *in* Muqātil, II, p. 112, avec le dialogue supposé entre an-Naḍr et ᶜUṯ. b. Maẓᶜūn al-Ǧumaḥī, qui avait émigré en Éthiopie (sur ce dernier point, *v Sīra* (Wüstenfeld), p. 212/I (as-Saqqā), p. 327/trad. Guillaume, p. 147), m. en l'an 2, et enterré par M.; *cf.* également sur an-Naḍr et son voyage à Ḥīra, Muqātil, *Tafsīr*, IV, p. 623–24, sur 83, *Muṭaffifīn*, 13.

89 Muqātil, *Tafsīr*, III, p. 226–27, sur 25, *Furqān*, 4. En *Sīra* (Wüstenfeld), p. 191/I (as-Saqqā), p. 300/trad. Guillaume, p. 136. (En Suhaylī, *Rawḍ al-unuf*, II, p. 52–53, avec un abrégé des récits de Tabari sur Rustam et Isfandiyār): il est dit qu'an-Naḍr, appelé «l'un des Satan de Qurayš», s'était rendu à Ḥīra où il avait appris les histoires des rois de Perse, de Rustam et Isfandiyār. Lorsqu'il entendait M., il déclarait qu'il les connaissait mieux que lui, et il les racontait aux Qurayšites. Toutefois, ici aucune mention n'est faite de ᶜAddās et de Yasār. Rāzī, *Tafsīr*, XXIV, p. 50, sur le même verset, selon al-Kalbī (M. b. as-Sāʾib, m. 146/763) et Muqātil: les mêmes, gens du Livre: «Ils lisaient la Thora et en transmettaient des récits. Lorsqu'ils se convertirent, le Prophète prit soin d'eux». Hūd b. Muḥkim, *Tafsīr*, III, p. 201: selon al-Kalbī: un esclave d'Ibn al-Ḥaḍramī et ᶜAddās, serviteur de ᶜUtba b. Rabīᶜa.

90 On mentionne aussi évidemment des devins bien avant Mahomet. Ainsi parmi les femmes ayant pratiqué la divination, Ṭarīḥa (ou Ṭurayḥa, *v.* Toufic Fahd, *La divination arabe*, Paris, Sindbad, 1987, p. 99–100), après la rupture du barrage de Maʾrib au Yémen, aurait employé des formules qui ne sont pas sans annoncer l'introduction de certaines sourates courtes du Coran: «Par la lumière, par les ténèbres, par la terre et le ciel! les arbres sont anéantis, et l'eau redeviendra comme elle était dans l'ancien temps», *v.* Georg Wilhelm Freytag, *Einleitung in das Studium der arabischen Sprache bis Mohammed und zum Teil später*, Bonn, 1861; réimpr. Osnabrück, Biblio Verlag, 1972, p. 156.

lesquelles la tradition musulmane a fait d'eux de ridicules «faux prophètes»[91]. Le cas de Musaylima dans la région de la Yamāma a été bien étudié dans une perspective anthropologique par D.F. Eickelman[92] de l'Université de Chicago qui voit dans son mouvement un exemple de tentative de «renaissance religieuse» qui a échoué. Pour lui, la résistance féroce que la Yamāma a opposée à la *Pax islamica* est l'un des indices du désir d'indépendance politique de cette région; toutefois la forme d'autorité qu'y exerça Musaylima reste difficile à déterminer. La réponse de la tribu des Banū Ḥanīfa (assez «christianisée») à la pression croissante de l'islam consista à «maintenir ou à renforcer leur indépendance en appuyant un prophète rival issu des leurs»[93]. La différence avec Mahomet, c'est que Musaylima n'avait pas d'idéologie supra-tribale à offrir, ou qu'il n'avait pas une idéologie susceptible de susciter l'enthousiasme au-delà de la Yamāma. De plus, rien n'indique qu'il ait mis en valeur les vertus guerrières et qu'il ait voulu faire des conquêtes, contrairement à Mahomet[94]. Il nous semble toutefois qu'il faille distinguer entre les moments de la conscience prophétique de Mahomet. C'est peut-être l'opposition de ses compatriotes mekkois qui lui a fait comprendre qu'il n'avait aucune chance de réussir s'il restait confiné à La Mecque, et il est peu probable qu'il ait eu à l'origine une idéologie supra-tribale[95]. Dès lors, était-il tellement différent à l'origine de Musaylima, «le menteur», qualificatif dont il blasonné par la tradition musulmane?

V. *Conclusions*

Bien que des progrès notables aient été enregistrés dans la recherche, on devrait pouvoir replacer la naissance du message muḥammadien davantage dans l'histoire des divers mouvements ou tendances religieux qui ont animé la péninsule Arabique à la veille de l'hégire ou à l'époque de Muḥammad. La question de ses «informants», celle du milieu religieux dans lequel il a vu le jour, celle des ḥanīfites, qu'ils aient constitué un «groupe» ou qu'ils aient été des

---

91 Outre Musaylima et Ṭulayḥa, elle mentionne également al-Aswad au Yémen et Saǧāḥ de la tribu de Tamīm.

92 D.F. Eickelman, «Musaylima. An Approach to the social anthropology of seventh century Arabia», *JESHO*, X (1967), p. 17–52.

93 *Art. cit.*, p. 50.

94 *Art. cit.*, p. 52.

95 *V.* Frants Buhl, «Fasste Muḥammad seine Verkündigung als eine universelle, auch für Nichtaraber bestimmte Religion auf?», *Islamica*, II (1926), p. 142 [l'ensemble, p. 135–149].

individus «chercheurs de Dieu» ou des «craignants-Dieu», ainsi que celle d'autres mouvements, comme ceux de Musaylima et d'Abū ʿĀmir et autres, nous paraissent devoir être reliées les unes aux autres.

Si le message de Muḥammad l'a emporté sur d'autres, c'est probablement parce qu'il a su lui donner un ton supra-local et supratribal[96] et parce que, contrairement à Abū ʿĀmir, par exemple, il a eu recours à la violence[97].

Dès lors il conviendrait de prendre au sérieux les déclararations polémiques de certains Qurayšites dont le le Coran se fait l'écho: «Ce ne sont là que contes des Anciens (*asāṭīr al-awwalīn*)». Derrière cette formulation polémique, on pourrait reconnaître le fait que des pans entiers du Coran ne semblaient pas si étrangers qu'il paraît à maints auditeurs de Muḥammad. Bien plus, la possibilité n'est pas à écarter que le Coran ait été établi à l'interieur d'un groupe dont Muḥammad aurait été le parangon. Mais il faudrait encore d'autres travaux pour le montrer avec quelque certitude[98]!

---

[96] Eickelman, *art. cit.*, p. 52.

[97] *Cf.* M. Gil, *art. cit.*

[98] Notre article était à l'impression lorsque nous avons reçu: U. Rubin, *The Eye of the Beholder. The Life of Muḥammad as viewed by the early Muslims*, Princeton, N.J., Darwin Press, 1995, 289p.

KÖNNEN DIE VERSCHOLLENEN KORANTEXTE DER FRÜHZEIT DURCH NICHTKANONISCHE LESARTEN REKONSTRUIERT WERDEN?

Omar Hamdan

Die im Titel gestellte Frage ließe sich ohne Zweifel bejahen, wenn die größte der uns bekannten Qirāʾāt-Enzyklopädien auf uns gekommen wäre, nämlich das Werk «*al-Ǧāmiᶜ al-akbar wal-baḥr al-azḫar*» des Abu l-Qāsim ᶜĪsā b. ᶜAbd al-ᶜAzīz, bekannt als al-Iskandarī[1] (st. 629). Mit ihren etwa 7000 Riwāyāt und Ṭuruq hat sie gegenüber anderen Qirāʾāt-Enzyklopädien ein Vielfaches an relevanter Information.[2] Es scheint, daß sie nicht erhalten geblieben ist.[3]

---

1 Zu al-Iskandarī s. aḏ-Ḏahabī (st. 748): *Maᶜrifat al-qurrāʾ al-kibār ᶜala ṭ-ṭabaqāt wal-aᶜṣār* [abgekürzt: Maᶜrifa] 2/614–619 § 583 [Ed. Baššār ᶜAuwād Maᶜrūf, Šuᶜaib al-Arnaʾūṭ und Ṣāliḥ Mahdī ᶜAbbās. Bairūt: Muʾassasat ar-Risāla, 1. Aufl., 1404/1984]; Ibn al-Ǧazarī (st. 833): *Ġāyat an-nihāya fī ṭabaqāt al-qurrāʾ* [abgekürzt: Ġāya] 1/609–611 § 2492 [hrsg. v. G. Bergsträßer. Bairūt: Dār al-Kutub al-ᶜIlmiyya, 3. Aufl., 1402/1982 (Nachdruck der 1. Aufl. von 1352/1933)] und C. Brockelmann: *Geschichte der arabischen Literatur* [GAL] 1/367, Nr. 6 [Leiden: Brill, 1943]. Zu den Qirāʾāt im allgemeinen s. G. Bergsträßer und O. Pretzl: *Geschichte des Korantexts* [GdQ] 3/157–238 [Leipzig, 1938]; GAL 1/202–203 u. 515–523, Suppl. 1/328–330 [Leiden: Brill, 1937] und F. Sezgin: *Geschichte des arabischen Schrifttums* [GAS] 1/3–18 [Leiden: Brill, 1967]; R. Paret: "Ḳirāʾa" in: EI^{2} 5/127–129 [Leiden: Brill, 1986] und A. Neuwirth: "Koran" in: *Grundriß der Arabischen Philologie* 2/107–110 (Nicht-kanonische Lesarten und die kanonischen Lesungen) [hrsg. von Helmut Gätje. Wiesbaden, 1987].

2 Dies berichtet uns Ibn al-Ǧazarī: وهذان الرجلان أكثر مَنْ عَلِمْنا جَمْعاً في القراءات، لا نَعلمُ أحداً بعدَهُما جَمَعَ أكثرَ منهما إلاّ أبا القاسم عيسى بنَ عبد العزيز الإسكندريّ، فإنّه ألّف كتابا، سمّاه «الجامع الأكبر والبحر الأزخر»، يحتوي على سبعةِ آلافِ روايةٍ وطريق (*an-Našr fi l-qirāʾāt al-ᶜašr* [abgekürzt: Našr] 1/35, wo er mit هذان الرجلان Abū Maᶜšar aṭ-Ṭabarī und al-Huḏalī meint) [Ed. ᶜAlī Muḥammad aḍ-Ḍabbāᶜ. Miṣr: al-Maktaba at-Tiǧāriyya al-Kubrā, o.J.]. Aḏ-Ḏahabī kritisiert al-Iskandarī, daß er in seinen Qirāʾāt-Überlieferungen unzuverlässig und unglaubwürdig ist, und zweifelt deshalb an der Zahl von 7000 (Maᶜrifa 2/614 u. 619 § 583), während Ibn al-Ǧazarī, der einen Teil von «*al-Ǧāmiᶜ al-akbar wal-baḥr al-azḫar*» besaß sowie einen Muḫtaṣar dieses Werkes von Aḥmad b. ᶜAbd al-Bārī al-Iskandarānī (st. 695) sah und Teile davon auch besaß, die Skepsis von aḏ-Ḏahabī für übertrieben hält (Ġāya 1/609 § 2492). Mir ist nicht bekannt, daß dieser Muḫtaṣar erhalten geblieben ist.

3 Vgl. C. Brockelmann: "Von seinen zahlreichen Schriften zur Qorʾānlesekunde und zur Phonetik ist nichts erhalten." (GAL Suppl. 1/531, Nr. 7).

Mit einiger Vorsicht läßt sich jedoch voraussagen, daß die drei Qirāʾāt-Enzyklopädien von Abū Ǧaʿfar aṭ-Ṭabarī (st. 310), al-Huḏalī (st. 465) und Abū Maʿšar aṭ-Ṭabarī (st. 478) uns an die nichtʿuṯmānischen Qurʾāntexte der Frühzeit heranführen können, sobald sie in wissenschaftlichen Editionen vorliegen. Die Reichweite des in ihnen erhaltenen Materials möchte ich im folgenden veranschaulichen.

1. *Aṭ-Ṭabarī und seine Qirāʾāt-Enzyklopädie*

Obgleich aṭ-Ṭabarī[4] vor allem als Historiker und Qurʾānkommentator, jedoch kaum als Spezialist für Qurʾānlesungen bekannt ist[5], hinterließ er uns eine wertvolle Qirāʾāt-Enzyklopädie, die 22 Lesungen aufführt. Als Qirāʾāt-Spezialist wird er in den biographischen Werken von aḏ-Ḏahabī[6] (st. 748) und Ibn al-Ǧazarī[7] (st. 833) über die Qurʾānleser aufgeführt. Sein Verdienst besteht vor allem darin, daß er in seiner Enzyklopädie die anscheinend verlorengegangene Qirāʾāt-Enzyklopädie des Abū ʿUbaid[8] (st. 224) überliefert. Aṭ-Ṭabarī besaß ein Exemplar dieses Werkes in der Überlieferung von Aḥmad b. Yūsuf at-Taġlibī[9], der es direkt von Abū ʿUbaid übernahm. Aṭ-Ṭabarī bezieht sich in seiner Enzyklopädie hauptsächlich auf diejenige des Abū ʿUbaid und übernimmt deren Aufbau. Das berichtet uns Yāqūt (st. 626): «وكتابُه في القراءات يَشْتَمِلُ على كتاب أبي عبيدِ القاسم بنِ سلام ، لأنّه كان عندَهُ عن أحمدَ بن يوسفَ التغلبيِّ عنه ، وعليه بَنَى كتابهُ».[10]

---

[4] Zu ihm s. GAL 1/148–149, Nr. 4, 195, Nr. 5; Suppl. 1/217–218 und GAS 1/323–328.

[5] Yāqūt nennt zwei Gründe dafür: «لَمْ يَكُنْ مُنْتَصباً ولا قَرَأَ عليه أحدٌ إلا آحادٌ منَ النّاس» [Der Iqrāʾ war nicht seine Hauptbeschäftigung, und nur einzelne Personen lernten die Qirāʾa bei ihm.] (*Muʿǧam al-udabāʾ* 6/427 [Ed. D.S. Margoliouth. Kairo: 1. Aufl., 1925]).

[6] Maʿrifa 1/264–266 § 181.

[7] Ġāya 2/106–108 § 2886.

[8] Zu Abū ʿUbaid s. EI[2] 1/157 [Leiden: Brill, 1960].

[9] Ġāya 1/152 § 710, wo sein Todesjahr nicht angegeben wird.

[10] *Muʿǧam al-udabāʾ* 6/443. Darüber berichtet Ibn al-Ǧazarī: «وروى القراءةَ سَمَاعاً عن ابي عُبيدِ القاسم بنِ سلام ...» und «روى عنهُ القراءةَ ابنُ مُجاهد ومحمّدُ بنُ جريرِ الطبريُّ ...» (Ġāya 1/153 § 710). Seine Nisba findet sich im *Muʿǧam al-udabāʾ* 6/443 verschrieben als «aṯ-Ṯaʿlabī». S. Ġāya 1/152 § 710 und 2/107 § 2886.

Ibn an-Nadīm (st. 438) erwähnt die Enzyklopädie von aṭ-Ṭabarī nicht im Abschnitt seines *Fihrist*[11] über die Qirāʾāt-Werke [*al-Kutub al-muʾallafa fi l-qirāʾāt*] (S. 59), wohl aber in dem biographischen Artikel über aṭ-Ṭabarī unter dem Werktitel «كتاب القرا ءات» (S. 341). Makkī al-Qaisī[12] (st. 437) war nach meinem Wissen der erste, der aus ihr Passagen zitierte. Sie finden sich an mehreren Stellen seines Werkes «*al-Ibāna ʿan maʿāni l-qirāʾāt*»[13].

Aus einer Stelle desselben Werkes (Ibāna 27) geht hervor, daß sie 22 Lesungen umfaßte; sieben davon sind die sogenannten kanonischen Lesungen. Er sagt: «وكذلك زاد الطبريُّ في كتاب القراءات له على هؤلاء السبعةِ نحوَ خمسة عشرَ رجلاً» Nun stellt sich die Frage: Wer sind die übrigen fünfzehn Qurʾānleser? Die Antwort darauf finden wir an anderer Stelle des Werkes: «وقد ألّف هو كتابَهُ في القراءات، فذكَرَ فيهِ اختلافَ نحو عشرينَ مِنَ الأئمّةِ مِنَ الصحابة والتابعينِ ومَنْ دونَهم» (ibid. 40).

Wie lautet der Titel der Qirāʾāt-Enzyklopädie von aṭ-Ṭabarī? Bei ad-Dānī (st. 444) heißt es hierzu: «وصنّف كتاباً حسناً في القراءات، سمّاهُ الجامع»[14]. Die Angaben bei Makkī al-Qaisī (st. 437) sind jedoch nicht einheitlich; das eine Mal steht «كتاب القراءات» (Ibāna 27) und das andere Mal «كتابه في القراءات» (Ibāna 40). Al-Ahwāzī (st. 446) erwähnt sie in seinem Qirāʾāt-Werk «*al-Iqnāʿ fī iḥdā ʿašra qirāʾa*» ohne einen festen Titel: «وله في القراءات كتابٌ جليلٌ كبيرٌ»[15]. Bei Yāqūt (st. 626) sind noch zwei Titel angegeben: «كتاب القراءات وتنزيل القرآن»[16] und «كتاب الفصل بين القراءة»[17]. Aḏ-Ḏahabī (st. 748) seinerseits gibt keinen Titel an: «وصنّف كتاباً حسناً في القراءات»[18].

In der Sekundärliteratur erscheint dieses Werk mit einem vollständigen, aber wohl nachträglich beigelegten Titel. Brockelmann übernimmt den bei Ibn al-Ǧazarī angeführten Kurztitel «الجامع» und betitelt es nach der bei Yāqūt zitierten Inhaltsbeschreibung auf folgende Weise «جامع القراءات من المشهورِ والشّواذِّ وعِلَلُ ذلك وشَرْحُهُ»[19].

---

[11] Kairo: Maṭbaʿat al-Istiqāma, um 1962.

[12] Zu Makkī al-Qaisī s. EI² 6/188–189 [Leiden: Brill 1991].

[13] Ed. Muḥyi d-Dīn Ramaḍān. Damaskus: Dār al-Maʾmūn lit-Turāṯ, 1. Aufl., 1399/1979.

[14] Ġāya 2/107. Ibn al-Ǧazarī erwähnt es unter demselben Titel الجامع in seinem Našr 1/34 «جمع كتاباً حافلاً سمّاه «الجامع»، فيه نيّفٌ وعشرونَ قراءة».

[15] *Muʿǧam al-udabāʾ* 6/427.

[16] Ibid. 6/426; auch ʿAlī Ait ʿAlī: *al-Imām aṭ-Ṭabarī wa-manhaǧuhn fī taʾwīl āy al-Qurʾān al-karīm* [= ʿAlī: al-Imām aṭ-Ṭabarī] 306, Nr. 12 [in: *al-Qarawiyyīn* 2 (1410/1990) 299–318].

[17] *Muʿǧam al-udabāʾ* 6/441.

[18] Maʿrifa 1/265.

[19] GAL 1/149. S. dazu GdQ 3/208.

Muḥammad Abu l-Faḍl Ibrāhīm betitelt es so «الجامع في القراءات»[20]. Bei Sezgin lautet der Titel «الجامع في القراءاتِ (من المشهورِ والشّواذّ)»[21].

Eine Beschreibung des Inhalts und Aufbaues findet sich bei Yāqūt an drei verstreuten Stellen. Er selbst hat das Werk allerdings nicht gesehen. Er beruft sich dabei auf al-Ahwāzī, der es mit eigenen Augen gesehen habe.

An der ersten Stelle heißt es: «وله في القراءاتِ كِتابٌ جليلٌ كبيرٌ، رأَيْتُه في ثماني عشرةَ مُجلّدة، إلاّ [أنّه] كان بخطوطٍ كبارٍ . ذَكَرَ فيه جميعَ القراءاتِ من المشهورِ والشّواذِّ وعَلّلَ ذلك وشَرَحَهُ واختَارَ منها قراءةً لم يَخْرُجْ بها عن المشهورِ»[22].

An einer zweiten Stelle wird vor allem über die Methode berichtet: «كتاب الفصل بين القراءة : ذَكَرَ فيهِ اختلافَ القرّاءِ في حروفِ القرآنِ، وهو من جيّدِ الكتبِ، وفَصَّلَ فيه أسماءَ القرّاءِ بالمدينةِ ومكةَ والكوفةِ والبصرةِ والشام وغيرِها ؛ وفيهِ من الفصلِ بَيْنَ كلّ قراءةٍ، فيذكر وجهَها وتأويلَها والدلالةَ على ما ذَهَبَ إليهِ كلُّ قارىءٍ لها واختَيارَهُ الصوابَ منها والبرهانَ على صحّةَ ما اختارَهُ»[23].

Schließlich erfahren wir etwas über die Hauptquelle und die auf Abū ʿUbaid zurückgehende Überlieferung: «وكتابُه في القراءات يَشْتَمِلُ على كتابِ أبي عبيدِ القاسم بنِ سلام، لأنّه كان عندَهُ عن أحمدَ بنِ يوسفَ الثعلبيِّ عنه؛ وعليه بَنَى كتابَهُ»[24].

Die Handschrift ist meines Wissens ein Unikat. Sie ist im Jahre 1143/1730 abgeschrieben worden, besteht aus insgesamt 128 Blättern und befindet sich in der Bibliothek des Ǧāmiʿ al-Azhar Kairo unter der Nummer 1/74, Qirāʾāt 1178.[25]

2. *Al-Huḏalī und sein «al-Kāmil fi l-qirāʾāt»*

Dieses Werk hat mehr als doppelt so viele Spezialinformationen wie die Qirāʾāt-Enzyklopädie von aṭ-Ṭabarī. Es führt 50 Lesungen auf. Ein längerer biographischer Artikel über den Verfasser findet sich

---

[20] S. al-ʿAzzāwī, ʿAbd ar-Raḥmān Ḥusain: *Aṭ-Ṭabarī «as-sīra wat-tāriḫ»* [= ʿAzzāwī: aṭ-Ṭabarī] 141 [Baġdād: Dār aš-Šuʾūn aṯ-Ṯaqāfiyya al-ʿĀmma, 1. Aufl., 1989].

[21] GAS 1/328, Nr. 9, wo er die Autorschaft von aṭ-Ṭabarī ohne Angaben von Gründen bezweifelt.

[22] *Muʿǧam al-udabāʾ* 6/427. Vgl. GdQ 3/208 und die dazugehörige Anm. 8.

[23] *Muʿǧam al-udabāʾ* 6/441–442.

[24] Ibid. 6/443.

[25] ʿAzzāwī: aṭ-Ṭabarī 141. An derselben Stelle sagt der Autor noch: "Ich persönlich nahm Einsicht in sie.". S. auch GAS 1/328, Nr. 9 und ʿAlī: al-Imām aṭ-Ṭabarī 306, Nr. 12.

bei aḏ-Ḏahabī (st. 748)[26] und Ibn al-Ǧazarī (st. 833)[27]. Er heißt mit vollständigen Namen Abu l-Qāsim Yūsuf b. ʿAlī al-Baskarī[28] al-Maġribī, bekannt als al-Huḏalī (st. 465).

Die Informationen über die äußeren Ereignisse und Umstände seines Lebens bleiben dabei spärlich. Er erregte die Aufmerksamkeit der Biographen vor allem durch seine lange Studienreise [Ṭalab al-ʿilm]. Seine Reise begann im Jahre 425, offenbar in Fās und führte ihn bis Farġāna. Im Jahre 458 wurde er von Niẓām al-Mulk (485) zum Muqriʾ der Madrasa an-Niẓāmiyya in Nīšābūr ernannt. Seinen Lehrstuhl für Iqrāʾ hatte er bis zu seinem Tode im Jahre 465 inne.[29] Man berichtet, daß er in Nīšābūr den Maǧlis von Abu l-Qāsim al-Qušairī (465) besuchte.[30]

Zum größten Teil besteht der biographische Artikel bei aḏ-Ḏahabī aus einer Namensliste aller Šuyūḫ, die al-Huḏalī in seiner Qirāʾāt-Enzyklopädie «الكامل في القراءات» als seine persönlichen Lehrer nennt. Diese Liste von 122 Šuyūḫ[31] steht einer Aussage von al-Huḏalī selbst gegenüber, daß er im Rahmen seiner Qirāʾāt-Studien 365 Šuyūḫ getroffen habe[32]. Diese hohe Zahl[33] erscheint angemessen, wenn man den riesigen Umfang seiner Qirāʾāt-Enzyklopädie bedenkt. In ihr hat er auch andere seiner Qirāʾāt-Werke eingearbeitet[34], wie al-Waǧīz und al-Hādī[35].

---

26 Maʿrifa 1/429–433 § 367.

27 Ġāya 2/397–401 § 3929. Vgl. auch den kurzgefaßten biographischen Artikel im *Muʿǧam al-udabāʾ* 7/308 § 204.

28 Die Nisba bezieht sich auf Baskara, eine Ortschaft im Iqlīm az-Zāb aṣ-Ṣaġīr (*Muʿǧam al-udabāʾ* 7/308) im heutigen Algerien.

29 *Muʿǧam al-udabāʾ* 7/308; Maʿrifa 1/433 und Ġāya 2/398.

30 S. o. Anm. 1.

31 Maʿrifa 1/430 «وقد ذَكَرَ الشيوخَ الذينَ قَرَأَ عليهم، وعِدَّتُهُم مئةٌ واثْنانِ وعشرونَ شيخا، وهُمْ ...», wo er die Namen mehr oder weniger nach dem Itinerar seiner Reisestationen einordnet. Ibn al-Ǧazarī ordnete alle Namen alphabetisch an, bei identischen Namen gehen die Mukṯirūn den Muqillūn voran. Die Kunā-Namen bei ihm finden sich am Schluß. Sein Text fängt so an: «وقد ذَكَرَ شيوخَهُ الذين أَخَذَ عنهُمُ القراءاتِ في كتابِهِ، وعِدَّتُهُم مائةٌ واثْنانِ وعشرونَ شيخاً في «كامله» ، وها أنا أذكرُهم مُرتّبِينَ على عادتي في المُكْثِرِين ...» (Ġāya 2/398).

32 Maʿrifa 1/432 «فجملةُ مَنْ لَقِيتُ في هذا العلم ثلاثمائةٍ وخمسةٌ وستّونَ شيخاً من آخرِ المغربِ إلى بابِ فَرْغانَة يميناً وشِمالاً وجَبَلاً وبَحْراً، ولو عَلِمْتُ أحداً تقدّمَ عليَّ في هذهِ الطبقةِ في جميع بلادِ الإسلام لَقصدتُهُ». S. auch Ġāya 2/398.

33 Nicht nur dies bemerkt aḏ-Ḏahabī, sondern er sagt auch, daß die meisten von ihnen unbekannt sind; aber er sieht darin etwas Positives, und zwar die eifrige Bemühung der Gelehrten um die Wissenschaft. Seine Worte lauten: «إنّما ذكرتُ شيوخَهُ، وإنْ كان أكثرُهم مجهولينَ لتَعْلَمَ كيف كانتْ هِمّةُ الفُضلاءِ في طلبِ العلم» (Maʿrifa 1/432).

34 Maʿrifa 1/432 § 367 «وألّفتُ هذا الكتابَ فجعلتُهُ جامعاً للطرقِ المتلوّةِ والقراءاتِ المعروفةِ ونسختُ به مصنّفاتي كالوجيزِ والهادي وغيرِهما». S. auch Ġāya 2/398 § 3929 [dort steht «من هذه الطبقة» statt «من هذه الطريقة»].

35 Mir ist nicht bekannt, daß die beiden Werke erhalten geblieben sind.

Die Namen seiner im al-Kāmil angeführten Šuyūḫ sind mit den dazugehörigen Ortsnamen versehen. Dadurch ist es möglich, die Route seiner im Jahr 425 begonnenen Reise nachzuvollziehen. Die Route verlief von Fās über Baskara [Biskara], Qairawān, Qābis, Ṭarābulus (al-Ġarb), al-Iskandariyya, Miṣr [Kairo], Dumyāṭ, Tinnīs, ᶜAsqalān, Ramla, Bait al-Maqdis, Arsūf, Ṣūr, Ṣaidā, Bairūt, Dimašq, Lāḏiqiyya, al-Maᶜarra [Maᶜarrat an-Nuᶜmān], Qinnasrīn, Ḥalab, Ḥarrān, ar-Raqqā, ar-Raḥba, al-Ḫānūqa, Āmid, Mayyāfāriqīn, al-Ǧazīra, al-Mauṣil, ᶜĀna, Hīt, al-Anbār, Baġdād, Ǧarǧarāyā, Dair al-ᶜĀqūl, aṣ-Ṣalīq, Wāsiṭ, al-Kūfa, al-Baṣra, al-Ubulla, al-Ahwāz, Hamaḏān, al-Karǧ, Iṣbahān, Kāzarūn, al-Baiḍāʾ, Šīrāz, Fasā, Ǧīruft, Mukrān, Bust, Nīšābūr, Buḫārā, Samarqand bis nach Farġāna.[36]

Die Rückreise hat er nicht angetreten. Bemerkenswert ist, daß die Arabische Halbinsel von ihm nicht aufgesucht wurde. Trotzdem äußert sich Ibn al-Ǧazarī in lobendem Ton über seine Meisterschaft auf dem Gebiet der Qirāʾāt, besonders über seine lange Reise im Ṭalab al-qirāʾāt: «طاف البلادَ في طلبِ القراءات، فلا أعلمُ أحداً في هذه الأمّةِ رَحَلَ في القراءاتِ رحْلَتَهُ ولا لَقِيَ مَنْ لَقِيَ مِنَ الشيوخ»[37]. Er bezeichnet ihn als al-ustāḏ al-kabīr [Großmeister], ar-raḥḥāl und al-ǧauwāl [Vielreisender].[38]

Seine Qirāʾāt-Enzyklopädie trägt den vollständigen Titel *«al-Kāmil fi l-Qirāʾāt»*, aber häufiger wird sie als *«al-Kāmil»* abgekürzt. Sie umfaßt 50 Lesungen und 1459 Riwāyāt und Ṭuruq[39]. Obgleich ich die vorhandene Handschrift nicht einsehen konnte, ist es mir teilweise gelungen, zu bestimmen, welche Lesungen sie beinhaltet. Mit Hilfe von *«Ġāyat an-nihāya»*, in der Ibn al-Ǧazarī sich sehr häufig auf *«al-Kāmil»* beruft, ist zu erfahren, daß die Lesung von Muǧāhid b. Ǧabr (st. 104)[40], al-Ḥasan al-Baṣrī (st. 110) in fünf Überlieferungen[41], Qatāda b. Diᶜāma (st. 117)[42], Yaḥyā b. al-Ḥāriṯ ad-Dimašqī[43]

---

[36] Maᶜrifa 1/430–432 und Ġāya 2/398–400.

[37] Ġāya 2/398.

[38] Ibid. 2/397.

[39] Naṣr 1/35 «وَألّف كتابَهُ «الكامل»، جمَعَ فيهِ خمسينَ قراءة عن الأئمّةِ وألفاً وأربعَمائةِ وتسعةً وخمسينَ روايةً وطريقاً».

[40] Ġāya 2/305 § 3634 «عَلَى مَا ذَكَرَهُ الهذليُّ في اخْتِيَارِ مُجَاهِدٍ . . .» und 2/222 § 3331.

[41] Ibid. 1/235 § 1074 und 2/348 § 3765. Die fünf Überlieferungen sind die von ᶜAbbād b. Rāšid [oder fälschlicherweise «ابن عبّاد بن راشد»], ᶜAbbād b. Tamīm, Sulaimān b. Arqam, ᶜUtba b. ᶜUtba und ᶜAmr b. ᶜUbaid [oder fälschlicherweise «عمر بن مقبل» bzw. «عمرو بن عقيل»].

[42] Ibid. 2/25 § 2611: «وله اختيارٌ، رَوَيْناهُ من كتابِ الكامل وغيرِهِ».

[43] Ibid. 2/368 § 3830: «وله اختيارٌ في القراءةِ، خالفَ فيهِ ابنَ عامر، رَوَيْناه في كتابِ الكامل».

(st. 145), Abū Ḥanīfa (st. 150) nach dem Ǧuzʾ von Abu l-Faḍl al-Ḫuzāʿī (st. 408)[44], Abu s-Sammāl Qaʿnab[45] (st. 151–160), Masʿūd b. Ṣāliḥ as-Samarqandī[46], Aḥmad b. Ḥanbal[47] (st. 241), al-Ḥusain b. Mālik az-Zaʿfarānī[48] und Abū Bakr b. Fūrak al-Qabbāb (st. 370)[49] im «*Kāmil*» überliefert sind.

Anzumerken ist freilich, daß in sehr vielen der von Ibn al-Ǧazarī aus dem «*Kāmil*» zitierten Passagen falsche oder ungenaue Angaben in bezug auf Personen und Isnādketten auftauchen[50]; sie werden von Ibn al-Ǧazarī als Fehler gekennzeichnet.

Die häufig vorkommende Ungenauigkeit bei al-Huḏalī veranlaßte aḏ-Ḏahabī (st. 748), ihn und den Inhalt seines «*Kāmil*» scharf zu kritisieren: «وله أغاليطُ كثيرة في أسانيدِ القراءات، وحَشَدَ في كتابِه أشياءَ مُنْكرة، لايحلُّ القَرا ءةُ بها ولا يصحُّ لها إسَنادٌ، إمّا لجَهَالةِ الناقلِ أو لضُعْفِه»[51].

Seine Ungenauigkeit wurde aber von Ibn al-Ǧazarī (st. 833) entschuldigt, der schreibt: «وقد وَقَعَ له أوهامٌ في أسانيدِه، وهو معذورٌ في ذلكَ، لأنّه ذَكَرَ ما لَمْ يَذْكُرْهُ غيرُهُ»[52].

Viele seiner falschen Angaben waren mittlerweile von Abū l-ʿAlāʾ al-Hamaḏānī[53] (st. 569) berichtigt worden, aber ein größerer Teil davon blieb ohne Berichtigung.[54]

---

44 Ibid. 2/342 § 3745 «وقد أَفْرَدَ أبو الفَضْلِ الخُزاعيْ قراءتَهُ في جُزْءٍ، رَوَيْناهُ مِنْ طريقِهِ وأخْرَجَهَا الهذليُّ في كاملِه».

45 Ibid. 2/27 § 2614 «له اخْتيارٌ في القراءةِ شاذٌّ عن العامّةِ، رَوَاهُ عنه أبو زَيْدٍ سعيدُ بنُ أوْس؛ وأسْنَدَ الهذليُّ قراءةَ أبي السمّالِ عن هِشَامِ البَرْبَرِيِّ عن عَبّادِ بنِ راشَدٍ عن الحسنِ عن سَمُرَةَ عن عُمرَ». Vgl. aḏ-Ḏahabī: *Tārīḫ al-islām* 576 «له قراءةٌ شاذّةٌ في الكامل لأبي القاسم الهذليِّ وفي غيرِهِ. رواها عنه أبو زَيْدِ سعيدُ بنُ أوسٍ الأنصاريُّ». [*Ḥawādiṯ wa-wafayāt* 141–160. Ed. ʿUmar ʿAbd as-Salām Tadmurī. Bairūt: Dār al-Kitāb al-ʿArabī, 1. Aufl., 1408/1988].

46 Ġāya 2/296 § 3595: «له اختيارٌ في القراءة، رواهُ الهذليُّ».

47 Ibid. 1/112 § 515: «وذَكَرَ له في كتابِه الكامل اختيَاراً في القراءة».

48 Ibid. 1/249 § 1130: «له اختيارٌ في القراءة، رَوَيْناهُ من الكاملِ».

49 Ibid. 1/454 § 1893: «واختْارَ اختياراً من القراءة، رَوَاهُ عَنْهُ الهُذَليُّ».

50 Wie zum Beispiel «فيما قالِ الهذليُّ، ولا يصحُّ ...، وأيضاً لا تصحُّ قراءتُه ...، ذكر الهذليُّ، بل ...» (Ġāya 1/193 § 888), «كذا قالِ الهذليِّ، وصوابُهُ ...» und «كذا ذَكَرَه الهذليُّ، فوَهِمَ، وصوابُهُ ...» (ibid. 1/379 § 1615), «كذا ذَكَرَهُ الهذليُّ، وإنّما ...» (ibid. 1/381 § 1624), «كذا ذكره الهذليُّ، وهو وهمٌ» (ibid. 2/225 § 3349), «كذا في كامل الهذليُّ، وهو فيما ذكره الهذليُّ ...، ولا يصحّ ذلك، بل...» (ibid. 2/225 § 3350), «وَهْم، وصوابهُ ...» (ibid. 2/229 § 3366), «كذا وقَعَ في الكامل، وصوابُهُ ...» (ibid. 2/230 § 3369), «وذَكَرَ الهذليُّ أنّ ...، ولا ...» (ibid. 2/237 § 3396), «ذَكَرَ الهذليُّ أنّه ... هذا سندٌ لا يصحّ» (ibid. 2/239 § 3404), «ووَهِمَ في نسبِه الهذليُّ» (ibid. 2/313 § 3658), «يصحّ ذلك ولا يُمكن ... كذا ذكره الهذليُّ، ولا يصحّ، بل ...» (ibid. 2/342 § 3746) und viele andere.

51 Maʿrifa 1/433 § 367. S. auch Ġāya 2/401.

52 Ġāya 2/400.

53 Ibid. 1/204–206 § 945.

54 Ibid. 2/400–401.

Über den Aufbau des «*Kāmil*» berichtet uns Muḥammad ᶜUmaira ᶜAlī in seinem Aufsatz «*Min nawādir al-maḫṭūṭāt fī maktabat al-Azhar: al-Kāmil fī l-qirāʾāt*» (*Maǧallat al-Azhar* 22 (1404/1984) 2142–2146). Die Handschrift ist diesem Aufsatz zufolge ein Unikat. Sie ist von einem ᶜAlī b. Muḥammad al-Farġānī abgeschrieben und am Sonntag, den 11. Ṣafar 524 der Hiǧra vollendet worden (ibid. 2146). Sie besteht aus 12 Teilen, wobei der erste Teil unvollständig ist, und befindet sich in der Bibliothek der Azhar-Universität unter der Nummer 369 / al-Maġāriba (ibid. 2143).

3. *Abū Maᶜšar aṭ-Ṭabarī und sein «Sauq al-ᶜarūs»*

Er heißt mit vollem Namen Abū Maᶜšar ᶜAbd al-Karīm b. ᶜAbd aṣ-Ṣamad aṭ-Ṭabarī al-Qaṭṭān aš-Šāfiᶜī[55] (st. 478); es handelt sich um einen Zeitgenossen von al-Huḏalī (st. 465). Die besten biographischen Angaben über ihn als Qurʾānleser finden sich bei aḏ-Ḏahabī[56] und Ibn al-Ǧazarī[57]. Berichtet wird, daß er Muqriʾ in Mekka war, wo er auch starb. Unter seinen zahlreichen Šuyūḫ tauchen zwei wichtige Persönlichkeiten auf dem Gebiet der Qirāʾāt auf, bei denen er die Qirāʾāt am intensivsten studierte, nämlich Abu l-Qāsim az-Zaidī[58] (st. 433) in Ḥarrān und al-Ahwāzī[59] (st. 446) in Damaskus. Von diesem az-Zaidī überlieferte er noch den Tafsīr von an-Naqqāš[60] (st. 351) [*Šifāʾ aṣ-ṣudūr*] und von aṯ-Ṯaᶜlabī[61] (st. 427) dessen Tafsīr [*al-Kašf wal-bayān*]. Von al-Ahwāzī überlieferte er viele Qirāʾāt mit Iǧāza (Ġāya 1/401). Er verfaßte zahlreiche Werke[62], unter anderem seine Qirāʾāt-Enzyklopädie, die den vollständigen

---

55 GAL 1/518, Nr. 5 und Suppl. 1/722, Nr. 5.

56 Maᶜrifa 1/435–436 § 371.

57 Ġāya 1/401 § 1708.

58 Maᶜrifa 1/393 § 331 und Ġāya 1/572–573 § 2326.

59 Maᶜrifa 1/402–405 § 343 und Ġāya 1/220–222 § 1006.

60 Zu an-Naqqāš als Mufassir s. Nuwaihiḍ, ᶜĀdil: *Muᶜǧam al-mufassirīn min ṣadr al-islām ḥatta l-ᶜaṣr al-ḥāḍir* 2/513 [Bairūt: Muʾassat Nuwaihiḍ aṯ-Ṯaqāfiyya, 1. Aufl., 1404/1984].

61 Ibid. 1/62.

62 Wie zum Beispiel «*at-Talḫīṣ fī l-qirāʾāt aṯ-ṯamānī*» [Ms.], «*al-Ǧāmiᶜ fī l-qirāʾāt al-ᶜašr*» [Ms.], «*Muḫtaṣar fī ifrād qirāʾāt al-imām Abī ᶜAmr b. al-ᶜAlāʾ*» [Ms.] [zu den drei erhaltenen Qirāʾāt-Werken s. *al-Maǧmaᶜ al-Malakī li-Buḥūṯ al-Ḥaḍāra al-Islāmiyya: al-Fihras aš-šāmil lit-turāṯ al-ᶜarabī al-islāmī al-maḫṭuṭ: ᶜUlūm al-qurʾān – Maḫṭūṭāt al-qirāʾāt* 1/91 § 49–51], «*Kitāb ar-rašād fī šarḥ al-qirāʾāt aš-šāḏḏa*» [genannt auch «*ar-Rašād fī š-šawāḏḏ*»], «*Kitāb al-ᶜadad*», «*Ṭabaqāt al-qurrāʾ*», «*Kitāb ad-durar fī t-tafsīr*» und «*ᶜUyūn al-masāʾil*» [Ms.] [zu diesem s. GAL 1/518, Nr. 5 und S 1/722, Nr. 5] und andere. Zu seinen gesamten Werken s. as-Subkī (771): *Ṭabaqāt aš-šāfiᶜiyya al-kubrā* 5/152 [Ed. Maḥmūd Muḥammad aṭ-Ṭanāḥī und ᶜAbd al-Fattāḥ Muḥammad al-Ḥuluww. Kairo: 1. Aufl., 1386/1967] und Ġāya 1/401.

Titel «*Sauq al-ᶜarūs fī l-qirāʾāt al-mašhūra wal-ġarība*» trägt, abgekürzt «*Sauq al-ᶜarūs*»[63].

Diese Qirāʾāt-Enzyklopädie umfaßt 1550 Riwāyāt und Ṭuruq[64]. Pretzl sagt: "Er behandelt die üblichen 7 Leser und dazu eine große Anzahl von iḫtijārāt (ohne al-Jezīdī und Ḥasan), beschränkt sich nicht auf zwei Überlieferer eines jeden Imams."[65] Ibn al-Ǧazarī übt scharfe Kritik an Abū Maᶜšar aṭ-Ṭabarī in bezug auf den Inhalt des «*Sauq al-ᶜarūs*» und anderer Werke, so etwa, daß Abū Maᶜšar aṭ-Ṭabarī alles Mögliche von al-Ahwāzī mit Iǧāza überliefert habe[66].

Von dieser Enzyklopädie sind, soviel ich weiß, zwei Handschriften erhalten; das in der Preußischen Staatsbibliothek Berlin vorhandene Manuskript ist bedauerlicherweise unvollständig; die andere Handschrift befindet sich in der Ägyptischen Nationalbibliothek Kairo. Sie besteht aus zwei Bänden, wobei der Anfang des ersten Bandes und der Schluß des zweiten Bandes fehlen.[67]

Man kann davon ausgehen, daß durch kritische Editionen der drei hier behandelten Qirāʾāt-Enzyklopädien ein Hauptproblem, nämlich die geringe Kenntnis von den Qirāʾāt der Frühzeit, nicht gelöst, aber doch erleichtert werden wird. Denn was uns die anderen Quellen im allgemeinen über sie berichten, ist weniger als das, was sie uns nicht berichten. Außerdem sind die besten und größten Qirāʾāt-Werke verlorengegangen. Es ist keine Übertreibung zu sagen, daß wir kaum etwas über die sogenannten Šawāḏḏ wissen. Um das Problem zu veranschaulichen, führe ich als Beispiel eine der ältesten nichtkanonischen Qirāʾāt in Baṣra an, nämlich die Lesung von al-Ḥasan al-Baṣrī[68] (st. 110), der sich durch seinen Lehrer

---

[63] Bei Brockelmann (GAL 1/518, Nr. 5 und S 1/722, Nr. 5) und O. Pretzl (Islamica 6/1934/45, Nr. 32) wird es als «*Sūq al-ᶜarūs*» aufgeführt.

[64] Ġāya 1/401. Ibn al-Ǧazarī sagt im Našr 1/35, daß es 1550 Riwāyāt und Ṭuruq umfaßt. Sein Text lautet: «وفي هذا العَصْرِ أبو مَعْشَرٍ عبدُ الكريم بنُ عبدِ الصمد الطبريُّ بمكّة، مؤلّفُ «كتاب التلخيص في القراءات» و «سوق العروس» : فيه ألفٌ وخمسُمائة وخمسونَ روايةً وطريقاً».

[65] Islamica 6/1934/45, Nr. 32.

[66] Sein Text lautet: «ورَوَى عنه الطّمَّ والرّمَّ أبو معشرِ الطبريُّ بالإجازةِ في كتاب سوق العروس وغيرِه» (Ġāya 1/222 § 1006).

[67] Islamica 6/1934/45, Nr. 32.

[68] Zu al-Ḥasan al-Baṣrī als Qurʾānleser s. Maᶜrifa 1/65 § 21 und Ġāya 1/235 § 1074. Außer seiner Lesung werden zu den nichtkanonischen Lesungen in Baṣra auch die von Abu l-Ǧauzāʾ ar-Rabaᶜī (st. 82/3), Naṣr b. ᶜĀṣim (st. 90/vor 100), Abu š-Šaiḫ al-Hunāʾī (st. nach 100), Abū Raǧāʾ al-ᶜUṭāridī (st. 100/5/7/8), Abu l-Mutawakkil an-Nāǧī (st. 102), Abū Miǧlaz as-Sadūsī (st. 101–10), Abū Nahīk (st. 101–10), Ibn Abī Isḥāq (st. 117), Qatāda (st. 118), ᶜĀṣim al-Ǧaḥdarī (st. 128), Yaḥyā b. Yaᶜmur (st. um 129), Abū ᶜImrān al-Ǧaunī (st. 128/30) und anschließend Abu l-Ašhab al-ᶜUṭāridī (st. 162/5) gezählt.

Ḥiṭṭān b. ᶜAbdallāh ar-Raqāšī[69] (st. 70–80) auf die Qirāᵓa des Abū Mūsā al-Ašᶜarī[70] (st. 44) beruft, welche ihrerseits auf seinem eigenen Qurᵓāntext, bekannt als *Lubāb al-qulūb*, basiert. Die *Mufrada* von al-Ahwāzī[71] (st. 446) bietet uns lediglich eine Überlieferung seiner Lesung, und zwar die von ᶜĪsā b. ᶜUmar aṯ-Ṯaqafī al-Baṣrī[72] (st. 149). Außerdem ist die *Mufrada* nur ein Vergleich seiner Lesung nach der Überlieferung von aṯ-Ṯaqafī mit derjenigen des Abū ᶜAmr b. al-ᶜAlāᵓ al-Baṣrī[73] (st. 154); sie trug deshalb den Titel «رسالة في شَرْح ما خالَفَ به أبو سعيدٍ الحسنُ البصريُّ أبا عمرو بن العلاء»[74].

Erstaunlicherweise aber erfahren wir, daß die Lesung von al-Ḥasan al-Baṣrī von zehn Hauptüberlieferern weitergegeben worden ist. Die zehn Überlieferungen faßte Aḥmad b. Hibatallāh al-Ǧazarī[75] in einem Werk zusammen, das Ibn al-Ǧazarī (st. 833) etwa dreihundert Jahre später zu Gesicht bekam. Darüber berichtet uns Ibn al-Ǧazarī selbst in dem biographischen Artikel über Aḥmad b. Hibatallāh al-Ǧazarī: «وَقَفْتُ لَهُ على تَأليفٍ في قراءة الحسنِ البصريِّ، ذَكَرَ عنهُ عشرَ روايات ، فرأيتُهُ حَسَنَ الكلام»[76].

Die Frage stellt sich nun: Wo sind diese zehn Überlieferungen? Warum bezieht sich Ibn al-Ǧazarī nicht auf sie, wenn er etwas über die Lesung des Ḥasan berichtet, obwohl er dieses Werk für gut hielt?

---

[69] Zu Ḥiṭṭān ar-Raqāšī als Qurᵓānleser s. Maᶜrifa 1/49 § 12; Ġāya 1/253–254 § 1157 und A. Jeffery: *Materials for the History of the Text of the Qurᵓān* [abgekürzt: Materials] 244 [Leiden: Brill, 1937].

[70] Zu al-Ašᶜarī als Qurᵓānleser s. Maᶜrifa 1/39–40 § 6; Ġāya 1/442–443 § 1851 und Jeffery: Materials 209–211.

[71] Zu al-Ahwāzī als Qurᵓānleser und Spezialist auf dem Gebiet der Qirāᵓāt s. Maᶜrifa 1/402–405 § 343 und Ġāya 1/220–222 § 1006.

[72] Als Qurᵓānleser und Grammatiker hat er sich unter den Baṣriern einen Namen gemacht. Zu seinen Lehrern werden al-Ḥasan al-Baṣrī (st. 110), Ibn Abī Isḥāq (st. 117) und ᶜĀṣim al-Ǧaḥdarī (st. 128) gezählt. Er selbst gilt als Lehrer von al-Ḫalīl b. Aḥmad (st. 170) und Sībawaih (st. 180). Zu aṯ-Ṯaqafī als Qurᵓānleser s. Ġāya 1/613 § 2498 und EI² 4/91 [Leiden: Brill, 1978].

[73] Seine Lesung ist eine der sieben kanonischen Lesungen. Er lernte die Qirāᵓa u. a. bei Ḥasan. Er wird auch zu den berühmten baṣrischen Grammatikern gezählt. Zu ihm als Qurᵓānleser s. Maᶜrifa 1/100–105 § 39; Ġāya 1/288–292 § 1283 und EI² 1/105–6 [Leiden: Brill, 1960].

[74] Salāma, Ḫaḍir Ibrāhīm: *Fahras maḫṭūṭāt maktabat al-Masǧid al-Aqṣā* 1/21 [Jerusalem: Maṭābiᶜ Dār al-Aitām al-Islāmiyya, 2. Aufl., 1403/1983, 2 Bde.]. Diese *Mufrada* habe ich im Rahmen meiner Magisterarbeit «*Die Lesung von al-Ḥasan al-Baṣrī: Edition der Mufrada von al-Ahwāzī*» unter der Leitung von Dr. Simon Hopkins am Seminar für Arabische Sprache und Literatur der Hebräischen Universität in Jerusalem 1408/1987 ediert.

[75] Er lebte noch im Jahre 507. Zu ihm als Qurᵓānleser s. Ġāya 1/146 § 680 und 2/159 § 3039.

[76] Ibid. 1/146 § 680.

Warum beziehen sich die späteren Quellen[77] nur auf die *Mufrada* von al-Ahwāzī (st. 446), nicht aber auf dieses umfangreiche Werk von Aḥmad b. Hibatallāh al-Ǧazarī?

Daß die Lesung von Ḥasan tabu war, kann nicht die richtige Antwort darauf sein. Denn dann hätte es keinen Anlaß für Aḥmad b. Hibatallāh al-Ǧazarī gegeben, solch ein riesiges Werk darüber zu verfassen. Außerdem wurde seine Lesung noch im 8./14. Jhr. im Ǧāmiᶜ al-Azhar von seinem damaligen Imām, Faḫr ad-Dīn al-Balbīsī (st. 804), zum praktischen Gebrauch herangezogen und gelesen[78]. Darüber hinaus fanden im 12./18. Jhr. in Konstantinopel nichtkanonische Lesungen im Iqrāᵓ Verwendung. Dies war der Grund dafür, daß Yūsuf Efendīzāde (st. 1167/1754) eine spezielle Abhandlung unter dem Titel «*Risāla fī ḥukm al-qirāᵓa bil-qirāᵓāt aš-šawāḏḏ*»[79] als Widerlegung gegen die an ihnen festhaltenden Leute verfaßte. Er beschreibt am Anfang seiner *Risāla* (S. 2) eine verbreitete, aber tadelnswerte Erscheinung: «لَمّا ظَهَرَ وشَاعَ في عَصْرِنَا في بَلْدَتِنا القسطنطينية المحْمِيّةِ – حُمِيَتْ عن جميع الآفاتِ والبَلِيّةِ – الإِقراءُ بالشواذِّ من وجوهِ القراءاتِ في المساجدِ والجوامع وفي مَجَالسِ الإقراءِ والمحَافلِ والمجَامع، أَرَدْتُ أن أكتبَ وأُلَخِّصَ ممّا قالهُ علماءُ الدينِ وأئمّةُ الإسلام والمسلمينَ في هذا الباب».

Die Antwort auf die zuvor gestellte Frage liegt meiner Meinung nach im Bestreben der meisten Gelehrten der Qirāᵓāt-Wissenschaft,

---

[77] Nämlich *Muṣṭalaḥ al-išārāt fī l-qirāᵓāt az-zāᵓida al-marwiyya ᶜan aṯ-ṯiqāt* [Ms.] von Ibn al-Qāṣiḥ (st. 801) «وأمّا قراءةُ الحسنِ، فَمِنْ مُفْرَدَاتِ الأهوازيِّ» [Privatkopie des sich in Ǧāmiᶜ Yāfā al-Kabīr/Yāfā befindlichen Originals, Bl. 2a/Z.7], *Īḍāḥ ar-rumūz wa-miftāḥ al-kunūz* [Ms.] von Ibn al-Qabāqibī (st. 849) «وأمّا مَذْهَبُ الإمام الحسنِ ابنِ أبي الحسن البصريِّ، فَمِنْ مُفْرَدَة الأهوازيِّ يُسْتَقَلُّ» [Privatkopie des sich in der Nationalbibliothek der Hebräischen Universität in Jerusalem befindlichen Originals, Bl. 1b/Z.11–12], *Itḥāf fuḍalāᵓ al-bašar* von al-Bannā (1117) [Ed. Šaᶜbān Muḥammad Ismāᶜīl. Bairūt [u.a.]: ᶜĀlam al-Kutub [u.a.], 1. Aufl., 1407/1987, S. 1/80] und anschießend *Šarḥ al-ifāda al-muqniᶜa fī qirāᵓat al-aᵓimma al-arbaᶜa* [Ms.] von Hāšim b. Muḥammad al-Maġribī (lebte noch im Jahre 1148) «وقراءةُ الحسنِ من روايةِ الدوريِّ حَسْب عن البلخيِّ عن عيسى الثقفيِّ عنه من مفردة الأهوازيِّ» [Privatkopie des sich in Princeton University Library / Garrett Collection of Arabic Manuscripts befindlichen Originals, Bl. 3a/Z.16–17].

[78] Yūsuf Efendīzāde: *Risāla fī ḥukm al-qirāᵓa bil-qirāᵓāt aš-šawāḏḏ* 11 «وقَدِ اشْتَهَرَ في عَصْرِنَا الإقْراءُ بروايةِ منسوبةِ إلى الحسن البصريِّ. كان الشيخُ فَخْرُ الدين البلبيسي، إمامُ الجامع الأزهر، نضّر اللّهُ وَجْهَهُ، يُسْنِدُها عن شيخهِ الكفتيِّ عَن ابْنِ نُمَيْرِ السّرّاج بسَنَده إلى الحسن البصريِّ» [Ed. Taġrīd Muḥammad ᶜAbd ar-Raḥmān Ḥamdān und ᶜUmar Yūsuf ᶜAbd al-Ġanī Ḥamdān. Aṭ-Ṭīra: Maṭbaᶜat aṭ-Ṭīra, 1. Aufl., 1413/1992. Silsilat Taḥqīq at-Turāṯ al-Islāmī (1): al-ᶜUlūm al-Qurᵓāniyya—ᶜIlm al-Qirāᵓāt; hrsg. von Dār an-Nadwa / aṭ-Ṭīra].

[79] S. o. Anm. 78.

die Zahl der Überlieferungen zu einer Lesung einzuschränken. Dies galt auch für die zehn kanonischen Lesungen. Denn jeder Leser bzw. jede kanonische Lesung von ihnen wurde höchstens auf zwei Hauptüberlieferer bzw. zwei Hauptüberlieferungen eingeschränkt.

Ein klares Beispiel dafür ist Abū ᶜAmr b. al-ᶜAlāᵓ al-Baṣrī (st. 154) und seine Lesung. Obwohl sie, wie Ibn Muǧāhid (st. 324) in seinem *Kitāb as-Sabᶜa fi l-qirāᵓāt*[80] (S. 85) berichtet, von 17 Hauptüberlieferern[81] weitergegeben wurde, wurde sie in der Qirāᵓāt-Literatur auf die Überlieferung von al-Yazīdī (st. 202) eingeschränkt. Darüber hinaus wurde die Anzahl der Überlieferer nach al-Yazīdī auf zwei eingeschränkt, nämlich as-Sūsī (st. 261) und ad-Dūrī (st. 246), obgleich zehn Überlieferer mit ihrer Überlieferung nach al-Yazīdī bekannt waren[82]. Aus diesem Grund warf Abū Ḥaiyān al-Andalusī (st. 754) Ibn Muǧāhid (st. 324), ad-Dānī (st. 444) und aš-Šāṭibī (st. 590) vor, daß sie viele kanonischen Überlieferungen wegliessen bzw. nicht berücksichtigten: «ليس في كتاب ابنِ مجاهدٍ ومنْ تَبِعَهُ من القراءات المشهورةِ إلاَ النزرُ اليسيرُ. فهذا أبو عمرو بنُ العلاءِ اشتهرَ عنه سبعة عشر راوياً»; danach erwähnt er ihre Namen und sagt: «اقْتُصِرَ في كتابِ ابنِ مجاهدٍ على اليزيديِّ، واشْتُهِرَ عن اليزيديِّ عشرةُ أنفسٍ، فكيف يُقْتَصَرُ على السوسيِّ والدوريِّ وليسَ لهما مزيةٌ على غيرِهما، لأنّ الجميعَ مشتركونَ في الضبطِ والإتقانِ والاشتراكِ في الأخذِ ؟»; am Schluß äußerte er sich noch kritischer und härter: «ولا أعرفُ لهذا سبباً إلا ما قَضَى مِنْ نَقْصِ العِلْم»[83].

Neben Abū Ḥaiyān al-Andalusī gab es noch andere Gelehrte, die sich den Einschränkungsbestrebungen widersetzten und unter Einbeziehung mehrerer Überlieferungen Qirāᵓāt-Werke verfaßten, wie zum Beispiel Abu l-ᶜAbbās al-Mahdawī (st. 440), Verfasser des «*Kitāb Bayān as-sabab al-mūǧib li-ḫtilāf al-qirāᵓāt wa-kaṯrat aṭ-ṭuruq war-*

[80] Ed. Šauqī Ḍaif. Miṣr: Dār al-Maᶜārif, 1972.

[81] Es sind ᶜAlī b. Naṣr (st. 188/9), Ḥammād b. Zaid (st. 179), ᶜAbd al-Wāriṯ b. Saᶜīd (st. 179/80), Hārūn b. Mūsā al-Aᶜwar (st. um 170), Abū Zaid Saᶜīd b. Aus (st. 215), Yūnus b. Ḥabīb (st. 182/5), ᶜUbaid b. ᶜAqīl (st. 207), Yaḥyā b. al-Mubārak al-Yazīdī (st. 202), ᶜAbd al-Malik b. Quraib al-Aṣmaᶜī (st. 215/6), Šuǧāᶜ b. Abī Naṣr (st. 190), Abū Nuᶜaim al-Ḫurāsānī, Muᶜāḏ b. Muᶜāḏ al-ᶜAnbarī [Qāḍī al-Baṣra] (st. 196), Sahl b. Yūsuf, Ḥusain b. ᶜAlī al-Ǧuᶜfī (st. 203), Ḫāriǧa b. Muṣᶜab (st. 168), Dāwūd b. Yazīd al-Audī, Maḥbūb b. al-Ḥasan, ᶜAbd ar-Raḥīm b. Mūsā, ᶜAbd al-Wahhāb b. ᶜAṭāᵓ al-Ḫaffāf (st. 204/6/7), Aḥmad b. Mūsā al-Luᵓluᵓī und al-ᶜAbbās b. al-Faḍl al-Anṣārī (st. 186/95).

[82] Auf sieben von ihnen [Abū Aiyūb al-Ḫaiyāṭ (st. 235), Abū Ḥamdūn aṭ-Ṭaiyib b. Ismāᶜīl (st. 240), ᶜUbaid b. ᶜAbdallāh aḍ-Ḍarīr, ad-Dūrī (st. 246), Ūqiyya (st. 250), as-Sūsī (st. 261) und Ibrāhīm Ṣāḥib as-Siǧǧāda (st. 260)] beruft sich Ibn Mihrān (st. 381) in seinem Qirāᵓāt-Werk «*al-Mabsūṭ fi l-qirāᵓāt al-ᶜašr*» (S. 29 und 33–34) bezüglich der Überlieferung der Lesung von Abū ᶜAmr.

[83] Suyūṭī: *al-Itqān fi ᶜulūm al-Qurᵓān* 1/225 [Ed. Muḥammad Šarīf Sukkar. Ar-Riyāḍ [u.a.]: Maktabat al-Maᶜārif [u.a.], 1. Aufl., 1407/1987].

riwāyāt»[84] (S. 152–154), und Dāwūd b. Muḫtār at-Tamīmī, Verfasser des «*Kitāb al-Anwār fi l-ᶜašr*» nach über 50 Riwāyāt und Ṭuruq[85]. Dennoch setzten sich die Bestrebungen auf die Dauer durch.

Als Reinigungsprozeß innerhalb der vielen Überlieferungen waren diese Bestrebungen nach Ansicht der meisten Gelehrten der Qirāʾāt-Wissenschaft aus verschiedenen Gründen gerechtfertigt. Eine Rolle spielte beispielsweise die qadaritische Haltung mancher Überlieferer wie im Fall des ᶜAbd al-Wāriṯ b. Saᶜīd (st. 179/80)[86]. Ein anderer Grund war die Überlieferung von "nichtkanonischen Lesungen" wie im Fall des Ḫāriǧa b. Muṣᶜab (st. 168)[87] oder die Unbekanntheit eines Überlieferers, weil der Iqrāʾ nicht seine Hauptbeschäftigung war wie im Fall des al-ᶜAbbās b. al-Faḍl al-Anṣārī (st. 186/95)[88]. Aber einigemale geschah die Einschränkung anscheinend ohne Grund. Dagegen äußerte sich Abu l-ᶜAbbās al-Mahdawī (st. 440) sehr scharf: "Denn keiner unter den Kritikern der Riǧāl-Literatur zweifelt daran, daß Ismāᶜīl b. Ǧaᶜfar[89] angesehener ist als Warš ᶜUṯmān b. Saᶜīd, und auch Qālūn ᶜĪsā b. Mīnā,[90] und daß Abān b. Yazīd al-ᶜAṭṭār[91] zuverlässiger und berühmter ist als Ḥafṣ

84 Ed. Ḥātim Ṣāliḥ aḍ-Ḍāmin. Hrsg. in: *Maǧallat Maᶜhad al-Maḫṭūṭāt al-ᶜArabiyya* 29/1 (1409/1985) 127–162 [abgekürzt: K. Bayān as-sabab].

85 Ġāya 1/280 § 1257. Mir ist nicht bekannt, daß dieses Werk erhalten geblieben ist.

86 Ibid. 1/478 § 1989 «وكان ثقةً حُجّةً موصوفاً بالعبادةِ والدينِ والفصاحةِ والبلاغةِ، ولكنّه اتُّهِمَ بالقَدَرِ. قال أحمدُ كان يَرَى القَدَرَ ولا يَدْعُو إليه».

87 Ibid. 1/268 § 1211 «أخذ القراءةَ عن نافع وأبي عمرو، وله شذوذٌ كبيرٌ عنهما، لم يُتابَعْ عليهِ».

88 Maᶜrifa 1/161 § 69 «وَإِنّما لم يَشْتَهِرْ لأنّه لم يَجْلِسْ للإِقْراءِ». S. auch Ġāya 1/353 § 1514.

89 Ein angesehener und zuverlässiger Qurʾānleser aus Medina, wo er im Jahre 130 geboren wurde. Er war Maulā der Anṣār und wurde deshalb mit der Nisba "al-Anṣārī al-Madanī" bekannt. Einer seiner Šuyūḫ war Nāfiᶜ. Zu seinen Schülern werden al-Kisāʾī und Abū ᶜUbaid al-Qāsim b. Sallām gezählt. Sein Todesjahr ist umstritten (177/80/200). Fest steht aber, daß er in Baġdād starb. S. Maᶜrifa 1/144–5 § 54 und Ġāya 1/163 § 758.

90 Warš (st. 197) und Qālūn (st. 220) sind Beinamen der beiden oben genannten Qurʾānleser. Sie sind die ausgewählten Hauptüberlieferer der Lesung von Nāfiᶜ (st. 169). S. Maᶜrifa 1/152 u. 155 § 63 u. 64 und Ġāya 1/502 u. 615 § 2090 u. 2509.

91 Ein zuverlässiger Qurʾānleser aus Baṣra, der auch zu den baṣrischen Grammatikern gezählt wird. Die Qirāʾa lernte er bei dem berühmten kūfischen Qurʾānleser ᶜĀṣim b. Abi n-Naǧǧūd (st. 127/8). Er überlieferte von Qatāda die Ḥurūf. Von seinen Schülern sind u. a. Yūnus b. Ḥabīb (st. 182), [al-]ᶜAbbās b. al-Faḍl (st. 186/96) und ᶜAbd al-Wahhāb b. ᶜAṭāʾ (st. 204/6/7) bekannt geworden. Er soll nach 160 gestorben sein. S. Ġāya 1/4 § 2 und EI^2 3/63 [Leiden: Brill, 1971].

b. Sulaimān al-Bazzāz[92]. Und das trifft wohl auf viele unter ihnen zu.''[93].

So läßt sich am Beispiel der nichtkanonischen Lesung von al-Ḥasan al-Baṣrī und der kanonischen Lesung von Abū ᶜAmr zeigen, daß umfangreiches Material über die Qirāʾāt im kanonischen und nichtkanonischen Bereich wegen des Einschränkungsprozesses in der Qirāʾāt-Überlieferung nicht auf uns gekommen ist. Um diesem Mangel abzuhelfen, sollten wir uns in der Zukunft darauf konzentrieren, relevante Qirāʾāt-Werke wie die drei hier behandelten Qirāʾāt-Enzyklopädien, die neues und nützliches Material aus der Frühzeit zu bieten haben, durch kritische Editionen einer weiteren Erforschung des Qurʾāntextes dienstbar zu machen.

---

[92] Er (st. 180) ist einer der beiden ausgewählten Hauptüberlieferer der Lesung von ᶜĀṣim (st. 127/8). S. Maᶜrifa 1/140 § 52 und Ġāya 1/254 § 1158.

[93] K. Bayān as-sabab 153 «فإنّ أحداً من العلماءِ بالرجالِ لا يشكُّ أنّ إسماعيلَ بنَ جعفرِ أجلُّ قَدْراً مِنْ ورش عثمانَ بنِ سعيدِ ومِنْ قالونَ عيسى بن مينا، وأنّ أبانَ بنَ يزيد العطّارَ أوثقُ وأشهرُ من حفصِ ابن سليمانَ البزّازِ؛ وكذلك كثيرٌ منهم».

DIE SCHWÜRE IN DEN MEKKANISCHEN SUREN

Lamya Kandil

"Rätselhaft" seien sie, "unergründlich", "befremdlich"—so ihre Einschätzung in der westlichen Koranforschung, die ihnen nur allzu gerne eine Statistenrolle zuweist, genügen sie doch vermeintlich kaum den Erfordernissen eines eigenständigen Untersuchungsgegenstands—die koranischen Schwüre (*aqsām al-Qurʾān*).

Zwar fehlen in keinem der bedeutenderen westlichen Standardwerke zum Koran Hinweise auf dieses zumeist plakativ der "Unverständlichkeit" oder "atavistischer Reminiszenz" bezichtigte sprachlich-stilistische Phänomen, das vorzugsweise im mekkanischen Zeitraum in Form von sureneinleitenden Schwur*serien* auftritt, doch hat es damit und mit einer Reihe anderer, ebenfalls pauschalisierender Beurteilungen zumeist auch sein Bewenden.

Abgesehen von einigen wenigen Publikationen, die sich mit dem rein sprachlichen Phänomen des koranischen Schwurs unter philologischen Gesichtspunkten auseinandersetzen und allenfalls die durch die Massierung der Schwurformeln evozierte rhetorische Wirkung grob umreißen, hat sich im Laufe der Forschungsgeschichte—genauer: seit Nöldeke (1860) im 19. Jahrhundert—die Hypothese verfestigt, die schwer deutbaren koranischen Schwüre aufgrund ihrer besonderen rhetorischen Struktur und ihres eigentümlichen sprachlichen Gestus' als Anlehnungen, ja gar als Relikte von Drohsprüchen und "Gelegenheitsprophezeiungen" der vorislamischen *kuhhān* (Wahrsager) aufzufassen. Diese Argumentation gründet sich auf die durch Überlieferungen gestützte Erkenntnis, daß die heidnisch-arabischen Wahrsager ihre jeweiligen Orakelsprüche mit einer Reihe feierlicher Eide einzuleiten pflegten und dabei die unterschiedlichsten Schwurgegenstände (*muqsam bihī*), wie Naturerscheinungen, Himmelsphänomene, kosmische Erscheinungen, Landschafts- und Wegemale u.ä. zu Zeugen anriefen, was—bei oberflächlicher Betrachtung—eine Verwandtschaft mit den koranischen Schwüren suggeriert. Nun ist aber diese Art der Zuordnung äußerst problematisch, da alle uns als vorislamisch überlieferten Reimprosa (*saǧ*ᶜ)-Fragmente von zweifelhafter Echtheit sind und bekanntlich die Überlieferungen der Aussprüche altarabischer Wahrsager äußerst dürfig und keineswegs gesichert sind, z.T. auch von vorneherein unter dem Verdacht pseudokoranischer Fälschungen stehen. Dessen ungeachtet aber hat sich die vordergründig aufdrängende, historistisch begründete *kāhin*-Theorie—wie ich sie im folgenden einmal nennen möchte—immer mehr zu einem paradigmengleichen Regelsatz entwickelt und maßgeblich dazu beigetragen, eine in der Orientalistik mehr oder weniger unumstößliche Position zu zementieren, die davon ausgeht, daß sich die koranischen Schwüre—je nach Umfang und Häufigkeit ihres Auftretens—als Indiz für den Grad der Verhaftung des Propheten in der Seher- und Mantikertradition seiner Zeit heranziehen lassen. Sicherlich läßt sich einwenden, daß die einheimische Tradition, ja gar koranische Selbstzeugnisse mehrfach davon berichten, daß sich der Prophet nicht nur mit dem realen Vorwurf seiner Umgebung konfrontiert sah, *kāhin*, *šāᶜir* oder *maǧnūn* zu sein, sondern anfänglich selbst Bezichtigungen dieser Art für seine Person in Betracht zog. Es steht jedoch wohl auf einer anderen Stufe, solche vage formulierten Selbstbezichtigungen zum alleinigen Kriterium einer ganzen Schwurtheorie zu erheben und gewissermaßen für sich in Anspruch zu nehmen, das Gesamtphänomen koranischer Schwur allein dadurch hinreichend erklären und legitimieren zu können.—Um ein signifikantes Beispiel zu nennen: Nöldeke (1860) und seine Nachfolger etwa gehen in ihrer Verinnerlichung des Historismus so weit, das Phänomen koranischer Schwur als aussagefähiges Kriterium zur Festlegung des entwicklungsgeschichtlichen Alters einer Sure bzw. ihrer Zuweisung an eine bestimmte Surenperiode heranzuziehen. Und das bekannte Nöldekesche Modell einer typologischen Dreiteilung der mekkanischen Suren begreift die koranischen Schwüre denn auch lediglich als repräsentatives Quantifizierungsmedium beim Aufweis historischer Querverbindungen zum "Vorbild"-Genre *kuhhān-saǧ*ᶜ und zieht eine von chronologischen Gegebenheiten gänzlich unabhängige Wirkungsweise koranischer Eigengesetzlichkeiten gar nicht in Betracht.

So weit ein kurzer, sicherlich nur fragmentarischer Abriß der forschungsrelevanten Situation, wie sie sich bis zur Veröffentlichung von Angelika Neuwirths programmatischem Beitrag über die Anwendung literaturwissenschaftlicher Methoden bei der Analyse des koranischen Redetypus "Schwur" in der Falaturi-Festschrift im Jahre 1991 dargestellt hat. Mir ist das Glück zuteil geworden, die Entwicklung ihres Ansatzes von seinen Anfängen her mitzuverfolgen und im Rahmen meiner Dissertation eine kritische Gegenprüfung ihrer seinerzeit größenteils hypothetisch formulierten Überlegungen anhand der einheimischen koranexegetischen Literatur vorzunehmen. Bevor ich zu den eigentlichen Eckpfeilern dieses unter dem Oberbegriff *tafsīr adabī* zu subsumierenden Ansatzes komme, einige einleitende Bemerkungen zum methodischen Prozedere sowie zu Fragen der Legitimation:

Da wir uns den koranischen Schwüren von literaturwissenschaftlicher Seite nähern wollen, ist es zweifellos notwendig, sich auf eine mit intersubjektiven Kriterien nachvollziehbare, abgrenzbare Untersuchungseinheit zu verständigen. Nach den inzwischen vorliegenden Strukturuntersuchungen für die mekkanischen Suren, die ja mit ihrem mehrheitlichen Aufweis "literarisierter" Schwurserien Hauptgegenstand unserer Untersuchung bilden, dürfte zumindest deren "Realität einer genuinen Gesamtkomposition" wissenschaftlich erhärtet sein. Mit anderen Worten: Wir befinden uns mit der islamischen Tradition dahingehend in Übereinstimmung, daß wir in der zugrundegelegten Untersuchungseinheit "Sure" nicht das Ergebnis einer mehr oder weniger zufälligen Textabteilung, sondern eine von Anfang an in dieser Form intendierte kompositorische Einheit sehen. Dies bedingt im Umkehrschluß, daß sich der hier zu skizzierende literaturwissenschaftliche Ansatz zwangsläufig in erklärter Gegenposition zu all jenen, in der neueren Koranforschung selbst nicht unumstrittenen Forschungsansätzen befindet, die an der bislang allgemein akzeptierten Darstellung der Redaktionsgeschichte des Korans Zweifel anmelden. Auf seinen Legitimationsanspruch hin befragt, versteht sich unser Ansatz als wissenschaftlicher Beitrag zur Rezeptionsgeschichte des Korans als Literatur und steht somit in der Pflicht, in erster Linie eine wertneutrale sowie sachgerechte Bearbeitung des Forschungsgegenstands zu realisieren, wobei sich die Bindung an eine bestimmte "theologische" Haltung als kontraproduktiv erweisen würde. Hiermit soll—um Mißverständnissen vorzubeugen—mitnichten bestritten werden, daß die Ergebnisse der traditionellen islamischen Exegese nicht auch zu wertvollen Schlüssen führen können, sondern nur, daß der alleinige Rückzug auf die theologischen Voraussetzungen jener Literatur methodisch förderlich ist.

Nachdem nun der Historismus mit seiner historisch-kritischen und später positivistischen Methode über lange Jahre hinweg das koranwissenschaftliche Terrain dominiert hat, hat sich—wenn auch erst relativ spät—im westlichen Korandiskurs das Bedürfnis herauskristallisiert, einen neuen, textzentrierteren Zugang zum Koran zu finden—und damit möchte ich zum Kern meiner Ausführungen überleiten.

Es ist nicht eben verwunderlich, daß gerade die charakteristischen sureneinleitenden Schwur*serien* bei einer solchen Vorgehensweise in den Blickpunkt des Interesses rücken, da sie in ihrer Funktion als Anfangsteile einer—wenn auch gattungstypisch singulären—literarischen Komposition über eine besondere Relevanz verfügen, die bislang noch nicht systematisch genug angegangen worden ist. Darüberhinaus dürfte die Fragestellung als solche, nämlich, ob die koranischen Schwüre tatsächlich in einem weit größeren als bisher angenommenen Umfang zu einem vertieften Verständnis der Einzelkomposition "Sure" beitragen können, durchaus ihre Berechtigung haben, da—wie die Strukturuntersuchungen der mekkanischen Suren gezeigt haben—sich auch bei typologisch verwandten Anfangsteilen—etwa den *iḏā*-Serien—in semantischer Hinsicht ein Fortwirken auf der den Surendiskurs prägenden Assoziationsebene feststellen läßt.

Ausgehend von der Erkenntnis, daß typologisch besonders markante Anfangsteile literarischer Kompositionen—sofern sie ein und derselben Gattung angehören—eine über ihren individuellen Aussagewert hinausreichende Bedeutung haben, hat nun Neuwirth (1991) die provokante These aufgestellt, daß sich dieser Sachverhalt auch auf die Anfangsteile von Koransuren übertragen läßt, wobei der Schwerpunkt—wie bereits angedeutet—auf den mit Schwüren eingeleiteten mekkanischen Suren liegt. Mit anderen Worten: Die den Schwüren üblicherweise zugeschriebene rein ornamentale Bekräftigungsfunktion wird nicht nur ausgeweitet, sondern in ein sehr viel komplexeres Funktionsgeflecht eingebunden, in dem die Schwüre in ihrer literarisierten Form auf mehreren Sinn-Ebenen als Mechanismen für ein vertieftes Verständnis der inneren Struktur der Sure fungieren. Wie haben wir uns ein solches Strukturmodell in praxi vorzustellen?—Der Zugang zu den koranischen Schwüren erfolgt—entgegen der etablierten Lehrmeinung—nicht über den Aufweis historischer Querverbindungen zum *kuhhān-saǧᶜ*, sondern über die Entschlüsselung der spezifischen, sich über die Schwüre vermittelnden Bildersprache, um so den Beweis zu erbringen, daß entgegen der landläufigen Annahme sehr wohl eine logisch stringente Verbindung zwischen einleitender Schwurserie (*muqsam bihī*) und zu autorisierender Schwuraussage (*muqsam ʿalayhi*) besteht. Die dieser Vorgehensweise zugrundeliegende "Anleihe" bei der Literaturwissenschaft stützt sich auf die Beobachtung, daß wir es hier mit einer im sonstigen koranischen Horizont in dieser Form unüblichen Ikonographie bzw. Bildhaftigkeit zu tun haben, die ihren deutlichsten Ausdruck in der durch die Schwüre evozierten Verdichtung von Einzelbildern zu ganzen "Tableaux"-Zügen findet und somit ein für die Sureneinleitungen singuläres Phänomen darstellt.

Fassen wir die Kernproblematik noch einmal in pointierter Form zusammen bzw. stellen uns die Frage, was genau die literarisierten Schwüre des Korans so schwer verständlich bzw. rätselhaft oder gar "enigmatisch" erscheinen läßt—eine Fragestellung, mit der sich muslimische Exegeten wie Orientalisten gleichermaßen konfrontiert sehen. Wichtig ist hierbei, sich vor Augen zu führen, daß die eigentliche Verständnisschwierigkeit nicht so sehr aus der ungewöhnlich anmutenden formal-sprachlichen Gestalt der sureneinleitenden Schwurserien als vielmehr aus der deutlich wahrnehmbaren syntaktisch-semantischen Zäsur zwischen sureneinleitender Schwurserie und zu bekräftigender Schwuraussage resultiert, ohne daß dabei eine unmittelbar einsichtige Verbindung zwischen beiden Elementen erkennbar ist. Die aneinandergereihten Schwüre rekurrieren in der Regel auf schwer deutbare, einem zumeist hierarchisch übergeordneten Gedankenkreis entstammende Phänomene, die—bei oberflächlicher Betrachtung—im Fortgang der Sure keine Rolle mehr zu spielen scheinen. Dieses Phänomen trägt maßgeblich dazu bei, in den Schwüren lediglich stereotype Einleitungsformeln zu sehen, die—da vom Sureninhalt gänzlich abgehoben—untereinander beliebig austauschbar zu sein scheinen. Daß dem nicht so ist, sondern im Gegenteil ein enger funktionaler Zusammenhang zwischen der Bildersprache der einleitenden Schwurserien und deren Reflex im weiteren Surenkontext besteht, ist zentrales Anliegen des Neuwirthschen (1991) Ansatzes, der diesen Sachverhalt mittels einer eigens entwickelten Terminologie umschreibt. Leider bleibt uns nicht die Zeit, dies anhand eines konkreten Surenbeispiels zu erläutern—statt dessen in Kürze die wichtigsten theoretischen Informationen:

Die einleitende Schwurserie erfüllt gewissermaßen eine Doppelfunktion. Zum einen verkörpert sie kraft ihres eingangs szenisch entfalteten Tableaus den *Prototypus* für noch zu benennendes Unbekanntes—in den mekkanischen Suren zumeist die eschatologische Szenerie des Jüngsten Tages—, das erst am Schluß der Sure oder des Surenteils explizit verbalisiert wird. Diese in bildhafter Form vorweggenommene Einstimmung des Hörers auf die noch ungenannten endzeitlichen Katastrophen erfolgt in der Regel unter Rekurs auf profane, d.h. aus dem sozialen Erfahrungsbereich des Propheten bzw. des rezipierenden Milieus stammende Schwurgegenstände (*muqsam bihī*), die keinesfalls willkürlich gewählt sind, sondern eine sinnvolle, logisch stringente Überleitung zu der sich anschließenden Schwuraussage (*muqsam ʿalayhi*) bilden.—Wenn man so will, sind sie ikonographische Bürgen des dialektischen Verhältnisses von Offenbarung und Wirklichkeit.

Zum anderen erfüllt die einleitende Schwurserie eine zweite, wesentlich komplexere Funktion, die sogenannte *Bildmatrixfunktion*, wonach im Fortgang der Sure die eingangs prototypisch entfalteten Bilder in abstrakter Form wiederaufgegriffen werden und auf diese Weise in Form eines Substrats mit dem Surendiskurs verwoben sind. Mit anderen Worten: Zum Ausdruck gebracht werden soll hiermit der Mechanismus einer der Sure vom Einleitungsteil her unterlegten Bildschicht, die beim Hörer durch die von ihr ausgelösten analogen Bildsetzungen psychologisch immer wieder präsent gemacht werden kann.

Mit Hilfe dieser beiden, in unterschiedlicher Ausprägung immer wiederkehrenden Grundfunktionen läßt sich der Schwurbestand der mekkanischen Suren in vier große typologische Gruppen unterteilen,—

1. *fāʿilāt*-Schwurserien (Sure *100*, *79*, *77*, *51*, *37*)
2. Schwüre bei geheiligten Orten/Objekten (Sure *95*, *90*, *68*, *52*)
3. Schwüre bei Tag-/Nachtzeiten (Sure *103*, *93*, *92*, *91*, *89*, *84*, *81*)
4. Schwüre bei Himmelsphänomenen bzw. deren Verweiszeichen (Sure *86*, *85*, *75*, *74*, *70*, *69*, *56*, *53*)—

die je nach Surenlänge eine der beiden funktionalen Komponenten dominierend hervortreten lassen. Mit diesen theoretischen Erläuterungen zum jüngsten Stand der Annäherung an das Phänomen koranischer Schwur im Ohr verlassen wir orientalistisches Terrain und werfen einen Blick auf die von muslimischer Seite vorgelegten Interpretationsansätze.

Interessanterweise stellt man bei genauerem Nachforschen fest, daß nicht nur das neuerdings im westlichen Diskurs aktualisierte Prinzip "Exegese als Literaturwissenschaft" in der einheimischen Koranforschung bereits in den 50er und 60er Jahren als ein zu realisierendes Desiderat erkannt worden ist, sondern daß die koranischen Schwüre bereits damals lebhaftes literaturwissenschaftlich motiviertes Interesse auf sich gezogen haben. Davon zeugen insbesondere die frühe Schrift eines noch ganz im Zeichen des Literatentums stehenden Sayyid Quṭb "*at-Taṣwīr al-fannī fī l-Qurʾān*" (veröffentlicht 1948) sowie in methodisch fundierterer Form der zweibändige Korankommentar der Kairiner Literaturwissenschaftlerin ʿĀʾiša ʿAbdarraḥmān—besser bekannt unter ihrem Pseudonym Bint aš-Šāṭiʾ—mit dem Titel "*at-Tafsīr al-bayānī li-l-Qurʾān al-karīm*" (Bd. I erstmalig veröffentlicht 1962). Zwar vermeidet etwa Bint aš-Šāṭiʾ in ihrem Kommentar bewußt allzu radikale Problematisierungen, wie Gattungs- bzw. Textsortenvergleiche, die "hinter den Koran" zurückzublicken versuchen. Dennoch ist es ihr bereits damals—im Gegensatz zu ihren Kollegen von der theologischen Fakultät und obschon eine dem Habitus nach "traditionelle" islamische Gelehrte—ein unumwundenes Anliegen, sich dem koranischen Text von literaturwissenschaftlicher Seite zu nähern, was trotz der deutlichen Abmilderung gegenüber den Thesen ihres akademischen Lehrers Amīn al-Khōlī einer revolutionären Forderung gleichkommt. Es ist bemerkenswert, daß ihr—ebenso wie Sayyid Quṭbs—besonderes Interesse in diesem Zusammenhang den sureneinleitenden Schwur*serien* bzw. deren spezifisch literar-ästhetischer Funktion für die Surenkomposition als ganze gelten, was ihnen unvermeidliche Aktualität verleiht. Werfen wir diesbezüglich einen Blick auf Sure 100 (*sūrat al-ʿādiyāt*) in der Darstellung eines muslimischen *tafsīr adabī*-Exponenten.

Sure 100

1 Bei denen, die keuchend laufen,
2 (mit ihren Hufen) Funken stieben lassen
3 und am (frühen) Morgen einen Überfall begehen,
4 dabei(?) Staub aufwirbeln
5 und sich (plötzlich) mitten in einem Haufen (von Feinden) befinden!
6 Der Mensch ist seinem Herrn gegenüber wirklich unerkenntlich

(١٠٠) سورة العاديات مكية
وآياتها إحدى عشرة

بسم الله الرحمن الرحيم

وَالْعَدِيَتِ ضَبْحًا ﴿١﴾ فَالْمُورِيَتِ قَدْحًا ﴿٢﴾
فَالْمُغِيرَتِ صُبْحًا ﴿٣﴾ فَأَثَرْنَ بِهِ نَقْعًا ﴿٤﴾ فَوَسَطْنَ
بِهِ جَمْعًا ﴿٥﴾ إِنَّ الْإِنسَنَ لِرَبِّهِ لَكَنُودٌ ﴿٦﴾ وَإِنَّهُ

(indem er ihm seine Wohltaten überhaupt nicht dankt)
7 und bezeugt das (sogar selber).
8 Und er ist von heftiger Liebe zu den Gütern (dieser Welt) erfüllt.
9 Weiß er denn nicht (was er dereinst zu erwarten hat)? Wenn (einmal) ausgeräumt wird, was in den Gräbern ist,
10 und zum Vorschein gebracht wird, was die Menschen (an Gedanken und Gesinnungen) in ihrem Inneren hegen,
11 an jenem Tag ist ihr Herr über sie wohl unterrichtet.

عَلَىٰ ذَٰلِكَ لَشَهِيدٌ ﴿٧﴾ وَإِنَّهُۥ لِحُبِّ ٱلْخَيْرِ لَشَدِيدٌ ﴿٨﴾

* أَفَلَا يَعْلَمُ إِذَا بُعْثِرَ مَا فِى ٱلْقُبُورِ ﴿٩﴾ وَحُصِّلَ

مَا فِى ٱلصُّدُورِ ﴿١٠﴾ إِنَّ رَبَّهُم بِهِمْ يَوْمَئِذٍ لَّخَبِيرٌۢ ﴿١١﴾

Aus technischen Gründen müssen wir uns leider auf *einen* repräsentativen muslimischen Exponenten der literarischen Exegese beschränken, wobei meine Wahl auf Bint aš-Šāṭiʾ gefallen ist. Ihre Gedanken zur funktionalen Verwendung des koranischen Redetypus' "Schwur" in Sure 100 weisen verblüffende Übereinstimmungen mit dem jüngst von Neuwirth (1991) intiierten Ansatz auf und geben sich auch sonst als dem westlichen Diskurs in vielfacher Hinsicht vorauseilende Thesen zu erkennen. Dies verdient auf besonders nachdrückliche Weise in Erinnerung gebracht zu werden, als es dem Vorurteil begegnet, "literarische" Exegese und "theologische" Haltung seien zwei naturgewollte Antipoden. Um einen Eindruck von der Verwobenheit beider—westlicher sowie östlicher—Standpunkte zu erhalten—hier eine kurze Skizze ihrer bildersprachlichen Analyse des Schwurtableaus vor dem Hintergrund der Korrespondenzen von *muqsam bihī* und *muqsam ʿalayhi*. Hierbei kristallisieren sich drei maßgebliche gedankliche Schritte heraus:

1. Das einleitende, von ihr eindeutig als solches identifizierte *profane Pferde-Schwurszenario* (V. 1–5) präludiert in leitmotivischer Form die Kernaussage der Sure—das drohende Herannahen des Jüngsten Gerichts (V. 9–11). Die dabei gewählte Form der Einstimmung entstammt einem speziellen, abgegrenzten Sektor des Bildgebrauchs, auch unter dem Oberbegriff *as-sirr al-bayānī ar-rāʾiʿ* zu subsumieren.

2. Um die dem Bewußtsein des Auditoriums noch entzogenen katastrophalen Ereignisse des Gerichtstags plastisch vor Augen führen zu können, kommt dem Eingangsschwurtableau die Aufgabe zu, eine bildliche Grundvorstellung wachzurufen, die diese *immanente*

Bedrohlichkeit sozial "erfahrbar" bzw. für das rezipierende Milieu nachvollziehbar macht.

3. Unter dem Einfluß dieser beiden, miteinander auf vielfältige Weise *korrespondierenden Szenarien*—dem prototypischen Eingangsszenario (V. 1–5) und dem endzeitlichen Parallelszenario (V. 9–11)—ist die dazwischengeschobene Schwuraussage (V. 6–8) als ein Nachhall auf die Intensität des szenischen Bildgeschehens am Surenanfang zu werten.

Ausgehend von diesen drei grundlegenden Feststellungen gelangt Bint aš-Šāṭiʾ zu der Erkenntnis, daß *nicht* der in der traditionellen Exegese vielbeschworene *taʿẓīm*-Gedanke ausschlaggebend bzw. richtungsweisend für die Deutung des Schwurtableaus sein kann—wie edel die dahinterstehenden Motive auch immer sein mögen—, sondern daß allein die spezifische literar-ästhetische Funktion, die die Serie innerhalb des Surenkontexts erfüllt, Rückschlüsse auf deren Deutung zuläßt. Die durch die Schwurserie evozierten Bilder sind—aus der Perspektive eines imaginären Betrachters—in ihrem Inhalt so aufeinander abgestimmt, daß sie alle, wenn auch in jeweils verschiedenem Maße, Schritt für Schritt zum stufenweisen Aufbau einer umfassenden, sinnlich wahrnehmbaren Anschaulichkeit beitragen. Kraft der ihnen innewohnenden Vorstellungsfragmente tragen sie zur Konstituierung eines einheitlichen Denkbilds bei, indem eins an das andere locker anschließt, die angebahnte Vorstellung wiederholt, ausweitet oder abrundet. Das so entstehende Sinngefüge gründet denn gleichermaßen in Bild- und Handlungsebene oder—anders ausgedrückt—ist Ausfluß der Folgerichtigkeit der Verknüpfung des Eingangs- mit dem Hauptszenario der Sure. So weit Bint aš-Šāṭiʾ.

Bei allem Respekt vor der von ihr vollbrachten Leistung, die ein Plädoyer zugunsten der Anwendung literaturwissenschaftlicher Methoden in der Koranforschung darstellt, darf jedoch nicht übersehen werden, daß der von ihr eingeschlagene Weg jegliches Bewußtsein von der Geschichtlichkeit des Korantextes aus der *tafsīr adabī*-Debatte herauszuhalten bemüht ist. Fragestellungen, wie sie sich uns heute aus text-zentrierter Sicht mit neuer Aktualität aufdrängen, etwa, warum sich der göttliche Sprecher überhaupt zwecks Imagination eschatologischer Ereignisse dieses gemeinhin im menschlichen Diskurs angesiedelten Redetypus' bedient bzw. seiner "bedarf", finden bei Bint aš-Šāṭiʾ kein Gehör. Doch kann es bei

Anlegung wissenschaftlicher Maßstäbe an den Korandiskurs überhaupt legitim sein, solchen Fragestellungen auszuweichen? M.E. kommen wir nicht umhin, auch und gerade einen literaturwissenschaftlichen Ansatz auf seine Kompatibilität mit dem sich herausbildenden Bewußtsein zu überprüfen, wonach wir es im Falle des koranischen Texts u.a. auch mit einem Produkt des kulturellen und historischen Umfelds, in das er herabgekommen ist, zu tun haben. Dies anhand der koranischen Schwüre zu explizieren, heißt noch lange nicht, Eulen nach Athen zu tragen, als es zwar Konsens ist, daß sich der Prophet mit einer bereits vorgefundenen, etablierten Redegattung konfrontiert sah, jedoch kein Einvernehmen darüber besteht, auf welche Weise diese Redegattung Eingang in den Korantext gefunden hat.

Wie sich im Rahmen meiner Schwuruntersuchungen abgezeichnet hat, ist davon auszugehen, daß die koranische Verwendung des Redetypus "Schwur" eindeutigen kompositorischen Gesetzmäßigkeiten folgt und unter *funktionalen* Gesichtspunkten über keinerlei Parallelen—weder zum Schwurstil der altarabischen Wahrsager noch zu pseudokoranischen Nachahmungen des Genres "Sure"—etwa den *Fuṣūl wa-l-ġāyāt* eines Abū l-ᶜAlāʾ al-Maᶜarrī (gest. 449/1057)—verfügt.

Ich möchte mit der These schließen, daß wir es im Falle des Phänomens koranischer Schwur mit einer offenkundigen *Defunktionalisierung* einer bereits existenten, auf den Koran als Textdokument einwirkenden Redegattung zu tun haben, die vom Propheten in den Dienst des strukturellen Wandels der ihm übermittelten Offenbarungsinhalte gestellt worden ist.

Es bedarf nicht der Kuriosität eines Ǧalāladdīn as-Suyūṭī (gest. 911/1505), der einmal das Schwurphänomen im Koran als "Gottes Zugeständnis an eine möglichst detailgetreue Imitation des Sprachgebrauchs der alten Araber" bezeichnet hat. Nicht die Göttlichkeit des Textes gilt es zu bemühen, sondern seine Identität als ein in der Wirklichkeit entstandenes, mit den Einflüssen dieser Wirklichkeit in Wechselwirkung tretenden Dokuments.

1. TABELLARISCHES SCHWUR(SERIEN)VERZEICHNIS (NACH SCHWURPARTIKELN GEGLIEDERT)

1.1 Tabelle 1: Schwüre des Schemas: wa-X

1) 103, 1
"1 Beim Nachmittag!"

وَٱلْعَصْرِ ١

2) 100, 1–5
"1 Bei denen, die keuchend laufen, 2 (mit ihren Hufen) Funken stieben lassen 3 und am (frühen) Morgen einen Überfall machen, 4 dabei(?) Staub aufwirbeln 5 und sich (plötzlich) mitten in einem Haufen (von Feinden) befinden!"

وَٱلْعَٰدِيَٰتِ ضَبْحًا ١ فَٱلْمُورِيَٰتِ قَدْحًا ٢
فَٱلْمُغِيرَٰتِ صُبْحًا ٣ فَأَثَرْنَ بِهِۦ نَقْعًا ٤ فَوَسَطْنَ
بِهِۦ جَمْعًا ٥

3) 95, 1–3
"1 Bei den Feigen- und Ölbäumen, 2 beim Berg Sinai 3 und bei dieser sicheren Ortschaft (d.h. Mekka)!"

وَٱلتِّينِ وَٱلزَّيْتُونِ ١ وَطُورِ سِينِينَ ٢ وَهَٰذَا
ٱلْبَلَدِ ٱلْأَمِينِ ٣

4) 93, 1–2
"1 Beim Morgen 2 und bei der Nacht, wenn alles (w. sie) still ist!"

وَٱلضُّحَىٰ ١ وَٱلَّيْلِ إِذَا سَجَىٰ ٢

5) 92, 1–3
"1 Bei der Nacht, wenn sie (alles mit Finsternis) zudeckt, 2 beim Tag, wenn er (in seiner Helligkeit) erstrahlt, 3 und bei dem, der (w. bei dem, was) erschaffen hat, was männlich und was weiblich ist!"

وَٱلَّيْلِ إِذَا يَغْشَىٰ ١ وَٱلنَّهَارِ إِذَا تَجَلَّىٰ ٢ وَمَا خَلَقَ
ٱلذَّكَرَ وَٱلْأُنثَىٰٓ ٣

6) 91, 1–8
"1 Bei der Sonne und ihrem Licht (wenn sie) morgens (aufgeht), 2 beim Mond, wenn er ihr folgt, 3 beim Tag, wenn er sie (in ihrem vollen Glanz) erstrahlen läßt, 4 und bei der Nacht, wenn sie über sie kommt (und ihr Licht in Finsternis verwandelt)! 5 Beim Himmel und (bei) dem, der (w. und (bei) dem, was) ihn aufgebaut, 6 bei der Erde und (bei) dem, der sie ausgebreitet, 7 und bei einem (jeden menschlichen) Wesen (w. bei einer Seele) und (bei) dem, der es geformt 8 und ihm seine Sündhaftigkeit und seine Gottesfurcht (oder: (je nachdem) die ihm eigene Sündhaftigkeit oder Gottesfurcht?) eingegeben hat!"

وَٱلشَّمْسِ وَضُحَىٰهَا ١ وَٱلْقَمَرِ إِذَا تَلَىٰهَا ٢ وَٱلنَّهَارِ
إِذَا جَلَّىٰهَا ٣ وَٱلَّيْلِ إِذَا يَغْشَىٰهَا ٤ وَٱلسَّمَآءِ
وَمَا بَنَىٰهَا ٥ وَٱلْأَرْضِ وَمَا طَحَىٰهَا ٦ وَنَفْسٍ وَمَا
سَوَّىٰهَا ٧ فَأَلْهَمَهَا فُجُورَهَا وَتَقْوَىٰهَا ٨

7) 89, 1–4
"1 Bei der Morgendämmerung, 2 bei (einem bestimmten Zeitraum von) zehn

وَٱلْفَجْرِ ١ وَلَيَالٍ عَشْرٍ ٢ وَٱلشَّفْعِ وَٱلْوَتْرِ ٣
وَٱلَّيْلِ إِذَا يَسْرِ ٤

(Tagen und?) Nächten, 3 bei dem (an Zahl) Geraden und Ungeraden 4 und bei der Nacht, wenn sie abläuft!''

8) 86, 1
''1 Beim Himmel und (bei) dem, der sich bei Nacht einstellt!''

وَٱلسَّمَآءِ وَٱلطَّارِقِ ﴿١﴾

86, 11–12
''11 Beim Himmel mit seiner (regelmäßigen) Wiederkehr (der Gestirne?) 12 und bei der Erde mit ihrem Sprießen!''

وَٱلسَّمَآءِ ذَاتِ ٱلرَّجْعِ ﴿١١﴾ وَٱلْأَرْضِ ذَاتِ ٱلصَّدْعِ ﴿١٢﴾

9) 85, 1–3
''1 Beim Himmel mit seinen Türmen (mit den 'Türmen' sind die Tierkreiszeichen gemeint), 2 beim Tag (des Gerichts), der (den Menschen) angedroht ist, 3 und (bei) einem, der (dann) Zeugnis ablegt, und (bei) etwas, was bezeugt wird!''

وَٱلسَّمَآءِ ذَاتِ ٱلْبُرُوجِ ﴿١﴾ وَٱلْيَوْمِ ٱلْمَوْعُودِ ﴿٢﴾
وَشَاهِدٍ وَمَشْهُودٍ ﴿٣﴾

10) 79, 1–5
''1 Bei denen, die (beim Schießen die Bogensehne) voll ausziehen(?) (oder: die (den Menschen die Seele) mit Gewalt aus (dem Leib) ziehen(?); oder (falls nicht Engel, sondern Pferde gemeint sind): die ungestüm am Zügel zerren), 2 äußerst lebhaft sind 3 und in Windeseile dahinstürmen(?) (w. (mit allen Vieren) rudern (eigentlich: schwimmen)), 4 die (allen anderen) zuvorkommen 5 und eine Sache zu dirigieren wissen(?)!''

وَٱلنَّٰزِعَٰتِ غَرْقًا ﴿١﴾ وَٱلنَّٰشِطَٰتِ نَشْطًا ﴿٢﴾
وَٱلسَّٰبِحَٰتِ سَبْحًا ﴿٣﴾ فَٱلسَّٰبِقَٰتِ سَبْقًا ﴿٤﴾ فَٱلْمُدَبِّرَٰتِ
أَمْرًا ﴿٥﴾

11) 77, 1–6
''1 Bei denen, die einer nach dem andern (in Stößen) (?) (oder: mit Brausen; w. mit fliegender Mähne?) gesandt werden, 2 daherstürmen, 3 (alles) offenlegen(?) (oder: durcheinanderwirbeln(?); w. ausbreiten) 4 und auseinandertreiben(?) (w. trennen) 5 und den (Menschen) eine Mahnung zustellen, 6 zur Entschuldigung oder Warnung!''

وَٱلْمُرْسَلَٰتِ عُرْفًا ﴿١﴾ فَٱلْعَٰصِفَٰتِ عَصْفًا ﴿٢﴾
وَٱلنَّٰشِرَٰتِ نَشْرًا ﴿٣﴾ فَٱلْفَٰرِقَٰتِ فَرْقًا ﴿٤﴾ فَٱلْمُلْقِيَٰتِ
ذِكْرًا ﴿٥﴾ عُذْرًا أَوْ نُذْرًا ﴿٦﴾

12) 74, 32–34
''32 Nein! Beim Mond, 33 bei der Nacht, wenn sie (dem Tag) weicht (w. den Rücken kehrt), 34 und beim Morgen, wenn er anbricht!''

كَلَّا وَٱلْقَمَرِ ﴿٣٢﴾ وَٱلَّيْلِ إِذْ أَدْبَرَ ﴿٣٣﴾ وَٱلصُّبْحِ إِذَآ أَسْفَرَ ﴿٣٤﴾

13) 68, 1
''1 n. Beim Schreibrohr und (bei) dem, was man (damit) niederschreibt!''

نٓ وَٱلْقَلَمِ وَمَا يَسْطُرُونَ ﴿١﴾

14) 53, 1
"1 Beim Stern, wenn er (al Sternschnuppe vom Himmel?) fällt (oder: Beim Gestirn (der Plejaden), wenn es untergeht?)!"

وَٱلنَّجْمِ إِذَا هَوَىٰ ﴿١﴾

15) 52, 1–2. 4–6
"1 Beim Berg (Sinai), 2 (bei) einer Schrift, niedergeschrieben ... 4 bei dem (von Wallfahrern) besuchten(?) Haus (oder: bei dem (wohl) instand gehaltenen Haus) (der Ka^{c}ba), 5 bei der hochgehobenen Decke (des Himmelsgewölbes?) 6 und beim Meer mit seinen Wassermassen(?) (oder: bei dem aufgefüllten(?) Meer)!"

وَٱلطُّورِ ﴿١﴾ وَكِتَٰبٍ مَّسْطُورٍ ﴿٢﴾ وَٱلْبَيْتِ ٱلْمَعْمُورِ ﴿٤﴾
وَٱلسَّقْفِ ٱلْمَرْفُوعِ ﴿٥﴾ وَٱلْبَحْرِ ٱلْمَسْجُورِ ﴿٦﴾

16) 51, 1–4. 7
"1 Bei denen, die (Staub) aufwirbeln(?) oder: die (Wolken) durch die Luft treiben?), 2 eine Last tragen, 3 leicht dahinziehen 4 und eine Verteilung vornehmen (?)! ... 7 Beim Himmel mit den Bahnen(?) (der Gestirne) (oder: mit dem Gekräusel (der Wolken?))!"

وَٱلذَّٰرِيَٰتِ ذَرْوًا ﴿١﴾ فَٱلْحَٰمِلَٰتِ وِقْرًا ﴿٢﴾ فَٱلْجَٰرِيَٰتِ
يُسْرًا ﴿٣﴾ فَٱلْمُقَسِّمَٰتِ أَمْرًا ﴿٤﴾ وَٱلسَّمَآءِ ذَاتِ
ٱلْحُبُكِ ﴿٧﴾

17) 50, 1
"1 q. Beim preiswürdigen Koran!"

قٓ وَٱلْقُرْءَانِ ٱلْمَجِيدِ ﴿١﴾

18) 44, 2
"2 Bei der deutlichen Schrift!"

وَٱلْكِتَٰبِ ٱلْمُبِينِ ﴿٢﴾

19) 43, 2
"2 Bei der deutlichen Schrift!"

وَٱلْكِتَٰبِ ٱلْمُبِينِ ﴿٢﴾

20) 38, 1
"1 s. Beim Koran mit der Mahnung (die er enthält)!"

صٓ وَٱلْقُرْءَانِ ذِى ٱلذِّكْرِ ﴿١﴾

21) 37, 1–3
"1 Bei denen, die in Reih und Glied stehen(?) (oder: die breitbeinig dastehen(?), oder: die schwebend fliegen(?); vermutlich sind Engel gemeint), 2 barsch zurechtweisen(?) (w. (durch Schreien) verscheuchen?) 3 und eine Mahnung verlesen!"

وَٱلصَّٰٓفَّٰتِ صَفًّا ﴿١﴾ فَٱلزَّٰجِرَٰتِ زَجْرًا ﴿٢﴾ فَٱلتَّٰلِيَٰتِ
ذِكْرًا ﴿٣﴾

22) 36, 2
"2 Beim weisen Koran!"

وَٱلْقُرْءَانِ ٱلْحَكِيمِ ﴿٢﴾

1.2 Tabelle 2: Schwüre des Schemas: lā uqsimu bi-X

1) 90, 1–3
"1 Nein doch! Ich schwöre bei dieser Ortschaft (damit ist Mekka gemeint)—2 und

لَآ أُقْسِمُ بِهَٰذَا ٱلْبَلَدِ ﴿١﴾ وَأَنتَ حِلٌّۢ بِهَٰذَا ٱلْبَلَدِ ﴿٢﴾
وَوَالِدٍ وَمَا وَلَدَ ﴿٣﴾

du bist in ihr ansässig(?)—, 3 und (ich schwöre) bei einem (jeden) Vater und dem, was er (an Kindern) gezeugt hat."

2) 84, 16–18

"16 Nein doch! Ich schwöre bei der Abenddämmerung, 17 bei der Nacht, und (allem) was sie in sich aufnimmt, 18 und beim Mond, wenn er voll wird!"

فَلَآ أُقْسِمُ بِٱلشَّفَقِ ﴿١٦﴾ وَٱلَّيْلِ وَمَا وَسَقَ ﴿١٧﴾ وَٱلْقَمَرِ إِذَا ٱتَّسَقَ ﴿١٨﴾

3) 81, 15–18

"15 Nein doch! Ich schwöre bei den rückläufigen (Planeten) (?), 16 die (am Himmelsgewölbe) dahinziehen und (immer wieder) ihr Versteck aufsuchen (und unsichtbar werden) (?), 17 bei der Nacht, wenn sie hereinbricht(?) (oder: weicht?), 18 und beim Morgen, wenn er heraufzieht (w. aufatmet)!"

فَلَآ أُقْسِمُ بِٱلْخُنَّسِ ﴿١٥﴾ ٱلْجَوَارِ ٱلْكُنَّسِ ﴿١٦﴾
وَٱلَّيْلِ إِذَا عَسْعَسَ ﴿١٧﴾ وَٱلصُّبْحِ إِذَا تَنَفَّسَ ﴿١٨﴾

4) 75, 1–2

"1 Nein doch! Ich schwöre beim Tag der Auferstehung, 2 und bei einem (jeden), der (dann vor dem Richter stehen und sich wegen seines sündigen Lebenswandels?) bittere Vorwürfe machen wird(?) (oder: und bei der (menschlichen) Seele, die an allem etwas zu tadeln findet?)."

لَآ أُقْسِمُ بِيَوْمِ ٱلْقِيَٰمَةِ ﴿١﴾ وَلَآ أُقْسِمُ بِٱلنَّفْسِ ٱللَّوَّامَةِ ﴿٢﴾

5) 70, 40

"40 Nein doch! Ich schwöre beim Herrn des Ostens und des Westens: Wir sind imstande, "

فَلَآ أُقْسِمُ بِرَبِّ ٱلْمَشَٰرِقِ وَٱلْمَغَٰرِبِ إِنَّا لَقَٰدِرُونَ ﴿٤٠﴾

6) 69, 38–39

"38 Nein doch! Ich schwöre bei dem, was ihr seht, 39 und was ihr nicht seht:"

فَلَآ أُقْسِمُ بِمَا تُبْصِرُونَ ﴿٣٨﴾ وَمَا لَا تُبْصِرُونَ ﴿٣٩﴾

7) 56, 75–76

"75 Nein doch! Ich schwöre bei den Orten, an denen die Sterne (als Sternschnuppen?) herabfallen (oder: bei den Orten, an denen die Sterne (am Horizont) untergehen?). 76 Das ist—wenn ihr doch Bescheid wüßtet—ein gewaltiger Schwur."

فَلَآ أُقْسِمُ بِمَوَٰقِعِ ٱلنُّجُومِ ﴿٧٥﴾ وَإِنَّهُۥ لَقَسَمٌ لَّوْ تَعْلَمُونَ عَظِيمٌ ﴿٧٦﴾

1.3[1] *Tabelle 3*: Schwüre des Schemas:* ta-llāhi

1) 37, 56
"56 Er sagt: "Bei Gott! Du hättest mich (seinerzeit mit deinen verführerischen Reden) beinahe ins Verderben gestürzt."

قَالَ تَاللَّهِ إِن كِدتَّ لَتُرْدِينِ ﴿٥٦﴾

2) 26, 97
"97 Bei Gott! Wir befanden uns offensichtlich im Irrtum, "

تَاللَّهِ إِن كُنَّا لَفِي ضَلَٰلٍ مُّبِينٍ ﴿٩٧﴾

3) 21, 57
"57 Und ich werde, bei Gott, eure Götzen überlisten, nachdem ihr den Rücken gekehrt (und micht mit ihnen alleingelassen) habt."

وَتَاللَّهِ لَأَكِيدَنَّ أَصْنَٰمَكُم بَعْدَ أَن تُوَلُّوا۟ مُدْبِرِينَ ﴿٥٧﴾

4) 16, 56
"56 Und sie (d.h. die Ungläubigen) bestimmen für die, von denen sie (in Wirklichkeit überhaupt) nichts wissen (d.h. für die Götzen; w. für das, was sie nicht wissen), einen Anteil von dem, was wir ihnen (zum Genuß?) beschert haben. Bei Gott! Ihr werdet sicher (dereinst) über das, was ihr (an lügnerischem Götzenglauben) ausgeheckt habt, zur Rechenschaft gezogen werden."

وَيَجْعَلُونَ لِمَا لَا يَعْلَمُونَ نَصِيبًا مِّمَّا رَزَقْنَٰهُمْ ۗ تَاللَّهِ
لَتُسْـَٔلُنَّ عَمَّا كُنتُمْ تَفْتَرُونَ ﴿٥٦﴾

16, 63
"63 Bei Gott! Wir haben doch schon vor dir an Gemeinschaften (Gesandte) geschickt. Und da ließ der Satan ihnen ihre Handlungen in schönstem Licht erscheinen (um sie durch Selbstsicherheit zu betören). Er ist nun heute ihr Freund. Aber sie haben (dereinst) eine schmerzhafte Strafe zu erwarten."

تَاللَّهِ لَقَدْ أَرْسَلْنَآ إِلَىٰٓ أُمَمٍ مِّن قَبْلِكَ فَزَيَّنَ لَهُمُ ٱلشَّيْطَٰنُ
أَعْمَٰلَهُمْ فَهُوَ وَلِيُّهُمُ ٱلْيَوْمَ وَلَهُمْ عَذَابٌ أَلِيمٌ ﴿٦٣﴾

5) 12, 73
"73 Sie sagten: "Bei Gott! Wir sind nicht gekommen, um im Land Unheil anzurichten, und sind keine Diebe. Das müßt ihr doch wissen."

قَالُوا۟ تَاللَّهِ لَقَدْ عَلِمْتُم مَّا جِئْنَا لِنُفْسِدَ فِى ٱلْأَرْضِ وَمَا كُنَّا
سَٰرِقِينَ ﴿٧٣﴾

---

[1] Die mit * gekennzeichneten Tabellen enthalten eine Aufstellung der rechtlich bindenden *Kontext-Schwüre*, die aufgrund ihrer stereotypen Formulatur leicht als vom Sureninhalt unabhängige, reine Bekräftigungsschwüre zu identifizieren sind.

12, 85
"85 Sie sagten: "Bei Gott! Du wirst (nicht) aufhören, von Joseph zu sprechen (oder: an Joseph zu denken), bis du (schließlich ganz) siech und elend bist oder (überhaupt) umkommst."

قَالُوا۟ تَٱللَّهِ تَفْتَؤُا۟ تَذْكُرُ يُوسُفَ حَتَّىٰ تَكُونَ حَرَضًا أَوْ تَكُونَ
مِنَ ٱلْهَٰلِكِينَ ﴿٨٥﴾

12, 91
"91 Sie sagten: "Bei Gott! Wahrlich, Gott hat dich vor uns ausgezeichnet (w. bevorzugt). Wir aber haben uns versündigt."

قَالُوا۟ تَٱللَّهِ لَقَدْ ءَاثَرَكَ ٱللَّهُ عَلَيْنَا وَإِن كُنَّا لَخَٰطِـِٔينَ ﴿٩١﴾

12, 95
"95 Sie (d.h. die Leute seiner Umgebung) sagten: "Bei Gott! Du befindest dich in deinem alten Irrtum."

قَالُوا۟ تَٱللَّهِ إِنَّكَ لَفِى ضَلَٰلِكَ ٱلْقَدِيمِ ﴿٩٥﴾

1.4 Tabelle 4: Schwüre des Schemas:* wa-rabbi

1) 64, 7
"7 Diejenigen, die ungläubig sind, behaupten, sie würden (dereinst) nicht (vom Tod) erweckt werden. Sag: Doch, bei meinem Herrn! Ihr werdet bestimmt erweckt werden. Hierauf wird man euch Kunde geben über das, was ihr (in eurem Erdenleben) getan habt. Dies (zu bewerkstelligen) ist Gott ein leichtes."

زَعَمَ ٱلَّذِينَ كَفَرُوٓا۟ أَن لَّن يُبْعَثُوا۟ ۚ قُلْ بَلَىٰ وَرَبِّى
لَتُبْعَثُنَّ ثُمَّ لَتُنَبَّؤُنَّ بِمَا عَمِلْتُمْ ۚ وَذَٰلِكَ عَلَى ٱللَّهِ يَسِيرٌ ﴿٧﴾

2) 51, 23
"23 Beim Herrn von Himmel und Erde! Das ist (ebenso) wahr, wie (es wahr ist) daß ihr sprechen könnt."

فَوَرَبِّ ٱلسَّمَآءِ وَٱلْأَرْضِ إِنَّهُۥ لَحَقٌّ مِّثْلَ مَآ أَنَّكُمْ
تَنطِقُونَ ﴿٢٣﴾

3) 46, 34
"34 Und am Tag, da diejenigen, die (in ihrem Erdenleben) ungläubig waren, dem Höllenfeuer vorgeführt werden! (Gott sagt dann zu ihnen:) "Ist dies (d.h. die Auferstehung und das Gericht) (nun) nicht die Wahrheit? Sie sagen: "Jawohl, bei unserem Herrn!" Er sagt: "Jetzt bekommt ihr die Strafe (der Hölle) zu spüren dafür, daß ihr ungläubig waret."

وَيَوْمَ يُعْرَضُ ٱلَّذِينَ كَفَرُوا۟ عَلَى ٱلنَّارِ أَلَيْسَ هَٰذَا
بِٱلْحَقِّ ۖ قَالُوا۟ بَلَىٰ وَرَبِّنَا ۚ قَالَ فَذُوقُوا۟ ٱلْعَذَابَ بِمَا كُنتُمْ
تَكْفُرُونَ ﴿٣٤﴾

4) 34, 3
"3 Und diejenigen, die ungläubig sind, sagen: "Die Stunde (des Gerichts) wird nicht über uns kommen." Sag: Doch, sie wird bestimmt über euch kommen, bei meinem Herrn, der das Verborgene weiß! Ihm entgeht (auch) nicht das Gewicht

وَقَالَ ٱلَّذِينَ كَفَرُوا۟ لَا تَأْتِينَا ٱلسَّاعَةُ ۖ قُلْ بَلَىٰ وَرَبِّى
لَتَأْتِيَنَّكُمْ عَٰلِمِ ٱلْغَيْبِ ۖ لَا يَعْزُبُ عَنْهُ مِثْقَالُ ذَرَّةٍ فِى
ٱلسَّمَٰوَٰتِ وَلَا

eines Stäubchens, weder im Himmel noch auf der Erde. Und es gibt nichts, was größer ist, das nicht in einer deutlichen Schrift (verzeichnet) wäre."

فِي ٱلْأَرْضِ وَلَآ أَصْغَرُ مِن ذَٰلِكَ وَلَآ أَكْبَرُ إِلَّا فِي كِتَٰبٖ
مُّبِينٖ ٣

5) 19, 68
"68 Bei deinem Herrn! Wir werden sie (d.h. die Menschen) und die Satane (dereinst) (oder: (dereinst) mit den Satanen) (zu uns) versammeln. Hierauf werden wir sie rings um die Hölle auf den Knien liegend (zum Gericht) vorführen."

فَوَرَبِّكَ لَنَحْشُرَنَّهُمْ وَٱلشَّيَٰطِينَ ثُمَّ لَنُحْضِرَنَّهُمْ حَوْلَ
جَهَنَّمَ جِثِيّٗا ٦٨

6) 15, 92
"92 Bei deinem Herrn! Wir werden sie alle (dereinst) zur Rechenschaft ziehen"

فَوَرَبِّكَ لَنَسْـَٔلَنَّهُمْ أَجْمَعِينَ ٩٢

7) 10, 53
"53 Und sie (d.h. die Leute) erkundigen sich bei dir (und sagen): "Ist dies (d.h. die Auferstehung und das Gericht) wahr?" Sag: Gewiß, bei meinem Herrn! Es ist wahr. Ihr könnt euch (ihm) nicht entziehen."

۞ وَيَسْتَنۢبِـُٔونَكَ أَحَقٌّ هُوَ ۖ قُلْ إِي وَرَبِّيٓ إِنَّهُۥ لَحَقّٞ ۖ
وَمَآ أَنتُم بِمُعْجِزِينَ ٥٣

8) 4, 65
"65 Aber nein, bei deinem Herrn! Sie sind so lange nicht (wirklich) gläubig, bis sie dich zum Schiedsrichter machen über das, was zwischen ihnen umstritten ist, und sich hierauf durch die Entscheidung, die du getroffen hast, nicht bedrückt fühlen, (dir) vielmehr uneingeschränkt beipflichten."

فَلَا وَرَبِّكَ لَا يُؤْمِنُونَ حَتَّىٰ يُحَكِّمُوكَ فِيمَا شَجَرَ بَيْنَهُمْ ثُمَّ
لَا يَجِدُوا۟ فِيٓ أَنفُسِهِمْ حَرَجٗا مِّمَّا قَضَيْتَ وَيُسَلِّمُوا۟ تَسْلِيمٗا ٦٥

1.5 Tabelle 5: Schwüre des Schemas:* la-ʿamr

1) 75, 72
"72 Wahrhaftig! Sie waren in ihrem Wahn (w. Rausch) (befangen), so daß sie (zuletzt) weder aus noch ein wußten."

لَعَمْرُكَ إِنَّهُمْ لَفِي سَكْرَتِهِمْ يَعْمَهُونَ ٧٢

1.6 Tabelle 6: Schwüre des Schemas:* bi-ʿizza

1) 38, 82
"82 Iblīs (w. Er) sagte: "Bei deiner (All)-macht! Ich werde sie allesamt abirren lassen!"

قَالَ فَبِعِزَّتِكَ لَأُغْوِيَنَّهُمْ أَجْمَعِينَ ٨٢

MEDINENSISCHE EINSCHÜBE IN MEKKANISCHEN SUREN

*Ein Arbeitsbericht**

Tilman Nagel

Im Januar 1962 verabschiedete der "Ausschuß zur Überprüfung der Koranexemplare", ein Gremium der al-Azhar-Universität, eine Koranausgabe, in der die mekkanischen Suren nicht, wie sonst üblich, im ganzen als solche ausgewiesen wurden; es wurden vielmehr in den meisten mekkanischen Suren einzelne Verse als medinensischen Ursprungs gekennzeichnet. Im Nachwort nannten die Herausgeber die Quellen dieser Überlieferung, die im übrigen in manchen Fällen widersprüchlich sei: Sie finde sich in Handbüchern über die Lesarten des Korans und in Werken des *tafsīr*; vor allem aber stütze man sich auf das "Buch des ʿUmar b. Muḥammad Ibn ʿAbd al-Kāfī", eines Autors des 11. Jahrhunderts.

Dessen Abhandlung über die Verseinteilung des Korans hat schon Nöldeke benutzt; mir stand die Leidener Handschrift Cod. Warn. 674 zur Verfügung. Oftmals sei man sich nicht einig, schreibt Ibn ʿAbd al-Kāfī, welchem Lebensabschnitt des Propheten bestimmte Verse einer Sure zuzuordnen seien; darum wolle er alle ihm hierzu bekannt gewordenen Ansichten zusammenstellen. Den Kern dieser Nachrichten führt er auf Muǧāhid b. Ǧabr zurück; dessen Material wurde im 8. Jahrhundert in Basra studiert; Jamūt b. al-Muzarriʿ, ein Neffe des berühmten al-Ǧāḥiẓ, war an der Weitergabe beteiligt, später auch ein Nachkomme des Kalifen al-Wāṯiq.—Neben diese Hauptüberlieferung treten, im Einzelfall kenntlich gemacht, zwei zusätzliche Stränge, und diese, beide ebenfalls in Basra nachweisbar, enthalten das, was für unser Thema eigentlich von Belang ist. Denn die Liste des Muǧāhid b. Ǧabr, die uns auch as-Sujūṭī im *Kitāb al-Itqān* (I,9) aufbewahrt hat, kennt nur wenige medinensische Einschübe in mekkanischen Suren. Insgesamt achtmal reichert Ibn ʿAbd al-Kāfī diese Daten mit Aussagen des Mekkaners ʿAṭāʾ b. abī Rabāḥ an; es handelt sich vorwiegend um Verse, in denen Gläubige

* Meine ausführliche Studie "Medinensische Einschübe in mekkanischen Suren" ist 1995 bei Vandenhoeck & Ruprecht in Göttingen erschienen.

und Ungläubige einander schroff gegenübergestellt werden (z. B. 22,19–21; 32,18–20; 39,52–54; 99), sowie um rituelle Bestimmungen (z. B. 6,151–153; 73,20), denen von ʿAṭāʾ ein medinensischer Ursprung zugeschrieben wird.

Besonders ergiebig ist die zweite Zusatzüberlieferung, für die Qatāda b. Diʿāma verantwortlich zeichnet. Sie wird übrigens auch von al-Ḥāriṯ al-Muḥāsibī bezeugt (vgl. van Ess, Theologie und Gesellschaft, II, 140–142). In ihr werden vor allem koranische Aussagen über die schwierigen Lebensumstände Muḥammads in Medina (z. B. 42,23–27), über seine Verzweifelung angesichts der Ablehnung seiner Botschaft durch seine Feinde (z. B. 17,26; 18,28), unter denen hier die medinensischen Juden zu verstehen sind, sowie über Versuche des Propheten, kritische Fragen zu parieren (z. B. 7,163–172; 17,85), der medinensischen Periode zugeschlagen.

Ehe ich die Aussagekraft dieser Überlieferungen an einigen Beispielen erörtern werde, möchte ich das in Rede stehende Material in wenigen Sätzen von der Literatur über die "Vorgeschichte der Herabsendung (der Koranverse)" (*asbāb an-nuzūl*) abgrenzen. Bei unseren Angaben handelt es sich um die bloße Zuordnung einer Sure oder bestimmter Verse zur mekkanischen oder medinensischen Periode; sie sind von inhaltlichen Aussagen nahezu völlig frei und insofern den beiden Listen mit einer chronologischen Reihung aller Suren zu vergleichen, die der Verfasser des *Fihrist* (ed. Flügel, 38) ʿIkrima ("auf Autorität von Ibn ʿAbbās") und al-Ḥusain (al-Ḥasan) b. abī l-Ḥasan (d. i. vielleicht al-Ḥasan al-Baṣrī) zuschreibt und die man ebenfalls bei as-Sujūṭī (al-Itqān I,10) wiederfindet.

Das erste Werk über die *asbāb an-nuzūl* soll hingegen der *ḥadīṯ*-Gelehrte ʿAlī b. al-Madīnī im 9. Jahrhundert verfaßt haben. Das bis in die Gegenwart hinein benutzte Standardwerk zu diesem Gegenstand schrieb Abū l-Ḥasan al-Wāḥidī (gest. 1075). In seiner Vorrede spricht er unverblümt aus, daß seinerzeit geradezu hemmungslos über die Umstände der Offenbarung einzelner Verse fabuliert wurde. Es gelte, die Spreu vom Weizen zu trennen. Und dies will er bewerkstelligen, indem er sich vor allem an das Material hält, das in den *tafsīr*-Abschnitten der kanonischen *ḥadīṯ*-Sammlungen aufzufinden ist. In den *asbāb an-nuzūl* wird, um es knapp zu sagen, der Koran dem Prophetenbild der *sunna* eingepaßt—und gerade darum soll es uns nicht gehen!

Der dritte Vers der Josefssure hat den Übersetzern allerlei Kopfzerbrechen bereitet. Unmittelbar vor ihm steht ein Hinweis auf "Verse des klaren Buches"; dieses ist als eine Lesung in arabischer Sprache herabgesandt worden; dann wird betont, daß Gott dem Propheten am schönsten erzählte, denn er ist es, der Muḥammad diese Lesung eingab, "wenn du zuvor auch darüber hinweggingest". Dies ist der eigentliche Sinn der an dieser Stelle aufscheinenden Wurzel *ġ-f-l*: in einer Angelegenheit unachtsam sein, obwohl man von ihr weiß. Paret übersetzt hingegen: "du hattest vorher keine Ahnung davon", verfehlt damit die Bedeutung von *ġ-f-l* und unterdrückt zudem die Konjunktion *wa-in*. Bell und Blachère geben die Stelle wortgetreuer wieder, aber es bleibt dem Leser rätselhaft, inwiefern Muḥammad "vorher" unachtsam gewesen sein soll.

Nach Ibn ᶜAbd al-Kāfī bilden die ersten drei Verse von Sure 12 einen medinensischen Einschub, und damit bekommt jener Satz plötzlich einen überraschenden Sinn: Muḥammad erkannte den Wert der bereits vorher, d. h. in Mekka, offenbarten Erzählung; durch Voranstellung der ersten drei Verse wurde der Text als ein Teil des *kitāb* ausgewiesen, des Korpus der in Schrift gefaßten Offenbarungen, das der Prophet nach Medina mitgebracht hatte. Überprüft man die Einleitungsformeln der mekkanischen Suren mit Ausnahme von Sure 12, so ergibt sich, daß insgesamt zwanzig als zum *kitāb* gehörend bezeichnet werden; daneben gibt es andere Wendungen, die, wie im Falle von Sure 20 oder 36, allein das Wort "Lesung" (*qurʾān*) enthalten.

Wie ich in anderem Zusammenhang gezeigt habe, macht das Wort *kitāb* während der Prophetenschaft Muḥammads einen Bedeutungswandel durch: Zuerst meint es ein in Gottes Gegenwart aufbewahrtes Verzeichnis der die Schöpfung lenkenden Maßnahmen Gottes sowie der Handlungen des Menschen; dann tritt allmählich der Sinn "Offenbarungsschrift" hervor, ohne freilich die ältere Bedeutung ganz zu verdrängen (Der Islam 60,143–165). Ibn Isḥāq bezeugt an einer Stelle (Ibn Hišām, Sīra, Ed. Kairo 1955, I, 344, Z. 10), daß Sure 20 als Einzeltext schon vor der Hedschra in Umlauf war und zur Unterweisung genutzt wurde. Nehmen wir die in den Einleitungsformeln verwendeten Wörter ernst, dann stoßen wir auf die materielle Grundlage des eben angesprochenen Bedeutungswandels; die Verschriftlichung der "Lesung" begann schon in Mekka, und allmählich wurde Muḥammad sich darüber klar, daß das Ergebnis dieses Vorganges ein heiliges Buch war, der Thora und dem Evangelium vergleichbar. Die "Lesung" wühlte die religiösen Emotionen der Zuhörer auf; von ihr strahlte gleichsam ein Zauber auf viele Mekkaner aus, den die Gegner des Propheten für verderblich hielten. Dies geht aus vielen Belegen des Korans und der *sīra* hervor. Nun erwerben diese Texte eine zusätzliche Funktion, die eines heiligen Buches, das die vorhergehenden Offenbarungen bestätigt. In allgemeiner Weise ist dieser Gedanke in der spätmekkanischen Sure 10,37 geäußert; in der frühmedinensischen Sure 3,3 findet er sich klar auf den Begriff gebracht: ''(Gott) hat auf dich das Buch mit der Wahrheit herabgesandt; dieses bestätigt, was davor (an Offenbarungen ergangen) war. Und er hat die Thora und das Evangelium herabgesandt.''

Die Überlieferung von den medinensischen Einschüben hat uns im Zusammenhang mit der Einleitungsformel von Sure 12 zu der Vermutung gedrängt, die Verschriftlichung der prophetischen ''Lesungen'' habe schon in Mekka begonnen. Der in Raij wirkende Gelehrte Muḥammad b. Aijūb b. aḍ-Ḍurais (gest. 906) schreibt in seinen *Faḍāʾil al-Qurʾān* (GAS I,42) klipp und klar: ''Wenn ein Eröffnungsvers einer Sure (*fātiḥatu sūratin*) in Mekka herabgesandt wurde, wurde sie in Mekka niedergeschrieben. Dann pflegte Gott ihr hinzuzufügen, was ihm beliebte'' (zitiert bei as-Sujūṭī, at-Tafsīr bil-maʾṯūr, Bulaq o. J., VI, 249—zu Sure 68,1; vgl. Itqān, I, 10). Halten wir uns dies vor Augen, dann erklärt sich übrigens auch, warum wir nur verhältnismäßig geringfügige Textvarianten kennen—der Wortlaut ist durch Muḥammads Autorität gedeckt—, während die Suren selbst häufig ein uneinheitliches Gefüge aufweisen—es wurde zu Lebzeiten Muḥammads immer wieder in den Text eingegriffen.

Mit Rücksicht auf das Thema unseres Symposiums möchte ich auf der Grundlage des von mir zusammengetragenen Materials Muḥammads Anschauung vom Wesen seines Offenbarungstextes genauer herausarbeiten, ehe ich einige weitere mir wichtig erscheinende Gegenstände kurz streife, um am Schluß einige allgemeine Folgerungen für unser Verständnis von der frühen Geschichte des Islams zu ziehen.

Nachdem Muḥammad aus Mekka vertrieben worden war und in Medina Zuflucht gefunden hatte, sah er sich gezwungen, die Gleichwertigkeit, ja Überlegenheit seines ''Buches'' gegenüber Thora und Evangelium nicht nur, wie dies in der Einleitung zu Sure 3 geschieht, zu behaupten, sondern auch plausibel zu machen. Die Thora war von Mose auf dem Berg Sinai empfangen worden; Jesus war selber das Wort Gottes. Was konnte Muḥammad demgegenüber für sich beanspruchen? Besonders dringlich war es für ihn, sich gegenüber dem Judentum zu erklären, denn Muḥammads Überleben hing von der Fürsorge des ḫazraǧitischen Klanes der Banū n-Naǧǧār ab, mit denen er in mütterlicher Linie verwandt war; viele Ḫazraǧiten standen aber, wie man bei Ibn Isḥāq nachlesen kann (Sīra I, 428 f.), in einem Klientelverhältnis zu Juden. In der frühmedinensischen Sure 2,185 hören wir von der Stiftung einer alljährlich zu begehenden Gedenkzeit: Im Ramadān sollen sich die Gläubigen der Herabsendung der "Lesung" erinnern. Die Festsetzung dieses Gedenkmonats ist jedoch nicht als eine aus der Not des Augenblicks geborene Maßnahme zu sehen, sie ist vielmehr dank den eben angedeuteten Veränderungen in Muḥammads Auffassung vom *kitāb* schon vorbereitet.

Im Koran wird das Bedeutungsfeld "Vermittlung von Wissen aus dem Bereich des Verborgenen" durch zwei Wortwurzeln abgedeckt: *w-ḥ-j* und *n-z-l*. In den mekkanischen Suren überwiegen Bildungen aus der Wurzel *w-ḥ-j*; diese bezeichnet in der überwiegenden Zahl der Fälle situationsbezogene Anweisungen und ist am besten mit "eingeben" zu übersetzen: "Wir gaben Mose ein: 'Wirf deinen Stab hin!'" (Sure 7,117). Sehr viel seltener wird *w-ḥ-j* mit Appellativa in der Funktion von Akkusativobjekten verbunden: "Das gehört zu der Weisheit, die dein Herr dir eingab", heißt es in der spätmekkanischen Sure 17,39 nach Nennung einer Anzahl von Verhaltensregeln. Ebenfalls spätmekkanisch ist der folgende aufschlußreiche Beleg (Sure 42,5): "So gaben wir dir einen Geist (*rūḥ*) von unserer Fügung (*amr*) ein; du wußtest vorher weder, was das Buch, noch was der Glaube sei . . ."—Ich werde auf diese Stelle gleich zurückkommen; wie der als medinensischer Einschub bezeichnete Vers 85 von Sure 17 belegt, mußte sich der Prophet in Medina wegen des Gebrauchs des Wortes *rūḥ* rechtfertigen.—Objekte der "Eingebung" sind ferner "eine arabische Lesung" (Sure 42,7—spätmekkanisch; Sure 12,2—medinensischer Einschub) und schließlich das "Buch", bzw. genauer—und darauf kommt es an!—"etwas vom Buch" (Sure 35,31; 18,27; 29,45): "Trage vor, was dir vom Buch eingegeben wurde . . ." (Sure 29,45). Es sind jetzt nicht mehr konkrete Anweisungen, die Muḥammad eingegeben werden, es wird vielmehr die Gesamtheit des auf diese Weise Übermittelten in den Blick genommen: Weisheit, (arabische) Lesung, etwas vom Buch.

In spätmekkanischer Zeit beginnen Bildungen aus der Wurzel *n-z-l* die ältere Ausdrucksweise zu verdrängen, vor allem in Verknüpfung mit *al-kitāb*, "*dem* Buch". Gott sandte "das Buch" herab (Sure 17,196), ja, die Mekkaner scheinen Muḥammad zu nötigen, er solle endlich ein Buch vorweisen, wenn sich schon durch ein Machtwort keine anderen Wunder wie z. B. ein Aufstieg in den Himmel vollziehen (Sure 17,93). Aus medinensischer Zeit läßt sich dann eine Vielzahl von Belegen für die Verbindung von *n-z-l* mit "Buch" beibringen. So verlagert sich die Auffassung des Vorganges der Offenbarung von der "Eingebung" auf die Herabsendung eines Korpus von Texten; dieser Wandel wird in spätmekkanischer Zeit greifbar und ermöglicht es, die Herabsendung auf einen bestimmten Zeitraum zusammengezogen zu denken, wie in Sure 2,185 angeordnet. Bemerkenswert ist in diesem Zusammenhang, daß Sure 97 (*al-qadar*) im Korankommentar des Muqātil b. Sulaimān als medinensisch betrachtet wird. Auf jeden Fall ist sie mit der spätmekkanischen Sure 44,4 zusammenzustellen; dort ist ebenfalls von der Nacht der Bestimmung die Rede, in der "jegliche Art weiser Fügung (*amr*)" verdeutlicht werde.

Der Herabsendung des Buches soll man im Ramadān gedenken. Gleichwohl erwuchs aus den sich nach und nach hierum rankenden erbaulichen Geschichten niemals eine Stiftungslegende des islamischen Glaubens, verlgeichbar der Erzählung von der Übergabe der Gesetzestafeln auf dem Sinai. Muḥammad blieb eben auch nach der Einsetzung des Gedenkmonats noch der Sprecher Gottes. Vor allem aber Muḥammads Vorstellung vom unaufhörlichen Wirken Gottes in der Schöpfung stand einer solchen Entwicklung entgegen. "Jegliche Art weiser Fügung" wird in der Nacht der Bestimmung *verdeutlicht* und das Ergebnis ist eine *deutliche* Lesung (z. B. Sure 12,2), die der Prophet unentwegt vortragen soll (Sure 17,106). Die in Form der "Lesung" verdeutlichte, d. h. in menschliche Begriffe gesetzte göttliche Fügung ist weit davon entfernt, schon deren Ganzes zu sein. Jene ist nämlich allumfassend und ewig, und der Teil von ihr, der in menschlicher Rede beschrieben werden kann, ist nur gering. Betrachtet man die Schöpfung und macht sich klar, daß sie durch die ununterbrochen ergehende Fügung eines niemals ruhenden Schöpfers gelenkt wird (Nagel, Der Koran, 172–184), dann erahnt man, wie gering jener Teil sein muß, man erkennt aber auch, daß nicht fest zu umreißen ist, wann dieser in Rede und Schrift umsetzbare Anteil erschöpft ist. In spätmekkanischen Suren war der getreue Geist (*ar-rūḥ al-amīn*, Sure 26,193) oder der Geist der Heiligkeit Gottes (*rūḥ al-qudus*, Sure 16,102) als Übermittler der Offenbarung gennant worden. Die Juden mit ihrem abgeschlossenen Offenbarungstext erspürten anscheinend die Möglichkeit, jenen neuen Propheten ebenfalls auf ein abgeschlossenes Korpus von Texten festzulegen, herabgebracht von einem "getreuen Geist". In Sure 17,85 weist Muḥammad diesen Gedankengang schroff zurück: "Und sie fragen dich nach dem Geist. Antworte: 'Der Geist gehört zur Fügung (*amr*) meines Herrn. Ihr habt wirklich nur wenig Wissen bekommen!'" Die Vermittlung von Wissen aus dem Verborgenen (*ġaib*) kann weitergehen, solange es diesen Propheten gibt, so wie auch das Wirken der Fügung Gottes weder zeitlich noch räumlich umgrenzbar ist. Auf eben diesen Sachverhalt zielen auch die medinensischen Einschübe Sure 18,107–110 und Sure 31,27–29: "Wenn alle Bäume auf Erden Schreibrohre wären und das Meer, das aus sieben dahinterliegenden Meeren Zufluß erhielte, (Tinte), selbst dann gingen die Worte Gottes noch nicht zuende!"

In holzschnittartiger Vergröberung habe ich aufzuzeigen versucht, welche Möglichkeiten der Erschließung der koranischen Gedankenwelt und der Lebenswirklichkeit des Propheten sich auftun, sobald man die Überlieferung von den medinensischen Einschüben aufgreift und sich unter Zuhilfenahme von Parallelstellen vorantastet.

Im Prinzip, so lautet Muḥammads Auffassung, ist die "Verdeutlichung" der Offenbarung unvollendbar. Jedes irdische, papierene Buch ist nur ein winziger in menschliche Begriffe gesetzter Teil der weisen göttlichen Fügung; es ist eine geschichtliche—und damit auch der Verfälschung ausgesetzte—Sonderung aus dem Walten des Einen. Muḥammad empfängt seine Eingebungen unmittelbar; solange er lebt, kann es daher keine Verfälschung geben. Er redet dank der fortgesetzten Übermittlung von Botschaften aus dem Bezirk des Verborgenen (*ġaib*), an den zu glauben er seine Anhänger in Sure 2,3 verpflichtet, stets authentisch und geht damit gewissermaßen hinter die nur noch in verschriftlichter Form verfügbaren Offenbarungen seiner Vorläufer zurück. Hieraus leitet er den absoluten Wahrheitsanspruch seiner Rede ab. Er hinterläßt damit seiner Gemeinde das schier unlösbare theologische Problem, was denn der Koran eigentlich sei: ein Teil des übergeschichtlichen ewigen Wortes des Schöpfers oder nur eine—die letzte—geschichtliche Sonderung dieses Wortes. Es wird einsichtig, in welcher Weise die dank zahlreicher Eingriffe so komplexe Textgestalt des Korans und der sich seit dem 8. Jahrhundert entwickelnde Streit über das Wesen der Rede Gottes aufeinander verweisen: Beide wurzeln in Muḥammads Auffassung von dem, was Offenbarung sei.

Nur in Stichworten möchte ich weitere mir wichtig erscheinende Ergebnisse der Auswertung medinensischer Einschübe nennen:

a. Muḥammad wurde aus seiner Vaterstadt verstoßen, nicht zuletzt weil man die Zauberkraft seiner "Lesung" zu fürchten begann, und gelangte nach Medina wegen einiger eher zufälliger Gründe; die sogenannte Hedschra war kein von langer Hand vorbereiteter Schritt, wie es die Geschichte von den Absprachen bei ᶜAqaba wahrhaben will. Bezeichnenderweise ist von derartigen Absprachen in den Lobgedichten Ḥassān b. Ṯābits auf die *anṣār* nirgends die Rede. Vermutlich dachte der Prophet zunächst an eine baldige Rückkehr nach Mekka.

b. Sowohl in materieller als auch in religiöser Hinsicht war seine Lage in Medina außerordentlich prekär; die Juden setzten ihm so sehr zu, daß er an der Wahrheit seiner Berufung zu zweifeln begann.

c. Der Sieg bei Badr dürfte in der Tat von entscheidender Bedeutung für sein weiteres Schicksal gewesen sein. Beherzt muß Muḥammad die sich ihm nun eröffnenden Möglicheiten genutzt haben. Er formte um sich die Gemeinschaft der *Gläubigen*, wie sie z. B. in mekkanischen Suren schon beschrieben ist; aus dieser *Beschreibung* sittlichen, gottgefälligen Verhaltens wird in medinensischen Einschüben die *Anordnung* eines solchen Verhaltens.

d. Die Gemeinschaft der Gläubigen findet ihre Erfüllung im tatkräftigen Einsatz ihrer Mitglieder füreinander, nicht zuletzt im Kampf, der nun in vielfältiger Weise unter Rückgriff auf mekkanische Suren und unter geschickter Zuspitzung ihrer Aussagen propagiert wird. Auffällig ist hierbei die häufige Verwendung von kaufmännischen Begriffen (*b-j-ᶜ*; *š-r-j*; *q-r-ḍ*).

H.A.R. Gibb vertrat 1955 in einem Aufsatz die Meinung, daß in der Frühzeit des Islams die religiös-ideologische Entwicklung hinter der politischen weit zurückgeblieben sei (SI IV/1955, 5–18), und hieraus war verschiedentlich geschlossen worden, daß alle Aussagen religiösen Inhalts, auch der Koran selber, unter den Verdacht späterer Fälschung zu stellen seien. Diese Ansicht läßt sich meines

Erachtens nicht aufrechterhalten. Allerdings hat sich, wie ich glaube zeigen zu können, die Auslegung der frühesten Geschichte durch die Muslime selbst schon bald nach Muḥammads Tod in mehrfacher Hinsicht gewandelt. Wie bereits angedeutet, verstand sich die medinensische Gemeinschaft der *Gläubigen*—so die Selbstbezeichnung!—als eine durch die Hedschra begründete Kampfgemeinschaft. In dem Augenblick, als Muḥammad nach Medina gelangt war, hatte alles freilich noch ganz anders ausgesehen. Erst zum Zwecke der Aufbietung aller Kräfte gegen die Mekkaner wuchs der Hedschra die tragende Rolle zu, und mit dem sich einstellenden Erfolg wurde aus ihr ein schon langfristig durch Absprachen mit den "Helfern" vorbereiteter Schritt. Bei Ḥassān b. Ṯābit fehlt, wie gesagt, noch jeder Hinweis auf solche Absprachen, die in der *späteren* Sicht als höchste Ruhmestitel der Medinenser galten. Weiter betont wurde die Bedeutung der Hedschra dadurch, daß der "Fürst der *Gläubigen*" ʿUmar dieses Ereignis, nicht, wie auch erörtert worden war, die Berufung Muḥammads zum Propheten, zum Ausgangspunkt der neuen Zeitrechnung bestimmte, ein Schachzug, der auch mit der gegen die alte mekkanische "Aristokratie" gerichteten Politik der führenden *muhāǧirūn* zusammenhängt. Die Kampfgemeinschaft der *muhāǧirūn* und *anṣār* wurde so zum Inbegriff des Glaubens, der jedoch mit der Ermordung ʿUṯmāns und den darauf folgenden Wirren in mehrfacher Hinsicht an der Wirklichkeit scheiterte: In der aufkommenden Ḫāriǧiten-Bewegung wurde jene kämpfende Gläubigkeit ad absurdum geführt; die politischen Sieger waren gerade jene "Aristokraten", gegen die die *muhāǧirūn* und *anṣār* sich hatten abgrenzen wollen.

Die Omaijaden propagierten, um ihren Sieg abzusichern, die einträchtige Gemeinschaft, deren Lebensmitte nicht mehr der kämpferische Glaube (*īmān*), sondern der Ritenvollzug (*islām*) sein sollte, der bereits in der spätmedinensischen Sure 5,3 als die Gott zufriedenstellende religiöse Ordnung (*dīn*) bezeichnet worden war. Etwa zur selben Zeit—im Kalifat ʿAbd al-Maliks—begannen die des ewigen Hauens und Stechens Überdrüssigen unter den Ḫāriǧiten, im *islām* ihre Heilserfüllung zu suchen. Was Glaube (*īmān*) sei, wird mehrfach im Koran umrissen; die Bestimmung des Inhalts von *islām* findet man jedoch nur im *ḥadīṯ*, der sich nunmehr herausbildenden neuen Gattung religiöser Rede. Das *ḥadīṯ* aber will die zeitliche Ferne zum Anfang überwinden, will den Anfang in der realisierten Gestalt des Propheten vergegenwärtigen und derart auf ewig gegenwärtig halten, so wie im Vollzug der Riten das Heil in das Jetzt hineingezogen wird. Läßt man sich von dem *ḥadīṯ*, der dem *islām* angemessenen Ausdrucksform, blenden, dann verliert jegliche auf das Werden des Islams als einer Religion verweisende Überlieferung ihre geschichtliche Dimension, und ich habe in anderem Zusammenhang die gestalterischen Mittel beschrieben, mit denen das *ḥadīṯ* diese Dimension vernichtet (ZDMG, Supplement IX, 118–128). Angesichts der Übermacht der stets vergegenwärtigten Vergangenheit, die das islamische Geistesleben seit dem 9. Jahrhundert mehr und mehr prägt, könnte der Erforscher der islamischen Religionsgeschichte verzagen, in Sonderheit was die Frühzeit anbelangt. Die Nachrichten von den medinensischen Einschüben verschaffen ihm jedoch einen Beobachtungsplatz, von dem aus er einige grundlegende Sachverhalte unter einer historischen Perspektive betrachten kann.

VOM REZITATIONSTEXT ÜBER DIE LITURGIE ZUM KANON

Zu Entstehung und Wiederauflösung der Surenkomposition im Verlauf der Entwicklung eines islamischen Kultus

ANGELIKA NEUWIRTH

0. *Dilemmata der Koranforschung*

Die gegenwärtige Koranforschung befindet sich in der Situation eines kreativitätslähmenden Patt: Fünfzehn Jahre nach dem Erscheinen von John Wansbroughs revolutionären "Quranic Studies"[1] kann von einer produktiven Auseinandersetzung mit seinem Ansatz in der Koranforschung noch immer nicht die Rede sein. Zwei Positionen stehen sich anscheinend unvereinbar gegenüber: hier die an der älteren Biblistik geschulte historisch-kritische Richtung, der es um die Schärfung des Bildes von der Entwicklung des Koran synchron zu der seines Verkünders Muhammad geht[2], und deren Historizitätsprämisse in der Regel auch der literaturwissenschaftlichen Koranforschung als Basis zugrundeliegt[3]—und dort eine an

[1] John Wansbrough, Quranic Studies. Sources and methods of scriptural interpretation. Oxford 1977, rez.: van Ess in: BiOr 35 (1978) 349-53, Ullendorf in: BSOAS 40 (1977) 609-612, Paret in: Der Islam 55 (1978) 354-56, Nemoy in: JQR 68 (1978) 182-84, Graham in JAOS 100 (1980) 137-41, Serjeant in: JRAS 1978, 76-78, Juynboll in: JSS 24 (1979) 293-96, Boullata in: MW 47 (1977) 306-307, Wagner in: ZDMG 128 (1978) 411, Rudolph in: Theol. Lit. Zeitg. 105 (1980) 1-19, Neuwirth in: WI 28/29 (1984) 539-42.

[2] S. zur "Leben-Muhammads-Forschung" zuletzt: F.E. Peters: The Quest of the Historical Muhammad. In: Int. J. Middle East Stud. 23 (1991) 291-315. Daß gerade in der historisch-kritischen Forschung leicht die Rolle des vortragenden Verkünders Muhammad unzulässig mit der eines Autors, d.h. alleinschöpferischen Urhebers eines geschlossenen Textes, in eins gesetzt wird, hat zurecht A. Kellermann (1995) in einer auf phonologisch-musikologischen Grundlagen basierenden Untersuchung zur Mündlichkeit des Koran moniert.—Angesichts der Aussichtslosigkeit einer historisch gesicherten Rekonstruktion des Lebens des Propheten, ist es vorläufig umso dringlicher, die für ihn jeweils vorausgesetzte Rolle bei der Korangenese möglichst genau zu umgrenzen.

[3] Die literaturwissenschaftliche Analyse eines komplexen Textcorpus wie des Koran ist auf die Abgrenzung von kleineren Untersuchungseinheiten angewiesen; solche bieten sich ihr mit den redaktionell vorgegebenen "Suren" an, deren vorredaktionell intendierte Komposition und damit auch Authentizität als fest um-

der Formgeschichte orientierte rigoros-skeptische Richtung, die sich über die von der islamischen Tradition gebotene Darstellung der Korangenese gänzlich hinwegsetzt. Anstelle des einen berufenen Vermittlers der göttlichen Rede, Muhammad, und der als verläßlich vertrauten ersten Kalifen als Initiatoren der verbindlichen Kodifikation tritt hypothetisch ein anonymes Gremium von Redaktoren, die im zweiten Jahrhundert der Hiğra noch zirkulierende "Logia-Sammlungen" verschiedener Herkunft, zusammen mit Auszügen aus später um sie geführten Diskussionen, zu einem liturgischen Corpus zusammengegossen hätten[4]. Zwei ganz verschiedene Koranbilder also: bei Wansbrough das erstarrte, mit seiner autoritativen Zusammenfügung zum Textcorpus 'Koran' zu Literatur geronnene Szenario von *post eventum* geführten oder sogar konstruierten Auseinandersetzungen judenchristlicher Sektierer um die Worte ihrer Gründerfigur—nach dem historisch-kritischen Modell dagegen das zwar durch Traditions- und Redaktionsprozesse affizierte, im wesentlichen aber authentische Dokument der von Muhammad verlautbarten Vorträge selbst.

---

grenzten Einheiten zumindest für den mekkanischen Anteil zu erweisen von Verf. (1981) versucht worden ist.—Bereits mit der Annahme einer solchen Intention, spätestens aber mit dem Versuch der chronologischen Klassifizierung der Suren, setzt die literaturwissenschaftlich orientierte Analyse stillschweigend eine und dieselbe Person als Vermittler der Einzeltexte voraus, wenn dabei auch nicht notwendig Sira-Daten im einzelnen übernommen zu werden brauchen. Denn der Anordnung der Suren nach Entstehungsphasen—wie sie im wesentlichen bereits von Nöldeke (GdQ^1 1860, GdQ^2 1909) mit seinen auf formalen Beobachtungen basierenden "Entwicklungsreihen" geleistet worden ist—liegt der Erfahrungssatz zugrunde, daß eine einmal eingetretene Stilentwicklung nicht beliebig reversibel ist.—Gewiß ist streng genommen die automatische Verbindung der Einzeltexte mit der einen Sprecher-Figur Muhammad eine "Eintragung" in den Text, wie Wansbrough, der sich von dem Dogma des festen, örtlich und zeitlich in die Vita des Propheten verankerbaren, Textes freimachen will, mit aller Deutlichkeit festhält (1977, S. 38), doch werden die von ihm erwogenen Alternativen: "product of an organic development from originally independent traditions during a long period of transmission" (1977, p. 47) oder "juxta-position of independent pericopes to some extent unified by means of a limited number of rhetorical conventions" (1977), S. 47) dem formalen, d.h. stilistischen und kompositorischen Befund zumindest der mekkanischen Suren nicht gerecht. Dieser Befund liefert m.E.—zumindest für die mekkanischen Anteile—das stärkste Argument für die genetische Zusammengehörigkeit des Corpus.

[4] Wansbrough (1977), S. 4: "Both frequency and distribution of the selected lexica suggest originally distinct pericopes"; (1977), S. 20: "But taken together, the quantity of reference, the mechanically polemical style, all suggest a strongly sectarian atmosphere, in which a corpus of familiar scripture was being pressed into the service of as yet unfamiliar doctrine".

Wenn auch gewiß Wansbroughs skeptizistischer Zugang einen neueren Stand der Biblistik rezipiert, so ist doch unverkennbar, daß auch noch seine Arbeit von jenem Paradigmenwechsel nicht tiefgreifend genug berührt ist, der sich mit der Integration sozialwissenschaftlicher—und das heißt für die Literatur vor allem: kommunikationstheoretischer—Ansätze in die Philologien vollzogen hat. Daher kann hier die ganz elementare Befragung der beiden Modelle auf die bei ihnen jeweils implizierte Textqualität, als entweder primär mündlich oder schriftlich, bereits etwas zur Schärfung des Bildes beitragen: Für das Wansbroughsche Modell wäre eine Sammlung von zwar "lange Zeit mündlich überlieferten"[5], *vor* ihrer *Verschriftlichung* im Ensemble des Gesamtcorpus aber nicht faßbaren und daher auch auf die medialen Bedingungen ihrer Produktion und Übermittlung nicht befragbaren Einzeltraditionen zu konstatieren. Dagegen böte—konsequent auf die gleiche Fragestellung hin befragt[6]—die traditionelle Hypothese zumindest für die *vor* der "Raḥmān-Periode" entstandenen Koran-Teile[7] das Bild eines in

---

[5] Zwar erwägt Wansbrough auch eine 'mündliche Komposition' für den gesamten Koran, nimmt dann für seine Perikopentheorie (s.o. Anm. 3 u. 4) aber doch schriftliche Fixierung der Einzel-Logia-Sammlungen an: (1977), S. 48: "Both the very high frequency and the uniform distribution in the Qurʾān of formulae and of 'formulaic systems' could indicate not only a long period of oral transmission but also of oral composition ... Now, all of that material ... may be described as components of formulaic systems but not necessarily as proof of oral composition. The imagery and lexicon of Muslim scripture are almost exclusively archetypical and suggest, if they do not presuppose, some contact with literary precursors".

[6] Das mit dem historisch-kritischen Ansatz erarbeitete Modell ist noch nicht konsequent an neueren Überlieferungstheorien rückgeprüft worden; so steht vor allem der Versuch noch aus, den—bei der für die frühen Suren getroffenen Voraussetzung einer noch schriftlosen Übermittlung der Texte mit unterstellten—Modus der schriftlosen Genese dieser Koranteile zu rekonstruieren. Ebenso ist die Frage noch offen, welchen Wandel nach der einmal vollzogenen Wende hin zum Einsatz von Schrift die Kompositionspraxis selbst durchgemacht hat. Im Verfolg der bahnbrechenden Untersuchungen von Goody/Watt (1968) ist W. Rösler (1983) den Konsequenzen des "Wandels der medialen Bedingungen für soziale Geltung und Funktion von Literatur" (S. 109) in der griechischen Kultur nachgegangen, er hat dabei insbesondere die "durchgreifende Umstrukturierung des 'semiotischen Mechanismus der Kultur'" (S. 110) zu demonstrieren versucht. Eine Gegenprüfung der Produktions- und Rezeptionsgeschichte von Literatur im Islam an dem von W. Rösler entwickelten Modell erscheint versprechend, Vorarbeiten dazu liefert G. Schoeler (1983).

[7] Die sog. Raḥmān-Periode bietet sich als Hintergrund für die einsetzende Kodifizierung von Einzeltexten an, wenn man die Basmala als eine Schriftstück-Einleitung versteht. Die redaktionell—mit einer Ausnahme—allen Suren voraus-

seiner Beweglichkeit noch beobachtbaren sprachlichen Reflexes einer im Entstehungsprozeß selbst befindlichen Kultstiftung. Diese Koranteile gelten dem historisch-kritischen Betrachter als *mündliche* Rede, die den Islamgeneseprozeß als seine sprachliche Manifestation kontinuierlich begleitet, sofern man nicht sogar von einem diesen Prozeß funktional mittragenden akustischen Medium[8] zu sprechen hat. Und auch für die nach der—mit der einsetzenden Kodifikation und dem Rekurs auf schriftliche Aufzeichnung bei der Komposition gegebenen—Zaesur im Produktions- und Überlieferungsprozeß entstehenden Textteile bliebe mit dem Faktor ihrer primär für den *Kultus*, d.h. den mündlichen Vortrag zur Herstellung einer Gott-menschlichen *Kommunikation*, nicht zum Textstudium, intendierten Textqualität zu rechnen.—Je nach Hypothese ergeben sich also zwei ganz verschiedene Textsorten, die auch unterschiedliche Analyse-Techniken erforderlich machen würden: Ist der Koran im wesentlichen[9] die "mitgehörte" Rede des seinen Hörern vortragenden, auf diese Hörer reagierenden und gemeinsam mit diesen Hörern kultisch kommunizierenden Muhammad—oder ist er eine uns erst nach seiner Kanon-Werdung zugänglich werdende Materialmasse[10] dunkel bleibender Herkunft? Die Konsequenzen der—oft unausgesprochen getroffenen—Entscheidung des Forschers für eines dieser beiden Modelle sind weitreichend: nur bei Voraussetzung der 'Vortragstext'-Hypothese wird die Meta-

gestellte Basmala muß aufgrund ihres Rekurses auf den Gottesnamen ar-Raḥmān mit jenen Suren in Verbindung stehen, die von Nöldeke aufgrund eben dieses Gottesnamen-Gebrauchs zu der sog. Raḥmān-Gruppe zusammengefaßt und als mittelmekkanisch eingestuft werden, s. GdQ[2] I 117–143. Da die Formel auch vorredaktionell, in einer dieser Gruppe zugehörigen Sure (27.30) im Kontext einer Prophetenlegende erscheint, wo sie ein Schriftstück einleitet, legt es sich nahe, aus diesem Detail auf eine entsprechende Praxis des Propheten Muhammad selbst zurückzuschließen: die Formel könnte in dieser Periode auch für den Koran funktional geworden, nämlich als Eröffnung von nun auch schriftlich fixierten Vortragstexten eingesetzt worden sein.

[8] S. dazu jetzt A. Kellermann (1995). Der zur Veröffentlichung eingereichte Aufsatz wurde mir von meinem Promovenden Andreas Kellermann freundlicherweise bereits zugänglich gemacht. Den sich daraus ergebenden Gesprächen verdanke ich wichtige Anregungen zur Schärfung der hier vorgetragenen Hypothese.

[9] Ein offenes Problem bieten vorläufig noch die medinischen Suren, s. zu ihnen u. Absatz 4. Inzwischen hat jedoch A.H.M. Zahniser (1991) und (1994) bei zwei medinischen Langsuren—durch sekundäre Auffüllung verdeckte—strukturierte Kompositionen nachweisen können.

[10] Vgl. Wansbrough (1977), S. IV: "an inordinate quantity of literary material".

textualität (s.u.) weiter Teile des Koran wahrnehmbar und damit eine—in der bisherigen Forschung noch nicht hinreichend beachtete—prinzipiell einzuberechnende Ungleichartigkeit einzelner Textelemente erkennbar, die—anders als bei Voraussetzung der von Wansbrough angenommenen amorphen und heterogenen Materialmasse 'Koran'—eine Analyse durch verfeinerte kommunikationstheoretische Methoden, vor allem die Sprechakttheorie, herausfordern muß. Gerade der literaturwissenschaftlich orientierte Koranforscher kann sich also einer 'Vorentscheidung' für oder gegen die Historizitätsprämisse letztlich nicht entziehen.

Gewiß hat Wansbroughs komplexer—an sowohl alt- als auch neutestamentlicher Forschung geschulter Ansatz zentrale Problemkreise ins Bewußtsein zu heben vermocht, vor allem (a) die Bedeutung der im Koran als Opponenten oder Disputanten auftretenden Gruppen für den Geneseprozeß, (b) das besondere Verhältnis des Korans zu den ihm vorausgehenden kanonischen Schriften, d.h. das Intertextualitätsproblem und (c) die mit der Verschriftlichung und dann Kanonisierung gegebene Zaesur in der Koranrezeption[11], also das Kanonproblem. Das von Wansbroughs "Quranic Studies" geweckte Interesse an diesen Fragen hat den Blick für entscheidende Desiderata der Koranforschung geöffnet und zu einer heilsamen Skepsis gegenüber einem von der Sira diktierten Vorverständnis geführt.—Umso bedauerlicher ist es aber, daß Wansbrough bei seiner heuristischen Übertragung des neutestamentlichen Redaktionsmodells auf den Koran auch den dortigen

---

[11] Wansbrough (1977), S. 49: "The fact of canonicity may be seen as a kind of watershed in the transmission history of the Quranic revelation. Development beyond that point, which I should hesitate to set before the end of the second/eighth century, is to be elicited from a study of exegesis and commentary. Description of the course of events up to that date is, I have more than once suggested, frustrated by the form in which pertinent witness has been preserved. Any attempt at reconstruction is thus hazardous, being limited to tenuous conclusions from literay analogies. If the pericope hypothesis is acknowledged to make some sense of the Quranic data themselves, it requires none the less to be supplemented by a notion of the environment in which prophetical logia might have been preserved and transmitted . . .". S. 50: "Thus the the fact of the Mesopotamian environment emerges, perhaps not quite accidentally, and must be adduced as criterion for assessing any evidence which purports to describe the circumstances of Islam prior the third/ninth century".—Wansbrough geht noch von dem herkömmlichen Kanon-Begriff aus, der sich erst *nach* Abschluß des Textwachstums auswirkt. Es ist sein Verdienst, die Wirkungsweite der Kanonisierung des Korans für dessen Rezeption aufgezeigt zu haben; eine entsprechende Wirkung der Kanon-Vorstellung auf den Prozeß des Textwachstums selbst tritt dabei noch nicht in seinen Blick.

konkreten Zeitrahmen von ca. 100 – 150 Jahren für Sammlung und Redaktion mitübernommen hat und so seinem eigenen neuen Ansatz eigentlich die Pointe abbricht. Denn mit der Projektion der mitschöpferischen Disputanten-Gruppe aus dem Muhammad zeitgenössischen Ḥiǧāz in den Iraq des 2. Jhts., also in ein Milieu, in dem Schriftlichkeit zum einen und "Schriftförmigkeit" von Offenbarungsinhalten zum anderen bereits das Übliche ist, werden nun alle jene innertextlichen Hinweise von vornherein nivelliert, die auf einen evtl. während der Korangenese selbst erfolgenden Übergang von mündlicher zu schriftlicher Tradition wie auch von mündlicher zu schriftlicher Komposition, zu einer neu gewonnenen Orientierung am "Buch", deuten könnten. Nicht nur die Verschriftlichung des Korans verliert dann ihr Gewicht als eine entscheidende Zaesur in der Herausbildung des Kanons und reduziert sich auf den bloßen Schlußakt redaktioneller Überarbeitung und Zusammenfügung von vorher disparaten "Logia-Sammlungen"—auch eventuelle rhetorisch-stilistische Spuren des sich im Bewußtsein von Sprecher und Hörern vollziehenden Prozesses der "Buchwerdung" der Rezitationstexte werden der Wahrnehmbarkeit entzogen.

Eine ähnlich gravierende Einengung trifft auch das Problem der Intertextualität. Wenn der Koran nur als *lecture* der vorausgehenden kanonischen Schriften in den Blick tritt, die Möglichkeit einer innerkoranischen Kanon-Rezeption, im Sinne der Vergegenwärtigung von frühen—in der Rezitation ja stets aktualisierten—Koranteilen in späteren Texten, gar nicht in Betracht kommt, kann es *a priori* keine Entwicklungsgeschichte des Koran geben. Die Einzelsuren, für die—zumindest soweit mekkanisch—eine intendierte Komposition vorauszusetzen ist, verlieren dann jede Relevanz als mögliche Stationen der formalen und theologischen Entwicklung, ja die Sureneinteilung insgesamt reduziert sich auf eine bloß redaktionelle Äußerlichkeit. Damit sind gravierende Vorentscheidungen getroffen: Der Koran wird bei Wansbrough von einem Text mit einer eigenen—Untersuchung verlohnenden—geschichtlichen Dimension zu einer historisch und literarisch amorphen Materialmasse—und dies gar nicht auf der Basis systematischer Beobachtungen an den redaktionell vorgegebenen kleinen Einheiten, sondern aufgrund eines aus einer *overall*-Perspektive gewonnenen Vorverständnisses der Genese, das—im Prinzip nicht viel anders als bei der an der Sira orientierten traditionellen Koranforschung—von einem ausserkoranischen Fixpunkt her bestimmt ist.

Nun hat die alttestamentliche Wissenschaft selbst in jüngerer Zeit neue Ansätze für die Behandlung der drei zentralen Fragen entwikkelt. Das Problem der Mitwirkung der Rezipientenschaft an der Genese eines Schriftkanons zum einen und des Verhältnisses einer im Kanonisierungsprozeß befindlichen Schrift zu früheren Kanones bzw. Kanonteilen zum anderen stehen im Zentrum des sog. canonical approach, der die Genese eines Kanons als Wachstumsprozeß begreift[12]. "Kanon" meint in diesem Kontext nicht mehr einfach die verbindlich kodifizierte Endgestalt von Schrifttum, sondern ein "tief in diesem Schrifttum selbst wurzelndes Bewußtsein" der Verbindlichkeit, das von den in der Schrift ablesbaren Prozessen der Fortschreibung und Intertextualität bestätigt wird.—Auch wenn die als ein "Kanonischer Prozeß" begriffene Genese mit dem Ende des Textwachstums zum Abschluß gekommen ist, "bietet die Endgestalt der Schrift weder eine spannungsfreie noch eine die Qualität gewachsener Texte nivellierende Form. Mit der Endgestalt wird lediglich der Ort der Interpretation verlegt. Geschah sie bis dahin durch produktive Fortschreibung oder Redaktion im Text, geschieht sie von da ab durch Kommentierung und Auslegung neben bzw. zu diesem Text"[13].

Überträgt man diese Perspektive von dem biblischen ja weitgehend schriftlich komponierten Corpus auf den Koran, so wird man dabei eine wichtige Divergenz, nämlich die für weite Teile vorauszusetzende mündliche Komposition[14] im Blick haben müssen. Schriftlichkeit suggerierende Termini wie "Text", "Fortschreibung", "Redaktion" bedürfen dann einer zumindest erweiterten Neudefinition. Dennoch erscheint die Kanon-Perspektivik lohnend, insofern sie entscheidende neue Ansichten freilegt: Der Koran stellt sich nicht mehr als ein durch spätere Redaktion verunklärter "Urtext", noch auch als eine "Masse" redaktionell überformter Logia dar, sondern wird erkennbar als ein gewachsenes Corpus von—auch als mündlich komponiert und tradiert vorstellbaren—Vortragstexten, die der Prüfung scharfer Polemik standgehalten haben und von einer sich erweiternden Gruppe von Hörern als inspiriert,

---

[12] Zur Kanontheorie s. Chr. Dohmen (1992), J. Assmann (1992).

[13] S. Chr. Dohmen (1992), S. 25.

[14] Sie ist unter dem Aspekt der komplizierten u. noch näher zu skizzierenden Interaktion von Vortragendem und Hörern neu zu definieren.

d.h. als Grundlage ihres Lebensvollzugs[15] rezipiert werden konnten. Der Koran spiegelt dann einen eigenen kanonischen Prozeß: die stete Rückprüfung des rezitierten Wortes an der Akzeptanz der sich ihrerseits entwickelnden Rezipienten—ein Prozeß, der mithilfe der Sprechakt-Theorie genauer zu bestimmen sein wird[16]—, sodann die Fortschreibung bzw. auch die in der Rezitation vorgenommene Erweiterung von Texten in Respons auf sich neu ergebende Situationen, die Ausdeutung von als zentral erkannten Erinnerungsfiguren aus früheren Koranteilen und die Zuordnung von Texten an besondere kultische Funktionen. Diese komplexe Entwicklung hat man sich nicht etwa als in einem uneingeschränkten Freiraum ablaufend vorzustellen, sondern im Horizont eines vom Sprecher und einem wachsenden Anteil der Hörer geteilten Bewußtseins, daß schon verbindliche göttliche Botschaften ergangen sind, mit denen der eigene Vortragstext aufgrund der gemeinsamen Quelle in einem Verwandtschaftsverhältnis steht, so daß er der eigenen Disposition bereits weitgehend entzogen, gewissermaßen durch das Gebot "Du sollst nichts weglassen, nichts verändern"[17], geschützt ist.

Auch das mit der Kanonfrage berührte Phänomen des Übergangs von der Schriftlosigkeit zum Schriftgebrauch, vor allem aber zur Orientierung an der Konzeption einer fertigen Schrift, ist im Zusammenhang der alttestamentlichen Forschung entscheidend gefördert worden, nicht zuletzt durch den religionsanthropologischen Ansatz des Altorientalisten Jan Assmann und seines Kreises[18]. Assmann ist in einem seiner neuesten Werke: "Das kulturelle Gedächtnis. Schrift, Erinnerung und politische Identität in frühen Hochkulturen" der Frage nach der Bedeutung der Einsetzung von Schrift für die Wandlung des kulturellen Gedächtnisses nachgegangen. Er geht davon aus, daß sich "im Stadium reiner Gedächtniskultur das kulturelle Gedächtnis weitestgehend mit dem deckt,

---

[15] Vgl. Chr. Dohmen (1992), S. 48.

[16] Hierzu bietet die bereits von K. Ehlich: Text und sprachliches Handeln. Die Entstehung von Texten aus dem Bedürfnis nach Überlieferung (1993), getroffene Anwendung der Theorie auf Überlieferungsprobleme eine tragfähige Basis.

[17] Zur Kanonformel, s. J. Assmann (1992), S. 103–129, Dohmen (1992), S. 68–89.

[18] S. dazu: J. Assmann: Das kulturelle Gedächtnis. Schrift, Erinnerung und politische Identität in frühen Hochkulturen. München 1992, A. u. J. Assmann, Chr. Hardmeier (Hrsg.): Schrift und Gedächtnis. Archäologie der literarischen Kommunikation I. München [1]1983, [2]1993.

was innerhalb der Gruppe an Sinn zirkuliert. Erst mit der Schrift im strengen Sinne ist die Möglichkeit einer Verselbständigung und Komplexwerdung dieses Außenbereichs der Kommunikation gegeben. Erst jetzt bildet sich ein Gedächtnis aus, das mehr oder weniger weit über den Horizont des in einer jeweiligen Epoche tradierten und kommunizierten Sinns hinausgeht und den Bereich der Kommunikation ebenso überschreitet wie das individuelle Gedächtnis den des Bewußtseins''[19]. Assmann spricht bei diesem entscheidenden Wandel von einem ''Übergang von der rituellen Kohärenz zur textuellen Kohärenz einer Gesellschaft''[20]. Nun fällt—wenn wir an der Ansetzung einer Kodifizierung der Suren in der sog. ''Raḥmān''-Periode festhalten und damit zugleich die systematische Einbeziehung von Schrift in den Kompositionsprozeß annehmen—dieser entscheidende Einschnitt in die Phase der Koranentstehung selbst—ein Faktum, das bisher nur verkürzt, nämlich einzig im Sinne einer mnemotechnischen Erleichterung wahrgenommen worden ist[21]. Es geht aber um einen sehr viel weiterreichenden, äußerst komplexen Prozeß: Kodifikation tritt im Falle dieses besonderen Übergangs zur Schriftlichkeit ja nicht etwa ersatzweise an die Stelle des Memorierens und mündlichen Vortragens, vielmehr leben im kultischen Kontext weiterhin mündliche Vortragstexte in ihrem Medium der lebendigen Verlautbarung fort[22] und werden immer weitere Texte, und zunehmend auch unter Rekurs auf Schrift komponierte, der bereits eingeführten Vortragsweise unterworfen, so daß im performativen Bereich kein substantieller Wandel stattgefunden haben muß. Es ist vielmehr das Bewußtsein der Genese einer Schrift, samt der Wahrnehmung der Verwandtschaft zu typologischen Vorläufern, die mit ihrer Erschließung eines neuen Zeitraums heilsgeschichtlicher Vergangenheit einen Wechsel des Rhythmus, auch in der konkreten sprachlichen und literarischen Form, bewirkt. Wie gezeigt werden soll, verdient die Korangenese unter diesem neuen Aspekt eine revidierte Betrachtung, nämlich als Manifestation des allmählichen, bis zum Ende dieser Genese nicht abgeschlossenen Übergangs einer Gruppe von einer durch gemeinsame Riten zu-

---

19 S. J. Assmann (1992), S. 22f.

20 S. J. Assmann (1992), S. 87ff.

21 S. dazu Nöldeke, GDQ[2] II 1–33, und den Forschungsbericht von Verf. (1987).

22 Daß sich zur steten Rezitation im Kultus ein Teilcorpus von Suren herausgebildet hat, soll weiter u. in diesem Beitrag zu zeigen versucht werden.

sammengehaltenen Gesellschaft zu einer sich der Schrift bedienenden, Kanon-orientierten Religionsgemeinschaft. Dieser Wandel sollte vor allem dort, wo Koranrezitation lebendig war, also im Kult, seinen deutlichen Niederschlag gefunden haben, doch läßt er sich für uns angesichts der Schwierigkeiten, die Entwicklung des Kultus aus außerkoranischen Quellen[23] mit Sicherheit zu rekonstruieren, am ehesten aus dem uns als kodifiziertem Text begegnenden Koran, und zwar aus dessen als vorredaktionell reklamierbarer Substanz, ablesen.

1. *Zum Verhältnis "Kult und Kanon" im Islam*

Angesichts der innerhalb so beispiellos kurzer Zeit abgeschlossenen Entstehung des koranischen Schrift-Corpus und der wiederum rasch folgenden "Kanonisierung", der autoritativen Kodifikation des Gesamttextes[24]—G. Schoeler[25] spricht mit Recht von einer 'Veröffentlichung' des Koran als Buch—gerät leicht der dazu parallel laufende zweite Prozeß aus dem Blickfeld, nämlich die Herausbildung eines mündlichen, in der lebendigen Rezitation faßbaren Kanons, dessen Sitz im Leben der islamische Gottesdienst, vor allem der offizielle, später pflichtmäßige Kultus mit seinem Zentrum, dem Gebets-Ritual, der ṣalāh, ist. Daß es sich hier um die Herausbildung nicht nur zweier Veröffentlichungsmodi, sondern um die Entwicklung zweier später in distinkte Institutionen—Kultus und Lehre—einmündender Wirkungsbereiche des Koran handelt, scheint mir besonderer Unterstreichung wert. Mündlich realisierter Koran ist unmittelbar kultische Übung—oder zumin-

---

[23] Der Versuch, allein aufgrund von innerkoranischen Hinweisen jeweils neu sanktionierte Einzelelemente des sich entwickelnden ṣalāh zu identifizieren, wurde von A. und K. Neuwirth (1991) und A. Neuwirth (1994) unternommen.

[24] Die autoritative Kodifizierung des Konsonantentextes durch ʿUṯmān ca. 53/642 läßt sich zwar nicht als historisch sicher erweisen, eine frühe Fixierung des Corpus "Koran", sei es auch nur in Gestalt des Konsonantengerüsts, stellt jedoch angesichts der für das 2./8. Jht. bereits chronologisch gesicherten koranphilologischen Aktivitäten—zu ihnen jetzt neu: M. Muranyi (1993) und Versteegh (1993)—gegenüber anderen Modellen noch immer die plausibelste Hypothese dar; s. zu J. Burtons (1977) Rekonstruktionsversuch die Diskussion bei G. Schoeler (1992), vgl. auch die Rezension von A. Neuwirth (1981b).

[25] S. seinen wichtigen Versuch (1992), den Übergang von Mündlichkeit zu Schriftlichkeit in verschiedenen islamischen Disziplinen in einem Gesamtüberblick festzuhalten.

dest Vorbereitung dazu—d.h. Kommunikation, nicht objektivierendes Textstudium. Die Frage nach dem jeweiligen Verhältnis zwischen Schrift und Kult, ja ihrer Interaktion, in den einzelnen Stadien ihrer Entwicklung bis hin zur jeweiligen Festschreibung bzw. Institutionalisierung ist in der Islamwissenschaft bisher nur sporadisch berührt worden[26]. Eine Geschichte des islamischen Kultus nach dem Vorbild des Standardwerks für den jüdischen Kultur von J. Elbogen fehlt[27] und ist auf lange Sicht auch kaum zu erwarten.

Was sich dennoch verlohnt, ist ein Versuch, den Koran selbst auf Reflexe einer Interaktion zwischen Schrift und Kult hin zu untersuchen. Dazu sind zum einen die koranisch dokumentierten kultischen Praktiken auf den ihnen im Koran zuerkannten Stellenwert hin zu befragen. Zum anderen sind die als intendierte Einheiten erkannten Suren oder Surenteile gattungskritisch auf ihre mögliche Funktion als liturgische, im kultischen Rahmen einsetzbare Rede zu prüfen[28]. Daß der hier intendierte kursorische Durchgang angesichts der unsicheren Periodisierung und der mangelnden Vorarbeiten zu den medinischen Suren nur zu einer vorläufigen Skizze führen kann, muß in Kauf genommen werden. Dennoch lohnt es sich m.E., eine Vorgehensweise zu erproben, die sich zwar an Wansbroughs Fragestellungen orientiert, die aber nicht auf den Versuch verzichtet, die im Text selbst erkennbaren literarischen Verweise auf Einzelfortschritte des kanonischen Prozesses zu entziffern.

Nun legt sich eine so enge Nachbarschaft von Kult- und Kanon-Bildung, wie sie hier für die Anfänge vorausgesetzt ist, von dem schließlich fixierten Verhältnis zwischen Kult und Kanon her nicht gerade nahe. Blickt man nämlich auf die beiden Komplexe "Koran" und offizieller, bzw. pflichtmäßiger "islamischer Gottesdienst", ṣalāh, aus der Perspektive der ihnen in der sunna zugewiesenen und bis heute geltenden Funktionen im religiösen Leben der Muslime, so gewinnt man den Eindruck einer zwar punktuell intensiven,

---

26 S. dazu vor allem S.D. Goitein (1966b), (1966c), A. Baumstark (1915).

27 Inzwischen ist vor allem dem Komplex der beiden Hochfeste unter religionssoziologischem Aspekt Aufmerksamkeit geschenkt worden: F. Denny (1985), W. Roff (1985), L. Nabhan (1991), ohne daß allerdings der von J. Wellhausen (1887), S.D. Goitein (1966c), K. Wagtendonk (1968) u.a. verfolgte phänomenologische Ansatz ausgeschöpft wäre. Wie wenig an bisher erarbeiteten Ergebnissen als Allgemeingut gelten kann, zeigt das Einleitungskapitel der von K. Lech (1979) vorgelegten Ramadan-Studie.

28 Dieser Schritt ist für die mekkanischen Suren bereits unternommen worden: Neuwirth (1981a).

gleichzeitig aber doch sehr begrenzten Interaktion. Gewiß weist der Gottesdienst dem Koran eine prominente Stellung zu: Bereits das tägliche Gebet und damit zugleich der Schlußteil der Freitagsgottesdienste, begreift an zwei Stellen die Rezitation kürzerer Koran-Passagen ein, und auch die Predigt rekurriert auf Koran-Einzelverse, doch erscheinen die Gottesdienste nicht eigentlich Koranzentriert, im Gegenteil: sie folgen seit jeher bestimmten Tagzeiten, sind insofern kosmisch orientiert, sie erfordern bereits koranisch geregelte rituelle Vorkehrungen[29] und werden weitgehend ausgefüllt von einer Reihe streng vorgeschriebener Körperhaltungen[30], die über ihren in der Substanz rituellen Charakter keinen Zweifel lassen. Selbst da, wo obligatorisch Koran rezitiert wird, bei den—zumeist kurz gehaltenen—qirāʾa-Teilen zu Anfang der ersten und zweiten rakʿa, wird in der Regel nur aus einem begrenzten koranischen Teilcorpus geschöpft. Da nun der Freitagsgottesdienst das Gebetsritual als seinen Schlußteil übernimmt, ohne an einer festen weiteren Stelle eine umfangreichere Koranlesung einzubauen, ist die Situation hier die gleiche. Der Koran wird also im offiziellen Kultus entweder durch seine kurzen Suren, oder durch Surenausschnitte repräsentiert; seine längeren Formen sind liturgisch als Ensembles nicht mehr erkennbar.

Seinen liturgischen Platz hat der Koran in seiner unversehrten Form daher vielmehr in der privaten Frömmigkeit, etwa in der ausgiebigen Rezitation an den einzelnen Ramadan-Tagen, für die eigens mit einer Portionierung des Gesamttextes in Dreißigstel vorgesorgt ist, wie auch bei der Gestaltung wichtiger Übergangsriten, bei Beschneidung, Hochzeit und Totengedenken, also sämtlich Anlässen, für die Rezitation koranisch noch gar nicht vorgeschrieben ist. Vollständige längere Suren hört man in Privathäusern und auf Friedhöfen, nicht jedoch im Pflichtgebet oder im freitäglichen Gemeinschaftsgottesdienst, jenen kultischen Rahmengebungen, die Koranlesung von je her als ein obligates Element enthalten.

Daß diese Verhältnisse erst den Endpunkt eines Entwicklungs-

---

[29] Zum prioritär rituellen Charakter des islamischen Gottesdienstes, s. jetzt W. Graham (1983). S. 53–71, und F. Denny (1985), S. 63–77.—Sowohl die rituelle Reinheit (ṭahāra) des Beters und seines ideell abgegrenzten Raumes (sutra) als auch die Einnahme der Gebetsrichtung (qibla) sind Voraussetzungen für die Gültigkeit des Gebets.

[30] Es ist auffällig, daß sich die späteren "arkān aṣ-ṣalāh" in ihrer Mehrzahl auf Körperhaltungen, nicht auf Artikulationen, beziehen.

prozesses darstellen, wird leicht einsichtig, wenn man die Mehrzahl derjenigen komplexen Suren betrachtet, die sich aufgrund formaler Kriterien mit hoher Wahrscheinlichkeit als geschlossene Vortragseinheiten erweisen lassen. Sie gehören im wesentlichen Th. Nöldekes mittel- und spätmekkanischer Periode an[31], prägen also eine längere Zeit hindurch das Bild der Sure, bis sie schließlich einer einfachen, monothematischen Struktur bzw. einer nicht mehr durchkomponierten Langsure Platz machen. Der an bestimmten Themenfolgen orientierte Aufbau der komplexen mittel- und spätmekkanischen Sure mit narrativen oder Heilsgeschichte deutenden Passagen im Zentrum und stark formularisch gestalteten Einleitungspassagen, oft korrespondierend mit den jeweiligen Suren-Ausleitungen, deutet auf einen im öffentlichen Rahmen zu vollziehenden Gesamtvortrag. Einen solchen sieht aber die schließlich durchgedrungene Regelung des Umgangs mit dem Koran gar nicht mehr vor.

Es braucht bei diesen Verhältnissen, die keine größeren Sinnabschnitte zum Vortrag kommen lassen, kaum eigens betont zu werden, daß es keine vorgeschriebenen Freitags—oder Festperikopen mit als unentbehrlich erachteten Schriftausschnitten gibt. Was im Kultus der beiden älteren Religionen das eigentliche Rückgrat bildet, die sich in der *Lesung* konkret vollziehende Erinnerung an die fundierenden Ereignisse in der eigenen Heilsgeschichte—im Judentum verdichtet durch begleitende Gebetsformulare und Hymnen zu einer Vergegenwärtigung des sich zwischen Israel und seinem Gott abspielenden Weltendramas um Erwählung, Exodus, Exil und Messias-Hoffnung[32], im Christentum kulminierend in der Gedächtnisfeier der Eucharistie als Erinnerung an die beiden großen Stationen Schöpfung und Erlösung[32a]—fehlt im schließlich fixierten islamischen Kultus gänzlich. Kein Freitagsgottesdienst ruft jene Abschnitte der innerislamischen Heilsgeschichte in Erin-

---

[31] S. zur Struktur dieser Suren: Neuwirth (1981a) S. 238–333.

[32] Die Wahrnehmung einer bereits im Kult institutionalisierten heilsgeschichtlichen Erinnerung attestiert eindringlich Zobel (1936), S. 11–12.—Die klassische Formulierung F. Rosenzweigs (1921): "Was er (der Jude) im jährlichen Kreislauf schon als Ereignis besitzt, die Unmittelbarkeit aller Einzelnen zu Gott in der vollkommenen Gemeinschaft aller zu Gott, das braucht er nicht mehr im langen Gang einer Weltgeschichte zu erwerben" in seinen Implikationen ausgeschöpft zu haben, ist das Verdienst J. Assmanns in seinem Essay "Politische Theologie zwischen Ägypten und Israel" (1993).

[32a] S. zur frühen Theologie des Sonntags: M. Klinghardt (1991).

nerung, die als Etappen der neuen religiösen Stiftung gelten könnten, wie etwa die im Koran durchaus reflektierten Visionen ihres Verkünders, seine Traumversetzung zum masǧid al-aqṣā, seine Hiǧra, seine wunderbare Errettung vor dem übermächtigen Feind in der Schlacht von Badr oder seine Erneuerung der Wallfahrtsriten. Es gibt keine Gottesdienstteile mit der Funktion der expliziten Erneuerung einzelner Phasen der innerislamischen, geschweige denn der vorislamisch-monotheistischen heilsgeschichtlichen Erinnerung.

Zwei bemerkenswerte Besonderheiten verlangen also nach Erklärung: das gänzliche Fehlen einer durch den Kult, d.h. der von jeher mündlichen Manifestation des Koran, institutionalisierten sich über das Jahr verteilenden heilsgeschichtlichen Erinnerung[33], und das in einem späten Stadium der Genese des koranischen Corpus erfolgende Abrücken von dem besonderen Surentypus mit der Struktur einer komplexen, Narratio einbegreifenden, liturgischen Einheit. Beide stehen, wie wir sehen werden, miteinander in Beziehung. Ihnen soll in dem folgenden Versuch einer Synopse zwischen Kanon- und Kultentwicklung besondere Aufmerksamkeit gelten.

2. *Zur Entstehung der islamischen Liturgie: Synopse-Versuch zwischen Kult- und Kanon-Entwicklung für die "frühmekkanische" Zeit*

Wenden wir uns für unsere Synopse zwischen Kult- und Kanonbildung zunächst den ältesten Suren zu—darunter seien jene einfachen Strukturen begriffen, die—im wesentlichen Nöldekes I. Periode zugehörend—ohne das später ins Zentrum tretende Thema der Prophetenerzählung auskommen[34]. Sie sollen auf Spuren eines sozialen Rahmens für ihre Rezitation untersucht werden, wobei zugleich der Frage nach den elementaren kultischen Orientierungen, die der mit "Du" ansprochene Verkünder und seine Hörer teilen[35],

---

[33] Dies spiegelt sich auch in den—zwar durchaus den Freitagen im liturgischen Jahr folgenden, aber ohne jede Orientierung an der islamische Heilsgeschichte auskommenden—Predigt-Handbüchern moderner Autoren.—Untersuchungen über diesen Gegenstand stehen noch aus.

[34] Mit den beiden Ausnahmen von Sure 51 und 79 kommen alle frühmekkanischen Texte ohne Prophetenerzählungen aus; ebenso aus dem mittelmekkanischen Bestand noch 50, 67, 72 und 76.

[35] Will man ohne sīra-Eintragungen argumentieren, besteht das koranische

nachgegangen werden soll. Nur eine grobe Vorstellung von der zunächst gemeinsamen Identität der von der Koranrezitation Berührten ermöglicht ja, jenen Wandel zu erkennen, der später die muslimische Identität[36]—in Abgrenzung von der vorislamischen—konstituieren wird.—Die frühen Suren und die in ihnen ausgetragene Auseinandersetzung bieten dafür eine solide Basis. Denn geht man davon aus, daß der mit "Du" adressierte Verkünder seine Botschaft nicht in privat verantworteter Missionstätigkeit in freiem Predigtstil bereits im vorherein dargelegt hat, sondern sie in seiner eindeutig kultisch stilisierten Rede[37] erstmals vorträgt, so hat man in den im Text angesprochenen und "besprochenen" Personen ja zugleich eine Gruppe seiner Hörer zu sehen und hat ferner das Forum dieser in den Suren attestierten öffentlichen Auseinandersetzung mit dem Ort ihres liturgischen Vortrags selbst zu identifizieren. Gibt es für Sprecher und Hörerschaft erkennbare, sie zu einer Identitätsgemeinschaft vereinende gemeinsame Bewußtseinsinhalte?—Im Groben dem Vorgang Assmanns folgend, der den Begriff der "kulturellen Erinnerung" als Abbreviatur für den komplexen Funktionsrahmen von kollektiver Identität und Vergangenheitsbezug geprägt hat, soll zunächst die Frage nach dem in den Suren erkennbar werdenden signifikanten Raum gestellt werden.—"Bezeichnenderweise spielt der Raum in der kollektiven und kulturellen Mnemotechnik, der Erinnerungskultur, die Hauptrolle. . . . Die Erinnerungskultur arbeitet mit Zeichensetzungen im natür-

---

Szenario aus dem Verkünder (= der mit "Du" angesprochenen Figur) sowie dem durch jenen mit "Ihr" adressierten, bzw. als "Sie" besprochenen Personenkreis. Der Verkünder tritt als Bote in "räumlich und zeitlich zerdehnter Sprechsituation", vgl. Ehlich (1993), mit einer vorher geformten Botschaft auf, kann aber auch innerhalb des Szenarios noch Eingebungen erfahren ("räumlich, nicht zeitlich zerdehnte Sprechsituation"), die direkt auf inzwischen erfolgte Reaktionen der "Ihr" – resp. "Sie"-Gruppe antworten und evtl. metatextuell Aussagen über das vorausgehend Vorgetragene machen. Die beiden Möglichkeiten der Genese sind nicht immer eindeutig zu unterscheiden. Eine hier weiterführende Sprechakt-theoretische Untersuchung der Suren, wie sie aus der Perspektive von am Vortragsakt selbst interessierten Musikologen besonders dringlich erscheint—s. vor allem A. Kellermann (1995) –, steht noch aus; Ansätze bietet bereits Naṣr Ḥāmid Abū Zaid (1990), s. dazu S. Wild (1993).

[36] Zu dem—m.E. auch auf die Herausbildung einer islamischen Glaubensgemeinde übertragbaren—Begriff der Ethnogenese s. J. Assmann (1992) und (1993).

[37] Daß die koranische Sprache für die—hier einzig interessierenden—dem historisch-kritischen Modell nach frühen Suren kultisch stilisierte Rede ist, ist ein Konsens der Koranwissenschaft.

lichen Raum. Sogar und gerade ganze Landschaften können als Medium des kulturellen Gedächtnisses dienen. Sie werden dann weniger durch Zeichen, Denkmäler, akzentuiert als vielmehr als ganze in den Rang eines Zeichens erhoben. ... Es handelt sich um topographische "Texte" des kulturellen Gedächtnisses, um "Mnemotope"[38].—Nun ein Blick auf den Koran:

2.1 *Mekka und die Riten an der Kaᶜba als zentrale Erinnerungsfigur: Die räumliche Situierung*

Kultanweisungen

Kaum überraschend tritt Mekka und sein Ḥaram als Schnittpunkt der Orts- und Zeitkoordinaten der frühmekkanischen Suren in Erscheinung. Unter den Orten, auf die in den 32 typologisch frühen Suren rekurriert wird, ist Mekka eindeutig der dominierende. Über zwei narrative Geschichtserinnerungen (Sure 105, 106) hinaus, die die Abwehr eines Aggressors vom Heiligtum bzw. die Ḥaram-Stiftung selbst vergegenwärtigen, würdigt der Koran Mekka als einen symbolbesetzten Ort, als Schauplatz der Theophanie, der nur noch im Berg Sinai eine Entsprechung hat. In dieser Funktion wird Mekka im Kontext von Suren-einleitenden Schwüren evoziert: Zweimal begegnet es hier in dieser Position—deiktisch als "dieser sichere Ort" bezeichnet bzw. als "(von Pilgern) aufgesuchtes Gotteshaus"—in enger Verbindung mit dem Stiftungsort Sinai: 95.3, 52.4, also nicht durch seinen alltäglichen Ortsnamen, sondern durch kultische Umschreibung eingeführt: als einem Ḥaram zugeordnete Ortschaft und als Pilgerziel. Ein drittes Mal wird eine solche chiffrierte Erwähnung Mekkas, wieder im Schwurkontext, mit der Assoziation der Stiftung von sozialem Leben überhaupt verbunden: 90.1.

Zugleich ist der Ḥaram von Mekka ganz konkret Schauplatz sozialer Interaktion, vor allem dort vollzogener Riten. Kultanweisungen an den Sprecher wie 108.2: fa-ṣalli li-rabbika wa-nḥar benennen sie: neben der Opferung, die ihren natürlichen Ort an der Kaᶜba hat[39], gibt es einen offenbar im selben Rahmen vorzustellenden

---

[38] S. J. Assmann (1992), S. 59f.

[39] Vgl. zu den vorislamischen Riten an der Kaᶜba die auf Hadith-Material basierende Untersuchung von U. Rubin (1986).

ṣalāh-Ritus. 96.19 nimmt das zum ṣalāh gehörige Element der sağda auf: wa-sğud wa-qtarib. In derselben Surenposition, nämlich am Schluß, begegnen sonst Aufforderungen an den Verkünder zu einer verwandten Praxis, der kultischen Rezitation: 93.11: wa-ʾammā bi-niʿmati rabbika fa-ḥaddiṯ, 88.21: fa-ḏakkir, ʾinnamā ʾanta muḏakkir, 56.96: fa-sabbiḥ bi-smi rabbika l-ʿaẓīm, 52.48f.: wa-sabbiḥ bi-ḥamdi rabbika ḥīna taqūm/ wa-mina l-layli fa-sabbiḥhu wa-ʾidbāra n-nuǧūm. Ähnliche Aufforderungen begegnen sonst nur noch am Surenanfang: 96.1: iqraʾ bi-smi rabbika llaḏī ḫalaq, 87.1: sabbiḥi sma rabbika l-ʾaʿlā, 74.2f.: qum fa-ʾanḏir/ wa-rabbaka fa-kabbir, 73.2: qumi l-layla ʾillā qalīla/ / wa-rattili l-qurʾāna tartīla[40].—Daß die hier direkt oder indirekt geforderte Rezitation jedoch in engem Zusammenhang mit dem ṣalāh-Ritual vorzustellen ist, belegt der zu ṣalāh *und* hymnischer Rezitation auffordernde kurze Tugendkatalog 87.14f.: qad ʾaflaḥa man tazakkā/ wa-ḏakara sma rabbihi fa-ṣallā, wie auch die im Kontext des Rekurses auf eine Koranrezitation—53.59: ʾa-fa-min hāḏa l-ḥadīṯi taʿǧabūn—ergehende Anweisung: 53.62: fa-sǧudū li-llāhi wa-ʿbudū.—Offenbar gehört beides eng zusammen: geleistete bzw. angehörte Rezitation und ṣalāh-Ritus.

Kritik am Verhalten von Kultteilnehmern

Wesentlich häufiger und ausführlicher wird jedoch kritisch beschreibend auf Kultisches rekurriert und zwar weiterhin unter Voraussetzung vorgegebener Kaʿba-Riten: Beanstandet wird mangelnde Ernsthaftigkeit: 107.4f.: fa-waylun li-l-muṣallīn/ allaḏīna hum ʿan ṣalātihim sāhūn, die Behinderung abhängiger Personen am Kult: 96.8f.: ʾa-raʾayta llaḏī yanhā/ ʿabdan ʾiḏā ṣallā, oder sogar die Verweigerung des gesamten Rituals: 74.43 (in einer Rückblende): qālū lam naku mina l-muṣallīn und 75.31: fa-lā ṣaddaqa wa-lā ṣallā. Kultische Versäumnisse werden analog zum ṣalāh-Kontext auch in Zusammenhang mit einer zu Gehör gebrachten Rezitation beklagt, so die Verweigerung der Einnahme von Demutshaltungen: 77.48: wa-ʾiḏā qīla lahumu: rkaʿū lā yarkaʿūn/ / fa-bi-ʾayyi ḥadīṯin baʿdahu yuʾminūn, oder respektloses Lachen anstelle von emotionaler Berührtheit: 53.59ff.: ʾa-fa-min hāḏa l-ḥadīṯi taʿǧabūn/ wa-taḍḥa-

---

40 Sure 73 stellt insofern einen Sonderfall dar, als hier offenbar nicht zu einer öffentlichen, sondern zu einer im Rahmen von Vigilien abzuhaltenden Rezitation aufgefordert wird.

kūna wa-lā tabkūn /. . ./ fa-sǧudū li-llāhi wa-ᶜbudū.—Der ṣalāh-Ritus, der in einigen dieser Fälle als unmittelbar zur Rezitation des Verkünders gehörig erscheint, wird im Koran nirgends von dem in 107.4 und 108.2 angesprochenen, eindeutig altarabischen differenziert[41]; er ist offenbar in seiner bereits vorgegebenen Form—mit den Elementen rakᶜa, saǧda und qiyām, als *Rahmen* für die Rezitationen vorzustellen. Seine Evokation exklusiv zu Anfang oder am Schluß der Sure mag sogar auf eine einleitende oder ausleitende Funktion des Ritus für den sich mit der Rezitation entwickelnden Wortgottesdienst verweisen.—Zieht man weiterhin in Betracht, daß der Verkünder seine Opponenten gerade unter den kultisch nachlässigen Mekkanern erblickt, an denen er dann auch die Pietätsbekundungen gegenüber seinem eigenen gottesdienstlichen Beitrag, seiner liturgischen Rezitation, vermißt, und daß weiterhin die mit ihm praktizierenden und ihm zuhörenden Gefolgsleute bei ihrem Gottesdienst dem Spott derselben Gegner ausgesetzt sind (Sure 83.29), so wird man darin Hinweise auf eine zunächst bestehende Kultgemeinschaft zwischen dem Verkünder und seinen mekkanischen Landsleuten an der Kaᶜba sehen dürfen[42].

2.2 *Mekka und die Riten an der Kaᶜba als zentrale Erinnerungsfigur: die zeitliche Situierung*

Liturgisch geheiligte Zeiten als Verweise auf einen symbolischen Kristallisationspunkt

Gerade die durch Schwurform emphatisierten Surenteile bestätigen nun die Zentralität der Riten als "Erinnerungsfiguren" noch in

[41] Daß es sich bei den hier Beschriebenen sachlich nicht um Gefolgsleute des Verkünders handeln kann, die sich etwa einem neu eingeführten ṣalāh-Ritus verweigern, beweist die Identität der hier Getadelten mit sozial rücksichtslosen Reichen zum einen (Sure 107.2–3, 96.8f., 92.8, 87.11) und mit der Botschaft des Verkünders gegenüber ablehnenden Personen zum anderen (96.13, 92.9). Es sind die "Leugner", die mukaḏḏibūn, nämlich der eschatologischen Wahrheit, die sich zu einer Gruppe formieren; (bi d-dīn:) 107.1; 96.13; 83.11; 82.9; 77. Refrain u.ö.; (bi-l-ḥusnā:) 92.9; (bi-ʾāyātinā:) 78.28.

[42] S. zu der in der Forschung bisher zugestandenen Nähe Muhammads zum altarabischen Kultus den Kommentar Parets (1971) zu Sure 107.—Die Abhaltung des ṣalāh-Rituals durch Muhammad in unmittelbarer Nähe der Kaᶜba wird auch zugestanden bei Ibn Hišām—der andererseits aber den Topos der durch die Mekkaner verursachten Bedrängnisse, die den Propheten zum Ausweichen in weniger exponierte Lokalitäten zwingen, stark betont, s. F.E. Peters (1991).

einer weiteren Form, nämlich über das Medium der Zeit. Das ist nicht überraschend, denn "Erinnerungsfiguren wollen in einer Zeit aktualisiert sein. Zeithaltig sind die Erinnerungsgehalte sowohl durch das Anklammern an urzeitliche oder hervorragende Ereignisse als auch durch den periodischen Rhythmus des Erinnerungsbezugs. Der Festkalender etwa spiegelt eine kollektiv erlebte Zeit"[43]. —Dem Festkalender entspricht als Mikrostruktur die Tagzeitenfolge in ihrer Strukturiertheit durch sakral relevante, für gottesdienstliche Handlungen reservierte Zeiten. Einige der viel später als Gebetszeiten fixierten Tagzeiten begegnen schon früh, und zwar wieder emphatisch, im Schwurkontext, für dessen symbolbesetzte Funktion sie offenbar hinreichend Gewicht besitzen: 103.1: ᶜaṣr, 89.1, 74.33, 52.48: faǧr, 93.1, 91.5: ḍuḥā[44]; als Festperiode begegnet die geweihte Dekade der ᵓayyām ᶜašr (93.2)[45]. Durch diese emphatische Evokation von Tagzeiten kann also an einen dem Verkünder und seinen Hörern gemeinsamen Besitz an Zeichen appelliert werden, die auf die kosmisch bestimmten, für die Riten an der Kaᶜba relevanten Zeiten verweisen.

Teilhabe der neuen gottesdienstlichen Zeit an den vom Ritual vorgegebenen Tagzeiten

Was in den komplexeren Suren das Übliche wird, die direkte Zuordnung gottesdienstlicher Handlungen zu bestimmten sakralen Zeiten, kündigt sich in den frühen an: 52.48 ist von einem Auftrag, das Gebet bei Morgenanbruch abzuhalten, die Rede. Doch noch gewichtiger sind jene mit Tagzeiten-Schwüren eingeleiteten Suren für die bei den Hörern vorauszusetzende religiöse Signifikanz jener Zeiten einzuschätzen. Insofern die so eingeleiteten Suren in der Regel gottesdienstliche Leistungen, vor allem Rezitation, thematisieren[46], kommt den Schwurversen doppelter Verweischarakter zu: sie nehmen zugleich auf eine für den ṣalāh-Ritus und für die Rezitation relevante Zeit Bezug.

---

[43] S. J. Assmann (1992), S. 60; vgl. dazu auch den von J. Assmann herausgegebenen Sammelband: Das Fest und das Heilige (1991), vor allem seine Einführung.

[44] Zu der sich mit der Ḍuḥā-Zeit verbindenden Gebetspraxis s. U. Rubin (1987).

[45] S. zu deren Deutung Wagtendonk (1968).

[46] S. zu der besonderen Beziehung der mit Schwüren eingeleiteten Suren zur liturgischen Rezitation Neuwirth (1991b).

All das spricht dafür, daß der Verkünder über einige Zeit neben seinen gewiß eher in privater Abgeschiedenheit, da in Erwartung des Offenbarungsempfangs[47] abgehaltenen Vigilien, Rezitationen in einem öffentlichen Rahmen, und zwar dem offenbar tageszeitlich gebundenen[48] des mekkanischen Kultes abhielt.

Betrachtet man die frühen Suren unter dem Aspekt dieser Bestimmung von neuem, so wird man ihre spezifisch altarabischen Elemente stilistisch nicht mehr überraschend empfinden. Die an Kāhin-Rede anknüpfende Technik der Schwur-Einleitungen oder die stereotypen iḏā-Serien der eschatologischen Einleitungen[49] wie überhaupt der kurzgliedrige sağᶜ—Duktus, beruhen sämtlich auf dem Muster der mehrfachen Wiederholung gleicher Formelemente in gleicher Position; sie lassen sich als eine ins Sprachliche übersetzte Verrichtung ritueller Handlungen verstehen, denen ja das Wiederholungsmuster *par excellence* zugrunde liegt. Vor dem Hintergrund dieser am Anfang eingenommenen unmittelbaren Nähe zum Kultus an der Kaᶜba sind die kurzen, formal für sich stehenden frühen Suren zu verstehen[50]—ein Aspekt, der zugleich eine Erklärung dafür liefern könnte, daß diese Suren und sie allein bis zum heutigen Tag ein dem ṣalāh-Ritus im besonderer Weise reserviertes Teilcorpus bilden.

3. *Synopse-Versuch zwischen Kult- und Kanon-Entwicklung für die späteren mekkanischen Suren*

Akzeptiert man die enge Verbindung zwischen der zentralen Erinnerungsfigur der Ḥaram-Riten und der besonderen Form der frühesten Suren als plausibel, wo wird man für die längeren und formal komplexer strukturierten Suren auch einen anderen Entstehungsrahmen suchen, sie aus einem neuen Entwicklungsstand des Kultus her ableiten wollen. Die Untersuchung wendet sich nun von den

---

[47] Darauf deutet bekanntlich Sure 73.

[48] S. dazu Wellhausen (1887) und die von Rubin (1987) aus dem Ḥadīth-Material eruierten Daten.

[49] S. dazu Neuwirth (1981a), S. 188f.

[50] Das "letzte Dreißigstel des Koran", ğuzʾ ᶜamm, ist das im herkömmlichen Unterricht zunächst gelernte; die Beherrschung dieses koranischen Teilcorpus, das ja weitestgehend frühmekkanische Suren enthält, ist hinreichende Voraussetzung für die vom Ritualgebet geforderten Lesungen, vgl. Neuwirth 1988.

kurzen Suren denjenigen Kompositionen zu, die als neues—zentrales—Thema eine Narratio aus der Vergangenheit aufgenommen haben.

3.1 *Im Zentrum: Die "Schrift" als Nucleus göttlicher Selbstmitteilung*

Stellt man für diese—für unseren Zweck einmal vereinfachend als "Geschichtssuren" zu bezeichnende—Gruppe wiederum die Frage nach der zentralen Erinnungsfigur mit ihrer örtlichen und zeitlichen Verankerung einerseits und nach an den Suren selbst ablesbaren Hinweisen auf die Umstände und Rahmengebungen des Vortrags andererseits, so ergibt sich nun ein ganz neues Bild. Anstelle der Orts- und Zeitverweise auf Riten am emphatischen Surenanfang und am formularisch abgehobenen Surenschluß ist die direkte Nennung des Buches bzw. der Schrift (kitāb), seltener des Rezitationstextes (qurʾān) getreten[51]. Nur drei der insgesamt 22 "Geschichtssuren" setzen mit einem Gegenstand ohne direkten Schriftbezug ein[52]. Alle sechs bei diesem Surentypus überhaupt noch begegnenden Belege für einen sureneinleitenden Schwur[53] greifen nun statt auf raum-zeitliche Ritusverweise auf Benennungen der göttlichen Offenbarung zurück. Die Schwüre als solche werden jedoch in diesen Suren bald abgelöst durch eine nun die Regel werdende feierliche deiktische Einleitung, demonstrativ einsetzend: "Dies ist die

---

[51] Das Verhältnis Qurʾān- versus Kitāb-Orientierung des Propheten ist in der Forschungsgeschichte immer wieder thematisiert worden, vgl. A. Jeffery (1952). S. zu einer Auseinandersetzung mit der These R. Bells (1953) T. Nagel (1983). Insgesamt scheint mir jedoch die Schlußfolgerung Nagels noch zu sehr von der Vorstellung eines auktorialen Verfassers Muhammad beherrscht zu sein, dessen individueller Bewußtseinswandel dann sogleich für die maßgeblichen Entwicklungen im Koran verantwortlich gemacht werden kann (1983, S. 165): "So vermag uns die Entwicklung des Begriffes 'Schrift' im Koran die Etappen der Veralltäglichung der Muhammad zuteilgewordenen prophetischen Erfahrung aufzuzeigen. Am Ende zeichnet sich der Islam ab als eine Religion, die auf gesetzlichen Bestimmungen beruht, die auf die 'Schrift' zurückzuführen sind."

[52] "Geschichtssuren" mit Einleitung ohne Schriftbezug: 21; 23; 54; die beiden mit einer Doxologie einsetzenden Suren 25 und 67 bilden einen Sonderfall, insofern auch im ostkirchlich-christlichen Gottesdienst der Schriftverlesung eine Doxologie vorauszugehen pflegt.

[53] Sureneinleitende Schwüre bei der "Schrift", bzw. dem "qurʾān" finden sich: Sure 36.2 (qurʾān); 37.3 (ḏikr); 38.2 (qurʾān ḏū ḏikr); 43.2 (kitāb); 44.2 (kitāb) 50.1 (qurʾān).

Schrift ..." (ḏālika l-kitāb)[54] oder auch mit eingliedrigem Nominalsatz: "Es ist eine Schrift ..." (kitābun)[55] beginnend, die bis zum Schluß der Korangenese die übliche Einleitung bleibt.

3.2 *Reflexe auf die Kult- und Kanonbildung: Herausbildung von Liturgien und Buchperikopen*

Der hier manifestierte Rückgriff auf die "Schrift" muß, da ja selbst bei Voraussetzung jetzt einsetzender Kodifikation der Suren nicht auf ein bereits zuhandenes Schrift-Corpus rekurriert sein kann, auf eine über ein konkretes Buch hinausgehende Größe zielen. Es ist offenbar das zur Rezitation, "qurʾān", zur Erinnerung "ḏikr" (Sure 19.2, 51), freigegebene himmlische Buch, aus dem nun in Schüben Texte herabgesandt werden. Die "Schrift" erhalten zu haben ist—dem Koran zufolge—eine Auszeichnung schon früherer Gesandter, doch ist auch das jenen Mitgeteilte dem Verkünder nicht in Buchform, sondern allenfalls ausschnittweise aus mündlicher Vermittlung bekannt. Was die verschiedenen Teilhaben am "Buch" verbindet, ist also nicht die verbürgte Identität der jeweils entstehenden Codices, die sich ja über die Sprachgrenzen hinweg auch kaum überprüfen ließe, sondern das zu der Empfänglichkeit für das Buchsymbol gehörende Bewußtsein, daß es ein abgeschlossenes, "kanonisches" Corpus, einen nunmehr unveränderlichen Text gibt, der nur noch nach Verlautbarung, nach Aufteilung für den Gottesdienst und nach Auslegung verlangt. Daß dieser Text in seiner Gänze der Disposition des Sprechers entzogen ist und ihm nur in Einzel-"Erinnerungen" zugänglich gemacht wird, spricht nicht dagegen; angesichts der ja ohnehin erstmals erfolgenden Exzerpierung in arabischer Sprache kann darin ein legitimer Prozeß der auch anderswo bekannten Perikopisierung[56] gesehen werden.

---

[54] Mit dem deiktischen Verweis auf die "Schrift": ḏālika l-kitāb, bzw öfter: tilka ʾāyātu l-kitāb setzen ein: Sure 2, 10, 12, 13, 15, 26, 27, 28, 31.

[55] Mit eingliedrigem Nominalsatz verweisen auf die Schrift die Anfangsverse von Sure 7, 11, 14 (kitābun), ähnlich 32, 39, 40, 41, 45, 46 (tanzīlu l-kitābi), 19 (ḏikru raḥmati rabbika) und 24 (sūratun ʾanzalnāhā).

[56] Sowohl Juden als auch orientalische Christen kennen neben ihren Bibelkodizes eigene Perikopenbücher (tiqqūn sōferīm bzw. Evangelistarion), die die jeweiligen liturgischen Leseabschnitte des Tages für den praktischen, d.h. mündlichen Gebrauch kontext-isoliert darbieten.

Um die sich so ergebende Perikope aus dem himmlischen Buch, den vor allem aus Geschichtserinnerungen bestehenden "ḏikr", herum werden hymnische, polemische und offenbarungsbestätigende Teile angeordnet[57], so daß für den mündlichen Vortrag eine Struktur entsteht, die als Reprise einer jüdischen bzw. christlichen Liturgie verstanden werden kann, in der ja auch die Geschichtserinnerung des Zentrum, ja das Rückgrat bildet.—Es ist bemerkenswert, daß verschiedentlich Prophetengeschichten und einzelne biblische Sinnfiguren explizit als "im Buche verzeichnet"[58] ausgewiesen werden, während andere Topoi, wie etwa Polemik, eher in Kommentarform – z.B.: "wenn sie sagen, so sprich . . ." präsentiert werden. 'Göttliche Herkunft' ist also durchaus nicht immer gleichbedeutend mit 'Exzerpt aus dem himmlischen Buch'. Wenn auch der Koran—wie seine Etymologie: 'qurʾān' aus syrisch 'qeryānā' = Lektionar, Perikope, Lesung, bereits nahelegt—am Ende zu einem eigenen Perikopenbuch für die Entnahme von Texten zum kultischen Vortrag der Muslime wird, so konstituieren sich im Entwicklungsverlauf des Corpus die Einzelvortragstexte doch erst aus anderswoher, nämlich aus dem himmlischen Buch, entnommenen Perikopen und ihnen als Rahmenteilen beigegebenen Texten verschiedener liturgischer Gattungen[59].

3.3 *Lockerung der Formen und mnemotechnische Abstützungen*

Der Rückgriff auf das "Buch" bedeutet eine kaum überschätzbare Bewußtseinserweiterung: zunächst eine Erweiterung der bisher auf Mekka begrenzten Heilstopographie in die Wirkungsgebiete früherer Gesandter, so daß nun auch das Heilige Land als besonders gesegnete Region hervortritt[60]. Sie bedeutet vor allem aber eine Verlängerung der Zeit des Sprechers in die fernere Zeit, mehr noch: Das Eintreten unter die Empfänger von Botschaften aus einem immer wieder in Schüben freigegebenen Buch, das von den Vorfahren eben dieser Empfänger Zeugnis ablegt, bedeutet ja letztend-

---

[57] S. die Kompositionsschemata der mittel- und spätmekkanischen Suren bei Neuwirth (1981a).

[58] Sure 11.6.

[59] Zu der besonderen Polythematik der Suren s. Neuwirth (1977).

[60] S. zu den Reminiszenzen des Heiligen Landes im Koran: Neuwirth (1993).

lich nicht weniger als die Rezeption der *Erinnerung* einer *anderen* Gruppe als der eigenen[61], den Übertritt in eine andere Tradition und damit ein Heraustreten aus einer vor allem durch die mekkanischen Riten verbürgten Identität.

Das Abrücken von der Kaᶜba als dem religiösen Mittelpunkt bedeutet aber nicht nur eine lokale Schwerpunktverlagerung für den Gottesdienst. Sie markiert zugleich auch den Beginn einer neuen Formentwicklung: die Suren sprengen nicht nur quantitativ den Rahmen eines wortgottesdienstlichen Zusatzes zu einem gegebenen Ritual, sie erweisen sich auch liturgisch-stilistisch ihrem alten Rahmen entwachsen, insofern sie in der Struktur, als "Reprise" der älteren Wortgottesdienstformen, und in der Diktion deutlich auf jüdisch-christliche Formensprache rekurrieren[62]. Zugleich verlangt die Erzähltechnik des narrativen Teils nach einer Ausdehnung der Länge des Einzelverses, um die verschiedenen Erzählebenen durch Hypotaxe und damit komplizierter werdende Periodenbildung zu differenzieren[63]. Es entsteht der mehrgliedrige Koranvers, der nun nicht mehr einfach zu memorieren ist, zumal sein monotoner Ausklang am Ende der Klausel nur wenig Gedächtnishilfe leistet. Bekanntlich spricht vieles dafür, daß von dieser Zeit an für die Kodifizierung der jeweils neuen Kompositionen alsbald gesorgt worden ist. Die komplexere Versstruktur selbst, deren Ende jetzt ja nicht mehr durch Reime markiert werden kann, setzt diesen Schritt geradezu voraus. Zwar findet nicht eigens Schrift-Erfindung statt[64], mit der Umorientierung auf das "Buch" aber doch ein Übergang zu der sich mit dem Urbild verbindenden Erinnerungstechnik, derjenigen durch die Schrift, die nun zu einer die Memorierung flankierenden Form der Außenspeicherung wird.

Wenn nun die weitgehend stereotyp gebaute Klausel an die Stelle des reimenden Versausklangs getreten ist, so kommt das nicht nur einem stilistisch und mnemotechnisch relevanten Formwandel gleich, sondern auch einem Wandel der mit den Korantexten intendierten Funktion. Die Versschluß-Klauseln sind ja nicht einfach

---

[61] Vgl. dazu J. Assmann (1992), S. 40–42.

[62] Zu der jüdisch-christlichen Formensprache s. Wansbrough (1977) passim, spezifisch für das Gebet A. Baumstark (1915).

[63] S. zu den syntaktischen Strukturen der Koranverse Neuwirth (1981a).

[64] Zur Entwicklung der arabischen Schrift s. G. Endress (1982), zu den von der islamischen Tradition gelieferten Daten zum Schriftgebrauch bei der Koranüberlieferung s. Nöldeke, GdQ^2 I (1909), S. 32ff. und G. Schoeler (1992), S. 19–27.

Markierer einer komplexen semantisch-syntaktischen Sprecheinheit[65] und damit Hilfestellungen bei der Memorierung von intendierten sinntragenden Sprecheinheiten, sie sind in ihrer Mehrzahl zugleich und vor allem paränetische Aussage über das im Rede-Hauptstrang Dargelegte, sie sind metatextuelle "Erinnerungen" an die Quelle der Rede, Gott selbst, oder zumindest an dessen Weisungen und Wertsetzungen. So wird jede Aussage, selbst die beschreibende oder berichtende, zu einem direkten oder indirekten Appell, zu einem Neuanstoß der Kommunikation. Selbst koranische Heilsgeschichte wird so zur kultischen Ansprache, zum Appell[66].

Bemerkenswert ist, daß die Texte auch über die Klauseln hinaus noch zur Erleichterung ihrer Memorierung mit mnemotechnischen Hilfestellungen, insbesondere festen Proportionen zwischen einzelnen Surenteilen, ausgestattet werden[67]. Sie scheinen darauf zu verweisen, daß auch die längeren Texte weiterhin einem Kreis von zur kultischen Rezitation Befähigten anvertraut worden sind. Für den Gebrauch durch diesen—in Abwesenheit des Verkünders kultisch agierenden—Personenkreis dürften die Proportionen eine spürbare mnemotechnische Hilfe bedeutet haben. Die mündliche Tradition bleibt ja—wie im absolut "buchlosen Vortrag" innerhalb der ṣalāh bis heute reflektiert wird—die primäre Form der Bewahrung des Textes[68].

3.4 *Reflexe auf Kultisches: zeitliche und räumliche Situierung*

Auffallend ist, daß trotz dieser Umorientierung die gottesdienstliche *Zeit* den alten, vom Ritual bestimmten Tagzeiten verhaftet bleibt. Auch in den "Geschichtssuren" begegnen kultische Anweisungen mit Hinweis auf die beiden bereits bekannten Morgen- und Abend-

---

[65] S. zu der stilistischen Funktion der Klausel im mittel- und spätmekkanischen Langvers Neuwirth (1981a), S. 157–170.

[66] Zu der vorwiegend metatextuellen Funktion der Klausel s. den Versuch einer Klassifikation der Klauseln in die fünf Kategorien: hymnische, offenbarungsbestätigende, wertende, paränetische und zustands—bzw. handlungsunterstreichende Klauseln bei Neuwirth (1980).

[67] S. zu den Proportionen zwischen Surenteilen die Übersicht bei Neuwirth (1981a), S. 318–321.

[68] Vgl. jetzt W. Graham (1985) und (1987); Kellermann (1995).

zeiten, die nun jedoch nicht mehr als symbolbesetzte Schwur-Objekte auftreten, sondern den Charakter von empfohlenen Gebetszeiten annehmen. Auch der Kultus selbst gewinnt an Komplexität: Eine mittelmekkanische Sure (Sure 15) bestätigt ein neu eingeführtes Gebetsformular, die *Fātiḥa*, deren "Wir"—Stil-Rede—die ja gegenüber den übrigen Suren eine Umkehrung des Verhältnisses zwischen Sprecher und Empfänger darstellt—eine reale Gemeinschaft von Betern, eine neue Kultgemeinschaft voraussetzt[69].

Nur ein einziger Text aus dem Bestand der Geschichtssuren verweist noch auf den Ḥaram von Mekka[70]. Daß die Gottesdienste nicht an der Kaᶜba stattfinden, wird aber auch indirekt—durch die nun vorauszusetzende Exklusivität einer bereits für die Botschaft gewonnenen Hörerschaft nahegelegt. Die Streitgespräch-Szenarien innerhalb der anwachsenden polemischen Surenteile rekurrieren—in deutlichem Gegensatz zu den direkten Ansprachen in den kurzen Suren[71]—weitgehend auf bereits ausgefochtene oder in einer Art "Simulatio" vorgestellte, d.h. dem Schema "wenn sie sagen, so sprich" ("qul") folgende Auseinandersetzungen[72]; die Gegner sind in den weitaus meisten Suren *nicht* direkt angesprochen, die Streitgespräche werden zum literarischen Topos[73]. Mit der irgendwann in dieser Zeit auch rituell nachvollzogenen Umorientierung zu dem "Ferneren Heiligtum" in Jerusalem[74], ist die Erweiterung des symbolischen Horizonts in die Welt der Banū Isrāʾīl hinein besiegelt.

---

[69] S. dazu A. und K. Neuwirth (1991a)

[70] Das Mekkanische Heiligtum dient hier als Ausgangsort für die nächtliche Verrückung des Verkünders zum "Fernen Heiligtum", zum Jerusalemer Tempelbezirk, vgl. Neuwirth (1993).

[71] Vgl. o. zu den Kultbeschreibungen mit ihrer mehrfach in direkter Anrede geübten Kritik an der mangelnden Ernsthaftigkeit der Teilnehmer.

[72] Die polemischen Passagen erfordern noch genauere Analysen.

[73] S. hierzu jetzt M. Radscheit (1994); (noch unveröffentlichte Magisterarbeit Bonn).

[74] Zu der Qibla-Frage s. Wensinck, Art. Ḳibla, in: EI^2, U. Rubin (1986), A. Neuwirth (1993).

4. *Medinische Suren*

4.1 *Rede-Suren*

Um die weitere mekkanische Entwicklung mit ihren ähnlich komplexen, nun aber stark von Polemik geprägten und ohne narrativen Mittelteil[75] auskommenden Suren skizzieren zu können, hätte man – insbesondere die Argumentationsstruktur betreffende—analytische Vorarbeiten zu leisten, die den Rahmen dieses Beitrags sprengen würden. Statt dessen sei sogleich zu einem neuen—ganz deutlich eigenen Formgesetzen folgenden—bereits in medinische Zeit gehörigen Surentypus übergegangen, bei dem die bereits aus den spätmekkanischen Suren so weitgehend verbannte Geschichtserinnerung nun noch weiter verflüchtigt ist: zur Propheten-Rede. Eine vielleicht vorredaktionell bereits zu einem kleinen Teilcorpus zusammengefaßte Gruppe von Suren, die häufig mit einer kurzen hymnischen Psalmparaphrase einsetzen[76], sind von ihrer Komposition her einzig als dem Propheten aufgegebene Ansprachen zu begreifen. Sie traktieren zumeist ein isoliertes Thema, oft einen politisch-sozialen Kontroverspunkt, evtl. sogar einen Gegenstand aus dem Bereich der dem Prophetenhaushalt gebührenden Privilegien oder Respektbezeigungen. Die Person des Verkünders, nun explizit als Prophet, nabī, eingeführt, hat hier bereits eine Aura erhalten[77], die sie insbesondere ihrer häufig in syntaktisch enger

---

[75] S. für die Themenfolgen dieser Suren ihre Analysen bei Neuwirth (1981a) zu den mittelmekkanischen Suren 36, 50, 67, 72 und 76 sowie zu den spätmekkanischen Suren 6, 10, 13, 16, 28, 30, 32, 35, 39, 41, 42, 45 und 46.

[76] So Sure 57: sabbaḥa li-llāhi mā fī s-samāwāti wa-l-ʾarḍi; 59; 61: sabbaḥa li-llāhi mā fī s-samāwāti wa-mā fī l-ʾarḍi; 62; 64: yusabbiḥu li-llāhi mā fī s-samāwāti wa-mā fī l-ʾarḍi; daneben begegnen auch direkte, einleitungslose Rede-Einsätze: 65; 66: yā ʾayyuha n-nabī; 63: ʾiḏā ǧāʾaka l-munāfiqūn; 33; 49; 60: yā ʾayyuha llaḏīna ʾāmanū; 58: qad samiʿa llāhu qawla llatī tuǧādiluka; 48: ʾinnā fataḥnā laka fatḥan mubīnan; 47: allaḏīna kafarū wa-saddū ʿan sabīli llāhi.

[77] Die Entwicklung hat ihren Höhepunkt erreicht mit der Einsetzung des Propheten zur Mittlerfigur in der auch den Siegelvers enthaltenden Sure 33. 33.56 heißt es: ʾinna llāha wa-malāʾikatahu yuṣallūna ʿala n-nabīyi, yā ʾayyuha llaḏīna ʾāmanū ṣallū ʿalayhi wa-sallimū taslīmā. Es ist bemerkenswert, daß gerade dieser Vers, der in seiner Annäherung der Person Muhammads an den im christlichen Kontext der Person Jesu zugestandenen Mittlerrang am weitesten geht, in der Felsendom-Inschrift ʿAbdalmaliks, der ältesten uns erhaltenen schriftlichen Dokumentation von Koranpassagen überhaupt, gleich mehrere Male figuriert, vgl. den Text bei H. Busse (1977).

Kombination zugleich mit dem göttlichen Auftraggeber selbst erfolgenden Nennung, etwa in der Form "Gott und sein Gesandter"[78], verdankt.

Eng mit dem Propheten verbunden erscheinen nun auch Kultorte, masāǧid, insbesonders das masǧid al-ḥarām in Mekka[79]. Auf dieses alte Zentrum, das jetzt ganz explizit als Ursprungsort der im Islam praktizierten *Riten* wahrgenommen wird[80], richtet sich nun der Kult als ganzer aus[81]. Die Riten erhalten nun ihre späte Anerkennung als aus dem masǧid al-ḥarām überkommenes Erbe, das jetzt, nachdem Ibrāhīm als sein Stifter erkannt wird, zugleich als die natürliche Grundlage der in ihren sonstigen Zügen dem Erbe des Mūsā[82] sehr viel mehr verpflichteten Religion erkannt wird. Es ist bemerkenswert, daß auch der Wechsel der qibla, wie einst ihre erste Einführung[83], wieder ein Element der besondereren Rücksichtnahme auf die innere Situation der Person des Verkünders und implizit auch der Gemeinde erkennen läßt.

Die Suren dieses Typus markieren einen erneuten Formwandel: sie sind typologisch homogen, kommen also ohne die Vielzahl der "klassischen" Kompositionselemente älterer Suren aus, wie Hymnus, Tugendkatalog, Offenbarungsbestätigung, den bis dahin für

---

78 So in Sure: 4.14, 100; 5.33, 55, 56; 7.158; 8.1, 13, 20, 46; 9.1, 3, 24, 29, 54, 59, 62, 63 und sehr oft.

79 Mit der einen Ausnahme von 17.1 (ʾIsrāʾ-Vers) sind alle koranischen Rekurse auf al-masǧid al-ḥarām medinisch und stehen damit im Kontext einer um die Rechte des Propheten und seiner Gemeinde kreisenden Auseinandersetzung: 2.144, 150 (qibla-Änderung), 191 (Kampfansage), 217 (Erinnerung an Ausschluß der Muslime vom Kaʿba-Kult), 5.2 (Aufruf zur Respektierung der mekkanischen Kultsymbole); 8.34 (Verurteilung des Ausschlusses der Muslime vom Kaʿba-Kult); 9.7 (Abkommen bei ʿumrat al-qaḍaʾ, 9.19 (Bewertung des siqāya- und ʿimāra-Amtes), 9.28 (Ausschluß der Heiden); 22.25 (Verurteilung des Ausschlusses der Muslime); 48.25 (Verurteilung des Ausschlusses der Muslime); von der Kaʿba ist einmal: 5.96, 98 (Wallfahrtsregelungen) die Rede.

80 Sure 3.96: ʾinna ʾawwala baytin wuḍiʿa li-n-nāsi la-llaḏī fī Bakka ...; 14.35–37 (Ibrāhīms Gebet um göttliche Einsetzung des ṣalāh-Ritus; 2.124–129 (Reinigung der Kaʿba durch Ibrāhīm für den Vollzug der ḥaǧǧ- und ʿumra-Riten (ṭāʾifūn, ʿākifūn) sowie des ṣalāh (rukkaʿ suǧūd).

81 Die Qibla-Änderung von Jerusalem nach Mekka wird mit Sure 2.144, 150 verbindlich.

82 S. dazu Goitein (1966c); ein klares Zeugnis für Mūsās Funktion als Prototyp Muhammads bietet die traditionell mit der Einsetzung der Jerusalem-Qibla verbundene Sure 17, s. Neuwirth (1993), in der Muhammad und Mūsā mehrfach parallelisiert werden.

83 Die Verbindung zwischen der ersten Qibla-Einsetzung und der nächtlichen Entrückung des Propheten nach Jerusalem wird auch in der traditionellen Exegese hergestellt, vgl. die Belege bei A. Duri (1989).

den Anfang charakteristischen Elementen, oder den klassischen Mittelteil-Inhalten wie Geschichtserinnerung oder Geschichtsdiskurs bzw. schließlich Offenbarungspolemik und -bestätigung, den üblichen Schlußteil-Elementen. Ihre Struktur ist demgegenüber äußerst einfach: einer fast stereotypen hymnischen Einleitung folgt sogleich die Exposition des Gegenstandes, weiterhin im Stil der Reim-Klausel-Rede. Die Rede-Sure wird nur selten kunstvoll ausgeleitet. Die Sure ist nun zu einer mit einfachen Mitteln kultisch stilisierten Ansprache geworden.

Die Prominenz eines Surentypus ohne eine markante Komposition gegen Ende der Entwicklung zeigt eine Schwerpunkt-Verlagerung an. Die Erwartung richtet sich offenbar nicht mehr auf eine durchkomponierte Liturgie. Die polythematische Komposition mit ihrem komplexen, auf gattungsmäßig verschiedenen Ebenen ausgetragenen Diskurs wird durch eine einfache Form ersetzt. Die Sure hat sich nun der Gattung Predigt angenähert. Der Verkünder tritt jetzt neben den Text; er wird nun zum weitgehend persönlich —mit dem Titel "yā ʾayyuha n-nabī" adressierten—Auftragsempfänger zur Durchsetzung von sozial und politisch relevanten Weisungen. Eine Ähnlichkeit zu den später als Freitagspredigten üblichen Ansprachen mit entsprechendem zeitgeschichtlichen Bezug drängt sich auf. Es ist bemerkenswert, daß eigene, islamische Geschichte zwar berührt, jedoch nirgends narrativ entfaltet wird[84]. Damit ist nicht nur der Verzicht auf allgemein monotheistische Geschichtserinnerung, sondern auch auf die eigene—islamische—Geschichtserinnerung als eines Rückgrats des Gottesdienstes vorgezeichnet. Im Brennpunkt steht immer mehr die Person des Verkünders selbst. Die stark formularische Einleitung dieser Suren dürfte auf eine Rezitation zu Anfang einer längeren Gesamt-Zeremonie deuten, die, da jetzt markante Surenschlüsse fehlen, von einem noch folgenden Gebetsritus beschlossen sein könnte.

---

[84] Ein deutliches Beispiel bieten die wenigen Verse, die das schicksalhafte Ereignis des Sieges bei Badr reflektieren: Sure 8.41–44, s. zu ihnen K. Wagtendonk (1968). Hier wird ein Ereignis zwar in einzelnen punktuellen Details mythisch gedeutet, jedoch nicht zu einer mythologischen Narratio verdichtet; die Verse zielen deutlich auf die Evokation einer bei den Hörern noch vorausgesetzten lebendigen Erinnerung.

4.2 *"Lange Suren"*

Die Entwicklung hin zum gänzlichen Verlust der Komposition erreicht ihren Abschluß mit der Zulassung von rein akkumulativ gewachsenen Text-Massen als Suren: die Mehrzahl der sog. Langen Suren[85] weist keine durchsichtigen Kompositionsschemata mehr auf; sie fungieren trotz konventioneller Einleitung als "Sammelkörbe" für isolierte Versgruppen zu sämtlichen klassischen Suren-Topoi, zu denen jetzt neu rechtsspezifische Darlegungen hinzutreten. Die Zusammenfügung der Einzelelemente zu den überlieferten Langen Suren ist schwer zu datieren. Eine erst redaktionelle Zusammenfügung oder Auffüllung zu den jetzt vorliegenden Langformen ist nicht auszuschließen; ebenso gut könnten sie aber auch vorredaktionell zusammengefügt sein. Es könnte sich bei ihnen einfach um noch lange erweiterungsfähig gehaltene "Speicherungen" von versprengten Versgruppen handeln, für die nun in Medina eine Verarbeitung der Elemente zu konventionellen Kompositionen offenbar nicht mehr in Betracht kam. Denn in dieser Zeit wird die Buch-Orientierung nicht mehr prioritär durch die mit den Banū Isrāʾīl geteilte Erinnerung verbürgt, sondern verbindet sich mit dem Werk des jetzt handelnden Propheten selbst. Nicht die komplexe Sure mit der heilsgeschichtlichen Erinnerung im Zentrum, sondern die Rede-Sure ist nun liturgisch die übliche Form.

Mit dem Erscheinen der Langen Sure tritt nun erstmals eine Inkongruenz zwischen der Textcorpus-Einheit "Sure" und der im kultischen Rahmen mündlich verlautbarten Lesung, der für die Rezitation bestimmten "Perikope" zutage: Die lange Sure hat als solche keine kultische Funktion mehr. Für den *rituellen* Teil des Gottesdienstes[86] sind kurze Suren oder Versgruppen erforderlich,

---

[85] Beispiele für gewiß sekundär zusammengefügte Lange Suren sind: 2, 3, 4, 5, 8, 9. Daß es dennoch auch bei diesen Suren verlohnt, nach einer ihnen zugrundeliegenden Struktur zu suchen, hat neuerdings A.H.M. Zahniser (1991) und (1994) gezeigt.

[86] Man darf wohl davon ausgehen, daß zur Zeit der Herausbildung der längeren und in ihrer Komposition und Aussage komplexeren Suren ("Geschichtssuren") der aus Demutshaltungen und kurzen hymnischen Formeln inclusive Fātiḥa und kurzer qirāʾa bestehende, von einem jeden Gläubigen ohne besondere theoretische Voraussetzungen vollziehbare ṣalāh-Ritus bereits feststand. Die höhere Anforderungen an das Memoriervermögen stellenden komplexen Suren dürften dagegen in einem zum Ritus hinzutretenden wortgottesdienstlichen Teil von eigens dazu vorbereiteten Personen verlautbart worden sein.

im wortgottesdienstlichen Teil wird—seit dem Verzicht auf die in Mekka übliche polythematische Komposition—die Predigt-ähnliche *Rede*—Sure für hinreichend erachtet. Damit erlischt die Erwartung auf eine komplexe wortgottesdienstliche Form, die sich um die heilsgeschichtliche Erinnerung als ihr Zentrum entwickelt. Der Propheten-Oratio verwandte aktuelle neue Weisungen, etwa Gesetzgebungen, können an die Stelle der alten Kompositionen treten. Mit dieser Wende hin zur einfachen Form ist der Weg zur Erosion der literarischen Surenform frei. Wenn einmal aus den Langen Suren ohne besonders gewaltsamen Eingriff Einzeltexte entnommen werden konnten, so ist es zu der später das Übliche werdenden eigenmächtigen Perikopisierung[87] des Koran durch den islamischen Beter, seiner Entnahme von Lesungstexten aus allen längeren Suren nach bloßer Maßgabe des erwünschten Inhalts oder der Quantität, nur noch ein kurzer Schritt. Ob diese Praxis noch in die Wirkungszeit des Propheten zurückreicht oder nicht—der Koran trägt jedenfalls mit der Kompromißform der Langen Sure die Formel zur Auflösung seiner eigenen Kompositionen bereits in sich.

5. *Wir kommen zum Schluß*

Die Schlichtheit des islamischen Kultus, sowohl der täglichen ṣalāh wie auch noch des Freitagsgottesdienstes, sein auf dem Ritual, nicht dem Wortgottesdienst, liegender Schwerpunkt, hat verschiedentlich zu Erklärungsversuchen herausgefordert. S.D. Goitein[88] vor allem hat den Grund dafür in der Rücksichtnahme auf eine dem Islam in Medina, besonders aber nach den Eroberungskriegen zuwachsende religiös wenig vorgebildete Rezipientenschaft sehen wollen; ihnen sollte mit einem einfachen Kultus entgegengekommen werden. E. Mittwoch[89] und C.H. Becker[90] die sich beide mit der Struktur des Freitagsgottesdienstes auseinandergesetzt haben, gehen für dessen spezifischen Aufbau überhaupt erst von Bedingungen nach der Eroberungswelle aus; Becker erblickt im Freitagsgottesdienst deut-

[87] Bekanntlich steht es dem Beter frei, für seine kultischen Rezitationen auf beliebige Koranausschnitte zurückzugreifen, wenn auch in der Praxis eine Rücksichtnahme auf Sinneinheiten das Übliche ist.
[88] S. S.D. Goitein (1966a)
[89] S. E. Mittwoch (1913)
[90] S. C.H. Becker (1912)

liche Reflexe einer christlichen, Mittwoch solche einer jüdischen Liturgie. Gewiß ist der Freitagsgottesdienst im Detail seiner Endform erst aus der Begegnung mit den beiden älteren Religionen erklärbar. Da jedoch die substantiellen Elemente, die Predigt zum einen, die ṣalāh am Schluß der Feier zum anderen, bereits der innerkoranischen, die ṣalāh sogar einer vorkoranischen Entwicklung entstammen, bleibt die entscheidende Frage, warum sich nicht eine der jüdisch-christlichen Struktur viel ähnlichere, vor allem typologisch reichere Form des Wortgottesdienstes als Endgestalt herausentwikkelt worden ist, weiterhin offen.

Die eben skizzierte Entwicklung läßt das gesamte Problem komplizierter erscheinen. Sie beschreibt ja zunächst eine Bewegung von einfachen zu komplexeren Formen, von einem rituell geprägten zu einem wortgottesdienstlich dominierten Kultus, der sich am Ende—noch zu Lebzeiten des Propheten—dann wieder vereinfacht: zu einem Ensemble von Ritual und Predigt.

Resumieren wir noch einmal die hier vorgetragene Hypothese der Entwicklung von Kult und Kanon: Die vorislamischen ṣalāh-Riten an der Kaᶜba wurden als Rahmen für den "qurʾān", d.h. den sich herausbildenden islamischen Wortgottesdienst, übernommen. Das Festhalten an Raum und Zeit der ererbten kollektiven Erinnerung gibt der neuen Praxis Weihe und Legitimation. Die frühen Suren bilden das Grundmuster der Riten, die in raschem Rhythmus erfolgende Wiederholung bekannter Formen—in sprachliche Form umgesetzt zu kurzgliedriger Reimprosa—deutlich ab. Doch schon bald sprengt die Wahrnehmung, mit den maßgeblichen neuen Erfahrungen nicht mehr mit dem am vertrauten mekkanischen Ḥaram-Zentrum vollzogenen Gottesdienst im Einklang zu stehen, das zunächst als Struktur übernommene Grundmuster der Riten. Das Bewußtsein der Teilhabe an einem "Buch", in das der Strom relevanter Tradition eingegangen ist, eröffnet den Blick auf Geschichte und ermöglicht zugleich den Anschluß an die "Erinnerung" der bereits in einer "Buch-Kultur" lebenden Angehörigen der beiden älteren Religionen. Die neue Orientierung manifestiert sich in dem neuen Typus der Geschichtssure, der als Reflex jüdisch-christlicher Wortgottesdienste verstanden werden kann, in dem die Heilsgeschichte der Banū Isrāʾīl, insbesondere die Führung des Mūsā, eine wesentliche Rolle spielen. Hier bildet Geschichte, oder doch—in den narrationslosen spätmekkanischen Suren—Deutung von Geschichte, das klar erkenbare Rückgrat der zu einem Gesamtvortrag komponierten Sure. Das Buch als Emblem und mit ihm das Bewußtsein eines zum Stillstand gekommenen Traditionsstroms, der das selbst erfahrene göttliche Wirken in der Geschichte einbegreift und dessen Niederschlag jetzt zur Verlautbarung und Erklärung freigegeben wird, steht für eine nun nicht mehr als zyklisch und dispositonsentzogen, sondern als linear und mitbestimmbar begriffene Zeit. Der Blick weitet sich nicht allein in die fernere Zeit, sondern auch in den fernen Raum der anderen Mitempfänger des Buches, deren kultischer Mittelpunkt sogar als die eigene Gebetsrichtung übernommen werden kann. Jerusalem tritt als räumliches Zentrum an die Stelle des zum inneren Exil werdenden Mekka.

Je weiter jedoch der Prophet selbst mit der Aura eines göttlich autorisierten Würdenträgers aus dem Text heraustritt und je mehr sich die Glaubensgemeinde dem Muster der anderen Religionsgemeinschaften annähert, desto dringlicher wird die Notwendigkeit der Deutung des Jetzt, die predigtmäßige Paränese. Die Wieder-Ersetzung des Kultzentrums "der anderen" durch die Erinnerung an das eigene überkommene heimatliche Heiligtum, die konsequent verfolgte Zielsetzung, die im vorislamischen Kult so bedeutsame Wallfahrt unter die eigenen Riten aufzunehmen, beweisen bereits eine Unterhöhlung der Signifikanz der von den Banū Isrāʾīl überkommenen Erinnerung und stehen mit der Orientierungsänderung im Kultus von einem jüdisch-christlich geprägten Wortgottesdienst zu einer stärker Ritus-geprägen Form in Zusammenhang. Die Betonung der abrahamitischen Stiftung der Riten verschafft diesen wieder zusätzliches Gewicht gegenüber der in Mekka noch als Vorbild betrachteten Frömmigkeit der Banū Isrāʾīl, wie sie sich in den komplexen "Liturgie-Suren" niederschlug. Aber nicht nur konkret deren durch die medinische Ereignisgeschichte nun ambivalent besetzte Erinnerungsfiguren, sondern auch die eigene innerislamische Erfahrung, bleiben jetzt von einer weiteren narrativen Entfaltung ausgeschlossen. Das Buch erfährt zwar noch Vervollständigung, auch wird offenbar für die Sammlung selbst isolierter Versgruppen in Langen Suren Sorge getragen, doch gilt die letzte Phase der Korangenese nicht etwa einer mythologischen Verdichtung des selbst in der Vergangenheit Erfahrenen bzw. Vollbrachten, also nicht der Festschreibung von Erinnerung, sondern der jeweils mündlich zu verkündenden Deutung der Gegenwart und Rechtleitung in die Zukunft, wie sie die Rede-Suren dokumentieren.

Die mit den Riten eng verbundenen kurzen "ṣalāh-Suren" haben den gesamten Prozeß begleitet, sie haben auch—über den mit den verschieden langen Suren gegebenen Pluralismus des Perikopenverständnisses innerhalb der Korangenese hinweg—den nachkoranischen Begriff der Perikope, des Leseausschnitts, geprägt: als einer kurzen, thematisch einheitlichen Versgruppe von leichter Memorierbarkeit. Dem Begriff Sure—für den Verkünder des Koran noch ein bedeutender Ordnungsfaktor zunächst zur Abgrenzung, später offenbar zur Komposition von als solchen intendierten Rezitationseinheiten[91]—bleibt damit nicht viel mehr als eine koranphilologische Relevanz: als eine historisch überkommene Textabgrenzung ohne nennenswerte praktische Konsequenz.

Wenn nun die Suren dennoch, durch die Basmala markiert, als distinkte Einheiten im endgültig kanonisierten Text figurieren, so spiegelt dieser Sachverhalt eben nicht die mit der Schlußredaktion gleichzeitige Praxis des freien Umgangs mit dem Perikopenbuch "Koran" wider, sondern trägt offenbar dem viel früher entwickelten Kanonizitäts-Anspruch des überlieferten Bestandes Rechnung. Ein fortlaufender, durchsichtig an der Geschichte der Schöpfung orientierter Text ist dabei nicht entstanden—es war ja keine theologische Schule, die die Beendigung des Textwachstums und die definitive Anordnung dekretiert hätte, sondern äußere Umstände brachten diese Beendigung mit sich. Doch obwohl der zur Endredaktion hinterlassene Text-Bestand nach sehr äußerlichen Kriterien zu einem Corpus arrangiert wurde, ist eine elementare Sorgewaltung für die Erzeugung eines vollständigen "Buches" unverkennbar: der Koran wird durch ein "Proömium" eröffnet—die nicht zur Gattung 'Sure' gehörende Fātiḥa—und er wird durch eine Art "Kolophon" beschlossen, mit der in Sprache umgesetzten apotropäisch erhobenen Hand der beiden letzten Suren: 113, 114.

[91] Wenn auch die innerkoranische Verwendung der Bezeichnung 'Sure' sich noch nicht auf die im Kodex als Suren berücksichtigten Texteinheiten bezieht, so gehen doch die 114 Einzeltexte mit hoher Wahrscheinlich auf vorredaktionelle Vorgaben zurück und entsprechen vor allem—evtl. mit Ausnahme der Langen Suren—ganz offenbar bereits vorredaktionellen Formvorstellungen. Vgl. auch T. Nagel (1983), S. 144: "Es gibt . . . Indizien, die darauf hindeuten, daß die Suren als Einheiten des islamischen Offenbarungstextes älter sind als die Versuche, nach Muhammads Tod vollständige Sammlungen des an ihn ergangenen Gotteswortes zu schaffen bzw. daß sich die Sammeltätigkeit weitgehend auf das Zusammentragen von fertigen Texteinheiten—Suren—beschränkte. Das schließt nicht aus, daß auch einige Bruchstücke verarbeitet werden mußten, deren Zugehörigkeit zu einer bestimmten Sure zweifelhaft war".

Das eigentliche Corpus beginnt[92] dann mit einer Buch-Evokation und folgendem islamischen Katechismus: Ḏālika l-kitābu lā rayba fīhi—hudan li-l-muttaqīn/ allaḏīna yuʾminūna usf.; es endet mit einem Text, der wie sein literarisches Vorbild, das Šemaᶜ Yisrael, das Bekenntnis der Einheit in Aussage und emphatischer Sprachgestalt auf die eindringlichst-mögliche Formel gebracht hat: Qul huwa llāhu ʾaḥad.

Bibliographie

Abū Zaid, Naṣr Ḥāmid (1990): Mafhūm an-naṣṣ. Dirāsa fī ᶜulūm al-qurʾān. Kairo.

Assmann, A. u. J., Chr. Hardmeier (Hrsg.) (1983¹, 1993²): Schrift und Gedächtnis. Archäologie der literarischen Kommunikation I. München.

Assmann, Jan (Hrsg.) (1991): Das Fest und das Heilige. Religiöse Kontrapunkte zur Alltagswelt. Gütersloh.

Assmann, Jan (1992): Das kulturelle Gedächtnis. Schrift, Erinnerung und politische Identität in frühen Hochkulturen. München.

Assmann, Jan (1993): Politische Theologie zwischen Ägypten und Israel. München.

Baumstark, Anton (1915): Jüdischer und christlicher Gebetstypus im Koran. In: Der Islam 6, S. 113–148.

Becker, Carl Heinrich (1912): Zur Geschichte des islamischen Kultus. In: Der Islam III. S. 374ff., wiederabgedruckt in: Becker: Islamstudien I. Leipzig 1923.

Birkeland, Harris (1956): The Lord Guideth. Studies on Primitive Islam. Oslo.

Busse, Heribert (1977): Die arabischen Inschriften im und am Felsendom in Jerusalem. In: Das Heilige Land 109.1–2, S. 8–24.

Denny, Frederick M. (1985): Islamic Ritual. Perspectives and Theories. In: Martin (1985a), S. 63–77.

Dohmen, Christoph, Oeming, Manfred (1992): Biblischer Kanon warum und wozu? Freiburg.

Duri, Abdalaziz A. (1989): Jerusalem in the Early Islamic Period. 7th–11th Centuries A.D. In: K.J. Asali (Ed.): Jerusalem in History. Essex, S. 105–125.

Ehlich, Konrad (1983): Text und sprachliches Handeln. Die Entstehung von Texten aus dem Bedürfnis nach Überlieferung. In: A. u. J. Assmann (1983), S. 24–44.

Elbogen, Ismar (1913): Der jüdische Gottesdienst in seiner geschichtlichen Entwicklung. Berlin.

Endress, Gerhard (1982): Die Arabische Schrift. In: W. Fischer (Hrsg.): Grundriß der arabischen Philologie. Wiesbaden. Bd. I.

Goitein, Shlomo Dov (1966a): Studies in Islamic History and Institutions. Leiden.

Goitein, Shlomo Dov (1966b): Prayer in Islam. In: Goitein (1966a) S. 73–84.

Goitein, Shlomo Dov (1966c): Ramadan, the Muslim Month of Fasting. In: Goitein (1966a), S. 90–110.

92 Dies entspricht dem Beginn des Korantextes, wie er in den Nachrichten über den vorkanonischen Kodex des Ibn Masᶜūd reflektiert wird, in dem auch die beiden letzten Suren 113 und 114 nicht vertreten waren, s. A. Jeffery (1937), S. 23.

Goody, J./Watt. I. (1968): The Consequences of Literacy. In: J. Goody (Ed.): Literacy in Traditional Societies. Cambridge. S. 27–68.

Graham, William A. (1983): Islam in the Mirror of Ritual. In: Hovannisian, Richard G., Speros Vryonis (Edd.): Islam's Understanding of Itself. Malibu. S. 53–72.

Graham, William A. (1985): Qurʾān as Spoken Word. An Islamic Contribution to the Understanding of Scripture. In: R.C. Martin (1985a), S. 23–40.

Graham, William A. (1987): Beyond the Written Word. Oral Aspects of Scripture in the History of Religion. Cambridge/Mass.

Hossfeld, Frank-Lothar, Erich Zenger (1993): Die Psalmen I. Würzburg.

Jeffery, Arthur (1937): Materials for the History of the Text of the Qurʾān. The Old Codices. Leiden.

Jeffery, Arthur (1952): The Qurʾān as Scripture. New York.

Kellermann, Andreas (1995): Die "Mündlichkeit" des Koran. Ein forschungsgeschichtliches Problem der Arabistik. In: Beiträge zur Geschichte der Sprachwissenschaft 5, S. 1–33.

Klinghardt, Matthias (1991): "... auf daß du den Feiertag heiligest". Sabbat und Sonntag im antiken Judentum und frühen Christentum. In: J. Assmann (Hrsg.) (1991), S. 206–233.

Lech, Klaus (1979): Geschichte des islamischen Kultus. Rechtshistorische und ḥadīṯ-kritische Untersuchungen zur Entwicklung und Systematik der ʿIbādāt. Bd. I: Das Ramaḍān-Fasten. Wiesbaden.

Martin, Richard C. (Ed.) (1985a): Approaches to Islam in Religious Studies. Arizona.

Martin, Richard C. (1985b): Islam and Religious Studies. An Introductory Essay. In: R.C. Martin (1985a), S. 1–21.

Mittwoch, Eugen (1913): Zur Entstehungsgeschichte des islamischen Gebets und Kultus. Berlin Abh. Pr. Ak. W., Nr. 2.

Muranyi, Miklos (1993): ʿAbd Allāh b. Wahb (125/743–197/812), Al-Ǧāmiʿ. Tafsīr al-Qurʾān (Die Koranexegese). Hrsg. und kommentiert von M.M. Wiesbaden.

Nabhan, Laila (1991): Das Fest des Fastenbrechens (ʿId al-Fiṭr) in Ägypten. Untersuchungen zu theologischen Grundlagen und praktischer Gestaltung. Berlin.

Nagel, Tilman (1983): Vom Qurʾān zur Schrift—Bells Hypothese aus religionsgeschichtlicher Sicht. In: Der Islam 60, S. 143–65.

Neuwirth, Angelika (1977): Einige Bemerkungen zum besonderen sprachlichen und literarischen Charakter des Koran. In: ZDMG Suppl. III. 1, XIX. Deutscher Orientalistentag in Freiburg 1975. Wiesbaden. S. 736–39.

Neuwirth, Angelika (1980): Zur Struktur der Yūsuf-Sure. In: W. Diem, S. Wild (Hrsg.): Studien aus Arabistik und Semitistik Anton Spitaler zum siebzigsten Geburtstag von seinen Schülern überreicht. S. 123–152.

Neuwirth, Angelika (1981a): Zur Komposition der mekkanischen Suren. Berlin.

Neuwirth, Angelika (1981b): Rez. von J. Burton: The Collection of the Qurʾān. In: OLZ 1981.

Neuwirth, Angelika (1987): Koran. In: H. Gätje, Hrsg.: Grundriß der arabischen Philologie II. Wiesbaden. S. 96–135.

Neuwirth, Angelika (1988): Der Koran—Mittelpunkt des Lebens der islamischen Gemeinde. In: R. Hilf (Hrsg.): Weltmacht Islam. München (Bayerische Landeszentrale für politische Bildungsarbeit). S. 69–92.

Neuwirth, Angelika und Karl (1991a): Sūrat al-Fātiḥa. "Eröffnung" des Text-Corpus Koran oder "Introitus" der Gebetsliturgie? In: W. Gross, H. Irsigler, T. Seidl (Hrsg.): Text, Methode und Grammatik. Wolfgang Richter zum 65. Geburtstag. St. Ottilien, S. 331–357.

Neuwirth, Angelika (1991b): Der Horizont der Offenbarung. Zur Relevanz der einleitenden Schwurserien für die Suren der frühmekkanischen Zeit. In: Udo Tworuschka (Hrsg.): Gottes ist der Orient-Gottes ist der Okzident. Festschrift für Abdoldjavad Falaturi zum 65. Geburtstag. Köln. S. 3-39.

Neuwirth, Angelika (1993): Erste Qibla—Fernstes Masǧid?—Jerusalem im Horizont des historischen Muhammad. In: F. Hahn, F.-L. Hossfeld, H. Jorissen, A. Neuwirth (Hrsg.): Zion—Ort der Begegnung. Festschrift für Laurentius Klein zur Vollendung des 65. Lebensjahres. Hain. S. 227-270.

Nöldeke, Theodor (1860): Geschichte des Qorans (GdQ[1]). Leipzig.

Nöldeke, Theodor (1909): Geschichte des Qorans. Bearbeitet von Friedrich Schwally (GdQ[2]). Leipzig, Nachdruck Hildesheim 1961.

Paret, Rudi (1971): Der Koran. Kommentar und Konkordanz. Stuttgart.

Peters, F.E. (1991): The Quest of the Historical Muhammad. In: International Journal for the Middle East 23, S. 291-315.

Radscheit, Matthias (1994): Die koranische Herausforderung (Noch unveröffentlichte Magister-Arbeit. Bonn).

Roesler, Wolfgang (1983): Schriftkultur und Fiktionalität. Zum Funktionswandel der griechischen Literatur von Homer bis Aristoteles. In: A. und J. Assmann, Chr. Hardmeier (Hrsg.) (1983). S. 109-122.

Roff, William R. (1985): Pilgrimage and the History of Religions: Theoretical Approaches to the Hajj. In: C.J. Martin (1985a), S. 78-86.

Rubin, Uri (1987): Morning and Evening Prayers in Early Islam. In: JSAI 10, S. 40-67.

Rubin, Uri (1986): The Kaᶜba. Aspects of Its Ritual Functions and Position in Pre-Islamic and Early Islamic Times. In: JSAI 8, S. 97-131.

Rubin, Uri (1993): The Shrouded Messenger. On the Interpretation of al-muzzammil and al-muddaththir. In: JSAI 16, S. 95-107.

Schoeler, Gregor (1992): Schreiben und Veröffentlichen. Zu Verwendung und Funktion der Schrift in den ersten islamischen Jahrhunderten. In: Der Islam 69.1. S. 1-43.

Versteegh, C.H.M. (1993): Arabic Grammar and Qurᵓanic Exegesis in Early Islam. Leiden.

Wagtendonk, K. (1968): Fasting in the Koran. Leiden.

Wansbrough, John (1977): Quranic Studies. Sources and Methods of Scriptural Interpretation. Oxford.

Watt, W. Montgomery Watt (1970): Bell's Introduction to the Qurᵓān. Edinburgh.

Wellhausen, Julius (1887): Reste Arabischen Heidentums. Gesammelt und erläutert. Berlin. Nachdruck der 2. Aufl. (1897) Berlin 1961.

Wensinck, Jan Arend (1979): Art. "Ḳibla". Ritual and Legal aspects. In: EI[2] V, S. 82f.

Wild, Stefan (1993): Die andere Seite des Textes. Naṣr Ḥāmid Abū Zaid und der Koran. In: Die Welt des Islams 33.2. S. 256-261.

Zahniser, A.H. Mathias (1991): The Word of God and the Apostleship of ᶜĪsā: A Narrative Analysis of Al ᶜImran (3): 33-62. In: Journal of Semitic Studies 36, S. 77-112.

Zahniser, A.H. Mathias (1994): Sura as Guidance and Exhortation: The Composition of Sūratu n-nisāᵓ. In: Humanism. Culture, and Language in the Near East: Studies in Honour of Georg Krotkoff. (Typoskript).

Zobel, Moritz (1936): Das Jahr des Juden in Brauch und Liturgie. Berlin.

OBSERVATIONS ON EARLY QUR᾽AN MANUSCRIPTS IN ṢANʿĀ᾽

GERD-R. PUIN

The plan of Bergsträsser, Jeffery and later Pretzl to prepare a critical edition of the Qur᾽an was not realized, and the collection of variants derived from real old codices failed to survive the bombs of World War II.[1] Many more old manuscripts are accessible now, which would justify a new approach, but no such undertaking is in sight. It is true, unfortunately, that the (scriptural) variants are hardly helpful for a better understanding of much of the text which is still far from being as *mubīn* ("clear") as the Qur᾽an claims to be! Thus, even if a complete collection of variants could be achieved, it will probably not lead to a breakthrough in Qur᾽anic studies. Certainly, though, it will help to reveal the stages of Qur᾽anic (and Arabic) orthography.

An exciting "excavation" of old Qur᾽anic fragments took place in the Yemeni capital of Ṣanʿā᾽ from 1980 onwards[2]. The fragments were discovered in 1972 in the loft of the Great Mosque. Subsequently the (then) *General Authority for Antiquities and Libraries* took care of them in the *Dār al-Makhṭūṭāt*. Meanwhile the many thousand pieces of parchment have been cleaned and identified according to *Muṣḥaf*, *Sūrah* and *Āyah*; at this stage a complete microfilm documen-

---

[1] Information about the ambitious project can be gathered from scattered sources, like Arthur Jeffery: *Materials for the History of the Text of the Qur᾽ān*. Leiden: Brill 1937, p. vii, 3–4 (esp. fn. 6);

Otto Pretzl in: Theodor Nöldeke: *Geschichte des Qorāns. Dritter Teil: Die Geschichte des Korantexts*, von G. Bergsträßer und O. Pretzl. Leipzig 1938 (repr. Hildesheim: Olms 1981), p. 249–251, 274;

Anton Spitaler: *Otto Pretzl, 20. April 1893–28. Oktober 1941. Ein Nachruf*. In: *ZDMG* 96 (1942) 161–170;

A. Fischer: *Grammatisch schwierige Schwur- und Beschwörungsformeln des klassischen Arabisch*. In: *Der Islam* 28 (1948) p. 5–6, fn. 4;

Arthur Jeffery: *The Qur᾽ān as Scripture*. New York 1952, p. 103.

[2] Under the supervision of Albrecht Noth, Hamburg; the present writer was in charge of the scholarly as well as practical organization of the project from 1981 until 1985, when he was succeeded by his collegue H.-C. v. Bothmer for another two years.

tation is needed in order to make the fragments available for study and for the preparation of a catalogue. Unfortunately, the priorities of neither the German sponsor of the restoration project (Ministry of Foreign Affairs) nor of the Yemeni antiquities' administration seem to favour the idea. Hopefully better times will come. Since no complete microfilm documentation is available, the details presented below are left without exact reference to the manuscripts from which they are taken.

Among the fragments of roughly nine hundred different parchment *Muṣḥafs* about ten per cent are written in a peculiar "pre-Kufic" variety of script, *Ḥijāzī* or *Māʾil*. It is this group of manuscripts which was examined in a preliminary way in order to prepare a questionnaire for a more comprehensive investigation. Examples of these observations are recorded here according to the type of deviation from the *Rasm* of the Egyptian standard edition of the Qurʾan. My observations do not claim to be either new or unexpected[3], except for the last paragraph which discusses the different arrangements of the *Sūrahs*.

1. *Defective writing of the Alif* constitutes the most common 'deviation' from the *Rasm* of the printed standard edition. The scriptural appearance of the following examples presupposes an established oral tradition of correct reading, much more than the familiar *Rasm*—which has the *plene Alif*—does:

قلوا	قل	قلت	كنوا	سحر	بصحبكم
qālū	*qāla*	*qālat*	*kānū*	*sāḥir*	*bi-ṣāḥibikum*

The standard *Rasm* اباوكم is easily recognized as *ʾābāʾukum*, whereas ابوكم in the *Ḥijāzī* manuscripts, again, requires the oral tradition for the same pronunciation!—In cases like بلحق *bi-l-ḥaqqi* or كلجواب *ka-l-jawābi* the *Alif* of the article is written defectively, but there can

[3] Cf. especially Theodor Nöldeke: *Geschichte des Qorāns. Dritter Teil: Die Geschichte des Korantexts*, von G. Bergsträßer und O. Pretzl. Leipzig 1938 (or reprint Hildesheim, New York: Olms 1981);

Werner Diem: *Untersuchungen zur frühen Geschichte der arabischen Orthographie*. In: *Orientalia*. Roma. 48 (1979) 207–257; 49 (1980) 67–106; 50 (1981) 332–383; 52 (1983) 357–404.

For a detailed bibliography see Angelika Neuwirth: *Koran*. In: *Grundriß der Arabischen Philologie. Band II: Literaturwissenschaft*, hrsg. von Helmut Gätje. Wiesbaden: Reichert 1987, p. 98–135, *passim*.

be no doubt about the correct reading. Evidently, no orthographic convention was connected with the *Alif al-wiqāyah*, either (راو instead of راوا *raʾaw*). On the other hand, does كالذي *ka-lladhī* imply that the second letter *Yāʾ* should not be pronounced at all?

2. If it is true that the defective writing of the *Alif* is more archaic than the *plene* version, then the same is true for those cases where the *Alif* is written *in lieu of* (Semitic) *Hamzah*: شاى for *shayʾin* (as if *shaʾyin* was intended), ساٮ for *sīʾat*, and even السا for *as-sayyiʾa*.

3. Most of the *canonical 'readings' (Qirāʾāt)* of the Qurʾanic text do not presuppose a different *Rasm*; but although the proportion of the cases which deviate from the standard *Rasm* is relatively low, it is amazing how many of these cases of deviations—in absolute figures —are reported! We can now easily check any variation of the *Rasm* with the accumulated tradition of Muslim scholarship on the *Qirāʾāt* thanks to the eight volume dictionary *Muʿjam al-qirāʾāt al-qurʾāniyyah*[4]. By doing this we discovered that 'our' manuscripts contain many more *Qirāʾāt* than are recorded by the old authorities. These examples may suffice: In 19:62 original لا تسمع *lā tasmaʿ* was later corrected to *lā tasmaʿūna* (instead of usual *lā yasmaʿūna*). Instead of *qul jāʾa l-ḥaqqu* in 34:49 we find قيل جا الحق *qīla jāʾa l-ḥaqqu*. The systems of the seven, ten or 14 *Qirāʾāt* are, consequently, younger than the variants observed in Ṣanʿāʾ.

4. The same is true for the variants in *counting the verses*. Even in the most archaic manuscripts the end of a meaningful portion of the text is marked by dots, strokes, *Alifs*, or similar signs. Many of the separators in the Yemeni manuscripts are placed in positions, however, which are not counted as the "end of a verse" according to the "Kūfan" counting. The Islamic tradition is aware of different regional counting systems, of which Spitaler has compiled a condensed easy-to-handle survey[5]; altogether 21 systems are distin-

---

4 ʿAbd al-ʿĀl Sālim *Makram* (wa-) Aḥmad Mukhtār *ʿUmar* (Iʿdād): *Muʿjam al-qirāʾāt al-Qurʾāniyyah, maʿa maqaddimah fī l-qirāʾāt wa-ashhar al-qurrāʾ*. I–VIII. al-Kuwayt: Dhāt as-Salāsil ¹1402–1405/1982–1985.

5 Anton Spitaler: *Die Verszählung des Koran*. München 1935 (Sitzungsberichte der Bayer. Akad. d. Wissenschaften. Philos.-histor. Abt., Jg. 1935, Heft 11).

guishable, according to his sources. The Ṣanᶜānī early manuscripts in question seem to favour the "Kūfan" counting, but in a substancial number of manuscripts we find no thorough correspondence with any of the other traditional systems. If we compare, e.g., the verse separators/verse counting realized in one archaic manuscript (no. 00–25.1) with the traditional systems of verse counting, the ratio of identical (+) or diverging (–) countings can be summed up as follows:

Baṣra 10 +/5 –, Kūfa 4 +/11 –, Makka 11 +/4 –, Madīna 11 +/4 –.

It is noteworthy that in some of the Ḥijāzī manuscripts the *Basmalas* at the outset of the *Sūras* are always marked by a verse separator. Would these manuscripts reflect the opinion that the *Basmalas* are primordial parts of the Qurʾanic text?

In general the number of separators seems to exceed the number of verses counted, which is clear from contradictory use of separators and markers for groups of five or ten verses. Separators are observed even at places where the Egyptian standard edition has the recitation-mark صلى (*al-waṣlu awlā* "enjambement is preferable")!

5. Two early Qurʾan authorities are reported to have kept their "private" Qurʾan manuscripts which they refused to destroy or harmonize with the official version promoted by the caliph ᶜUthmān: Ibn Masᶜūd and Ubayy b. Kaᶜb. Lists of the *different arrangements of the Sūrahs* in their respective *Musḥafs* have been preserved[6], but until now no such differing arrangement has been traced in a manuscript. The implications of the "validity of these reports" are far reaching and apt to shed some light on the question of what the Qurʾan looked like at the time of, say, the 'Righteous Caliphs'. "But if most of the *sūras* were written down and put into approximately their final form during Muḥammad's lifetime, then there would be no strong reason for rejecting the validity of these reports [i.e. on different arrangements] outright", A.T. Welch[7] connects the two issues of the arrangement and the time of the Qurʾan's composition. Now, since

[6] Jeffery: *Materials* [above, note 1] 20–24; Hans Bauer: *Über die Anordnung der Suren und über die geheimnisvollen Buchstaben im Qoran*. In: *ZDMG* 75 (1921) 1–20; Muḥammad b. Isḥāq an-Nadīm: *The Fihrist of al-Nadīm. A tenth-century survey of Muslim culture*. [Transl. by] Bayard Dodge. I–II. New York, London: Columbia Univ. Pr. 1970, I p. 53–57, 58–61.

[7] Art. *al-Ḳurʾān* in EI² V 407 b.

we do have examples of different arrangements in Ṣanʿāʾ—are we allowed to invert Welch's argument, concluding from their existence that *most of the* Sūrahs *were not written down and put into approximately their final form during Muḥammad's lifetime?*—The Ṣanʿāni specimens are, however, not only proofs for their existence, but allow for the hypothesis that even more arrangements were in use which differed from the official sequence as well as from those reported to go back to the two authorities Ibn Masʿūd and Ubayy:

In one case, the end of *Sūrah* 26 is followed by the beginning of *Sūrah* 37 (on the same page, of course!), which corresponds exactly with the leap reported about Ibn Masʿūd's arrangement—while Ubayy's *Muṣḥaf* is said to have lept from *Sūrah* 27 to 37.—Two other leaps observed, viz. from *Sūrah* 19 → 22 and 36 → 38 are close to the Ubayy list (who has the sequences 11 – 19 – 26 – 22 and 27 – 37 – 38 – 36), while the leap 67 → 71 is somewhat closer to Ibn Masʿūd's codex (49 – 67 – 64 – 63 – 62 – 61 – 72 – 71 – 58), again.—Finally, there are the leaps 72 → 51 and 67 → 83 which are not even remotely reflected in one of the lists. The last three "leaps" are, of course, not of the same importance as the preceding ones, as they are situated in the higher numbers of *Sūrahs* where the placement is rather arbitrary and not as easily determined as with the, say, first fifty *Sūrahs*.

‘IʿǦĀZ AL-QURʾĀN’ IM KORAN?

Matthias Radscheit

—*wa-mā qadarū llāha ḥaqqa qadrihī*—
Sure 6/91

1. *Einleitung*

Die islamische Lehre vom ‘iʿǧāz’—dem Wundercharakter des Korans—besagt, daß der Muḥammad geoffenbarte Koran in inhaltlicher wie in sprachlicher Hinsicht wunderhaft sei und als Bestätigungswunder Muḥammads prophetischen Anspruch beweise.[1] Nicht nur traditionelle muslimische Gelehrte, auch nichtmuslimische Koranforscher führen diese Lehre auf den Koran selber zurück und sind der Ansicht, der Koran bezeichne sich eindeutig als Muḥammads Bestätigungswunder und deute an, worin sein Wundercharakter liege. Zur Unterstützung dieser Auffassung lassen sich zahlreiche koranische Belege anführen, von denen im folgenden auf zwei kurz eingegangen werden soll.

(1) So ist der Begriff ‘āya’—Zeichen, Wunder—als Hinweis auf den Wundercharakter des Korans verstanden worden.[2] Dieser Begriff ist für die ‘iʿǧāz’-Theorie von großer Wichtigkeit, da er die Brücke schlägt zwischen der Idee des Wunders einerseits und dem Koran als Offenbarungstext andererseits: Moses’ Bestätigungs-

---

1 Die folgenden Überlegungen entstammen meiner Magisterarbeit ‘Die koranische Herausforderung’; zur ‘iʿǧāz’-Lehre allgemein s. Ǧalāl ad-Dīn as-Suyūṭī. *al-Itqān fī ʿulūm al-Qurʾān*. Kairo 1370/1951, Bd. 2/116–125; Aleem, Abdul. ‘Iʿjazu ’l-Qurʾān’, in *Islamic Culture* 7 (1933): 64–82, 215–233; Grunebaum, G.E. von. ‘Iʿdjāz’, in EI^{2} 3 (1971): 1018–1020; Grotzfeld, Heinz. ‘Der Begriff der Unnachahmlichkeit des Korans in seiner Entstehung und Fortbildung’, in *Archiv für Begriffsgeschichte* 13/1 (1969): 58–72; Neuwirth, Angelika. ‘Das islamische Dogma der “Unnachahmlichkeit des Korans” in literaturwissenschaftlicher Sicht’, in *Der Islam* 60 (1983): 166–183; dies. ‘Iʿǧāz al-Qurʾān’, in *Grundriß der arabischen Philologie*. Bd. 2, Hrsg. Helmut Gätje, Wiesbaden 1987, 126–128.

2 So etwa von Peter Antes. *Prophetenwunder in der Ašʿarīya bis al-Ġazālī*. Berlin 1970, 22; Bouman, Johan. *Gott und Mensch im Koran*. Darmstadt^{2} 1989, 92 ff; Nagel, Tilman. *Der Koran*. München^{2} 1991, 333 f.

wunder vor Pharao werden im Koran unmißverständlich 'āyāt' genannt, und gleichzeitig scheint 'āya' außer den einzelnen Offenbarungsabschnitt auch den einzelnen Koranvers zu bezeichnen. Aus der Addition beider Bedeutungsbereiche ergibt sich die Gleichsetzung von Koranvers mit Wunderzeichen. Ist diese Rechnung wirklich so eindeutig?

(2) Als 'Kronzeugen' für den Wundercharakter des Korans gelten die sogenannten 'taḥaddī'-Verse. Ein Beispiel dieser Verse ist 17/88:

> Sag: Gesetzt den Fall, die Menschen und die Dschinn tun sich (alle) zusammen, um etwas beizubringen, was diesem Koran gleich(wertig) ist, so werden sie das nicht können. Auch (nicht), wenn sie sich (dabei) helfen würden.

Wie ist dieser Vers zu verstehen? Wird in ihm wirklich zur Nachahmung des Korans aufgerufen, deren Unmöglichkeit behauptet und damit ein Wunderbeweis für Muḥammads Prophetentum postuliert?

Ist die Lehre vom 'iᶜǧāz' also im Korantext selber schon vorgegeben, oder—wenn nicht—wie lassen sich die entsprechenden Belegverse anders deuten?[3] Dieser Frage soll im folgenden durch eine weitgehend koranimmanente Interpretation nachgegangen werden.

2. *Die Gegner des Propheten*

Die 'taḥaddī'-Verse gehören in den Rahmen der koranischen Polemikpassagen, in denen die prophetische Botschaft gegenüber konkurrierenden religiösen Auffassungen abgegrenzt und gerechtfertigt wird. Es ist daher zunächst kurz darauf einzugehen, gegen wen sich die koranische Argumentation richtet.

Seine Gegner lassen sich zwei Kreisen zuordnen, die sich aber nicht in allen Punkten unvermittelt gegenüberstehen, sondern sich in einzelnen Vorstellungsbereichen auch überschneiden. Auf der einen Seite stehen die 'ahl al-kitāb', die Angehörigen der Schriftre-

---

[3] Zu den Versen, die üblicherweise ebenfalls herangezogen werden, um den Wundercharakter der koranischen Sprache zu beweisen, gehören neben 16/103, wo von 'lisān ᶜarabī mubīn' die Rede ist, alle Passagen, in denen dem Propheten vorgehalten wird, er sei 'maǧnūn', 'kāhin', 'sāḥir' oder 'šāᶜir' (z.B. 10/2; 38/4; 15/6; 37/36; 44/14; 52/29; 69/42; 21/5 und öfters). Innerhalb des beschränkten Umfangs dieses Referats muß auf eine Erörterung dieser Belegverse verzichtet werden.

ligionen, zu denen Juden und Christen gezählt werden. Sie werden wegen ihres Erwähltheitsanspruches kritisiert[4]; ihnen wird vorgeworfen, außer Gott auch Esra[5] bzw. Jesus und Maria als Götter verehrt zu haben[6], und ihnen wird vorgehalten, sich nicht ausschließlich an das zu halten, was in ihren Offenbarungstexten—'taurāt' und 'inǧīl'—festgelegt ist.[7]

Auf der anderen Seite argumentiert der Koran gegen die 'mušrikūn'. Es gibt mehrere Hinweise auf deren religiöse Vorstellungen[8]: Sie betrachten Gott (Allāh) als Schöpfer von Himmel und Erde und als ordnende Kraft hinter Sonne und Mond. Er ist es, der den Regen sendet; an ihn wenden sie sich in Momenten höchster Gefahr. Die Gottheiten al-Lāt, al-ʿUzzā und Manāt betrachten sie als 'Töchter' Allāhs, denen die Macht zukommt, Fürsprache für die Menschen einlegen zu können. Aus diesen Punkten ist geschlossen worden, daß die 'mušrikūn' Anhänger eines Hochgottglaubens sind: Als Höchstes Wesen gilt ihnen Allāh, den Kultus leisten sie aber den Untergottheiten, seinen 'Töchtern'.[9]

3. *Das 'āya'-Konzept*

Es sind im wesentlichen zwei Muster, mit denen im Koran gegen die Gegner für die Autorität von Prophet und Botschaft argumentiert wird: das 'āya'-Konzept und die koranische Prophetologie.

---

[4] 2/111; 2/120; 2/135; 5/18; 62/6.

[5] 9/30.

[6] 4/171; 5/17; 5/73; 5/116; 9/30; vgl. Räissänen, Heikki. *Das koranische Jesusbild.* Helsinki 1971, 77–85.

[7] Z.B. 4/46; 5/14 f; 5/41; 5/66 ff; vgl. auch unten Anm. 30.

[8] 23/84–89; 29/61–65; 6/100; 16/57; 37/149; 37/153; 43/16; 52/39; 53/21; 10/18; 39/43; 6/94; 43/86.

[9] Zum Begriff des Hochgottglaubens allgemein s. Holster, W. "Hochgottglaube", in *Die Religion in Geschichte und Gegenwart.* 3. Aufl., Hrsg. Kurt Galling, Bd. 3 (1959) Sp. 374–376; zum Hochgottglauben der arabischen Nomaden s. Henninger, J. "Über religiöse Strukturen nomadischer Gruppen", in *Arabia Sacra.* Göttingen 1981, 34–47; zum Hochgottglauben im Koran s. Watt, William Montgomery. 'The Qurʾān and Belief in a "High God"', in *Der Islam* 56/2 (1979): 205–211.

Ob die koranische Beschreibung der Gegner eine verläßliche Darstellung historischer Glaubensgemeinschaften bietet oder ob sie bloße literarische Fiktion zur Formulierung eines islamischen Selbstverständnisses ist, kann für die vorliegende Erörterung unberücksichtigt bleiben. Für eine Diskussion dieser Frage s. 'Die koranische Herausforderung', 14–27.

Beide Argumentationsstränge sind miteinander verbunden und bilden zusammen die Grundlage zum Verständnis der 'taḥaddī'-Verse.

Der Begriff 'āya' kommt an die vierhundertmal im Koran vor—meist in Zusammenhang mit göttlichen Offenbarungen für die Menschen. Eine Gruppe von 'āya'-Passagen fällt dabei besonders auf: An über dreißig Stellen werden bestimmte Phänomene aus der Natur 'āya/āyāt' genannt.[10] Am häufigsten ist dabei die Erwähnung der Schöpfung von Himmel und Erde, der Verschiedenheit von Tag und Nacht sowie des lebenspendenden Regens. Andere Zeichen liegen z.B. in der Entstehung des Menschen, in Bergen, Flüssen und Sternen sowie allgemein im von Gott gewährten Lebensunterhalt.

Als Zeichen stehen diese Naturphänomene aber nicht für sich, sondern weisen über sich hinaus und deuten auf etwas anderes hin. Sie sind 'Mittel einer nicht-linguistischen Kommunikation'[11]: Gott teilt sich zeichenhaft den Menschen mit; der Part der Menschen liegt in der Entschlüsselung der Botschaft. Was also ist die Bedeutung der Naturzeichen?

Im Koran werden die Naturzeichen auf dreifache Weise ausgedeutet:

a) Aufschlußreich ist 6/76–83; in dieser Passage wird berichtet, wie sich Abraham aufgrund der Betrachtung der Gestirne von den Götzendienern lossagt, um sich ausschließlich dem Schöpfergott zuzuwenden. Entscheidend an seinem religiösen Erlebnis ist die Erkenntnis von der Bedingtheit der von den Vätern verehrten Gestirnsgottheiten und von der alleinigen Macht des Schöpfergottes. Das bedeutet: Abrahams Interpretation der Gestirne geht von der vorausgesetzten Existenz eines Schöpfergottes aus und markiert also

---

10 Zu 'āya' im Koran s. Jeffery, Arthur. *The Foreign Vocabulary of the Qurʾān*. Baroda 1938, 72–73; ders. 'Āya' in EI² 1 (1960): 773–774; Watt, William Montgomery. *Bell's Introduction to the Qurʾān. Completedly revised and enlarged.* Edinburgh 1970, 121–127; die Naturzeichen-Passagen sind 2/164; 3/190; 6/95–96; 7/26; 7/57–58; 10/5–6; 10/67; 12/105; 13/2–4; 16/10–16; 16/65–69; 16/79; 17/12; 20/53–54; 21/30–32; 24/41–46; 26/7–8; 29/44; 30/20–25; 30/37; 30/46; 31/29–31; 36/31–46; 39/52; 40/13; 40/61; 40/79–81; 42/29; 42/32–33; 44/37–39; 45/3–6; 45/12–13; 51/20; 57/17. Daneben gibt es eine Anzahl von Naturzeichen-Passagen, in denen der Begriff 'āya' nicht vorkommt, s. Wansbrough, John. *Quranic Studies*. Oxford 1977, 6.

11 Nach einer Formulierung von Toshihiko Izutsu. *God and Man in the Koran: Semantics of the Koranic Weltanschauung*. Tokyo 1964, 133–139.

nicht den Übergang vom Nicht-Glauben zum Glauben überhaupt, sondern vom Irrglauben—Hochgottglauben—zum wahren Glauben, dem Monotheismus. Auf diesem Hintergrund sind seine Gedanken schlüssig, und es erklärt sich, warum sie im Koran als 'ḥuǧǧa'—Argument—bezeichnet werden: Es ist unvernünftig anzunehmen, daß Gott (Allāh), der alles geschaffen hat, auf der gleichen Stufe steht wie die neben ihm verehrten Gottheiten, die lediglich seine Geschöpfe sind.

b) Mit den Naturzeichen wird zweitens die Botschaft von der Auferstehung verteidigt. Zwei Argumente führt der Koran dazu an[12]: (1) Wenn Gott jeden Menschen hat entstehen lassen, dann ist auch die Annahme einer Neuschöpfung nicht absurd, sondern naheliegend. (2) Ein Hinweis auf eine solche Neuschöpfung liegt im von Gott gesandten Regen, der die Erde wiederbelebt.

c) Die Naturzeichen werden noch auf eine dritte Weise gedeutet: Sie zeigen, daß Gott die Schöpfung zum Wohle des Menschen eingerichtet und sie ihm untertan gemacht hat. Auf diese Deutung weisen die im Zusammenhang mit den Naturzeichenpassagen vorkommenden Begriffe 'manāfiʿ'—Nutzen—und 'rizq'—Lebensunterhalt—hin.[13]

Neben die Naturzeichen treten im Koran die Hinweise auf die früheren Strafgerichte—die 'aiyām Allāh', Gottes Kampftage.[14] Auch sie werden 'āyāt' genannt.[15] Ihre Bedeutung als Zeichen ist unmißverständlich: Gott straft die Frevler, die sich durch seine Gesandten nicht haben mahnen lassen.

Aus dieser Übersicht über das koranische 'āya'-Konzept sind folgende zwei Punkte hervorzuheben:

1. Mit dem Hinweis auf Gottes Zeichen in Natur und Geschichte wendet sich der Koran an die 'mušrikūn'. Ihnen gegenüber argumentiert er mit den Naturzeichen für Gottes alleinige Schöpfermacht, seine Güte und die Auferstehung der Toten, die Straflegenden ergänzen diesen Katalog durch den Hinweis auf Gottes Gericht.

---

12 22/5–7; 75/36–40.

13 16/5 ff; 23/21; 36/73; 40/80; 45/12–13 u.ö.

14 45/14. Zu den Straflegenden s. Horovitz, Josef. *Koranische Untersuchungen*. Berlin–Leipzig 1926, 11–32.

15 34/9; 51/37; vgl. auch 54/17, 22, 32, 40; dazu s.u. S. 8.—Daneben gibt es eine Anzahl Passagen, in denen die Erinnerung an Gottes Strafgerichte in eine Aufzählung der Naturzeichen übergehen oder umgekehrt: 51/20 ff; 53/43 ff; 36/31–46.

Die 'āyāt' enthalten somit 'in nuce' die Botschaft des Monotheismus.[16]

2. Die 'āyāt' dienen der Legitimation Muḥammads und seiner Botschaft. Ihr Bezug auf die Person des Propheten ist dabei indirekt: Sie legitimieren seine Botschaft nicht, indem sie—wie Bestätigungswunder—die persönliche Autorität des Propheten etablieren, sondern umgekehrt weist sich der 'echte' Prophet dadurch aus, daß die Wahrheit seiner Botschaft durch die 'āyāt' überprüfbar ist.

4. *Die koranische Prophetologie*

Das zweite wichtige Argumentationsmuster im Koran ist die Prophetologie, die auf einem klaren Prinzip basiert: Sie entwirft ein Bild des Propheten Muḥammad, das bis in Einzelheiten dem der früheren Propheten angeglichen ist. Indem Muḥammad auf diese Weise mit ihnen in eine Linie gestellt wird, erscheinen die früheren Propheten als seine Vorgänger und umgekehrt Muḥammad als ihr legitimer Nachfolger. Im folgenden sollen kurz die wichtigsten Aspekte der für die Prophetologie zentralen Begriffe 'rasūl', 'nabī', 'kitāb' und 'qurʾān' beleuchtet werden.

Der Koran kennt zwei Prophetentypen, den 'rasūl' und den 'nabī', die sich hinsichtlich ihrer Funktion voneinander unterscheiden.[17] Der Typ des 'rasūl' wird am deutlichsten durch den Gesandten in den Straflegenden repräsentiert.[18] Die Kernaussage

---

[16] Auf die wesentliche Übereinstimmung des koranischen 'āya'-Konzeptes mit dem alttestamentlichen Verständnis von Gottes Zeichen, wie es etwa im 136. Psalm zum Ausdruck kommt, hat schon Tor Andrae. *Die person Muhammeds in lehre und glauben seiner gemeinde*. Stockholm 1918, 93 hingewiesen. Vgl. auch Quell, Gottfried. 'Das Phänomen des Wunders im Alten Testament', in *Verbannung und Heimkehr: Beiträge zur Geschichte und Theologie Israels im 5. und 6. Jahrhundert v. Chr., Wilhelm Rudolf zum 70. Geburtstage*. Hrsg. Arnulf Kuschke, Tübingen 1961, 253–300, bes. 292–293.

[17] Zur Prophetologie im Koran s. Horovitz, op. cit., 32–44; Jeffery, Arthur. 'The Qurʾān as Scripture', in *Muslim World* 40 (1950): 106–134; Wensinck, A.J. 'Muhammed und die Propheten', in *Acta Orientalia* 2 (1924): 168–189; Wansbrough, op. cit., 54.

[18] Das 'rasūl'-Konzept ist nicht auf den engen Kontext der Straflegenden beschränkt. Jeder Gemeinschaft wird ein 'rasūl' gesandt, und aus 16/36 geht hervor, daß er nicht immer nur auf Ablehnung stößt; vgl. 10/47; 13/7; 35/24. Innerhalb der Berichte von Gottes Strafgerichten werden einige Gesandte anonym eingeführt (z.B. 36/13–29; 7/163–166; 25/37–40; 15/80–84), daneben werden sechs von ihnen mit Namen genannt: Noah, Lot, Moses, Hūd, Ṣāliḥ und Šuʿaib. Die

seiner Botschaft, im Koran 'baiyina' genannt[19], ist die Aufforderung zum Monotheismus und die Warnung vor Gottes Strafe.[20] Die Völker, an die sich die Gesandten richten, werden daher auch als Götzendiener charakterisiert.[21] Der Grund, warum Gott aus ihrer Mitte Gesandte beruft, ist das Prinzip der Strafgerechtigkeit. In 26/208–9 heißt es deutlich:

> Wir haben noch keine Stadt zugrunde gehen lassen, ohne daß sie vorher Warner gehabt hätte, ihr zur Mahnung. Wir tun niemand Unrecht.[22]

Zur Unterstützung ihrer Botschaft weisen die Gesandten auf Gottes Zeichen hin;[23] Wunder zur Bestätigung ihrer Sendung sind dagegen nebensächlich, was sich unter anderem schon daran zeigt, daß weder von Noah, noch von Lot, Hūd, Ṣāliḥ und Šu^cLaib Wunder berichtet werden.

Dem 'rasūl' steht der 'nabī' gegenüber. Aufschlußreich für das Verständnis dieses Prophetentypus ist die 'nabī'-Liste in Sure 6.[24] Dort werden 18 Namen aus der biblischen Tradition angeführt, von denen es heißt, sie hätten die 'nubūwa'—das Prophetentum—erhalten. Die genealogischen Beziehungen dieser 'nabīyūn' werden dabei mehrfach betont: Sie gehören alle zu den 'Banū Isrā'īl', von ihnen und ihren Nachkommen wird gesagt, sie seien auserwählt.[25]

Zu den Insignien des 'nabī' gehört der 'kitāb'. Auf die wichtigste Bedeutung, die sich im Koran mit 'kitāb' als Merkmal echten Prophetentums verbindet, hat D. Künstlinger aufmerksam gemacht.[26] Er zeigt, daß zur Grundbedeutung von 'kitāb' die Aspekte 'Dokument, Pakt' gehören. Der 'kitāb' sei daher vor allem als Dokument eines zwischen Gott und seinem erwählten Volk geschlossenen Bundes zu verstehen.

---

drei erstgenannten werden aber auch als 'nabīyūn' bezeichnet, so daß Šu^caib und die beiden 'arabischen Gesandten' Hūd und Ṣāliḥ den 'rasūl'-Typ am deutlichsten repräsentieren.

19 Zu 'baiyina' s. Räissänen. *Das koranische Jesusbild.* 39, 44 ff.

20 Z.B. 21/25; 7/59; 7/65; 7/73; 11/25 f; 11/50; 23/23; 23/32; 26/125 f u.ö.

21 Besonders deutlich ist dies beim Volk Noahs ausgedrückt: 71/23.

22 Vgl. 29/40.

23 7/69; 7/72; 7/74; 7/86; 46/27; 11/59; 28/59; 26/132 ff.

24 6/83–90.

25 6/84; 6/87; 4/54; 57/26; 40/53; 35/32.

26 Künstlinger, David. '"Kitāb" und "ahlu l-kitābi" im Kuran', in *Rocznik Orjentalistyczny* 4 (1926): 238–247, bes. 245.

Dieser enge Bezug: Schrift—Bund zeigt sich im Koran deutlich an der Verbindung der Begriffe 'kitāb'—'mīṯāq'—Verpflichtung, Abkommen—, etwa in den Versen, die vom Bund Gottes mit den Propheten handeln, oder im Zusammenhang mit dem Offenbarungsgeschehen am Berg Sinai.[27] Am Beispiel des mosaischen Bundes zeigt sich, daß der 'kitāb' in erster Linie göttliche Gebote beinhaltet und den Propheten zur Entscheidung in Streitfällen dient.[28] Wer sich auf keinen 'kitāb' stützen kann, befindet sich somit in offensichtlichem Irrtum. Allgemein wird daher der Besitz der Schrift den 'mušrikūn' gegenüber betont, die in keinem Bund mit Gott stehen und keinen 'kitāb' vorweisen können.[29]

Mit jedem Propheten hat Gott den gleichen Bund geschlossen, jeder hat den 'kitāb' erhalten. Die einzelnen Heiligen Schriften, die der Koran erwähnt, gehen auf diesen 'kitāb' zurück, so daß sie im Grunde miteinander identisch sind. Diese Vorstellung ergänzt der Koran aber durch den wichtigen Vorwurf der Verfälschung[30]: Jedesmal, nachdem ein Prophet Gottes Rechtleitung gebracht hatte, wurden seine Anhänger über die Offenbarung uneins, vergaßen Teile aus ihr und entstellten andere. Aufgabe der 'nabīyūn' ist daher, den von Gott mit den Menschen geschlossenen, von diesen aber immer wieder gebrochenen Bund durch den 'kitāb' zu erneuern und zu bestätigen.

Daß die Person Muḥammads beide Prophetentypen miteinander vereint, ist nirgends deutlicher ausgedrückt als in der Formel: 'arrasūl an-nabī al-ummī'.[31] Als 'rasūl' ist er Gesandter Gottes zu den Heiden, die er zum wahren Glauben auffordert; als 'nabī' steht er in der Tradition der biblischen Propheten, mit denen Gott den Bund für seine erwählte Gemeinde bekräftigt. Das vieldiskutierte Adjektiv 'ummī'[32] läßt sich dann deuten als Bindeglied zwischen 'rasūl' und 'nabī'. Es bezieht sich auf 'ummīyūn', womit diejenigen bezeichnet sind, die im Gegensatz zu den 'ahl al-kitāb' in keinem

---

27 3/81; 3/187; 7/169; 7/145; 2/53; 2/63; 2/93; 4/151; vgl. auch 52/1.

28 2/213; 57/25; 5/43–44; 3/23; 4/105; 6/91; 6/154; 16/64; 16/89; 17/2; 40/58; 6/154; 11/17; 16/84; 46/12.

29 9/7; 35/40; 22/8; 68/37; 37/157; 34/44; 46/4; 6/156 f.

30 3/19; 57/26 f; 41/45; 42/14; 98/4; 45/16 f u.ö.

31 7/157; 7/158.

32 Zuletzt—m.E. nicht überzeugend—erörtert von Khalil ʿAthamina. '"An-Nabiyy al-Ummiyy": An Inquiery into the Meaning of a Qurʾanic Verse', in *Der Islam* 69 (1992): 61–80, mit weiteren Literaturangaben.

Bund mit Gott stehen und dessen Gebote nicht kennen. Der 'rasūl an-nabī al-ummī' ist also der zu den Heiden gesandte Prophet, der sie läutert und ihnen den 'kitāb' lehrt.[33]

Zum Verständnis der 'taḥaddī'-Verse ist schließlich auf den Begriff 'qurʾān' einzugehen. Bekanntlich kommt 'qurʾān' im Korantext selber in drei verschiedenen Verwendungsweisen vor[34]: als 'Akt der Rezitation'[35], als 'die gesamte, bis zu einem bestimmten Zeitpunkt auf Muḥammad herabgesandte Offenbarung'[36] und als 'der zu rezitierende einzelne Offenbarungstext'[37]. Zur dritten, letztgenannten Bedeutung sind zwei weiterführende Bemerkungen zu geben: (1) Ein aufschlußreicher Vers ist 10/37, wo es heißt:

> wa-mā kāna hāḏā l-qurʾānu an yuftarā min dūni llāhi wa-lākin taṣdīqa llaḏī baina yadaihi wa-tafṣīla l-kitābi lā raiba fīhi min rabbi l-ᶜālamīna *
> Dieser 'qurʾān' ist doch nicht einfach aus der Luft gegriffen, ohne (daß) Gott (dahinter stünde. Er ist) vielmehr eine Bestätigung dessen, was (an Offenbarung) vor ihm da war. Er setzt die Schrift, an der nicht zu zweifeln ist, (im einzelnen) auseinander (und kommt) vom Herrn der Menschen in aller Welt.

Wenn 'qurʾān' hier 'tafṣīl al-kitāb' genannt wird, ist damit also ganz offensichtlich ein Text gemeint, der die Schrift darlegt und erläutert.

(2) In etlichen Versen läßt sich der Begriff 'qurʾān' inhaltlich enger umreißen als vorzutragender Offenbarungstext, der die 'āyāt' —Gottes Zeichen in Natur und Geschichte—entsprechend dem 'kitāb' ausdeutet. Das zeigt sich z.B. an der Gruppe der 'fawātiḥ'-Suren: Auf die eröffnenden Buchstaben-Siglen folgen fast immer Verse, die von 'qurʾān' und 'kitāb' handeln.[38] Darüber hinaus hat schon Bāqillānī die Beobachtung gemacht, daß in so gut wie allen

---

[33] Vgl. 62/2; 33/40.

[34] Zum folgenden s. Graham, William 'The Earliest Meaning of "Qurʾān"', in *Die Welt des Islams* 23–24 (1984): 361–377, bes. 369; vgl. ders. 'Qurʾān as Spoken Word', in Richard C. Martin (Hrsg.) *Approaches to Islam in Religious Studies*. Tucson 1985, 23–40.

[35] Z.B. 17/78; 75/16–18; 20/114; 73/4; 28/85; 25/30.

[36] Z.B. 2/185; 9/111.—Es ist klar, daß sich 'qurʾān' wegen dieser kollektivischen Verwendungsweise als Eigenname für die Zusammenstellung der Offenbarungstexte im 'muṣḥaf', dem schriftlich fixierten Kodex, durchsetzen konnte.

[37] Z.B. 73/20; 84/21; 7/204; 16/98; 17/107; vgl. auch Horovitz, op. cit., 74 f.

[38] Zu den 'fawātiḥ' s. Neuwirth, Angelika. 'Koran', in *Grundriß der arabischen Philologie*. a.a.O., 105.

dieser Einleitungspassagen eine Verbindung zu den 'āyāt' gezogen wird.[39] Deutlich ist dies zu Beginn von Sure 41:

> ḥm * tanzīlun mina r-raḥmāni r-raḥīmi * kitābun fuṣṣilat āyātuhū qur'ānan ʿarabīyan li-qaumin yaʿlamūna *
> (1) ḥm (2) (Es ist als Offenbarung) herabgesandt (und kommt) vom barmherzigen und gnädigen (Gott), (3) eine Schrift, deren Zeichen (im einzelnen) auseinandergesetzt sind, (herabgesandt) als ein arabischer Koran, für Leute, die Bescheid wissen.

Auch in 10/15 ist dieser Bezug ausgedrückt:

> wa-idā tutlā ʿalaihim āyātunā baiyinātin qāla lladīna lā yarǧūna liqā'anā 'ti bi-qur'ānin ġairi hādā au baddilhu *
> Und wenn ihnen unsere Zeichen als klare Botschaft vorgetragen werden, sagen diejenigen, die nicht damit rechnen, uns (am Tage des Gerichts) zu begegnen: 'Bring uns einen 'qur'ān', der anders ist als dieser, oder ändere ihn ab.'

5. *Die 'taḥaddī'-Verse*

Es gibt fünf Passagen, die man die 'taḥaddī'-Verse im engeren Sinn nennen kann.[40] Neben den eingangs angeführten Vers 88 aus Sure 17, in dem Menschen und ǧinn aufgefordert werden, etwas beizubringen, das 'diesem qur'ān' gleich ist, tritt die Forderung von 2/23 und 10/38, eine ihm gleiche 'sūra' vorzubringen. In 11/13 werden zehn 'suwar' gefordert und in 52/34 ein 'ḥadīṯ'—Bericht, Verkündigung.

Wenn auch die Etymologie von 'sūra' nicht völlig geklärt sein mag[41], so geht aus der häufigen Zusammenstellung des Begriffes mit dem Verb 'nazzala'—herabsenden—hervor, daß mit 'sūra' eine Offenbarungseinheit gemeint ist. Sie enthält 'klare Zeichen'—āyāt baiyināt—[42], ruft zum Glauben an Gott und zum Gehorsam gegen den Gesandten auf[43] oder betrifft Fragen des Kampfes gegen die

---

[39] Abū Bakr Muḥammad b. aṭ-Ṭaiyib al-Bāqillānī. *Iʿǧāz al-Qur'ān*. Ed. Aḥmad Ṣaqr, Kairo 1963, 9, Z. 16 ff.

[40] Darüber hinaus gibt es weitere rhetorische Fragen und Aufforderungen an die Gegner; s. z.B. 2/94–95; 62/6–8; 38/9–10; 52/32 ff; 55/33.

[41] Vgl. Nöldeke, Theodor. *Geschichte des Qorāns*. bearbeitet von Friedrich Schwally, Bd. 1, Leipzig 1909, 30 f; Buhl, Franz. 'Sūra', in *EI*[1] 5 (1938): 606–607; Jeffery, *Foreign Vocabulary*. a.a.O., 180 ff.

[42] 24/1.

[43] 9/86.

Ungläubigen.[44] Daß 'sūra' teilweise gleichbedeutend mit 'qur'ān' ist, zeigt sich nicht zuletzt an der 'taḥaddī'-Passage 10/37–38, wo sich die Aufforderung: fa-'tū bi-sūratin miṯlihī—So bringt eine 'sūra' vor, die ihm gleicht!—auf den zuvor erwähnten 'qur'ān' bezieht.

Deutet man die 'taḥaddī'-Verse auf dem Hintergrund des 'āya'-Konzepts, ergibt sich eine, in ihrer Beweiskraft den 'mušrikūn' gegenüber zwingende Deutung: Daß mit 'qur'ān' auch eine Textpassage gemeint sein kann, die die Zeichen Gottes dem 'kitāb' entsprechend erläutert, wurde im letzten Kapitel gezeigt. Nimmt man an, daß 'sūra' und 'ḥadīṯ' in den 'taḥaddī'-Versen in etwa gleichbedeutend mit 'qur'ān' verwendet werden, wird klar, worin die Aufforderung besteht, der die 'mušrikūn' nicht nachkommen *können*: In den 'āya'-Passagen deutet der Koran genau die Eigenschaften, die die Heiden dem von ihnen verehrten Hochgott Allāh zuschreiben, als Zeichen für die alleinige Macht des transzendenten Gottes aus. Der Grundgedanke dieser koranischen Argumentation kommt in der rhetorischen Frage zum Ausdruck: 'a-fa-man yaḫluqu ka-man lā yaḫluqu'—Ist denn einer, der erschafft, gleich dem, der nicht erschafft?[45] Die Logik dieser Argumentation ist es, der die Heiden nichts entgegenzusetzen haben—selbst wenn sich Menschen und ǧinn zusammenschlössen.

Die 'taḥaddī'-Verse behaupten also nicht, der Koran sei das Bestätigungswunder Muḥammads, geschweige denn, daß sie die Unnachahmlichkeit der koranischen Sprache postulieren. Sie weisen vielmehr auf die Unwiderlegbarkeit der prophetischen Botschaft vom Bund Gottes mit den Menschen hin. Das aber bedeutet letztlich: Hinter den 'taḥaddī'-Versen steht eine Argumentationsweise, die im Rahmen der koranischen Prophetologie nicht auf Muḥammad beschränkt ist, sondern im Prinzip jedem Propheten (nabī) der 'ahl al-kitāb' den 'mušrikūn' gegenüber zugeschrieben werden kann. Die 'taḥaddī'-Verse drücken also nicht den Anspruch auf Einzigartigkeit der an Muḥammad ergangenen Offenbarung aus, sie charakterisieren im Gegenteil die Botschaft des prophetischen Typus des 'rasūl an-nabī al-ummī'.

---

[44] 47/20.
[45] 16/17.

THE COMMERCE OF ESCHATOLOGY

Andrew Rippin

Eschatology plays a major role in the Qurʾān. The events leading up to and taking place on the "last day"[1] feature prominently in many of the *sūras* of the text. Certainly these texts may be read as simply giving details of what will transpire on the last day, that is, they are texts which reflect the reality of God's plan for creation. But underlying these descriptions, it may be argued, are more significant points. These relate, for one, to a philosophy of history, and, for another, to an orientation for *this*-worldly life. Eschatology reveals that history has a terminus, that existence is not merely a never-ending drifting through time, but that it culminates in an event. Compared to the Book of Daniel in the Hebrew Bible and the Book of Revelation in the New Testament, the Qurʾān is less emphatic on this definitive moment than is its forerunners. The apocalyptic sense—while present in the Qurʾān by implication in the stories of the prophets of the past and the destruction of communities who have erred—is not strong in the Qurʾān. It has been suggested that among the reasons for this is the absence of the concept of original sin and subsequent redemption. Consequently, the day of judgement is not the goal of creation in the Qurʾān as such: it remains an unspecified time in the future. This highlights the autonomous action of God such that the focus of his message becomes the enactment of the human response and not his resolution of creation.[2]

A central teaching of the Near Eastern monotheist tradition is that

---

[1] Just what the word "eschatology" (and its sometimes-related term "apocalypse") means has created a great deal of debate in scholarly-theological literature. Here I simply take it to mean "end times". Precisely what one might think those "times" are the "end" of, and what might lie "beyond" them, is subject to discussion.

[2] Abdoljavad Falatūri, "Experience of time and history in Islam", in Annemarie Schimmel, A. Falatūri (eds), *We believe in one God. The experience of God in Christianity and Islam* (New York, 1979), 67. Also see Jacques Berque, "The expression of historicity in the Koran", in George N. Atiyeh, Ibrahim M. Oweiss, *Arab civilization: challenges and responses. Studies in honour of Constantine K. Zurayk* (Albany, NY, 1988), 74–81.

we are, as individuals, responsible for our fate both in this world and the next. The empowering and explanatory power of this myth—existing in the face of human despair and alienation, yet allowing us as individuals to attempt to strive for a better world—makes the point an important one and the way in which this is conveyed within the textual traditions of the religions is of profound significance. Just as transactions in this world have implications, so too do they have implications in the next world. But the point would seem to be more, for the symbolism in which the mythic images are couched, conveys an ethic for practice also.[3] For example, one stress might be said to fall, symbolically, on fairness: God deals with us fairly, we should deal with our fellow humans fairly. In this, too, is suggested an element of personal responsibility in that the symbolism not only makes the reader aware of a dimension of life beyond the mundane and her responsibility towards it, but also of the significance of this life as a reflection of the divine realm.

It is the second element, the effect that eschatology has on worldly life, that is worthy of special attention. To anticipate the argument of this paper, the impact of the eschatological symbolism resounds within a vocabulary of worldly life. In eschatological symbolism, terms relating to mundane human activities predominate. Embedded in that vocabulary are the perpetual terms of human relations and human existence. The symbolism of eschatology is partially derived from the image of the foundations of a moral, flourishing society; the symbolism resolves the seeming iniquities of life as it is actually lived (in which evil seems to prosper) by reflecting a divinely-ruled society in which evil gets its proper "reward".

At least three realms of symbolism interplay in the language of the eschaton in the Qurʾān. The divine judge sits in judgement over three loci: the urban world, the natural world and the individual human life. The judge presides over an urban setting, creating, in moral terms, the City of God and destroying the city of humanity. Streets and houses are full of commerce in both places, although the moral gap between the two is gargantuan. The judge also sits in

[3] For the background on what is presupposed in speaking of "myth" and "symbolism", see for example Paul Ricoeur, *The symbolism of evil* (Boston, 1969), and the development of Ricoeur's ideas in André Lacocque, "Apocalyptic symbolism: a Ricoeurian hermeneutical approach", *Biblical research* 26(1981), 6–15; also Mohammed Arkoun, "Introduction", in his *Lectures du Coran* (Paris, 1982).

judgement over the natural world, based around agriculture where flourishing fields become an attribute of the justice of God's control. Finally, the basic experiences of human life, including fundamental elements of basic human needs, of sex and, ultimately, of death, provide the most immediate images in which the tensions are resolved under God's hand. In this paper, I will explore the interpretation of the urban context of eschatology as that specifically manifests itself in "commercial" terms; only a few suggestions will be made for directions of study in the other dimensions.

C.C. Torrey's *The Commercial-theological terms in the Koran*[4] provides a thorough survey of the following words and their use in the Qurʾān, examined under the following headings:[5]

mathematical terms: *ḥisāb*, reckoning, account (also God as reckoner, *al-ḥasīb*); *aḥṣā*, to number, count;

weights and measures: *wazana*, to weigh; *mīzān*, balance, scales;[6] *thaqula*, to weigh heavy; *mithqāl*, weight;

payments and wages: *jazā*, to recompense, reward; *thawwaba*, to reward; *thawāb*, reward; *waffā*, to pay in full; *ajr*, wage, reward; *kasaba*, to earn;[7]

loss and fraud: *khasira*, to suffer a loss, to be lost;[8] *bakhasa*, to defraud, to diminish; *ẓalama*, to wrong, to do evil; *alata*, to defraud; *naqaṣa*, to diminish;

buying and selling: *sharā*, *ishtarā*, to buy, to sell, to barter;[9] *bāʿa*, to sell; *tijāra*, commerce;[10] *thaman*, price, cost, value; *rabiḥa*, to profit;

---

4 Leiden, 1892.

5 Torrey, 8, sets the words up in chart form suggesting some correlations between words although he does not use this interlinking structure as a part of his argument.

6 T. Sabbagh, *Le métaphore dans le Coran* (Paris, 1943) also isolated some of these commercial terms in the Qurʾān. He lists most of them within his framework "Social life: sedentary life: terms relating to commerce". Sabbagh's work is valuable for its gathering together of metaphorical usages and it provides a good basis for further analysis but it does not provide a meaningful framework for the analysis. He classifies the words according to their "literal" meanings and does not consider the contexts in which the words are used or the fields of their metaphorical application. His work is essentially culled from the many Arabic sources which deal with the topic and which, for our purposes here, do not provide a necessary framework of analysis either. For *mīzān*, see Sabbagh, 212, # 368.

7 Sabbagh, 215, # 377.

8 Sabbagh, 216, # 378.

9 Sabbagh, 214, # 373.

10 Sabbagh, 213, # 371.

loans and security: *qarḍ*, loan (often with *aqraḍa*, to loan);[11] *aslafa*, to have paid in advance; *raḥīn*, a security, something pledged.[12]

Torrey suggested that these words form a cluster of terms derived from commercial applications which have taken on theological overtones in the Qurʾān. His selection of the terms was somewhat arbitrary, in the sense that it is not apparent how he defined the semantic range of "commerce" which dictated the scope of his attention to the metaphorical application of the words. Nor did he justify why commercial terms should be separated from judicial terms, for example, for this investigation. His main justification for the study was that "Mohammed's idea of God, as shown us in the Koran, is in its main features a somewhat magnified picture of a Mekkan merchant. It could hardly have been otherwise."[13] Torrey, it may be said, assumed a mercantile background of Muḥammad and Mecca, and then found evidence for that in the Qurʾān.[14]

Such is the predominate paradigm of Euro-American studies of the Qurʾān: the notion is promulgated, in good philological fashion, that an analysis of the language used in the text can lead to a reconstruction of history surrounding its creation. The model of the "commercial environment" of Mecca and Medina as explaining the rise of Islam and as testified to in the vocabulary of the Qurʾān comprises one of the prime examples of this approach and is one of its most persistent. Torrey's 1892 dissertation put the material together in a consistent and rigorous fashion for the first time. The full implications of the ideas underlying his work were developed later in works by Henri Lammens, Maxime Rodinson and William

---

11 Sabbagh, 214, # 374.

12 Sabbagh, 215, # 376.

13 *Commercial-theological terms*, 15.

14 Another element of Torrey's argument that justifies his abstraction of these particular terms is his assertion that "the mathematical accounting on the judgement day is alien to Judaism and Christianity." (*Commercial-theological terms*, 14) This statement may well have reflected the state of research at the turn of the century but no longer can that position be maintained. Torrey himself notes (17, n. 3) that he had been informed that the picture of a balance being used at the final judgement was to be found in Egyptian religion. That, it is now well known, represents only the tip of the iceberg in terms of the extent to which it may now be claimed that the Qurʾān shares in a Near Eastern mythic universe of judgement day symbolism. For a classic statement of this "mythic universe" in elements stretching well beyond the judgement day alone, see Morton Smith, "The common theology of the Ancient Near East", *Journal of Biblical literature* 71(1952), 135–47.

Montgomery Watt, among many others.[15] Kenneth Cragg summarizes the general sentiment: "[Mecca's] genius for trade and high finance dominates the imagery of the Scripture."[16]

The work of Watt provides a good illustration of the techniques employed in scholarship along with an occasion for consideration of some of the critiques which they have aroused in scholarly circles. Watt reads the ideology of the Qurʾān in a way that allows him to perceive a society in the throes of the impact of capitalism being challenged by a prophet of social justice. He makes a case for this picture despite the absence of evidence for certain central elements which might normally be expected (for example, details such as the means and mode of production, or the existence of a social system with a significant élite resultant from the presence of concentrated capital). The picture, Watt's critics suggest, results from an imposition of a 20th century ideology which demands that certain elements in the construction of a picture of society must be present (even if they remain unmentioned in the source material) in order for the situation to cohere in a "natural" way. Watt's "natural" sense of the world around him, the historian's sense that things "must have been" a certain way, is argued by his critics to have affected his perception and the analysis.[17]

Patricia Crone's *Meccan trade and the rise of Islam*[18] points out—in

---

15 See, for example, W. Montgomery Watt, *Muhammad's Mecca. History in the Quran* (Edinburgh, 1988), 40, where he specifically cites Torrey.

16 Kenneth Cragg, *The event of the Qurʾān. Islam in its scripture* (London, 1971), 98. Cragg continues: "though, strangely, the word *tājir* (merchant) does not figure in the Qurʾān, and *tijārah* (merchandise) only on nine occasions, commerce is the central theme in the life it mirrors and in the vocabulary by which it speaks." (98) The list of unexpected exceptions goes on impressively, but not sufficiently to make Cragg question the presupposition. More recent work continues the same tendency, for example Róbert Simon, *Meccan trade and Islam: problems of origin and structure* (Budapest, 1989); see the review of this book by J. Wansbrough in *BSOAS* 53(1990), 510-1.

17 Robert Irwin expresses this nicely in a review of Patricia Crone's *Meccan trade and the rise of Islam* in *(The London) Times literary supplement*, Sept. 11-17, 1987, 990: "First she [Crone] demonstrates that the relators of *hadiths* in the eighth and later centuries thought that the Meccans traded not in spices, but in leather. Second . . . [the nature of the *hadiths* suggest] that the men who told the *hadiths* about Meccan commerce had no better sources of information about it than we have today. Leather seemed plausible to them, as spices seemed plausible to Lammens." Plausibility, like coherence, is a principle of historical reconstruction but notions of what is plausible vary over time, as Irwin suggests.

18 Princeton, 1987.

a manner which certainly has not satisfied everyone—the vague details provided for this model by the Arab historical texts. Arguing that the view provided in the classical Greek texts of a flourishing trade through Arabia speaks of a situation some 600 years prior to the rise of Islam, Crone suggests that the later Muslim writers have been read rather imaginatively through the filters of this earlier period. When the texts are read for what they say, rather than what is assumed, she says, "... such information as we have leaves no doubt that [the Meccans'] imports were the necessities and petty luxuries that the inhabitants of Arabia have always had to procure from the fringes of the Fertile Crescent and elsewhere, not the luxury goods with which Lammens would have them equip themselves abroad."[19] The Meccans traded, certainly, but mainly within the confines of their own area and in response to their basic needs and not for "the commercial appetites of the surrounding empires".[20] Crone does not pursue the issue of the Qurʾānic commercial terminology nor does she explain how this element, which forms a part of the overall argument of scholars such as Watt, is to be understood.[21]

The cluster of words which Torrey terms "commercial-theological" is employed in three contexts in the Qurʾān: in speaking about the prophets of the past, in legislating the Muslim community, and in descriptions of eschatology. This may be illustrated with the example of the image of the "balance" (*mīzān*),[22] as in the state-

---

[19] Crone, *Meccan trade*, 150–1. It is noteworthy that the body of early Arab poetry—whether genuinely pre-Islamic or not—does not provide testimony to this commercial environment. See the comments of F.E. Peters, "The quest of the historical Muhammad", *IJMES* 23(1991), 292, where he suggests that the poetry "testifies to a quite different culture".

[20] Crone, *Meccan trade*, 151. The same sentiment is echoed in F.E. Peters, "The Commerce of Mecca before Islam" in F. Kazemi, R. D. McChesney (eds), *A way prepared. Essays on Islamic Culture in honor of Richard Bayly Winder* (New York, 1988), 3–26, (see esp. 4) and in his *Muhammad and the Origins of Islam* (Albany, NY, 1994) although Peters' reconstruction of the rise of Islam is substantially different from that of Crone.

[21] Methodologically, Crone does make one interesting remark which relates to the issues at stake here. "... the Koran speaks at length about the miraculous navigability of the sea" (*Meccan trade*, 5, an observation which Crone credits to W.W. Barthold, "Der Koran und das Meer", *ZDMG* 83 [1929], 37–43) and this is odd, since Muḥammad is never reported to have gone near the sea. The point is that historical reconstruction cannot always depend on the imagery employed in a religious text such as the Qurʾān.

[22] See E. Wiedermann, "*Mīzān*", *EI*^{2}, for the balance's role in Muslim economic and scientific history.

ment "fill up the measure and the balance with justice" (*wa-awfū 'l-kayl waʾl-mīzān biʾl-qisṭ*[23]) and variations on that phraseology.

> Q. 11/84–6: And to Midian, their brother Shuʿayb, who said, 'O my people, serve God! You have no god other than He. And diminish not the measure and the balance. I see you are prospering and I fear for you the chastisement of an encompassing day. O my people, fill up the measure and the balance justly, and do not diminish the goods of the people in the land, working corruption. God's remainder is better for you, if you are believers. And I am not guardian over you.'[24]

The stories of the prophets of the past frequently employ these words.[25]

The vocabulary also finds its place in passages of a legal nature addressed to the contemporary believing audience.

> Q. 6/151–2: Say: 'Come, I will recite what your Lord has forbidden you. . . . And fill up the measure and the balance with justice.'

However, the use of this image predominates in eschatological passages which thereby echo both of these aspects of language: that of the past (the time of the ancient prophets) and that of the present (the present community).

> Q. 21/47: And We shall set up the just balances for the Resurrection day, so that not one soul shall be wronged anything.[26]

A second example of the use of these "commercial-theological" terms in the three contexts may be seen in the concept *ajr / ujūr*, "wage(s)".[27]

---

23 Q. 6/152; on *qisṭ* see Arthur Jeffery, *The foreign vocabulary of the Quran* (Baroda, 1938), 237–8; also note the use of *qisṭās* (see *Foreign vocabulary*, 238–9) in similar phrases: Q. 17/35 within a contemporary situation; Q. 26/182 referring to Shuʿayb.

24 Also see Q. 7/83. Translations are based on A.J. Arberry, *The Koran interpreted* (London, 1955), but have been modified where desirable. Verses numbers follow the Cairo text.

25 See John Wansbrough, *Quranic studies: sources and methods of scriptural interpretation* (Oxford, 1977), 24–5, for examples of what he terms elements of the "standard diatribe" of prophets which is Pentateuchal in origin. Among the Biblical prophetic developments of the motif, see, for example, Jeremiah 7/5–6: "Mend your ways and your doings, deal fairly with one another, do not oppress the alien, the orphan, and the widow, shed no innocent blood in this place, do not run after other gods to your own ruin."

26 Other passages which use the idea of a balance on the judgement day include Q. 7/7–8, 23/102–3, 101/6–8 and perhaps 42/17, 55/7, 57/25; *wazana* is also used verbally in all three contexts.

27 See J. Schacht, "*Adjr*", *EI*², for the use of this word in juristic contexts.

> Q. 11/51: 'O my people, I [Hūd] do not ask of you a wage for this; my wage falls only upon Him that did originate me; will you not understand?'[28]

An episode in the story of Moses provides another usage:

> Q. 28/25–6: [When Moses arrived in Midian, he helped two women by drawing water for them.] Then came one of the two women to him, walking modestly, and said, 'My father invites thee, that he may recompense thee with the wage of thy drawing water for us.' So when he came to him and had related to him the story, he said, 'Be not afraid; thou hast escaped from the people of the evildoers.' Said one of the two women, 'Father, hire him; surely the best man thou canst hire is one strong and trusty.'

In terms of passages relating to regulations of the Muslim community, Q. 4/24–5, 5/5, 33/50 and 60/10 all use *ujūr* in reference to marriage in the sense of dower, *mahr*; the use in Q. 65/6 in reference to paying "wages" to a woman during her period of *ʿidda* for suckling would appear to be a purely commercial exchange (and from here stem the juristic implications that *ujūr* come when "under contract").

The eschatological use of "wage" abound: "Their wage awaits them with their Lord" and variations on that phrase occur five times in *sūra* 2 alone (Q. 2/62, 112, 262, 274, 277).

Overall, it is important to note that, while the narratives of the past and the legal provisions of the present are not framed as eschatology,[29] within the context of the Qurʾān they cannot be read apart from that setting. Put together, these passages emphasize that the social dimensions of human existence transcend time: the imagery of life flows from the historical "past" to the eschatological "future". The past and the present become blended, symbolically, in the eschatological "future". Put another way, one may suggest that the eschaton is identified with the past and the present: the Edenic vision of a life of justice and equality can exist, the Qurʾān says, through an implementation of the will of God as that is expressed in terms of fundamental justice and symbolized in the eschatological trials. Past, present and future are blended in a realistic vision of nostalgia and optimism. The perfect society is trans-historical.

---

[28] Also see the story of Noah in Q. 11/29 and in the sequence of prophet stories in Q. 26/109–180 where the same phrase occurs 5 times.

[29] Note Q. 55/7 which explicitly blends present and future.

In eschatological symbolism we see the employment of terms relating to fundamental human activities which occur throughout history. The symbolism here is not just a reflection of the state of affairs at the time of revelation. Rather, it provides the perpetual terms of human relations expressed as future hopes which have been practised in the past and should be implemented in the present.[30] That this need not reflect—in fact, may well be quite distant from—historical "reality" would, in fact, seem to be the point. This is confirmed by the observation that the Qurʾān shares these terminological usages with the general urban imagery employed in religious literature of the monotheistic Near Eastern world.[31] "The wages of sin is death," says Paul in the *Epistle to the Romans*. The vision of the moral society, symbolized in eschatology, is a constant religious motif.

The use of "commercial-theological" terminology does not encompass the entire dimension of the urban context within the symbolism of eschatology. Roads, houses, and buildings may also be isolated as illustrations of the point. While the Qurʾānic imagery does not focus on the creation of the ideal city as the Biblical tradition does with the city of Zion,[32] the individual elements would seem to collect in a similar manner.

---

[30] These conclusions are based, in part, on scholarly considerations of the meaning and significance, in theological terms, of eschatology and apocalypticism in general. See for example, John J. Collins, *The apocalyptic imagination. An introduction to the Jewish matrix of Christianity* (New York, 1984) who speaks of apocalypses as "ways of affirming transcendent values" (214) and who says "the value of these imaginative ventures cannot be assessed by a correspondence theory of truth, but only by evaluating the actions and attitudes which they supported" (215) and "apocalyptic language is *commissive* in character: it commits us to a view of the world for the sake of the actions and attitudes that are entailed." (215). Also see his "Patterns of eschatology at Qumran", in B. Halpern, J. D. Levenson (eds), *Traditions in transformation. Turning points in Biblical faith* (Winona Lake, IN, 1981), 351–75: "the eschatology of Qumran is, like wisdom, an attempt to find order and structure in the world" (375); "it is also an affirmation of an alternative order which is eclipsed in the present, but is already experienced by the elect community and will be fully manifest in the future." (375)

[31] Tor Andrae, *Les origines de l'Islam et le Christianisme* (Paris, 1955) (= translation of *Der Ursprung des Islams und des Christentum* [Uppsala, 1926]), 186; Tor Andrae, *Mohammed: the man and his faith* (New York, 1960), 86; Wayne Meeks, *The first urban Christians: the social world of the Apostle Paul* (New Haven, 1983), 66–7: such terminology is used to describe aspects of the relationship between apostle and congregation and used metaphorically to make theological statements. J. Duncan M. Derrett, *Jesus's audience: the soical and psychological environment in which he worked* (London, 1973), 73–81, for a more literal-historical interpretation.

[32] See the treatment of Zion in Donald E. Gowan, *Eschatology in the Old Testament* (Philadelphia, 1986).

Furthermore, the realms of eschatological symbolism stretch well beyond the urban into the agricultural. One of the most famous images in the Qurʾān is that of the garden.[33] Adam and Eve commence creation in a garden. The present day earthly garden becomes a symbol of the rewards of God, and the garden is the setting of the rewards of the hereafter, gardens in which rivers flow full of water (and other fluids). The vision of the perfect and flourishing agricultural setting reaches its fulfillment in the new creation at the end of time directly under the controlling hand of God.[34]

The images of the basic functions of human life also play their role in eschatology, revealing their final meaning: eating, sex and death are all intimately linking in the resolution of human existence on both the mundane and the divine planes. To cite a fairly prominent example, suffering and death are the features of hell; the negative aspects of this-worldly life become the main attributes of hell, the place which is to be avoided. Likewise, the "sensual" picture of heaven does not necessarily convey, as a historical-critical perspective might suggest, a bedouin's vision of a perfect society of wine, women and poetry, but a rather more fundamental appreciation of ideal human nature as the monotheistic tradition conceives it.

Here too, then, we may observe the way in which the past, present and future blend: once again, social dimensions of existence transcend time, imagery flows from "past" to "future" such that the idealized past and the ideal present become the eschatological future. Not all eschatological symbolism focuses on the morality of human life, notice, but all relates to the general conditions of human life.

As was suggested above, the symbolism of eschatology is partially derived from the image of the foundations of a moral and flourishing society; the symbolism resolves the seeming iniquities of life as it is actually lived—the presence of suffering and injustice as basic facts—by reflecting a divinely-ruled society in which evil gets its proper "reward". The symbolism gives "a higher meaning to history by relating it to transcendental mythic patterns".[35] The Edenic

---

33 See Thomas J. O'Shaughnessy, "Notions associated with the Qurʾānic paradise", in his *Eschatological themes in the Qurʾān* (Manila, 1986), 76–88.

34 See Arne A. Ambros, "Gestaltung und Funktionen der Biosphäre im Koran", *ZMG* 140(1990), 290–325, for a discussion of the full range of vocabulary which would need attention here for a complete treatment of this topic.

35 Bernard McGinn, "Revelation", in Robert Alter, Frank Kermode (eds), *The Literary Guide to the Bible* (Cambridge, MA, 1987), 527.

myth of the ideal society plays its role by formulating a terminus of history which fully implements the constraints of justice.

Our understanding of the Qurʾān in this manner cannot rest here, however, for our interests naturally stray to how Muslims understood this imagery in the development of Islam. Only a few general suggestions can be made here. The genius of Muslim interpretation of the Qurʾān was to situate the ideal society not only in the period of the "Garden of Eden" and the time of the patriarchs, but also in the time of Muḥammad. This was accomplished through historicization of eschatological imagery. In reflecting upon the text of the Qurʾān, the Muslim legal establishment conceptualized the Islamic *umma*, and specifically the place of human relations within that community, through a process of the historicization of the symbolism of eschatology which both produced and was supported by the interpretational framework of the Qurʾān within the historical context of Mecca and the life of Muḥammad.[36] The reading of symbolism in terms of a historical and legal vocabulary created the framework for the community. The juridical accomplishment was precisely to see that the principles which lay behind the eschatological drama were the ones which should motivate Islamic society in the here and now. The historicization of the symbolism of eschatology produced a vision of the perfect world which was within the grasp of Muslims individually. Specifically, in envisioning the time of Muḥammad as a period of God's rule, as a time of the true implementation of the divine law, as a time of the achievement of a utopia, the eschatological longing was transformed from the future to the past and, by implication, brought potentially into the present. Understanding the processes by which this was accomplished—the hermeneutical perspective—remains the task of scholarship if the desire is to comprehend the way in which elements of Muslim culture became truly Islamic. At the same time, however, an indication is provided of the extent to which caution is needed in reading the Qurʾān: the historical contextualization of the text, I am suggesting, is a product of later Muslim readings tailored towards particular ideological ends.[37]

---

[36] John Wansbrough, *The sectarian milieu: content and composition of Islamic salvation history* (Oxford, 1978), 144–8, contains some valuable and provocative suggestions for investigations along this line.

[37] For a fuller treatment of the symbolism of eschatology in the Qurʾān and its implications, see my forthcoming work, *Reading the Qurʾān* (Princeton: Darwin Press).

"WE HAVE SENT DOWN TO THEE THE BOOK WITH THE TRUTH ..."

Spatial and temporal implications of the Qurʾanic concepts of nuzūl, tanzīl, and ʾinzāl

STEFAN WILD

The importance of the Qurʾan for Muslims and Islam is tantamount to the importance of the person of Jesus Christ for Christians and Christianity. It has been rightly observed that the Christian concept of incarnation corresponds to what one might call "illibration" in Islam.[1] In Christianity, the divine *logos* becomes man. In Islam, God's word becomes text, a text to be recited in Arabic and to be read as an Arabic book. One can go even further and compare the Christian dogma that Christ was born of the virgin Mary with the Muslim concept of the *ʾummiyya* of the prophet Muhammad. There was no human father for Jesus, and there was no written text taken down by man which might have influenced the prophet Muhammad. Anselm of Canterbury asked with scholastic audacity the famous question *Cur Deus Homo?*—"Why did God become Man?" This approach finds its parallel in Muslim theology, which investigated the *ʾasbāb an-nuzūl*, a term which is usually translated as the "reasons of revelation." The word *nuzūl* is not Qurʾanic, but the concepts of "coming down" and "sending down" are vital for a correct understanding of the Qurʾanic hermeneutics of God's speaking to man. The translation "revelation" for the Arabic word *nuzūl* is as inevitable as it is problematic. The Christian term "revelation" (Latin *revelatio*, Greek *apokalypsis*) is a metaphor meaning something like "unveiling"; the word "epiphany" (*epiphaneia*) means "becoming visible, manifestation."[2] God unveils himself as it were, to become visible and audible for mankind, to reveal Himself. This concept is foreign to the Qurʾan and to Islam.

Neither the Qurʾan nor Muslim theology ever calls God's speak-

---

[1] See Harry Wolfson, *The Philosophy of Kalam*, in Annemarie Schimmel, *Mystische Dimensionen des Islam. Die Geschichte des Sufitums*, München 1993, 50.

[2] Cf. Siegfried Wiedenhofer s.v. "Offenbarung," in P. Eicher, ed., *Neues Handbuch theologischer Grundbegriffe*, vol. 4, München 1991, 98–115.

ing to mankind a "revelation." The Arabic verbs *ʾauḥā*, *ʾalhama* and the nouns *waḥy* and *ʾilhām*, which are in fact used in the Qurʾanic text, have totally different connotations. It is generally assumed that *ʾilhām* is the act of God addressing an individual, conveying a message which is meant for the individual, whereas *waḥy* may be an individual message as well but is said to be meant for mankind in general, or at least for a greater number of recipients.[3] The *waḥy*-concepts in its Qurʾanic and extra-Qurʾanic usage has been admirably described and analyzed by Toshihiko Izutsu[4] and Naṣr Abū Zaid,[5] and we need not go into it here. It has to be kept in mind, however, that whereas *waḥy* may ocasionally also be used for interhuman communication, *tanzīl* and *ʾinzāl* are never used in this way but are reserved for divine communication with man.[6] The more neutral verb *ʾatā bi-*, "to bring", *qaṣṣa* "to relate" may in connection with the divine word be used for a human and a superhuman agent.[7]

The most frequent Qurʾanic words describing what Christianity called "revelation" are all derived from the verbal root *nzl*, either from *nzl* I "to descend, to come down" (infinitive: *nuzūl*) or from the derived stems *nzl* II and *nzl* IV "to send down" (infinitives: *tanzīl* and *ʾinzāl*)[8]. The infinitive *tanzīl* designates moreover not only the action but also the result of this process, God's word, e.g. in the verses which in a headline-like fashion preceed some suras (39, 1;

---

[3] Cf. EI, 2nd ed., s.v. *Ilhām*.

[4] Toshihiko Izutsu, "Revelation as a Linguistic Concept in Islam" in *Studies in Medieval Thought, Journal of the Japanese Society of Medieval Philosophy*, vol. 5 (1962) and id., *God and Man in the Koran. Semantics of the Koranic Weltanschauung*, Tokyo 1964, where an updated version of the article is the basis of chapter VII "Communicative Relation between God and Man (II)—Linguistic Communication," pp. 150ff.

[5] Naṣr Ḥāmid Abū Zaid, *Mafhūm an-naṣṣ. Dirāsa fī ʿulūm al-qurʾān*, Cairo 1990, 35–65. Cf. Stefan Wild, "Die andere Seite des Textes: Naṣr Ḥāmid Abū Zaid und der Koran" in *WI* 33 (1993) 256–61 and Navid Kermani, "Die Affäre Abū Zayd. Eine Kritik am religiösen Diskurs und ihre Folgen" in: *Orient* 35 (1994) 25–49.

[6] Izutsu, *God and Man*, 153. Only blasphemically, al-Naḍr b. al-Ḥārith, one of the "satans" of the Quraish can challenge the Prophet by saying "I shall send down the like of what God sent down" (b. Hishām, *Sīra* I 300, 16).

[7] *ʾatā bi-* occurs in all five *taḥaddī*-verses (sura 2, 23; 10, 38; 11, 13; 17, 88; 52, 34) in which the Qurʾan challenges its audience to "bring a discourse like it", cf. Matthias Radscheit, *Die koranische Herausforderung*, M.A. thesis. Bonn 1994 passim. For *qaṣṣa* cf. footnote 23.

[8] Related and much rarer is *nzl* V. Gabriel addresses the Prophet in sura 19, 64: We come not down save at the commandment of thy Lord (*mā natanazzalu ʾillā bi-ʾamri rabbika*).

40, 2; 41, 2; 45, 2; 46, 2). These verbal forms occur with most nouns designating the revealed text: *kitāb* (passim), *qurʾān* (sura 76, 23), *sūra* (sura 47, 20), *ʾāya*, *ʾāyāt* (sura 2, 97), *dhikr* (sura 15, 9), *furqān* (sura 3, 4), *ʾamr allāh* (sura 65, 5), *ḥikma* (sura 2, 231), and *bayyināt*, *hudā* (sura 2, 159)[9]. They are also regularly used for pre-Islamic revelations: *taurāh* (sura 3, 93) *ʾinjīl* (sura 3, 3). A special case is the sending down of God's light (*nūr*, sura 7, 157; 64, 8) and of God's *sakīna* (sura 9, 40[10]). These terms are also used in the Qurʾan for and by pre-Islamic religions, e.g., Jewish and Christian revelation. Waraqa b. Nawfal explains to the Prophet that the latter's visions are "the namūs which God sent down on Mūsā" (*hādhā n-namūsu lladhī nazzala llāhu ʿalā Mūsā*)[11]. According to Ibn Isḥāq and his traditions, *nzl* IV belonged to the vocabulary of the Arabic-speaking Jews at the time of the Prophet. Sukayn and ʿAdī b. Zayd told the Prophet: "We do not know that God sent anything down to a human being after the death of Mūsā" (*mā naʿlamu ʾanna llāha ʾanzala ʿalā basharin min shayʾin baʿda Mūsā* Ibn Hisham, K. I 562, 18) but this is probably not more than an exgetical allusion to sura 46, 30: *ʾinnā samiʿnā kitāban ʿunzila min baʿdi Mūsā.*[12] In the Qurʾan, the unbelievers aks: "Why has a sign (*ʾāya*) not been sent down upon him from his Lord?" (sura 13, 7) The ultimate denial of prophethood is to say: "God has not sent down anything" (sura 67, 9: *mā nazzala llāhu min shayʾin*).

These are not isolated terms, but they form a cluster of interdependent and overlapping expressions. The notions connected

---

9 The Qurʾan never uses *nzl* in connection with *waḥy*; but the Hadith lets ʿĀʾisha exclaim: *la-qad raʾaytuhu yanzilu ʿalayhi l-waḥyu fī l-yaumi l-shadīdi l-bard* ... I watched the Prophet when on a very cold day *waḥy* came down on him (Bukhārī, *Ṣaḥīḥ*, *Badʾ al-waḥy* 2).

10 Ḥassān b. Thābit says in a verse alluding to sura 9, 40: *fa-ʾanzala rabbi li-n-nabiyyi junūdahū / wa-ʾayyadahū bi-n-naṣri fī kulli mashhadin* (*Dīwān* ⟨ed. H. Hirschfeld⟩ Leyden/London 1910, XLV 4) "And my Lord sent down His hosts to the Prophet and supported him by His help in every place of battle", and ʿĀmir b. al-Akwaʿ prays in a *rajaz*-poem while leading the Prophet's camel: *fa-ʾanzilan sakīnatan ʿalaynā* "send Thy sakina down upon us" (Ibn Saʿd, *Ṭabaqāt*, Leyden 1904–40, III ii 80, cf. O. Farroukh, *Das Bild des Frühislams* cf. footnote 21, 76).

11 Bukhārī, *Ṣaḥīḥ*, *Bāb badʾ al-waḥy*, 3. In Ibn Hishām's parallel account *Sīra* I 237 *namūs* is generally taken to stand for the angel Gabriel.

12 But compare the Jewish sarcastic remark, when Muhammad had lost a camel: "Muhammad claims that word comes to him from heaven and he does not even know where his camel is" (*yazʿumu Muḥammadun ʾannahū yaʾtīhi khabaru s-samāʾi wa-huwa lā yadrī ʾayna nāqatuhū* Ibn Hishām K., I, 527, 14).

with the root *nzl* and its derivatives form an important intertextual Qurʾanic continuum. As far as I can see, they have never been analysed properly in their importance for the Qurʾanic concept of God's speaking to man. The concepts of *nuzūl*, *tanzīl*, and *ʾinzāl* structure the Qurʾanic space of revelation, they are intimately linked to the time(s) of revelation, and they finally lead up to a specific causality of revelation. The concepts of *nuzūl*, *tanzīl*, etc. are at the very heart of the divine origin of Islamic religion: "Without this initial act on the part of God, there could be no religion in the Islamic sense of the word[13]". This essay is not concerned with a possible pre-Qurʾanic history of these terms or notions.[14] It proceeds from the Qurʾan as it was taken by Muslim creed and scholarship from a very early time: as a complete text, to be recited and to be read, a cosmos in itself with a definite order of things and an order of words, verses and suras, a divine guidance, supremely meaningful and eternal. It proceeds from what Mohammed Arkoun has called *le fait coranique*. This Qurʾanic text was thought to have been shaped by a miraculously balanced unity.[15] As such a recitation and as such a text, the Qurʾan shaped and permeated Arabic and Islamic culture. And taken in this perspective, questions of scriptural pre-history are irrelevant.

A further incentive to devote systematic study to the Qurʾanic terminology of revelation is the fact that the Qurʾan is the most metatextual, most self-referential holy text known in the history of world religions. There is no other holy text which would refer so often to its own textual nature and reflect so constantly and pervasively its own divine origin.

---

13 Izutsu, *God and Man*, 127.

14 Ḥassān b. Thābit uses the idea that a verse or a poem comes down from heaven in his verse *wa-qāfiyatin ʾajjat bi-laylin razīnatin / talaqqaytu min jawwi s-samāʾi nuzūlahā* (many a well made poem resounded through the night, which I received coming down from the air of the sky), (*Diwan*, ed. Hirschfeld, London 1910 = ʿAbdarrahman al-Barquqi, ed., *Sharḥ dīwān Ḥassān Ibn Thābit*, 3rd ed., Beirut 1983, 391). Cf. I. Goldziher, *Abhandlungen zur arabischen Philologie* I, 3, and Izutsu, *God and Man*, 171. It may not be a coincidence that Hassan's very next verse in the same qasida evokes the qurʾanic *ʾiʿjāz*: *yarāhā lladhī lā yanṭuqu sh-shiʿra ʿindahū / wa-yaʿjizu ʿan amthālihā ʾan yaqūlahā* (the one who does not speak poetry sees it and is unable to say something similar).

15 This miraculous balance was called *tanāsub*, *munāsaba*, or *iʾtilāf*. cf. as-Suyūṭīs work *Tanāsuq ad-durar fi tanāsub as-suwar*, inexplicably changed by its editor to *Tartīb suwar al-qurʾān* (ed. al-Sayyid al-Jumaylī, Cairo 1986).

1. *The space of* nuzūl, tanzīl, *and* ʾinzāl

The terms *nuzūl*, *tanzīl*, and *ʾinzāl* only make sense in a space in which there is an above and a below. God sends a verse, a sura, the whole of the Qurʾan *down*, because God is in heaven and the Prophet together with mankind is on earth. This concept is dear to Judaism, Christianity, and Islam. When God speaks to the prophets, they try to come closer to God by ascending a mountain. A ladder can help climb closer to God. Muhammad received his first revelation in a cave in the *mountainous* area al-Ḥirāʾ near Mecca. God's word is spoken from above, but more exactly His word is sent down, and then moves on its own as it were: *wa-bi-l-ḥaqqi ʾanzalnāhu wa-bi-l-ḥaqqi nazal* (sura 17, 105): "With the truth We have sent it down and with the truth it has come down."[16] God Himself is, therefore, never the subject of *nuzūl*, at least not in the Qurʾan.[17] In the Hadith, however, *nuzūl* is sometimes attributed to God. He moves down from a higher to a lower region in Heaven, to the *samāʾ ad-dunyā*.[18] Lexicographers, however, warned: *wa-n-nuzūlu wa-ṣ-ṣuʿūdu wa-l-ḥarakatu wa-s-sukūnu min ṣifāti l-ajsāmi wa-llāhu ʿazza wa-jalla yataʿālā ʿan dhālika wa-yataqaddasu. wa-l-murādu bihī nuzūlu r-raḥmati wa-l-alṭāfi l-ilāhiyyati wa-qurbihā mina l-ʿibādi* ("Descending and ascending, movement and stability belong to the descriptions of the bodies. God—exalted is He—is sublime above that. What is meant by this is the 'coming down' of the compassion and the divine grace and their closeness to mankind").[19]

God rules over heaven and earth, but he rules from heaven. *Man bi-s-samāʾ*, "He who is in heaven" (sura 67, 16f.) stands for God.[20]

---

16 E.g. *jaʿala l-qurʾānu yanzilu fī Quraishin bi-ʾaḥdāthihim* b. Hishām, *Sīra* K. I 354, -3 "The Qurʾan began to come down concerning the wickedness of the Quraish."

17 In sura 26, 192f., the subject is *tanzīl*, with which the Faithful Spirit as a mediator comes down (*wa-ʾinnahu la-tanzīlu rabbi l-ʿālamīn / nazal bihī r-rūḥu l-ʾamīn*). In sura 16, 102, the agent of *tanzīl* is the Holy Spirit (*nazzalahu rūḥu l-qudusi min rabbika bi-l-ḥaqqi*). In Genesis, God is made to come down (11:5 etc.).

18 This "lower heaven" is a Qurʾanic concept, connected to the seven heavens (sura 41, 12); cf. Heinrich Speyer, *Die biblischen Erzählungen im Qoran*, Hildesheim 1962, 11ff. "Die Erschaffung des Himmels"; but only in a Hadith, not in the Qurʾan do we find a sentence like: *ʾinna llāha taʿālā yanzilu kulla laylatin ʾilā s-samāʾi d-dunyā*.

19 Ibn Manẓūr, *Lisān al-ʿarab* s.v. nzl.

20 Sura 43, 84 ("And it is He who in heaven is God and on earth is God") seems to be the only exception. In early Islamic poetry we also find for God the cir-

Rabb as-samawāt is a frequent Qurʾanic name of God, whereas *ʾilāhu s-samāʾi* is not Qurʾanic and seems to occur in early Medinan poetry.[21] And the origin of the religions which prior to Islam came from heaven foreshadowing Islam can be localised in heaven and they are therefore called in later usage *al-ʾadyān as-samāwiyya*, "the heavenly religions."

The Qurʾan does not differentiate *as-samāʾ* or *as-samāwāt* in a spiritual sense from a physical reality; neither did other holy books or other religions. And the distinction which in contemporary English can be made between "heaven" and "sky" is definitely modern. *As-samāʾ* and *as-samāwāt* mean both, in this respect they correspond to the German word "Himmel," or the French "ciel," which mean both "heaven" and "sky". The act of creation implies the "raising up" of the heavens: "God is He who raised up the Heavens without pillars you can see" (sura 13, 2 *allāhu lladhī rafaʿa s-samāwāti bi-ghayri ʿamadin tarawnahā*). God says to Jesus: "I will take thee to me and will raise thee to me" (sura 3, 55 *yā ʿĪsā, ʾinnī mutawaffīka wa-rāfiʿuka ʾilayya*). The notion of up and down permeates the whole process of God's history of speaking to and acting with mankind.

The most frequent use of *nzl* IV in the Qurʾan, next to God's sending down his word, occurs with words denoting "rain"[22]: "He sent down out of heaven water" (sura 2, 22 *wa-ʾanzala mina s-samāʾi māʾan fa-ʾakhraja bihī mina th-thamarāti rizqan lakum*). This is a proof of God's care for mankind "wherewith He brought forth fruits for your provision." Sometimes this is also God's punishment: sura

---

cumlocution *alladhī fawqa s-samāwāt* "He who is above heaven" (Hassan b. Thabit, *Dīwān* ⟨ed. H. Hirschfeld⟩, Leyden–London 1910, XCI 1). According to Omar A. Farrukh the plural *samawāt* is in "Classical early Islamic poetry extremely rare" (p. 32 cf. Footnote 21).

21 The leader of the delegation of the Banū Muzayna to the Prophet is made to recite: *ʾataytu fa-dīnī l-yauma dīnu Muḥammadin / ʾilāhu s-samāʾi l-majīdu l-mutafaḍḍilu* "I have come; for my religion is today Muhammad's religion. The God of heaven is the glorious one, the merciful one" quoted according to Omar A. Farrukh, *Das Bild des Frühislam in der arabischen Dichtung von der Higra bis zum Tode ʿUmars 1–23 D.H. / 622–644 n. Chr.*, Leipzig o.J., 15 and 78.

22 Cf. al-Zamakhsharī's juxtaposition in the remark quoted in footnote 29. This was a pre-Islamic concept as can be seen in pre-Islamic poetry: *saqā r-Raḥmānu Hazma Nubaʿyiatin / mina l-Jawzāʾi ʾanwāʾan ghizāran* "May ar-Rahman make drink H.N. (place name) plentiful rain coming from the Orion" (J. Wellhausen ⟨ed.⟩, *Skizzen und Vorarbeiten* I *Die Lieder der Hudailiten*, Berlin 1884 nr. 165, 6: al-Burayq b. ʿIyād).

24, 43 *wa-yunazzilu mina s-samāʾi min jibālin fīhā min baradin fa-yuṣību bihī man yashāʾu wa-yaṣrifuhū ʿan man yashāʾu* ("And He sends down out of heaven mountains, wherein is hail so that He smites whom He will with it and turns it aside from whom He will"). Both the rain and God's word are a "sign" (*ʾāya*). And *ʾāya* means a sign of God's care for mankind and a verse of the Qurʾan. "And We sent down out of Heaven water blessed" (sura 50, 9 *wa-nazzalnā mina s-samāʾi māʾan mubārakan fa-ʾanbatnā bihī jannātin wa-ḥabba l-ḥaṣīd*) shows this double connotation: God sends down His word as He sends down blessed water. This connection between life-giving water and life-giving word is also constantly present in the Qurʾanic text. The heaven from which rain is sent down is the same as the one from which God's word is sent down. *As-samāʾ* is metaphorically used for "rain" in sura 71, 11. God has acted in history by sending down "manna and quails" (sura 20, 80), *rizq* (sura 45, 5), He may be asked to send down a treasure (*kanz*, sura 11, 12). But God acts principally in history by sending down his angels, messengers, and prophets or even divinely inspired human inventions: "Indeed, We sent Our messengers with the clear signs, and We sent down with them the Book and the Balance, so that man might uphold justice. And we sent down iron, wherein there is great might ..." (sura 57, 25: *la-qad ʾarsalnā rusulanā bi-l-bayyynināti wa-ʾanzalnā maʿahumu l-kitāba wa-l-mīzāna li-yaqūma n-nāsu bi-l-qisṭi wa-ʾanzalnā l-ḥadīda fīhi baʾsun shadīdun wa-manāfiʿu li-n-nāsi* ...). God also sends down his *sakīna* (sura 9, 26), his authority (*sulṭān*): sura 3, 151; 6, 81; 7, 33; 22, 71; etc.). The word *sulṭān* seems to be the only instance where the object sent down is an abstract noun; in connection with *sulṭān*, the verb is usually negative, *mā lam yunazzil bihī sulṭānan*, etc. In extra-Qurʾanic terminology, the object of sending down and the subject of coming down may also be a *qiṣṣa*.[23]

The localisation of God in the upper world and man in the lower world is powerfully present in the fixed order of the world which is reflected in a fixed order of words: *as-samāwāt wa-l-ʾarḍ*, "heaven and earth", mentioned more than a hundred times in the Qurʾanic text in this order.[24] This echoes the *ha-shamayim we-ha-areẓ* of Genesis,

[23] Cf. *Sīrat Ibn Hishām* (Cairo) I 541, 5 and above fn. 7. The subject of the verb *qaṣṣa* in connection with Qurʾanic passages is in Ibn Hishām's *Sīra* frequently the prophet (I 564, 6; 571, 14).

[24] To these more than one hundred examples there are few exceptions. In sura

the *ouranos kai gē* of the New Testament, the *samu u erṣêtu(m)* of early Mesopotamian cosmology, it is in short a truly "Abrahamite," Semitic and even pre-Semitic concept.[25] The word *as-samāwāt* occurs only very rarely in the Qurʾanic text outside this expression. As far as I can see, this order of concepts and words has, most probably via the biblical tradition, been adopted in all European languages. In this structure, *as-samāwāt wa-l-ʾarḍ* means meristically the whole created world, the universe, and only rarely do we find the addition: *wa-mā baynahumā* ("and all that is between them," e.g., sura 5, 18) or *wa-mā fīhinna* ("and all what is in them" sura 5, 120). This cosmological horizon is inextricably interwoven with the downward movement of *nuzūl*, *tanzīl*, and *ʾinzāl*.

The fact that God's word is sent down, its being God's *tanzīl* or *ʾinzāl*, is its protection. Because of this, it cannot be confounded with other mantic speech, with "the speech of a poet" or "the speech of a soothsayer," which could also claim to be *tanzīl*.[26] God's word is *tanzīlun min rabbi l-ʿālamīn*, "a sending down from the Lord of all being" (sura 69, 41–43), whereas the agent of the poetic *tanzīl* was the *shayṭān*.[27]

Before the divine word is sent down by God's decree, it has some-

---

14, 48, eschatology disrupts the order of things; cf. also sura 35, 40; 46, 4. Another exception is the beginning of sura 20: the Qurʾan is sent down *tanzīlan mimman khalaqa l-ʾarḍa wa-s-samāwāti l-ʿulā* (sura 20, 4) only to proceed in verse 6: *lahū mā fī s-samāwāti wa-mā fī l-ʾarḍi wa-mā baynahumā wa-mā taḥta th-tharā*. This reversal of the normal word order seems to be due to the fact that this is the one instance where a rhyming adjective (*al-ʿulā*) is added to the word *as-samāwāt*. Theologians discussed the question of whether certain Qurʾanic verses seemed to imply that God created earth before heaven. Cf. Muḥammad Shaltūt, *al-Fatāwā*, 9th ed., Cairo 1978, *Ḫalq as-samāwāt wa-l-arḍ*, p. 424ff.

[25] Cf. the Arabic expressions *al-layl wa-n-nahār* and *al-yawm wa-l-layla*, and *ash-shams wa-l-qamar* which mirror different cosmological concepts of order (A. Fischer, *"Tag und Nacht" im Arabischen und die semitischen Tagesberechnungen*, in Abh. d. Phil. Hist. Kl. der Königl. Sächs. Ges. der Wissensch., XXVII, No. XXI, Leipzig 1909. D.O. Edzard kindly drew my attention to Sumerian *an-ki*, "heaven (and) earth" (letter of 4 March 1994) and to Thorkild Jacobsen, The Harps that Once . . . 1987, p. 388, footnote 3: "The Sumerian phrase translated 'world' means literally 'within heaven and earth' and refers to the space between them for which English has no convenient term."

[26] Cf. John Wansbrough, *Quranic Studies. Sources and Methods of Scriptural Interpretation*, Oxford 1974, 59.

[27] See in this connection Michael Zwettler, "A Mantic Manifesto: The Sura of 'the Poets' and the Qurʾanic Foundations of Prophetic Authority," in James L. Kugel, (ed.), *Poetry and Prophecy. The Beginnings of a Literary Tradition*, Ithaca and London 1990, 75–119.

thing like a resting place: "a glorious Qurʾan in a guarded tablet", *fī lauḥin maḥfūẓ* (sura 85, 21–22). The dialectical relationship between the recited *qurʾān* and the written *kitāb*—carefully analyzed by e.g. A. Jeffery, Tilman Nagel[28] and William A. Graham[29]—is already present in what might be called the divine pre-history of the Qurʾanic text. God's word refers to a written pre-text, and this written text records God's speech, even before it is sent down. A different concept of something like an "Urschrift" can be found in sura 43, 3f.: "We have made it an Arabic *Qurʾan*; haply you will understand; and behold it is the Essence of the Book (*ʾummu l-kitāb*) with Us" (*ʾinnā jaʿalnāhu qurʾānan ʿarabiyyan laʿallakum taʿqilūn / wa-ʾinnahū fī ʾummi l-kitābi ladaynā la-ʿaliyyun ḥakīm*). Naṣr Ḥāmid Abū Zaid has argued that this divine pre-history of the text defies human scholarship.[30] The human mind cannot and should not try to penetrate what is in every respect beyond human reason. This argument introduces a modern understanding of what scholarship can do and what not and implicitly calls for a modern hermeneutical methodology.

Later Muslim theology and piety introduced further spatial dimensions derived from the concept of *ʾinzāl* and *tanzīl*: some verses of the Qurʾanic text with a special importance came directly from God's throne, which implied that others did not.[31] The terms came at a very early period to be the most frequent words used for God's speaking to mankind—even in a hostile context like Abū Miḥjan's verse *ʾa-lā saqqinī yā ṣāḥi khamran fa-ʾinnanī / bi-mā ʾanzala r-raḥmānu fī l-khamri ʿālimun* "My friend, let me drink wine—and I know well what al-Rahman has sent down concerning wine".[32]

---

28 Arthur Jeffery, *The Qurʾān as Scripture*, New York 1952; Tilman Nagel, "Vom 'Qurʾan' zur 'Schrift'—Bells Hypothese aus religionsgeschichtlicher Sicht," in *Der Islam* 60 (1983) 143–65.

29 William A. Graham, *Beyond the Written Word. Oral Aspects of Scripture in the History of Religion*, Cambridge 1987, 79ff.

30 *Mafhūm an-Naṣṣ*, 30.

31 A tradition ascribed to ʿAlī b. a. Ṭālib says: "The fātiḥa came down in Mecca from a treasure under the throne" (*nazalat fātiḥatu l-kitābi bi-Makkata min kanzin taḥta l-ʿarshi*, Nīsabūrī, *Asbāb an-nuzūl* 11, –5; al-Suyūṭī, *ʾItqān* I, 110, 2). Four and only four verses were revealed from the treasure of the throne: sura 1, the throne-verse, the end of sura 2, and sura 108. Others held that these verses had not been revealed to any other prophet before Muhammad, they were not to be found on the *ṣuḥuf* of Ibrāhīm or Mūsā and therefore were in a way more specifically Islamic than the rest of the Qurʾan (as-Suyūṭī, *ʾItqān*, I, 110, –4).

32 *Dīwān* a. Miḥjan (ed. Landberg) Leiden 1886, 68.

2. *The mediation of* tanzīl *and* ʾinzāl

The agent of *tanzīl* and *ʾinzāl* is in most of the Qurʾanic contexts God. God causes by *tanzīl* and *ʾinzāl* the *nuzūl* of an *ʾāya*, of a *sūra* and of a *qurʾān*. For the three "heavenly religions", direct and unmediated contact between a human being and the deity is dangerous, can even be deadly. This is expressly stated in the Qurʾan: "It belongs not to any mortal that God should speak to him, except by revelation, or from behind a veil, or that He should send a messenger and reveal whatever He will by His leave" (sura 42, 51: *wa-mā kāna li-basharin ʾan yukallimahū llāhu ʾillā waḥyan ʾaw min warāʾi ḥijābin ʾaw yursila rasūlan fa-yūḥiya bi-ʾidhnihī mā yashāʾu*). God's sending down His word spreads fear, it would shatter the natural world: "If We had sent down this Koran upon a mountain, thou wouldst have seen it humbled, split asunder out of the fear of God" (sura 59, 21: *law ʾanzalnā hādhā l-qurʾāna ʿalā jabalin la-raʾaytahū khāshiʿan mutaṣaddiʿan min khashyati llāhi*). God usually does not address mankind directly but via a messenger. Only Moses seems to be an exception (sura 4, 164). The best-known mediator, according to the Qurʾanic text is the angel Gabriel (sura 2, 97f). God sends the angel down to the Prophet Muhammad, the angel sends down God's word into the Prophet's heart. The Qurʾan avoids any undesirable identification of God's *tanzīl* with Gabriel's *tanzīl* by expressly conditioning the latter with the words *bi-ʾidhni llāhi* (*nazzalahū ʿalā qalbika bi-ʾidhni llāhi*, sura 2, 97).[33]

God's word as sent down to the prophet Muhammad is sent down in time but not at a time. Muhammad's enemies ask themselves and indirectly the Prophet: "Why has the Qurʾan not been sent down upon him all at once?" (*lawlā nuzzila ʿalaihi l-qurʾānu jumlatan wāḥidatan*, sura 25, 32). Later theologians called this spreading of the times of revelation *tanjīm as-suwar*[34] and asked again, why the Qurʾan in

---

[33] In later times, Gabriel was also seen as the messenger who brought down the sunna (*warada ʾanna Jibrīla kāna yanzilu bi-s-sunnati kamā yanzilu bi-l-qurʾān*) cf. as-Suyūṭī, *al-ʾItqān fī ʿulūm al-qurʾān*, ed. Muḥammad Abū l-Faḍl Ibrāhīm, 3rd ed., Cairo 1985 I, 128, 1.

[34] This expression (*munajjaman fī jamīʿi s-sanah, wa-kāna* ⟨*sc.: al-qurʾānu*⟩ *bi-mawāqiʿi n-nujūm, ʾunzila ʿala mawāqiʿi n-nujūmi rasalan fī sh-shuhūri wa-l-ayyāmi, nujūman*, Suyuti, *ʾItqān*, I, 117, 7; 117, –3; 118, 3) implies a spreading into regular, temporally ordered sections. *ʿalā mawāqiʿ an-nujūm* is explained: *ʿalā mathāli masāqiṭihā* (*ʾItqān*, I, 117, ult.).

contradistinction to the other and earlier holy books was not sent down all at once.[35] The Qurʾanic text itself clearly established the notion of "earlier" and "later" revelations. And *tafsīr*-scholars were eager to ask what was the first and what was the last *tanzīl*. The eternal, divine word of the Qurʾanic text is thereby given a temporal dimension.

Ibn Isḥāq's *Sīra* is full of expressions like "God sent down concerning So and So" or "Then God sent down concerning these words of theirs" or "A portion of the Qurʾan came down concerning them," even in the form of a question: "Has there no verse come down concerning me?"[36] Khawla bt. Thaʿlaba reproaches God in Muhammad's presence: "I complain to God about what was sent down concerning me" (*ʾashkū ʾilā llāhi mā nazala bī*)[37]. These and similar expressions structure the *Sīra* as an account of the Prophet who is constantly protected and guided by God's *tanzīl* and *ʾinzāl*. Ibn Masʿūd swore that he knew of every Qurʾanic verse to whom and where it was sent down.[38] Exegesis and historiography become indistinguishable. In some Medinan passages of the Qurʾan, the notion of a mediator between God and the Prophet seems to recede or almost to disappear. In the *Sīra*, we often find the expression *qāla llāhu li-Muḥammadin* (e.g., Ibn Hishām, I, 233, −3; 262, −2) which seems to suggest something like direct speech and even *qāla* (scil. *llāhu*) *li-Muḥammadin ṣlʿm wa-man maʿahū mina l-muʾminīna* (Ibn Hishām, I, 536, −2) "God said to the Prophet and the believers

---

[35] Cf. as-Suyūṭī, *ʾItqān* I, 116ff. *ʾunzila nujūman*, ibid., 117, 7; *nazala munajjaman fī ʾauqātin mukhtalifatin*, ibid., 118, 11, etc. The other holy books had been sent down *jumlatan wāḥidatan*.

[36] al-Wālid b. Mughīra asks: "Are revelations being sent down to Muhammad, and I, the leader and elderman of the Quraish have been left out . . .?" (*ʾa-yunazzalu ʿalā Muḥammadin wa-ʾutraku wa-ʾanā kabīru Quraishin wa-sayyiduhum?*) Ibn Hishām, *Sīra* K., I, 361, 4 which is given as *sabab an-nuzūl* for Sura 43, 30.

[37] *al-Waḥy wa-l-qurʾān*, 49f. sura 58, 1–4. Abū Daʾūd, *Ṭalāq*, 27.

[38] as-Suyūṭī, *ʾItqān*, I 24, 1: . . . *ʿan Ibn Masʿūd ʾannahū qāla: "wa-lladhī lā ʾilāha ghayruhū mā nazalat ʾāyatun min kitābi llāhi taʿālā ʾillā wa-ʾanā ʾaʿlamu fī-man nazalat wa-ʾayna nazalat"*. The same saying is attributed to ʿAlī b. a. Ṭālib. A similar claim is made for the ṣaḥāba: *lam tanzil ʾāyatun ʾillā ʿalima ʾaḥaduhum fīmā ʾunzilat wa-fīman ʾunzilat wa-ʾayna nazalat* "no verse came down without one of them knowing concerning what, or concerning whom, or when it was sent down" (quoted following *al-Waḥy wa-l-qurʾān*, 67). Different traditions were harmonised into the theory of *taʿaddud al-nuzūl* (multiplicity of revelation)—the most famous example being the *Fātiḥa*, which had been sent down twice, and the theory of *taʿaddud al-nāzil* meaning that more than one verse was "caused" by a particular historical incident.

with him."[39] But in most instances and also in the reports of the *Sīra*, a mediator is clearly implied. The "drying up" of revelation happened only in the Mekkan time of Muhammad's life,[40] in both cases Gabriel played an important role in the resumption of *waḥy*.

The question of which language pre-Islamic *ʾinzāl* used was settled by Sura 14, 4: *wa-mā ʾarsalnā min-rasūlin ʾillā bi-lisāni qaumihī li-yubayyina lahum* (We have sent no messenger save with the tongue of his people that he might make all clear to them). However, the original revelation was Arabic, the translation was done either by Gabriel or by the prophet concerned: *lam yanzil waḥyun ʾillā bi-l-ʿarabiyyati thumma tarjama kullu nabiyyin li-qaumihī* (Revelation came down in Arabic only, then each prophet translated ⟨it⟩ for his people, *ʾItqān*, I, 130).[41]

The causality of the "reason of *nuzūl*," which made an act of God subject to a temporal cause, does not seem to have worried many theologians. Ibn Taimiyya says drily: The knowledge of the reasons of revelation helps us to understand the verse. For to know the cause leads to knowing the effect (*fa-ʾinna l-ʿilma bi-s-sababi yūrithu l-ʿilma bi-l-musabbab*).[42] In later times, the caliph ʿUthman expressed his disgust at an especially foul *hijāʾ*-verse of the poet Ḍabīʾ Ibn al-Ḥārith by saying: "I think that had this happened in the time of the prophet, God would have sent down a *qurʾān* with regard to you"[43] (*ʾarāka law kunta ʿalā ʿahdi rasūli llāhi ṣlʿm la-ʾanzala llāhu fīka qurʾānan*).

3. *The time(s) of* nuzūl, tanzīl, *and* ʾinzāl

The divine word as sent down in the Qurʾan follows in its temporal setting the history of a human being: the biography of the Prophet

---

[39] Possibly, *qāla li-* here means: "He (God) said with reference to . . .".

[40] Cf. Ibn Hishām, *Sīra*, I, 241, *fatrat al-waḥy*; *Sīra*, I, 301, *mukth al-waḥy*.

[41] In the *Lughāt al-qurʾan*, ascribed to Ibn ʿAbbās, the text strangely enough has: *mā ʾanzala llāhu ʿazza wa-jalla mina s-samāʾi kitāban ʾilla bi-l-lughati l-ʿibrāniyyati wa-kāna Jibrīlu ʿalayihi s-salām yutarjimu li-kulli nabiyyin bi-lisāni qawmihī* (ed. Salahaldin al-Munajjid, Beirut 1972), 16. This would make the original language of all divine revelations Hebrew. Can the words *bi-l-lughati l-ʿibrāniyya* be a mistake for *bi-l-lughati l-ʿarabiyyati?*

[42] Quoted according to as-Suyūṭī, *Lubāb an-nuqūl fi ʾasbāb al-nuzul*, Beirut 1980, Dar Iḥyāʾ al-ʿulūm, 13.

[43] al-Jumaḥī, *Ṭabaqāt al-shuʿarāʾ* 40, 11; cf. G.J. van Gelder, *The Bad and the Ugly. Attitudes towards Invective Poetry (Hijāʾ) in Classical Arabic Literature*, Leiden 1988, 28 with parallels.

Muhammad. Coinciding with the distinction between the Mekkan and the Medinan part of the Qurʾan, is a spatial and a temporal division of the text. The *hijra* divides the Qurʾanic text, it divides the prophet's life, and it divides human history. Weil's distinction between three stages of Mekkan *tanzīl*, an "early," a "middle," and a "late" Mekkan stage was adopted by Theodor Nöldeke and later by non-Muslim scholarship. To my mind, it is a largely arbitrary division and follows a somewhat trinitarian view of history. It has, moreover, never been more than perfunctorily discussed, let alone adopted by Muslim tradition or scholarship.[44] This raises the question of whether an essential structural feature of the Qurʾanic text which did not contradict later Islamic dogma could be completely overlooked or suppressed by Muslim scholarship.

Whatever the case may be, the situation of Mekkan and Medinan verses and suras is different. The spatio-temporal distinction between Mekkan and Medinan *tanzīl* is a historical fact, never contested by anybody inside or outside the Islamic *ʾumma*. This distinction was decisive for later Muslim scholars because of its implications for the theory of abrogation (*an-nāsikh wa-l-mansūkh*). That is to say, only the later Medinan *tanzīl* could be the *nāsikh* and could abrogate the earlier Mekkan *tanzīl* which would then become *mansūkh*. It has even been claimed, wrongly I think, that the redaction of the Qurʾanic text was totally subservient to this phenomenon of abrogation.[45] But it is fair to say that the whole question of why the Qurʾanic text in its present arrangement does not clearly reflect the chronology of *nuzūl* is still unsolved.

Mekkan and medinan *tanzīl* follow the prophet Muhammad's life. An interesting modern interpretation of the Mekkan/Medinan dichotomy has turned upside down the traditional approach to the dogmatic implications of the temporality of the *tanzil*. For Maḥmūd Muḥammad Ṭāhā (died 1985), an important Sufi scholar from the Sudan, the differentiation between Mekkan and Medinan *tanzīl* meant the opposite of the traditional principle of Medinan *nāsikh* and Mekkan *mansūkh*. For Maḥmud Muḥammad Ṭāhā, the fact that the Medinan suras and verses were later than the Mekkan ones

---

[44] The Weil-Nöldeke chronology of the Mekkan suras is briefly discussed in Mahmud Ramyar, *Tarih-e qorʾan*, Teheran 1362 h.s., 419–425. (I owe this reference to Ms. Katajun Amirpur, Bonn.)

[45] John Burton, *The Collection of the Qurʾan*, Cambridge 1977.

meant that the Medinan texts were in a way secondary. Mekkan *tanzīl* reflected the original unaltered word of God, whereas Medinan *tanzīl* showed an adaptation of the original message to the exigencies of Medinan society. The original Mekkan *tanzīl* taught, among other things, the equality of the sexes, the abolition of slavery, and the insistence on purely peaceful means for spreading Islam. Later Medinan *tanzīl* compromised and allowed temporarily the higher position of the male in society, the admission of slavery, and the introduction of djihad. This theory of the "Second Message of Islam," a theory of *nāsikh wa-mansūkh* turned upside down, cost Maḥmūd Muḥammad Ṭāhā his life.[46]

Some aspects of the temporality of God's *tanzīl* stirred up discussions in the circles of later theologians. What should be done with verses like "The month of Ramadan, wherein the Koran was sent down to be a guidance to the people" (sura 2, 185), or "Behold, We sent it down on the Night of Power" (sura 97, 1)? This verse seemed to mean that the whole text was sent down in one night. That the word *qurʾān* in the Qurʾan does not necessarily mean the complete Qurʾanic text as we have it was well known to *tafsīr*-scholars.[47] But commentators were vexed by the question of what the meaning of the past tense *ʾanzalnāhu* could be. How could this verb, in the function of the past, have been used in the text when this very text preexisted before it was "sent down?"[48] Was the perfect tense *ʾanzalnāhu* here to be interpreted as indicating a future? Or did "we sent down" have to be taken as "we started sending down?" Some commentators—among them al-Zamakhsharī—followed this line of reasoning and divided the act of sending down into two stages. In a first stage, the holy word was sent down in one piece from the seventh heaven to the lowest heaven, which was closest to the earth and mankind. Then scribes were ordered to copy it in the *Laylat al-qadr*, and then Gabriel took the written text piece by piece to the Prophet Muhammad to recite it to him. Thus, different concepts of *tanzīl* led via exegetical systematization to an intricate chronology of *tanzīl* and at the same time to a more detailed cosmography of heaven.

---

[46] A. Oevermann, *Die "Republikanischen Brüder" im Sudan. Eine islamische Reformbewegung im Zwanzigsten Jahrhundert*, Frankfurt/Main 1993.

[47] Cf., e.g., al-Bayḍāwī, *Tafsīr* of sura 12, 2.

[48] az-Zarkashī, *al-Burhān fī ʿulūm al-Qurʾān*, Beirut 1972, I, 230; as-Suyūṭī, *ʾItqān*, I, 116ff. and Abū Zaid, *Mafhūm*, 112ff.

4. *The meaning of* nuzūl, ʾinzāl, *and* tanzīl

The commentator al-Iṣfahānī[49] includes a not very surprising sentence in his *tafsīr*: the orthodox agree that God's word is sent down but they disagree on what "sending down" means (*ittafaqa ʾahl as-sunna wa-l-jamāʿa ʿalā ʾanna kalāma llāhi munzal wa-khtalafū fī maʿnā l-ʾinzāl*).[50] This is, of course, what theology was often about: disagreeing on perfectly straightforward things, i.e., things which did not pose a problem to the primary audience of the Qurʾanic message.

One solution to questions of this kind has always been the same: recourse to metaphor. The question of *ḥaqīqa* and *majāz*, truth and metaphor, was one of the factors which decisively shaped Muslim exegesis.[51] Metaphor was one way of reconciling Muslim scholarship and Islamic belief. The Qurʾanic text leaves no doubt about God's being in Heaven and sending *down* His message. Many theologians, for reasons of their own, could not accept the spatiality of *ʾinzāl* and *tanzīl*. Al-Zamakhsharī's *Kashshāf* is probably the commentary which uses the metaphor most comprehensively as an instrument of assigning to the Qurʾanic text a meaning compatible with his own *weltanschauung*. But for him, the Qurʾanic derivations of the root *nzl* were not metaphors. In his rhetorical dictionary *ʾAsās al-Balāgha*, which gives for each Arabic word its "real" meaning (*ḥaqīqa*) and its metaphorical meaning (*majāz*), he is careful to list the derivations of *nzl* under the former heading: *wa-ʾanzala llāhu l-ghaytha wa-ʾanzala l-kitāba wa-nazzalahū wa-tanazzalati l-malāʾikatu*.[52] Quṭbaddīn ash-Shīrāzī (d. 710), however, a commentator of al-Zamakhsharī's *Kashshāf*, explains: "*al-ʾinzāl* is used in the sense of affording lodging to somebody or of moving a thing downward. Both meanings cannot be attributed to speech. Therefore, *ʾinzāl* is

---

49 Probably Shamsaddīn Abū th-Thanāʾ ash-Shāfiʿī (d. 1348/749), author of a commentary which "combined" az-Zamakhsharī's *Kashshāf* and ar-Rāzī's *Mafātīḥ al-ghayb*. Cf. Muṣṭafa ash-Shāwī al-Juwaynī, *Minhāj az-Zamakhsharī fī tafsīr al-Qurʾān wa-bayān ʾiʿjāzihī*, Cairo 1984, 277.

50 as-Suyūtī, *ʾItqān*, I, 125, middle (*Fī kayfiyyat ʾinzāl al-waḥy*).

51 See Wolfhart Heinrichs, "Contacts between Scriptural Hermeneutics and Literary Theory in Islam: the Case of Majaz" in *Zeitschrift für die Geschichte der arabisch-islamischen Wissenschaften* 7(1991/92) 254–284.

52 al-Zamakhsharī, *Asās al-balāgha* s.v. *nzl*.

here used metaphorically'' (*fī maʿnan majāziyyin*).[53] By a stroke of the theologian's pen, an important dimension of Qurʾanic self-expression almost disappeared. Metaphors are usually replaced by other metaphors. A modern intellectual explains: ''*ʾinzāl* is the process of changing a matter existing outside the human mind from something unperceived to something perceived,''[54] and he seems to suppose that his terminology is less metaphorical than the language of the Qurʾan. The possible difference between the use of *tanzīl* and *ʾinzāl* in the Qurʾan has been widely discussed[55] but need not concern us here.

Many, but by no means all Muslim theologians, have insisted on the necessity of allowing a metaphorical interpretation of certain Qurʾanic words or passages—for two reasons. One reason was their perception of the divine reality, which could not be reconciled with a non-metaphorical understanding of the text. We find in the history of the interpretation of holy books many instances of this approach. There was, however, a second reason, specifically Islamic or rather specifically Arab. As the element of rhetorical beauty came to be claimed for the Qurʾanic text, metaphor as an important aspect of embellished Arabic speech could not be discarded: ''If metaphor were lacking in the Qurʾan, the Qurʾan's beauty could be at stake. If the Qurʾan had to be free of metaphor, it would have to be equally free of (rhetorical figures such as) ellipsis, pleonasm, repetition etc.''[56]

''Surely We have sent down to thee the Book with the truth'' (*ʾinnā ʾanzalnā ʾilaika l-kitāba bi-l-ḥaqqi*) says sura 4, 105. Rudolf Bultmann, the Protestant theologian of demythologisation, considered the notion of a God above, of a God in an upper world, a remnant of ''mythical'' thinking, one of the key ideas to be discarded in the light of modern science. Bultmann thought he could separate a *kerygma*, a kind of inner sense, from the veils of a pre-

[53] as-Suyūṭī, *ʾItqān*, I, 125, −2 wrongly has al-Quṭb ar-Rāzī instead of Quṭbaddīn ash-Shīrāzī.

[54] Muḥammad Shaḥrūr, *al-Kitāb wa-l-Qurʾān. Qirāʾa muʿāṣira*. Cairo-Damascus, 1977, Sīnā wa-Ahālī, 149.

[55] Shaḥrūr; Suyūṭī, *ʾItqān*; indigenous Arabic lexicography, e.g., Lisān al-ʿarab XI s.v. *nzl* 656 b,6; in a late handbook, we find: *al-ʾinzāl yustaʿmal fī d-dafʿa wa-t-tanzīl yustaʿmal fī t-tadrīj* (Jurjānī, *Taʿrīfat*, 71f.). F. Leemhuis, *The D and H Stems in Koranic Arabic. A Comparative Study of the Function and Meaning of the faʿala and afʿala Forms in Koranic Usage*, Leiden 1977, 20–36.

[56] as-Suyūṭī, *ʾItqān*, III, 109, 6.

scientific mythical language. In the post-modern age, we are not so sure anymore. Some of us believe in the Qur'an as it has been sent down. And after all, if we do not study the Qur'an as it was sent down—do we study the Qur'an?

B. STUDIES ON THE RECEPTION OF THE TEXT

"A TREASURY OF HERESIES"
Christian polemics against the Koran

HARTMUT BOBZIN

1. *Introduction*

Everyone who has read what is still the fascinating work of Aloys Sprenger on Muhammad[1] must have read too, in the introductory remarks, a quotation by the former Prussian ambassador in London, the famous Chevalier Bunsen[2]. He, Sprenger says there, confessed to me once that on several occasions he had begun to read the Koran, but that he always failed to finish it; and he added his opinion that none—except an Arabic Scholar—had ever succeeded *in wading through* the whole body of the Holy Book.[3]

This opinion of a man who was a gifted scholar at least in Egyptology[4] and a very influential patron of Oriental studies in general in mid-19th century Prussia[5] could—in our context—be conceived as quite representative of the literary as well as religious value of the Koran as seen by the average European reader. And one should add that even a literary giant like Goethe who quite openly confessed his sympathy towards Islam had his difficulties while reading the Koran[6]. And if, finally, a renowned Islamic scholar such as

---

[1] Aloys Sprenger, *Das Leben und die Lehre des Moḥammad*, Vol. 1–3, Berlin 1861–65.

[2] The most recent collection of articles on Bunsen was edited by H.-R. Ruppel on the occasion of the 200th anniversary of Bunsen's birthday under the title: *Universeller Geist und guter Europäer: Christian Carl Josias von Bunsen 1791–1860. Beiträge zu Leben und Werk des "gelehrten Diplomaten"*, Korbach 1991.

[3] "Der geistvolle und edle Bunsen sagte einst zu mir, er habe den Koran öfters zu lesen angefangen, es sei ihm aber nie gelungen, damit zu Ende zu kommen, und er glaube nicht, daß je ein Nichtarabist im Stande gewesen sei, durch das ganze Buch zu waten" (Vol. I, p. XVIII).

[4] Cf. U. Kaplony-Heckel, *Bunsen—der erste deutsche Herold der Ägyptologie*, in: E. Geldbach (ed.), *Der gelehrte Diplomat. Zum Wirken C.C.J. Bunsens*, Leiden 1980, pp. 64–83.

[5] Cf. H. Bobzin, *C.C.J. v. Bunsen und sein Beitrag zum Studium orientalischer Sprachen*, in: Ruppel (cf. supra, n. 2), pp. 81–102; J. Fück, *Die arabischen Studien in Europa bis in den Anfang des 20. Jh.s*, Leipzig 1955, p. 190f.

[6] Cf. his well known characterisation of the Koranic style in his *Noten und Abhandlungen zu besserem Verständnis des West-Östlichen Divans*, chapter "Mahomet".

Friedrich Schwally deplores the "awful dreariness of the Holy Book" ("die schauerliche Öde des Heiligen Buches"),[7] then a statement like this perhaps could be understood as a secularised expression of an old Christian topic: the Koran seen as an awkward figment of Satanic imagination and as such a "treasury of heresy". But this very expression, in the Swiss dialect "ein kisten aller kätzerien", leads us to the most important public discussion about the Koran which ever took place in Europe.

2. *The importance of the Old Toledan Koran-Translation*

When Adrian Reland (1676–1718), the famous Dutch Orientalist from Utrecht, in 1705 published his Latin written work *On the Mahometan religion* (*De religione Mohammedica libri duo*) which was later to be translated into English, German, Dutch and French,[8] he warned the students of Theology to use other than *Arabic* sources in order to gain sound information about Islam. Among the works he explicitly warned against was the famous Latin translation of the Koran made by Robert of Ketton on the order of Peter the Venerable, Abbot of Cluny, in 1143.[9] Reland had a sufficient acquaintance with Arabic to take such a view. At the very beginning of the 17th century pioneers of Arabic studies such as Joseph Scaliger (1540–1609) and Thomas Erpenius (1540–1624)—both from Leiden University—clearly realized the deficiencies of the old Toledan translation[10]. Nevertheless one can hardly overestimate

---

[7] The aspect of western appreciations of the Koranic style was recently exhaustively studied by Stefan Wild, *"Die schauerliche Öde des heiligen Buches". Westliche Wertungen des koranischen Stils*, in: J.C. Bürgel & A. Giese (eds.), *"Gott ist schön und Er liebt die Schönheit"*, FS A. Schimmel, Bern 1994, pp. 429–47. Schwally's statement is found in his re-edition of Nöldeke's famous *Geschichte des Qorāns*, Vol. II, Leipzig 1919, p. 219.

[8] For the different editions and translations cf. C.F. de Schnurrer, *Bibliotheca Arabica*, Halae ad Salam 1811 (repr. Amsterdam 1968), pp. 432–5; cf. also M. Bastiaensen, *Adrien Reland et la justification des études orientales* (1701), in: *Etudes sur le XVIIIe siècle* 1 (1974) 13–27, esp. pp. 22ff.

[9] On this translation cf. M.-Th. d'Alverny, *Deux traductions du Coran au moyen-âge*, in: *Archives d'histoire doctrinal et litteraire du moyen-âge* 22/23 (1947/48) 69–131; J. Kritzeck, *Peter the Venerable and Islam*, Princeton 1964; H. Bobzin, *Der Koran im Zeitalter der Reformation*, Wiesbaden (forthcoming; Beiruter Texte und Studien, 42), p. 46ff.

[10] Cf. Erpenius, *Historia Iosephi Patriarchae etc.*, Leidae 1617, fol. H^4 v^0: "Iam anni fere quingenti sunt, ... quod auspicijs Abbatis Cluniacensis, in Hispania,

the importance of this translation as the main source of any European knowledge of the Koran. It was used by nearly all important European refuters of Islam, among them Nicholas of Cusa (1401–1464),[11] Dionysius Carthusianus (1402/3–1471),[12] Juan of Torquemada (1388–1468),[13] Juan Luis Vives (1492–1540),[14] Martin Luther (1483–1546),[15] Hugo Grotius (1583–1645)[16] and many others. The impact of this translation lasted for more than six hundred years, it was the main source for any knowledge of the Koran until the end of the 17th century when Ludovico Marracci's (1612–1700) text edition together with his broadly annotated Latin translation—and refutation, of course—appeared.[17] Its influence

---

tota Muhammedanorum lex, Alcoranus, ex Arabico in Latinum versa fuit, ... quae versio Basileae ab Operino [sic] excusa, non immerito a viris eruditis culpatur, tanquam parum accurata, &, extra manifestas historias, veram Arabismi sententiam satis raro fideliter exprimens". In a similar way Scaliger wrote to his learned French friend Etienne Hubert: "... quam inepta est vulgaris illa, quam habemus, interpretatio! .... nemo ex ea translatione sperat se Alcoranum intelligere" (*Epistolae Ios. Scaligeri*, Lugd. Batav. 1627, p. 703).

11 The most important of his works in this respect is the *Cribratio Alcorani*; cf. L. Hagemann, *Der Ḳur'ān in Verständnis und Kritik bei Nikolaus von Kues*, Frankfurt a.M. 1976; Bobzin, *Koran* (cf. n. 9), p. 29–32.

12 Cf. his *Contra Alchoranum & sectam Machometicam libri quinque*, Coloniae 1533; for a short analysis of this work cf. Hagemann (cf. n. 11), pp. 50–54; Bobzin (cf. n. 9), pp. 70–76.

13 Cf. his *Contra principales errores perfidi Machometi*, written in Rome 1465; printed for the first time in Brussels between 1476 and 1480. A thorough study of Torquemadas views about Islam is still lacking as far as I know.

14 Vives wrote several treatises dealing with the Turkish menace to Europe, among them *De Europae statu ac tumultibus* (1522), *De Europae dissidiis, & bello Turcico dialogus* (1526), *De conditione vitae Christianorum sub Turca* (1526). Vives most important work is *De veritate fidei Christianae libri V* which appeared posthumously in Basle 1543. The fourth book of this work deals with Islam: Contra sectam Mahometi. Cf. on Vives C.G. Noreña, *Juan Luis Vives*, The Hague 1970, and especially on his approach towards Islam Paul Graf, *Ludwig Vives als Apologet*, Diss. theol. Freiburg / Br. 1932, pp. 88–102.

15 On Luther's writings against the Turks and his approach towards Islam cf. most recently H. Bobzin, *Martin Luthers Beitrag zur Kenntnis und Kritik des Islam*, in: *Neue Zeitschrift für Systematische Theologie und Religionswissenschaft* 27 (1985) 262–289, and Bobzin, *Koran*, ch. 2: Martin Luther und der Koran.

16 Like Vives Grotius wrote an apology of the Christian faith: *De veritate religionis Christianae* (1627); the sixth part of it is entitled "Adversus Muhammedanos". It should be mentioned here that the English scholar Edward Pocock (1604–1691) translated the whole book into Arabic (Oxford 1660); cf. Fück, *Studien*, p. 87. A study of Grotius' views on Islam remains still a desideratum.

17 *Alcorani textus universus ... ac ... ex Arabico idiomate in Latinum translatus; appositis unicuique capiti notis atque refutatione*, Padova 1698. For a thorough study on Marracci's work cf. G. Levi della Vida, *Aneddoti e svaghi arabi e non arabi*, Milano

was not restricted to Europe: it is a curious fact that even those Jesuits who discussed at the court of India's emperor Akbar (r. 1556–1605) about religion gained their knowledge of the Koran from this translation.[18]

I do not wish to analyse here the character of this translation[19] which is written as a kind of paraphrase of the Arabic text; almost all kinds of "speeches" which are given in the Arabic text in the first or second person are rendered in the form of reports in 3rd person. On the other hand, the translator, Robert of Ketton, tried to choose a somewhat elevated Latin style. Later on we will return to the very important question of the Koranic style as seen by Christian readers.

3. *The public debate about printing the Toledan Koran (1542/43)*

But in the present context this translation is mostly interesting because of the circumstances of its publication in 1542. The scholar who prepared the publication was one of Zwingli's successors at the college attached to the Zurich cathedral, Theodor Bibliander (1504–1564)[20]. He held there the chair of Greek, yet his interests in languages went far beyond the classical curriculum. He was not only a distinguished scholar of Hebrew, but he also had a fragmentary knowledge, caused by the scantiness of the available material, of some other languages, such as Arabic, Syriac, and Ethiopic. In 1548, he published a stimulating study in comparative linguistics which only recently received some scholarly attention.

Bibliander was, like other protestant reformers, strongly interested in Turkish matters and, like Luther, he published a short treatise about how to combat the Turks.[21] As early as in the thirties of the 16th century, Bibliander asked his friend Johannes Oporin who

---

e Napoli 1959, pp. 193–210 ("Ludovico Marracci e la sua opera negli studi islamici", with further references).

[18] Cf. S. Neill, *A history of Christianity in India. The Beginnings to AD 1707*, Cambridge 1984, p. 173, with n. 33.

[19] For this aspect cf. the already cited study of d'Alverny (supra n. 9).

[20] For Bibliander and the following cf. in more detail Bobzin, *Koran*, ch. 3.

[21] *Ad nominis Christiani socios consultatio, qua nam ratione Turcarum dira potentia repelli possit ac debeat a populo Christiano*, Basle 1542; cf. R. Pfister, *Das Türkenbüchlein Theodor Biblianders*, in: Theologische Zeitschrift 9 (1953) 458–454.

became later one of the most important printers at Basle[22] to provide him with Arabic books from Italy, because of this interest in Islamic matters. It was his aim to collect materials on Islamic religion and Turkish history, and in this respect the most important text was, of course, the Koran. Accordingly, Bibliander decided to publish the afore-mentioned Toledan Koran translation, despite its obvious deficiencies. Bibliander had more than two manuscripts at his disposal, and also an Arabic text, which has survived and still exists in the University Library of Basle (Ms. A III 19). It is, by the way, a very interesting copy which gives in the margin some *qirāʾāt* and which has also a sophisticated system as to how different *qirāʾāt* were to be quoted. Bibliander, of course, did not have sufficient knowledge of Arabic to undertake a thorough revision of the Latin codices, but nevertheless he added some remarks.[23]

Let us now turn to the story of how Bibliander published his great work, which contained not only the Latin Koran-translation, but also a great number of mediaeval treatises or, let us say refutations of Islam; among them, e.g., the Latin translation of the *Risālat al-Kindī ilā l-Hāšimī*,[24] Nicholas of Cusa's *Cribratio Alcorani*, as well as several historico-geographical accounts on the Turks.[25]

When[26] Oporinus began to set B.s work he quite deliberately ignored the Basle law of censorship, according to which every book had to be approved by the municipal authorities. Yet this procedure was usually neglected by nearly all printers of the city for the sake of more rapid publishing. Having printed a good deal of the Koran translation, Oporin was denounced to the authorities. When the government was unable to reach a clear unanimous decision as to whether or not the Koran should be classified as a dangerous book that should not be read by the common people, expert witnesses

---

22 Cf. M. Steinmann, *Johannes Oporinus. Ein Basler Buchdrucker um die Mitte des 16. Jahrhunderts*, Basle & Stuttgart 1967.

23 Cf. H. Bobzin, *Über Theodor Biblianders Arbeit am Koran (1542–43)*, in: ZDMG 136 (1986) 347–363; also Bobzin, *Koran*, ch. 3.5.4.1 (for the Latin Text) and ch. 3.5.4.2 (for the Arabic text).

24 Cf. the recently published French translation by George Tartar, *Dialogue Islamo-Chrétien sous le Calife al-Maʾmūn* (813–834), Paris 1985, with a good introduction and further references.

25 A complete list of the contents of Biblianders compilation will be found in Bobzin, *Koran*, ch. 3.5.3.

26 The following is partly taken from my article *Latin Translations of the Koran. A short overview*, in: Der Islam 70 (1993) 193–206.

were named in order to evaluate the case, and Oporin was forbidden to continue printing the book. Oporin ignored this resolution and was subsequently incarcerated for several days, and the proofs were confiscated. He was released only on condition that he would neither continue his work until the final decision was made, nor contact anyone in order to rally support for this case. Nevertheless, Oporin had already written to Bibliander, and, among the appointed experts, other supporters of his case had contacted the protestant reformers in Strasbourg, who for their part asked no less a person than Martin Luther for assistance.

Only since the fact that by now the argument had become well-known outside Basle and was discussed in public, a similar case must be mentioned, that is the affair between Johannes Reuchlin (1455–1522) and the Dominicans from Cologne about the confiscation of Jewish books, especially the Talmud.[27] Reuchlin pleaded against the confiscation for theological as well as legal reasons while the final decision by Pope Leo X. pleaded for confiscation and condemned explicitly Reuchlin's more liberal views.

What were the arguments in favour of the Koran publication? The experts under the guidance of Basles ecclesiastical leader Oswald Myconius were unanimous in their view that the Koran is a dangerous book which contains many doctrines similar to those of e.g. Arius, Sabellius, Nestorius and other officially condemned heretics. But on the other hand it is necessary to know heretical doctrines in order to combat them effectively. As the most impressive example the case of the anabaptist movement with Thomas Müntzer as its leader is mentioned.[28] A second point seems very remarkable, the fear of a continuation of Turkish raids to Central Europe. It would be possible that in such a case a movement of apostasy is taking place Europe thus being overrun by Islam. This was a real fear, and I could adduce many instances, e.g., from Luther's correspondance.

---

[27] Cf. the recently published collection of articles *Reuchlin und die Juden*, ed. by A. Herzig and J.H. Schoeps, Sigmaringen 1993; further information especially on Pfefferkorn is provided by H.-M. Kirn, *Das Bild vom Juden im Deutschland des frühen 16. Jahrhunderts dargestellt an den Schriften Johannes Pfefferkorns*, Tübingen 1989, esp. ch. 4.3.: "Pfefferkorn und Reuchlin im Streit".

[28] In this respect, Luther's characterisation of Müntzer seems worth mentioning: "Was suchte Thomas Müntzer jetzt zu unseren Zeiten anderes, als daß er ein neuer türkischer Kaiser werden wollte?" (*Vom Kriege wider die Türken*, Weimar edition, Vol. 30/II, p. 125).

Therefore all Christians should know the true character of Islam.[29] As a third argument the very existence of several Arabic and Latin copies of the Koran in libraries is stressed. "These Korans", the supporters of Oporin's case pointed out, "were acquired especially for the sake of writing refutations." Finally the printing of the Koran would fit into the liberal political and religious atmosphere which distinguished Basle from many other German cities and made it something like the "capital of tolerance".[30] The danger of seduction for "untrained" readers is regarded as relatively small,—because the Koran is so obviously a desolate and deterrent book. Nevertheless the advice is added that the Koran should be published together with other theological writings which would guarantee the right understanding of the Koran.

The opposing party was strongly influenced by Sebastian Münster (1488–1552)[31], one of the most prominent scholars of Basle. The arguments against printing the Koran culminate in that there is nothing in the Koran which is worth reading: "There is no truth in the Koran". The necessity for studying the Koran is granted, but only for scholars—not for all, though, only for pious. Therefore the printing and wide circulation of the Koran is regarded unnecessary as well as inopportune. These arguments were neither original nor new. But the opponents had a very strong supporter in the city's most prominent lawyer, Bonifacius Amerbach (1495–1562).[32] His argument focuses on three points: firstly the fact that according to Roman right the Codex Theodosianus has to be respected according to which books which contained heretical views and were officially condemned on synods were not allowed to be read or even distributed. The allusion to the Concile of Vienne (1311/12) and its famous decree on the creating of chairs of teaching Oriental lan-

---

[29] Cf. Bobzin, *Luthers Beitrag* (supra, n. 15), p. 265f.

[30] See, for instance, H.-R. Guggisberg, *Das reformierte Basel als geistiger Brennpunkt Europas*, in: *Ecclesia semper reformanda. Vorträge zum Basler Reformationsjubiläum 1529–1979*, Basle 1980, pp. 50–75.

[31] A thorough account of his life and works is given by K.-H. Burmeister, *Sebastian Münster. Versuch eines biographischen Gesamtbildes*, Basle & Stuttgart 1969^2; see also G.E. Weil, *Elie Lévite, humaniste et massorète (1469–1549)*, Leiden 1963, esp. pp. 221ff.; Bobzin, *Koran*, p. 166, n. 59.

[32] A good introduction to this important personality is given by G. Kisch, *Bonifacius Amerbach* (Gedenkrede), Basle 1962; for the proper juridical understanding of his report cf. Kisch, *Bonifacius Amerbach als Rechtsgutachter* in: Festgabe für Max Gerwig, Basle 1960, pp. 85–120.

guages (can. 11)[33] cannot be regarded as adequate,—which is the second point. The synod commended the teaching of Arabic, but not necessarily be reading the Arabic Koran nor a Latin version. Thirdly the case of Reuchlin was different: he pleaded for the reading of only those Jewish books which were of real use for the Christian reader, e.g. exegetical literature and the like, including the Talmud, but at the same time Reuchlin condemned all blasphemous and defamatory pieces of writing; those books, according to Reuchlin, could be legally confiscated.[34] Amerbach concludes that for the Christian reader the Koran is not of a similar importance to, for instance, the Talmud. Accordingly, the Koran has to be regarded as blasphemous, its printing should therefore not be allowed.

As is well known the Koran could be published only through the intervention of Martin Luther whose authority proved the strongest argument in favour of printing the Koran.[35] The letter he sent to the council of Basle[36] did not contain substantially new arguments which went beyond those of the supporters. Nor does Luthers preface (which was not added to all printed copies)[37] contain really new insights. What Luther really thought about the Koran and what was to become later on very influential is to be found in another work of his, viz. his German abridged translation of Ricoldo's refutation of the Koran.

4. *Ricoldo's* 'Contra legem Saracenorum'

With this work we have, together with the Old Toledan Koran-version, a second book which was of crucial importance for Euro-

---

[33] Cf. B. Altaner, *Raymundus Lullus und der Sprachenkanon (can. 11) des Konzils von Vienne (1312)*, in: Hist. Jahrbuch 53 (1933) 191–219; id., *Die Durchführung des Vienner Konzilsbeschlusses über die Errichtung von Lehrstühlen für orientalische Sprachen*, in: Zs. f. Kirchengeschichte 52 (1933) 226–236.

[34] This can be seen in Reuchlin's pamphlet *Ratschlag ob man den Juden alle ire buecher nemmen / abthun vnd verbrennen soll* which is part of his *Augenspiegel*, Tübingen 1511 (repr. München ca. 1961 = Quellen zur Geschichte des Humanismus und der Reformation in Facsimileausgaben, 5).

[35] See Bobzin, *Koran*, ch. 2.4., and Bobzin, *Luthers Beitrag* (supra, n. 15), p. 270ff.

[36] Dated 27th Oct. 1542; printed in *WA.Br* Vol. 10, Nr. 3802.

[37] Cf. H. Bobzin, *Zur Anzahl der Drucke von Biblianders Koranausgabe im Jahr 1543*, in: Basler Zeitschrift f. Geschichte u. Altertumskunde 85 (1985) 213–219. Luther's "praefatio" was "re-discovered" by Gustav Kawerau (cf. his article: *Luthers Vorrede zu Biblianders Ausgabe des Koran*, in: Theol. Studien und Kritiken 86, 1913, 129–134); the Latin text is printed in the Weimar edition (WA) Vol. 53, pp. 569ff.

pean knowledge of the Koran. Ricoldo da Monte Croce (near Florence) was born about 1243;[38] in 1267 he became a Dominican monk who since 1285 travelled widely through several Near Eastern countries. During a longer stay at Baghdad he learned Arabic and had there, according to his travel account, some discussions with Muslim scholars about the Koran. Despite the friendly description of Muslim people in his *Liber peregrinationis*[39] his principal work *Contra legem Saracenorum* ("Against the law of the Saracens") is a very polemical but comparatively well informed criticism of Islam.

The history of the printed editions of this book is somewhat complicated.[40] Firstly, the book—still being in manuscript form—was translated into Greek by Demetrios Kydones (1324–1397/98)[41] in the mid of the 14th century. This text was retranslated into Latin at the beginning of the 16th century by a certain Bartholomy of Monte Arduo. While the original Latin version was published for the first time in Sevilla in 1500 and a second time in Venice in 1607, it was the re-translation from the Greek which became widely read and translated into some vernaculars. In Bibliander's Koran edition (1543) the Greek text is reproduced together with the retranslation (Vol. II, 83–116). The re-translation was also the text which Luther translated into German.

Ricoldos treatise contains the classical Christian reproaches against the Koran as a Holy Scripture in a very well presented systematic form[42] and he is at the same time able to illustrate his work with quotations from the Arabic text of the Koran which are pretty well translated[43].

---

[38] For fuller biographical data cf. J.-M. Mérigoux, *Un précurseur du dialogue islamochrétien, Frère Ricoldo (1243–1320)*, in: Revue Thomiste 73 (1973) 609–621 (with further references).

[39] Ed. by J.C.M. Laurent, *Peregrinatores Medii Aevi Quatuor*, Lipsiae 1873, pp. 105–41; cf. also U. Monneret de Villard, *Il libro della peregrinazione nelli parte d'Oriente di Frate Ricoldo da Montecroce*, Rome 1948.

[40] Cf. J.-M. Mérigoux, *L'ouvrage d'un frère prêcheur Florentin en Orient à la fin du XIIIe siècle. Le "Contra legem Saracenorum" de Ricoldo da Monte di Croce*, in: Memorie Domenicane, N.S. 17 (1986) 1–143 esp. pp. 43ff.; Bobzin, *Koran*, ch. 2.2.1.

[41] Cf. Mérigoux, *L'ouvrage*, pp. 51–53; Bobzin, *Koran*, pp. 26–29.

[42] Cf. G. Rizzardi, *Il "Contra legem saracenorum" di Ricoldo da Montecroce. Dipendenza ed originalità nei confronti di San Tommaso*, in: Teologia (Milano) 9 (1984) 59–68.

[43] Some Koran quotations are taken from an older polemical work which was widely used by Ricoldo, the *Contrarietas alpholica*; on this work cf. M.-Th. d'Alverny & G. Vajda, *Marc de Tolède, traducteur d'Ibn Tūmart*, al-Andalus 16 (1951) 99–140, esp. pp. 124–132; Mérigoux, *L'ouvrage*, p. 31f.

Ricoldos principal criticisms could be summed up in the following way:

1) The Koran is nothing else than a mixture of old heresies which were earlier refuted by the Church authority. I think it is not necessary to enumerate all these "errors" here.
2) The Koran could not be accepted as "divine law" because it is predicted neither by the Old nor by the New Testament; furthermore, in some instances the Koran explicitly refers to the Bible; the Islamic doctrine of Christian and Jewish falsification of the Holy Scripture (*taḥrīf*) cannot be accepted.
3) The Koranic style does not conform with that of a "Holy Scripture". This point is really interesting and I will return to it later on.
4) Nor can the content of the Koran claim divine origin as seen in the many fantastic stories which have no basis in the Biblical tradition. Furthermore, some ethical conceptions contradict basic philosophical convictions.
5) The Koran is full of internal contradictions. Similar to this is another reproach, that the Koran is in total disorder.
6) The reliability of the Koran is not proved by miracles. At this point Ricoldo rightly remarks the contradiction between the popular opinions about Muhammad who is said to have performed miracles and the testimony of the Koran itself.
7) The Koran is against reason; this is proved by Muhammad's immoral way of life, and by the Koran itself which contains blasphemous as well as nonsense-convictions in divine things, and so on.
8) The Koran preaches violence to spread Islam and admits iniquities, e.g. prejury, the classic instance for that fact being Surah 66.
9) The history of the Koranic text which Ricoldo gives in some detail reveals the "uncertainty" of the text.
10) The story of Muhammad's ascent to heaven which Ricoldo relates is considered by him as pure fiction and invention. This chapter is of special importance for the reconstruction of the so-called Liber scalae Mahometis.

Furthermore Ricoldo enumerates in one of this chapters the principal lies and errors which the Koran contains, and which are regarded as misunderstandings or misconceivings of Biblical or dogmatic conceptions, e.g. the problem of Trinity, the crucifixion of

Jesus, and other well known controversial topics which I do not like to enumerate here.[44]

The importance of Ricoldos work lies in the fact that it can be regarded as a *classical example* of Western mediaeval Christian Anti-Islamic literature; he was not a philosopher like Nicholas of Cusa,[45] nor a simple coarse polemicist like Juan de Torquemada or even Dionysius Carthusianus but a well-trained theologian and missionary with first hand experience in Islam.

5. *Martin Luther's 'Verlegung des Alkorans'*

In 1542 Luther translated Ricoldo's treatise into German,[46] but his use of the Latin text is rather arbitrary; he shortened some passages which seemed to him too much inspired by scholastical theology and added other passages to stress some important matters.

Two other aspects should be mentioned. Ricoldos work is written for theologians and he is convinced of arguing against Islam in the service of the whole body of the Christian church. Luther, however, has not only one opponent, he has two: Islam as a real threat in the form of the Turkish armies, and the Papal church. The Turk, or Muhammad, and the Pope in Rome are denounced as the two heads of Antichrist,[47] and as a consequence anti-islamic and anti-catholic polemic are mutually connected. But this kind of double sided polemic is not confined to protestantism: the catholic side answered immediately using the same means.

In evaluating anti-Islamic polemics of post-reformation origin one has carefully to take into consideration the instrumentalisation of "Islam" as a means for mutual denominational polemics:[48] ac-

---

44 For a more detailed account on Ricoldo's work cf. Hagemann, *Ḳurʾān* (cf. supra, n. 11), pp. 59ff.; Mérigoux, *Précurseur* (cf. supra, n. 38); Rizzardi (cf. supra, n. 42).

45 A thorough analysis of his *Cribratio Alcorani* is given by Hagemann, *Ḳurʾān*.

46 The text is reproduced in the Weimar edition (WA), vol. 53, pp. 272ff.; the German text is facing the Latin original. The meaning of the word "Verlegung" in the title is, in Modern German, "Widerlegung" (refutation). Cf. for further reading Bobzin, *Luthers Beitrag*, pp. 279ff.; Bobzin, *Koran*, ch. 2.3.2.3.

47 For the development of this theory in Luther's thinking and its exegetical basis cf. Bobzin, *Luthers Beitrag*, pp. 283ff.

48 This point was expounded in greater detail in my lecture "Zur Instrumentalisierung des 'Islam' in kirchlicher Polemik (16.–17. Jh.)" which I delivered during

cordingly, "Islam" is often no more than "the other party". It follows from this that not every "anti-Islamic" treatise must be understood *really* as—only—anti-Islamic.

The second point concerning Luthers translation is the changing tone: whereas Ricoldos treatise is comparatively moderate in its tone (though not without a certain sharpness) the German version is full of coarseness which is so typical for the old Luther (the work is written only four years before his death 1546). But the "clarity" Luther aimed at served a clear purpose: the booklet was meant as a help for *preachers* who should warn in their sermons the ordinary people against the Islamic "temptation".[49]

This very expression—"temptation"—might be regarded in the present context as strange, but it fits totally into Luther's theological conception of Islam which is nothing other than a form of "Judaism"; in other words: in Luther's view Islam shares many features with Jewish thought, e.g., that man is justified by works and performing rituals. This reproach proved very successful even until today, especially in more conservative and fundamentalistic circles of both Protestants and Catholics; it includes the implicit conviction that Islam is barely anything other than "ritual", but a ritual without mysteries and sacraments.[50]

But let us return to the Koran! At the end of Ricoldo's booklet Luther adds his own refutation and there he dwells upon the most important reproach against the Koran as alleged Holy Scripture: not all that is found in it is true, and from that it results that the Koran as such is "uncertain". The origin of this conviction is to be

---

the colloqium "Christianisme et Islam" (Cracow, 12th–13th April 1994), to appear in *Analecta Cracoviensa*, 1995.

[49] There existed in XVIth century Germany many special collections of anti-Turkish sermons; as typical example I can mention here a volume from Erlangen University Library [Thl. V, 33.4^0] which contains the following works: Jacob Andreae (1528–1590), *Dreyzehen Predigen* [sic] *vom Türcken*, Tübingen 1569; Georg Nigrinus, *Ernste Bußpredigten vom Türcken Krieg*, Frankfurt a.M. 1592; Rupert Erythropilus, *Kleines Weckglöcklein, darinnen die schlaffende Teutschen wider die wachende Türcken auffgemundert werden, genommen auß der Weissagung des Propheten Ezechielis von Gog vnd Magog*, Frankfurt a.M. 1594. The last-mentioned work is based on one of the crucial Biblical texts which were widely understood as prophecy of the Turkish raids against Christianity; cf. e.g., Luther's sermon on Ezechiel ch. 38f. which was written in 1530; cf. Bobzin, *Luthers Beitrag*, pp. 284f. and pp. 265f.

[50] Cf., e.g., Gerhard Bergmann, *Die Herausforderung des Islam*, Neuhausen (Stuttgart) 1980, p. 29: "Es ... handelt ... sich beim Islam wesentlich um eine Gesetzesreligion ..."

found in a confusion between *ḥadīṯ* and *qurʾān*; already Ricoldo is not very clear in distinguishing between these two corpora of texts. Luther concludes that if one part of the Holy Book is regarded as "untrue", the other part automatically losses its undisputed "certainty". And with regard to the disputed reliability of the Koran, Luther is stressing the point that there were many people among the Muslims who did not follow the precepts of the Koran but only their own reason, like Avicenna, Abū Maʿšar (Albumasar), al-Farġānī (Alfraganus) and other Arab scholars whose names were known to Europeans.

But another point is of importance for Luther's conviction about the Koran's "uncertainty". In the 13th chapter of his treatise[51] ("De Alcorani institutione, et quis fuerit legis huius opifex et inventor") Ricoldo gives in some detail an account about the "redaction" of the Koran which is nevertheless not quite clear. The Koran, according to Saracen histories, "descended to Muhammad by seven men", and he then enumerates the names of the seven readers (in very mutilated form). But these men did not conform in their text to the older versions, namely those as hold by "Audala filius Mesetud, Zeid filius Tampeth, Ocanan filius Ophyn and Oenpe filius Tap".[52] "Everyone of these composed a Koran totally different from each other". The present Koranic text, according to Ricoldo, was forced to the Saracens by order of "Mermpan filii Elecen", that is: the Umayyad caliph Marwān ibn al-Ḥakam (684/85). The conclusion drawn by Ricoldo and much more stressed by Luther is that one cannot know which is the real authentic Koran.

6. *'Solomon and the ants'*

Together with the criticism in the "uncertainty" about the authentic Koranic text another point is stressed by nearly all polemicists. This is the character of the Koran as a mixture of well known Biblical material with other fanciful stories of dubious origin. This com-

---

51 I am following here the text of the Latin re-translation made by Bartholomy of Monte Arduo which was the text used by Luther; the following quotations are from WA 53, pp. 354ff. Cf. for a more detailed analysis Bobzin, *Koran*, ch. 2.3.2.3.

52 Viz., ʿAbdallāh ibn Masʿūd, Zayd ibn Ṯābit, ʿUṯmān ibn ʿAffān, and ʾUbayy ibn Kaʿb.

plex of Koranic narrative material deserves some further remarks. I would like to demonstrate by means of the famous story of 'Solomon and the ants' (Surah 27, verses 17–24) in what way Christian polemicists were unable to do justice to such stories.

For convenience I would like to give the story firstly (with some slight omissions) in the famous translation of Georg Sale:[53]

> [17] And his armies were gathered together unto Solomon, consisting of genii, and men, and birds; and they were led in distinct bands, [18] until they came unto the valley of ants. And an ant, seeing the hosts approaching, said, O ants, enter ye into your habitations, lest Solomon and his army tread you underfoot, and perceive it not. [19] And Solomon smiled, laughing at her words .... [20] And he viewed the birds, and said, What is the reason that I see not the lapwing?[54] Is she absent? [21] Verily I will chastise her with a severe chastisement, or I will put her to death, unless she bring me a just excuse. [22] And she tarried not long before she presented herself unto Solomon, and said: I have viewed a country which thou hast not viewed; and I come unto thee from Saba, with a certain piece of news. [23] I found a woman to reign over them ... [24] I found her and her people to worship the sun, besides GOD.

Ricoldo's Latin translation of this passage in its original form runs as follows:[55]

> Dicitur enim in capitulo de nemele quod interpretatur formica quod Salomon congregavit magnum exercitum angelorum, hominum et animalium. Et quando ibant invenerunt fluvium formicarum. Et tunc dixit formica. O vos formicae introite in habitacula vestra ne interimat vos Salomon et milites eius. Et subrisit formica. Et post pauca quando resinabantur [reassignabantur] omnes aves in exercitu inventum est quod deerat upupa. Et dixit Salomon: Quid est quod hic non video upupam? Puniam eam et decollabo eam vel assignabit rationem quare defuit. Et stetit upupa non multum longe et ait: Didici quod vos nescitis et veni ad vos de Sabea cum veris rumoribus. Inveni siquidem

---

53 *The Koran commonly called the Alkoran of Muhammad, translated into English immediately from the original Arabic*, London 1734; re-ed. London: George Routledge and Sons 1892, p. 284.

54 This is the translation for ar. *hudhud*, "hoopoe".

55 Text according to the first printed edition Sevilla 1500, fol. a VIII; cf. Mérigoux' edition from the autograph, in: *L'ouvrage*, p. 78. Variants from the autograph are given in square brackets. Ricoldo's original version of this text is partly taken from the translation of Marc of Toledo, cf. Mérigoux, *L'ouvrage*, p. 28. But in Marc's translation the words *wa-hum la yašᶜurūna / fa-tabassama ḍāḥikan min qawlihā* (vv. 18f.) are lacking; from these words Ricoldo translates only *fa-tabassama ḍāḥikan*: "et subrisit formica" (original Latin text!).

> mulierem regnantem inter eos et comperi [+ eam] et populum suum colere solem absque deo etc.

Apart from some omissions Ricoldo's Latin translation is fairly good; only one time he makes a mistake of serious consequence when translating: "et subrisit formica", "and *the ant* smiled" instead of "and *Solomon* smiled", etc. From this very mistranslation it is clear that Ricoldo did not understand the real meaning of the story which lies—inter alia—in the fact that Solomon understands the language of all animals.

Kydones' Greek translation has instead of "ant" (which would be in Greek μύρμηξ) "fly" (Greek μυῖα), Solomon thus travelling to a certain place where he found "something like a river of flies". But more than that: it is also the "fly" instead of the hoopoe which is missed in Solomon's army, and Solomon accordingly threatens the fly with decapitation; after this the fly gives the report on Saba. In it *the fly* is forcing the queen and her people to adore the sun instead of God.

This really ridiculous text was retranslated into Latin without substantial changes of the distortions in the Greek text:[56]

> Dicitur enim in capitulo Emele quod interpretatur musca, quod Salomon magnum angelorum congregauit exercitum et hominum et irrationalium animalium. Recedentes autem invenerunt quasi fluvium quendam muscarum, et tunc iam dixit muscae: O musca, vos introite in habitationes vestras, ne corrumpat vos Salomon et exercitus huius. Et musca subrisit. Et paulo post omnes aves in exercitu inventae sunt, musca autem absens. Et dixit Salomon: Quid est, quod non video muscam? Puniam eam, et amputabo caput eius, vel reddet mihi rationem, propter quam abest et longe est. Et dixit: Didici quod vos ignoratis, et veni ad vos ex Sabaea cum veris nuntiis: inveni enim mulierem imperantem illis, et coegi eam et populum eius colere solem absque deo, et reliqua.

It is totally impossible to give an idea of Luther's German abridged translation in appropriate English wording; therefore I am quoting in German (in the original orthography):[57]

> Im Capitel Emele, das heisst Fliege, stehet also, Das Salomo versamlete ein gros Heer der Engel, der Menschen und unuernünfftigen thiere. Da sie hin zogen, funden sie wie einen grossen wasser Strom

---

56 WA 53, pp. 295/297.
57 WA 53, p. 296.

> eitel Fliegen. Da sprach Salomo zu den Fliegen: 'Hebt euch jr Fliegen in ewer Wohnung, das euch Salomo und sein Heer nicht verderbe.' Aber die Fliegen lechelten des. Bald hernach waren alle Vogel da im Heer, on (that means: nur nicht) die Fliegen (pl.!!) waren nicht da. Und Salomon sprach: 'Wie gehets zu, das ich keine Fliege sehe? Ich will sie straffen und den kopf abhawen, oder sol mir ursachen sagen, warumb sie nicht da ist'. Da sprach die Fliege: 'Ich habe mehr gelernt denn jr. Ich kome jtzt aus Sabea zu euch, mit warhafftiger New zeitung. Da fand ich ein Weib, das uber sie herrscht, die hab ich gezwungen sampt jrem volck, die Sonne anzubeten, an Gottes stat, etc.

Luther is intensifying the ridiculousness of this story by at least two misunderstandings; firstly, it is Solomon who is speaking to the flies, and secondly, the flies are laughing about Solomon's command.

I think that this little story is a fairly good example for the way in which the alleged fancifulness of the Koran was most oftenly created only by Christian writers or translators. And it is exactly this argument which evokes another quite important literary genre: travelogues. Far from being only matter-of-fact accounts they show many fictional elements or even pure fiction as, e.g., the famous account by John Mandeville which, by the way, contains a very curious description of the doctrine of the Koran too.[58]

7. *The Koranic style*

The Koranic style quite early attracted the attention of those polemicists who were acquainted with Arabic. William of Tripolis (13th Century) who wrote his short treatise "Notitia de Mahometo" half a century earlier than Ricoldo,[59] noticed the "hidden profoundity of the text who was admired by its sweetness as well as its author's (who was, in William's opinion, ʿUṯmān) excellence in rhetoric".[60] But he does not go into further details.

Ricoldo has one whole chapter about Koranic style: "That the

---

[58] Cf. M. Letts (ed.), *Mandeville's travels.* Texts and translations, London 1952, repr. Nendeln 1957.

[59] Wilhelm von Tripolis, *Notitia de Machometo. De statu Saracenorum.* Ed. and transl. by Peter Engels, Würzburg and Altenberge 1992.

[60] "Compilaverunt itaque librum multa diligentia et profunditate obscura; et dulcetudine mirabilis et exquisitate facundiae dicto Hesman quasi auctore datur", op. cit., p. 212.

Koran is not 'lex dei' (divine law) because it has no style and mode which is congruent with other (sc. holy scriptures)".[61] That means: there is a certain idea how a "Holy Scripture" has to be! Ricoldo remarks, firstly, that the Koranic style is "rhythmical or metrical". He deplores that he cannot give an example for this "because the rhythm as well as verse structure could not be truly observed if the text is translated into Latin".[62] Then he explains that what is roughly known as *Iʿǧāz al-Qurʾān*, that is the stylistic excellence of the Koran which was directly revealed to Muhammad.[63] Ricoldo denies that God is speaking in his revelation rhythmically or in verses, and that the prophets, too, should have spoken "metrically"[64]. Luther in his translation—which is as well shortened as expanded —is stressing this point:

> Der Alcoran helt nicht die weise zu reden wie andere heilige Schrifft, Denn er ist durch aus auff Reim weise oder Poetisch gestellet, wie man die Lieder zu singen macht. Solche weise aber zu reden, ist nicht allein wider die heilige Schrifft, Sondern auch wider aller Philosophen, Rechte und andere lere Bücher, on (i.e., außer) wo die gesenge sind. Denn es schickt sich nicht, wenn einer predigen, leren oder fur gericht reden solt, das er daher keme mit reimen gefasst, als wolt er ein lied singen oder Lotterbübisch spielen, Wie wol solchs die Sarracenen und Araber hoch rhümen, als sey das ein zeichen, das jr Gesetz von Gott dem Mahmet offenbart, und deste herrlicher sey, So das widerspiel (i.e., Gegenteil) war ist. Denn nie kein Prophet, Rechtlerer oder Philosophus hat Poetisch oder reim weise geredt, wo er hat leren sollen und dem gemeinen volck predigen. . . . Denn kein vernünfftiger man leiden kan, wenn man jm etwas berichten oder sagen sol, sonderlich so es new ist, das einer mit Reimen thun wolt, Er müst dencken, Man wolt sein spotten, oder einen schertz treiben in ernsten

---

61 "Quod Alcoranum non est lex dei, quoniam non habet stilum et modum cum aliis convenientem", WA 53, p. 293.

62 "Est igitur stilo rhythmicum vel metricum et assentatione plenum in sermonibus, et fabulosum. Quod autem stilo rhythmicum sit, per totum librum manifestum est legentibus. Exemplum autem huius non possum apponere, propterea quod non potest salvari rhythmus et versus vere et secundum omnia, cum in latinum transfertur", WA 53, p. 293.

63 "Saraceni autem et Arabes in hoc maxime gloriantur, quod locutio, quae est apud eos, legis celsitudinem habet et rhythmum, et in maxime hoc ostenditur librum a deo compositum fuisse et Mahometo secundum locutionem revelatum esse. Mahometus idiota existens ignorabat talem sententiam et locutionem", op. cit., p. 293/5.

64 "Videmus enim in divina scriptura deum loquentem cum Moyse et cum aliis prophetis, et nunqam rhythmis vel versibus his loquentem", op. cit., p. 295.

> sachen. Singen und Reimen hat sonst seine zeit und raum, Hie her taugs nicht''.[65]

As we today are well aware Ricoldo as well as Luther were erring in their opinion about the ''prosaic character'' of some passages in the Holy Scripture. The most remarkable fact is the double misunderstanding, or better to say misinterpreting—of their own tradition[66] as well as the foreign. This topic, I think, would be very fascinating for further and deeper investigation.

8. *Conclusion*

Christian polemics against the Koran or Islam as a whole is of much more interest for European ''Geistesgeschichte'' than for Islamic studies in the stricter sense. Many of the topics which were handed over again and again had nothing to do with real Islam. This, I think, is not totally a new argument.[67]

But I would like to hint at a quite similar phenomenon in painting. In 1993 a very interesting exhibition of ''Turkish paintings'' by Antonio Guardi (1698–1760), and his brother Francesco (1712–1793) was shown in Venice. The organisors succeeded in providing the copper plate engravings of some other artists by whom the Guardis were strongly inspired in their paintings and which they ''copied'' in a certain way.[68] Thus, ''Oriental sujets'' as painted by the Guardis are mostly examples of their own imagination as to how the Orient must be conceived.[69]

The same is true for anti-Koranic writings. Old arguments were repeted *ad nauseam*, and new fantastic details were added, especially

---

65 Op. cit., p. 292/4.

66 The poetical character of some Biblical material, esp. the Psalms and the Prophetic oracles, was stressed by Robert Lowth (1710–87) in his important book *Praelectiones de sacra poesi Hebraeorum* (1753); his views were further developed by Johann Gottfried Herder in his book *Vom Geist der ebräischen Poesie* (1782/3).

67 See, for instance, the important study *Islam and the West. The Making of an Image* (Edinburgh 1960; revised ed. Oxford 1993) by the late Norman Daniel.

68 Cf. the exhibition-catalogue; furthermore: F.J.B. Watson, *A series of 'Turqueries' by Francesco Guardi*, in: The Baltimore Museum of Art News 24.1 (1960) 3–13; *Europa und der Orient 800–1900* (Exhibition Catalogue, Berlin 1989), Gütersloh/München 1989, pp. 827ff. (on the Guardi-brothers).

69 For further reading see, e.g., C. Juler, *Les orientalistes de l'école italienne*, Paris 1987; M.A. Stevens (ed.), *The Orientalists: Delacroix to Matisse*, London 1984.

about Muhammad as a lecherous debauchee. And finally, it seems remarkable to me that the Old Toledan Koran translation which tried to give a fairly objective idea of the Koran and in a certain way even succeeded in doing so, was in fact not read by Christian scholars as carefully as one would assume, despite of its wide circulation. This is proved, e.g., by the fact, that Martin Luther did not remember Robert's version of Surah 27 ("The Ant") when he wrote down his fantastic version of the quoted story,—although he had Robert's translation at his disposal only shortly before he published Ricoldo's text.

It was not my aim here to give a complete picture of all aspects of Christian Anti-Koranic polemics. Because of the fact that many of such treatises are deeply rooted in Christian theological controversies, a closer cooperation between Christian theology and Islamic scholarship is required in order to analyse this vast literature which in any case should no longer be regarded as an obstacle to mutual Islamic-Christian understanding.

VERBAL INSPIRATION?
Language and revelation in classical Islamic theology[1]

JOSEF VAN ESS

Verbal inspiration, classical Islamic theology. Why such a topic? MESA is a modern institution, and I assume that most of its members deal with Islam from, let's say, 1800 onward. Theology is out anyway, much too complicated and speculative. The real thing is fundamentalism; this is what one gets the money for since this is what the politicians are afraid of. But this is also exactly the context where the term "verbal inspiration" comes in, at least in German research, for the debate about the way Quranic penal law, the *ḥudūd*, is applied in some contemporary Muslim societies rests on the assumption that what is said in the Quran is verbally identical with what God proclaimed in a permanent and eternal act of revelation. Not only the "fundamentalists" see things this way—and I use the word without further ado in order not to lose too much time with long-winded definitions—but also many of those who are nowadays their opponents, the former "modernists". Take for instance one of their representatives during the nineteenth century, Sayyid Aḥmad Khan. He said, in a rather official statement dealing with the Quran: "I do not accept the view that only the subject matter of the Quran was poured on the heart (of the Prophet) and that its (actual) words are the Prophet's own". Fortunately, even a modernist and reformer is not, by necessity, also a first class theologian. We may therefore be allowed to delve somewhat more deeply into the problem.

---

[1] This is the text of a lecture which I gave during the plenary session of the MESA meeting at Phoenix, Arizona, on November 21, 1994. A preliminary draft was read during the Quran symposium at Bonn; therefore the editor suggested it to be included in the present volume. Since the proposal was made only a few days before the deadline no footnotes could be added; I had to keep the form of the spoken word, with all the vagueness and lack of recordability it implied. I regret this inconvenience; whoever is interested in the documentation and in my final standpoint concerning the subject may be referred to the German version which will be included in vol. IV of my "Theologie und Gesellschaft", scheduled to appear in 1996.

There is another reason for doing so. Christian observers of Islam tend to use the term "verbal inspiration" in a slightly derogatory way, with the same kind of condescending pity which is reserved for "fundamentalism". This is a rather complex phenomenon which primarily calls for a psychological explanation—the way complexes are dealt with in our society anyway. For we all know that the term "fundamentalism" was coined by Christians with regard to other Christians and that there are still many of these Christian fundamentalists with us, not only in some backward villages, but up to the highest ranks of the political or economical hierarchy. "Fundamentalism" and "verbal inspiration" have in common that they cannot be translated into classical Arabic. It is nice to see how the word *uṣūliyyūn* comes up in modern Arabic semi-scholarly literature—as if all fundamentalists were specialists of *uṣūl al-fiqh*. For "verbal inspiration" I do not even know of any such attempt; the word is too strictly bound to theological discourse, it does not have any relevance for sociological or political research. But its Christian background is equally clear. Before the age of Biblical criticism, verbal inspiration was for some time the official doctrine of Lutheran orthodoxy; Melanchthon already, Luther's contemporary and friend who studied at Tübingen and then became a professor at the University of Wittenberg, treated Scripture on one hand and *verbum Dei*, the "word of God", on the other (*kalām Allāh* and the Quran as a Muslim would say) as largely identical. Many among the Church Fathers, Origen and Athenagoras in the East, Gregory the Great and Augustine in the West, had thought on the same line. Nevertheless, information about this phenomenon is not easy to get hold of for outsiders in theology as all of us are. If you consult modern encyclopedias, Protestant ones as we have them in Germany, you look in vain for an entry "verbal inspiration"; you have to go as far as the Holy Ghost in order to find some lines on the topic.

A better choice is Karl Barth with his monumental *Kirchliche Dogmatik*, the Ecclesiastical Dogmatics. Barth, the last church-father of Protestantism so-to-speak, was interested in the winding paths of doctrinal development, and he knew that he was dealing with a serious problem. For in principle verbal inspiration was and still is the counterposition against modern Christian theology which assumes that the texts we find in the Scripture are primarily to be understood not as the speech of God but as human speech about God. Scripture as human speech, this certainly betrays a fair amount of secularism.

But also a good deal of common sense, for if you have to deal with a Scripture which consists of four different reports about the same events and the same preaching—I mean the four Gospels—it is almost impossible to pretend that you are dealing with the word of God Himself. The Gospels can then only be understood as *interpretations* of God's word, inspired by the Holy Ghost as the Catholic Church used to say. As a matter of fact, the *Dictionnaire de Théologie Catholique* is much more explicit with respect to our topic than the Protestant encyclopedias; it contains an article "Inspiration de l'Ecriture" which consists of almost 200 (!) pages. It is certainly not by mere chance that the radical Protestants who believed in verbal inspiration had discovered the Old Testament for themselves. With regard to this part of the Scripture the case seemed to be much clearer, and from there they mainly took their examples, from the Book of Genesis for instance where God says to Adam in Paradise "Where are you?" and where they then assumed that God really said that—preferably in English so that everybody could understand Him. The book of Genesis is the text which makes them reject evolutionary biology until today. For the Muslims, who think in terms of "book religions" and *ahl al-kitāb*, the unity of scripture is clear for the New Testament as well; they apprehend the Gospels as *al-Injīl*, in the singular form, as a revelation which was written down in one book like the Pentateuch (*at-Tawrāt*), the Book of Psalms (*az-Zabūr*), and the Quran. As a matter of fact, the earliest form under which Syriac Christianity had become acquainted with the Gospels and had used it in liturgy had been a synthesis of the four Gospel texts, a so-called "harmony", namely the Diatessaron of Tatian.

The analogies between both religions are obvious. But for a deeper analysis it is more rewarding to look at the differences. We find them especially on the level of metaphors. Let me give you only a few examples. Pope Gregory the Great and before him especially St. Augustine developed the concept of God having *dictated* the Gospels (the "Scripture") to the Evangelists. This theory had some backing in the Scripture itself, but again in the Old Testament rather than the New one; according to Exodus 34.27 the Lord had said to Moses: "Write these words down!" In Islamic theology, however, the metaphor does not occur, in spite of the fact that dictation was a well-known procedure in academic life. God does not speak directly to Muḥammad; he sends Gabriel as an intermediary. The Evangelists were scribes and as such simply disciples; Muḥammad, however, was a prophet, and God communicated with him by means of a messenger. A similar shift can be observed with regard to the paradigm of God as the *flutist* who blows His word into man. This was applied to the Evangelists in Christianity; the simile is frequently quoted after Athenagoras who seems to have used it for the first time. It is true that, in contrast to the dictation paradigm, this is found in Islam, too. But we come across it in a different context, in connection with a work of poetry and not with revelation: in the proem of Jalāluddīn Rūmī's *Mathnawī*. And a last example: In Protestant orthodoxy of the 17th century even the diacritical signs of the Hebrew text (again the Old Testament!) were considered to have been spoken by God Himself. This is unheard of in Islam. It is an excess which seems characteristic for German theology professors of that time, philologists who did not speak the language themselves (and who normally did not master it too well). A Muslim, who dealt with Arabic every day, could not ignore the fact that a text was normally not vocalized; this was, as all of you know, also true for the oldest Quranic manuscripts. Quranic philology always allowed for a plurality of approbated readings; even after the reform of Ibn Mujāhid in the beginning of the fourth century H. only the consonants of the text were standardized whereas the consonantal skeleton itself could still be read in seven different ways which, in principle, were considered to be of equal value. With regard to these *qirāʾāt* God had left the decision to man; nobody could therefore know which grammatical forms He Himself had really used. The Arabic term by which the consonantal skeleton was denoted, namely *rasm*, could therefore also be applied to the phenomenologically perceptible realization of the Divine word, the "trace" which was left on earth by the non-material speech of God.

I

The theologian who equated both usages of *rasm* was Ibn Kullāb, a man about whom I have to speak at greater length now. He was one of the predecessors of al-Ashʿarī, and he influenced Ashʿarī's doctrine in a decisive way. I have chosen him not only because of his specific awareness of the problem I want to talk about, but also because, for later understanding, he belonged to the "orthodox" wing of Islamic theology. I could have brought examples from the

Muᶜtazila, but since they were considered to be heretics by the majority of Sunni Muslims afterward I would have to reckon with the objection that they were ultimately not representative for Islam. I could even have come up with a parallel to the modern Christian belief that Scripture is only human speech about God. Bishr al-Marīsī, a Ḥanafī theologian who lived around the year 200 H., was convinced that the names given to God, i.e. the attributes which are found in the eulogies of the Quran, are *mustaᶜār*, "borrowed", insofar as they are transferred to God from man. They are therefore only metaphors, *istiᶜāra* as one used to say in rhetorics, and obviously not coined by God himself. If we apply them to God we are simply assigning a name to somebody whom we have not known before; they do not carry any information about God's essence. This doctrine might look like a nice start for a dialogue over the centuries, a "dialogue" of the kind cherished in our days. But it would be a dialogue to the disfavor of most Muslims, for Bishr al-Marīsī was the man behind the *miḥna*, anathema not only to the Ḥanbalites but also to the later orthodox community at large. It is true that he did not belong to the Muᶜtazilites, but he came close to them in many respects; he was a Jahmī, i.e. one of those thinkers in Iran and Iraq who, because of their rigid determinism, were treated by their opponents as followers of Jahm b. Ṣafwān. He is an interesting man, but, as in the case of the Muᶜtazilites, I do not want to put the Islamic view of history upside down. This would be something for the Muslims themselves to do. If I do say a few words about the Muᶜtazilites here, then only as a background for a better understanding of Ibn Kullāb.

The Muᶜtazilites believed that God created His speech in an earthly substrate. The example usually given is God's speaking to Moses from the burning bush; Moses did not hear God speaking Himself but only a voice which was created by God in the bush or the "tree" (*shajara*) as is said in sura 28 v. 30—where, by the way, the formulation seems to support the Muᶜtazilī interpretation: "a voice cried from the right bank of the watercourse . . . coming from the tree" (*nūdiya min ash-shajara*, passive form, not *nādaynāhu*). In the same cautious and impersonal way, so they thought, we have to talk about the Quran itself; it is speech of God only insofar as it is created in a written form in the copies we use or insofar as it is read and pronounced in a created voice during the recitation we hear. This even applies to Gabriel; he conveys the word of God, but the divine word is created in him during the act of revelation. What we have on earth, even in the most solemn moments, is never God's word itself, but, as one started saying since Jaʿfar b. Mubashshir, one generation after Abū l-Hudhayl, a "reproduction" (*ḥikāya*), something like indirect speech, oratio obliqua (which was also called *ḥikāya* by the grammarians). All this was Muʿtazilī doctrine during the time of the *miḥna*; it is easy to discover behind it, as a general basis, the belief in the createdness of the Scripture, the *khalq al-Qurʾān*.

Ibn Kullāb stood on the other side. He was no adherent of the *khalq al-Qurʾān*, and he wanted to refute the Muʿtazilites by a new theory of divine attributes. One of these attributes was God's speech, and as such it was *un*created. God is, as he said, "eternal with His speech", which also shows that, for him, this attribute—as all the other ones—was, in a certain way, an entity of its own. But this does not mean that the word of God which we recite on earth is equally uncreated, like its eternal prototype; rather it is only an expression (*ʿibāra*) of God's speech, its created phonetical form. In this detail, we are thus rather close to the Muʿtazilī doctrine of "reproduction"; as a matter of fact, sources which side with Ibn Kullāb tend to avoid defining the difference between *ḥikāya* and *ʿibāra*. Primarily *ʿibāra* was just a new term, not more. What was eternal for Ibn Kullāb were the contents of what we recite. But these contents are the same in the Quran and in the Old and New Testament. What stands against verbal inspiration is thus the plurality of virtually identical revelations. This is a typically Islamic idea. Christians did not envisage such a possibility; they were, as we might say, more provincial. It is true that they had the Old Testament besides the New one, but they did not acknowledge it as a Scripture which had been revealed by a Prophet in a separate act of revelation. Its message was not considered to be identical with that of the Gospels, but had to be made palatable by typological exegesis. And much of it, the entire "Law", was simply kept outside.

The living experience of pluralism, which in Islamic society was much stronger than in Medieval Christianity, the awareness of several communities existing side by side and using linguistically different scriptures whose message was—or should be—identical, induced Ibn Kullāb to distinguish between *qirāʾa* and *maqrūʾ*, i.e. the oral reading or recitation on one side, which is our material action, and that which is read or recited on the other, i.e. that which is brought to expression, God's intention, His thinking as we might say (although this would be a term which Ibn Kullāb avoided in order not to lose the connection with speech which, after all, was the attribute he was talking about). In the same way, he said, we have to conceive human speech: there is always a metalinguistic level to it where only the contents matter, beyond their verbal and grammatical realization—one of the points where grammar and theology converge and an important step in language theory which, as we know from the famous discussion between Abū Bishr Mattā b. Yūnus and Sīrāfī which took place some time afterwards, was not gladly accepted everywhere among the grammarians. Nor was the theological aspect of the theory to everybody's taste. For it meant, as Ibn Kullāb saw it, that God's real speech was something where He had all his revelations together, a coherent unity (*shayʾ wāḥid*) which was not yet divided into different languages or sentences, separate statements or texts. If God is beyond language He does not use nouns or finite verbs, neither imperatives nor questions. Grammar is something terrestrian; it belongs to the realm of *ʿibāra*, and it is different in the different idioms of revelation. The delicate point in this theory was the imperative. For Ibn Kullāb, the imperative did not belong to divine speech. But "imperative" (*amr*) means commandment (*amr*), and commandment means Law. Now, unlike a Christian, a Muslim could not just ignore Law or leave it to the Jews and their Old Testament. This may have been the deeper reason why Ashʿarī here—and only here—criticized Ibn Kullāb; God is, he said, commanding and prohibiting from eternity onward as He has been eternally speaking. This was an understandable correction, but since al-Ashʿarī kept all other statements as they were he destroyed, as it seems, the coherence of Ibn Kullāb's system.

He did so, we may assume, because he was under pressure. Ibn Kullāb's doctrine, though "orthodox" in comparison to that of the Muʿtazilites, did not find much favor with Ibn Ḥanbal. One of Ibn Kullāb's earliest adherents, the mystic al-Muḥāsibī, had life made for him so difficult by Ibn Ḥanbal's pupils that he left Baghdad and stayed in Kūfa. Yet the Ḥanbalites, though radical, were in their approach completely consistent. They did not make any difference between *qirāʾa* and *maqrūʾ* and therefore did not have any need for a term like *ʿibāra*. The divine speech has come down on Muḥammad without any transformation, in a veritative (*ḥaqīqī*) way, they said; there is no reason why it should not have consisted of sounds and been shaped in grammatical form from eternity onward. We only have to redefine "sound": as everything that can be heard, without regard of its mode of production. We do not know how Ḥanbalī theologians solved the problem of former revelations, in Hebrew or Syriac, but it seems that they were not much bothered by it, and it was, of course, quite possible to assume that God had spoken at several moments of human history and had been verbally heard at several times. Even then, though, the situation was still somewhat vague. For even when, as the Ḥanbalites said, God's speech was identical with the letters (*ḥurūf*) of the Quran "letters" merely meant "consonants", for the consonants were the only part of the text to be written down, and the actual reading could still vary individually. The moment of truth came once one had to talk about recitation, and, as a matter of fact, the Ḥanbalites did the decisive step: they said that even the pronunciation (*lafẓ*) of the Quran is uncreated. If this is so then what we recite is exactly what God said from eternity onward; only then verbal inspiration is a logical and inevitable consequence.

As a historian and a non-Muslim, I should not ask who was right and who was wrong. We can only point to the fact that Ibn Ḥanbal and his school encountered a lot of opposition, not only among the adherents of Ibn Kullāb and, later on, al-Ashʿarī but also from scholars who, in our days, are considered to be heroes of "orthodoxy": Bukhārī for instance or Ibn Qutayba. Bukhārī said in his *K. Khalq al-afʿāl*: "The pronunciation (*lafẓ*) is different from what you pronounce. For you may pronounce (the word) 'God', but God is not your pronunciation. Similarly, you pronounce when you say 'God' an attribute of God (i.e. His divinity), but when you say 'God' this is not the attribute itself. You rather describe the owner of this attribute; you are the one who describes, and God is the one who is described by His own words . . .". This sounds altogether a little bit awkward; Bukhārī was not primarily a theologian, he was a Hadith scholar. But his criticism is quite outspoken although he does not mention Ibn Ḥanbal by name. As a matter of fact, it did not fail to bring him into trouble. When, a few years before his death, he made a trip to Central Iran the opposition used the intellectual climate at the town of Nēshāpūr to make him feel his vulnerability. During one of his guest lectures he was led to state, by a question from the audience, that the recitation of the Quran is created since all human actions are created; his book, after all, was entitled *K. Khalq al-afʿāl*. This statement created a scandal; the questioner had, as was assumed, been dropped a hint from Baghdad, i.e.

from the Ḥanbalites who still had their stronghold in the capital and slowly expanded into Iran. When Bukhārī left the town only one of his friends dared accompany him till beyond the gate. In Rayy where he stopped afterward Abū Zurᶜa and Abū Ḥātim ar-Rāzī, two renowned local hadith experts, sat at his feet, but when they got a note from Nēshāpūr they no longer transmitted his hadith.

Ibn Qutayba shared Bukhārī's opinion; he even attacked Ibn Ḥanbal openly. He found it ridiculous to avoid talking about the topic of *lafẓ* as Ibn Ḥanbal had admonished people to do, for he was convinced that the problem could be solved by rational argumentation. He only proceeded in a more philological way than did al-Bukhārī. The confusion originated, as he saw it, in a lexicographical remark made by Abū ᶜUbayd who had treated *qirāʾa* and *qurʾān* as synonymous because they were both infinitives of *qaraʾa*. This is, he said, only true in grammar, not in theology; in reality, *qirāʾa* is ambiguous and may denote the created act of recitation as well as the uncreated Quran. He summarized his position in a treatise which, already by its title, testified to its real intention: *K. al-Ikhtilāf fī l-lafẓ*. His polemics were by no means a matter of personal extravagance. In Eastern Iran, the Ḥanbali standpoint could never establish itself. Ḥanafī scholars like Pazdawī or Makḥūl an-Nasafī did not accept the uncreatedness of *lafẓ*; Ghazzālī, in spite of being a Shāfiᶜite, did not do so either. The Ḥanbalites themselves had some afterthoughts, even in Baghdad. Ibn ᶜAqīl found it somewhat suicidal to give offence, in this respect, to the consensus of all other scholars. This amounted to saying that he found the attitude of his own school a little bit extremist; vulnerating the consensus was among the worst sins against the code of social behavior one could think of.

Indeed, whoever believed the recitation to be uncreated committed a sacrifice of intellect. This is why Massignon thought he could not explain Ḥanbalite dogma in this point unless as a kind of mystical experience, like transsubstantiation in Christianity. The comparison does not fit, however, for even a mystic like Muḥāsibī—a rather intellectual one as we have to admit—was against *lafẓ*, as was Makḥūl an-Nasafī who belonged to the Karrāmiyya who came at least rather close to mysticism. There are more examples of this kind. Jalāluddīn Rūmī, e.g., imagined the Prophet as a kind of extatic who, in the moment of revelation, is intoxicated with God and therefore says *qāla llāh* "God says" inspite of the fact that it is he, Muḥammad, himself who is speaking in this moment—verbal inspiration thus as a result of *fanāʾ*, vanishing in God. But Rūmī also states, in the same text, his *Fīhi mā fīh*, that God's speech does not consist of letters and sounds (*ḥurūf*, i.e. consonants); God only transmits it this way. This was more or less Ibn Kullāb's and Ashʿarī's doctrine; what Rūmī wanted to say was, in our words, that God is *always* having thoughts and *sometimes* pronouncing words—"speech", the term for the divine attribute, comprising both actions. In another passage, Rūmī describes how a mystic was told by a grammarian that speech always consists of noun, verb and particle and then tore his gown exclaiming: "For twenty years I have been living in the hope of there being a 'word' different from this beyond it!" Half a millenium later, Shāh Walīyullāh Dihlawī wrote in his *Tafhīmāt ilāhiyya*: "The words of the Quran are only in the form of the Arabic language which was familiar to Muḥammad and in which he could think, while the ideas flowed from the unseen to teach him as a means of God's nearness to man". For Shāh Walīyullāh then, a mystic, God was near enough to the Prophet without talking to him in His own words. For Sayyid Aḥmad Khān, the servant of the East India Company and modernist, it was not enough, for this was the passage he protested against in the statement I quoted in the beginning.

II

What is interesting is that none of these thinkers explicitly introduced Gabriel into the picture. As far as Ibn Kullāb is concerned, we might explain this by the fact that we have almost no original text from him, only summaries made by doxographers. For him, Gabriel may have been the intermediary who transposed God's ideas into human language. But this is mere speculation. We should not forget that Gabriel does not yet appear in the suras of the Meccan period; he does not fit into their extatic style—as he did not fit into Rūmī's concept of Muḥammad as the extatic who was no longer aware of the provenance of his words. But then, in sura 2 v. 97, he is introduced as the one who, "by the leave of God", brought the Quran down upon Muḥammad's heart; and he plays, of course, a dominating role in the famous story of Muḥammad's vocation where he puts a written text, namely the beginning of sura 96, before Muḥammad's eyes, on a cloth—a text which the Prophet has simply to repeat as it occurs in an act of dictation. Gabriel's function is thus ambiguous; he is a mere instrument in the hand of God, but he also serves as a means to separate God from man, most obviously in the famous vision of sura 53, v. 5–10, where the person seen by Muḥammad at the horizon had originally been God but was then reinterpreted as Gabriel in order to avoid anthropomorphism.

As far as revelation was concerned the only human being who, according to the testimony of the Quran, had been addressed by God immediately, without a messenger, was not Muḥammad but Moses. This was said in sura 4 v. 164, in a parenthesis which enhanced the spectacular character of the statement: "and unto Moses God spoke directly" (*wa-kallama llāhu Mūsā taklīman*), and the context clarified what was meant: if all the messengers enumerated in the verse bore "good tidings, and warning, so that mankind might have no argument against God", then because one of them, Moses, had even been spoken to directly, in a verbal epiphany. For normally God talks to man "by revelation (*waḥy*), or from behind a veil, or by sending a messenger" (sura 42 v. 51), but Moses He called "from the right side of the Mount", and He "brought him near in communion" (sura 19 v. 52). He took him aside, as it were, on Mount Sinai, and talked to him "from face to face" as is said in Deuteronomy 34.10 or "from mouth to mouth" as it is formulated in Numeri 12.8. The Jews insisted on this detail; Maimonides put some emphasis on it in the Thirteen Principles which he laid down in his Commentary on the Mishna and thus codified it for further generations. With exception of the Ashkenazim all Jewish groups included his Thirteen Principles in their daily ritual.

The Muslims accepted the Quranic statement with awe; they called Moses therefore *kalīm Allāh*. But ultimately they were loaded with a theological problem. It is true that, in sura 4 v. 164, the Quran does not unmistakably say that Moses was the only one to be directly addressed by God; there was even another verse (sura 2 v. 253) which could be understood as pointing to the contrary; *minhum man kallama llāhu*, the relative pronoun (*man*) lending itself to an interpretation as a plural as well as a singular. As a matter of fact, Abū Yaʿlā tells us that the Ḥanbalites believed Moses and Muḥammad to have been the only persons who had heard God speaking directly. But outside their school nobody seems to have had the idea of generalizing the case; the concept smacked of anthropomorphism. Certain Muʿtazilites are even said to have proposed a different vocalization of the sentence: not *kallama llāhu Mūsā taklīman*, but *kallama llāha Mūsā taklīman*. This sounded a little bit strained, and, as a matter of fact, it is only attested in a very late source; but in the Quranic parallel *minhum man kallama llāhu* it was, because of the lack of the *ḍamīr* (we would expect *minhum man kallamahū llāhu* or *kallamahum Allāhu*), easily defendable to read *minhum man kallama llāha*. The traditions adduced by Ṭabarī in connection with the passage show to what extent people racked their brains about it. They wondered how Moses could have endured the impact of God's speech since in another passage (sura 7 v. 143) it was said that, when he had asked to see God at the Sinai, he "fell down swooning". And seen from the perspective of Ibn Kullāb's position, how could Moses understand God's message when it did not consist of words? ʿAbdarraḥmān b. Mahdī, the traditionist of the beginning of the third century, tells us something about the intensity of the debate when he postulates that whoever pretends that God did not speak to Moses should be treated as a *zindīq*, a heretic. As a matter of fact, the Muʿtazilites, if they ever tried to handle sura 4 v. 164 by means of a different vocalization, did at least not stick to it. Abū l-Qāsim al-Balkhī, the Muʿtazilī theologian from the generation before al-Ashʿarī, interpreted the sentence only insofar in a Muʿtazilī way as he concluded from the singularity of the Sinai event that God's speech originated in time and could therefore not be eternal.

Incidentally, even in Judaism some theologians had had their misgivings. Philo had thought that at Mount Sinai only a voice had been created by God in the air which then had been heard by Moses. This corresponded to the Muʿtazilī doctrine of the substrate while preceding it by almost eight centuries. But it also reminds us of the concept of the *bat qol*, the voice of divine revelation which is frequently mentioned in Rabbinic teaching: if man is addressed by God he is so from the off, as it were. Islamic texts describe similar events, especially in connection with the Last Judgment. For if there is any moment where God speaks directly to man from person to person it is this one; God examines man's deeds and asks him to assume responsibility for them. So at least with regard to the believers; as far as the others are concerned, those "who conceal what of the Book God has sent down", their being addressed by Him is explicitly excluded: "God shall *not* speak to them on the Day of Resurrection neither purify them" (sura 2 v. 174). Which means: God praises those who acted according to His will whereas He simply turns away from those who went astray. But in spite of that the aḥādīth which illustrate the event are remarkably reticent when mentioning His speech; they use the passive voice or they talk about a *dāʿī*, a "caller", which more or less corresponds to the *bat qol*. In exegesis, this *dāʿī* is, by the way, usually explained to be Gabriel.

III

I do not want to drown you in a mass of detail. The impression I created is probably that a concept which in our days does not arouse any intellectual interest was a much debated issue then. But what can we get out of it for our own problem? In early Islam, revelation as such was not the object of a consistent theory; for this we have to wait until the time of the philosophers, especially Ibn Sīnā. Listening to God's voice was considered a priviledge as well as a trial and a test. Verbal inspiration was, in one way or the other, on everybody's mind, but it was not a topic elaborated in speculation; you cannot speculate about something for which you don't have a term. The theological "research program" of the period was different: the uncreatedness of the Quran first, and then its superiority over other texts and inimitability (*iʿjāz*). It is true that, in modern understanding, both tenets seem to imply verbal inspiration. But we saw how those who upheld the uncreatedness of the Quran carefully tried to differentiate between the divine speech and its earthly realization, and as far as *iʿjāz* is concerned we have to keep in mind that this was a doctrine brought up by the Muʿtazilites, i.e. by people who, with respect to our problem, were at least as cautious as were Ibn Kullāb and his successors. As for the rest, we have to read between the lines. Revelation in Islam is mediated revelation, transmitted in the form of a message. Not only is the Prophet *rasūl Allāh*, but he also receives his message from another messenger, from Gabriel, as a kind of "Botenspruch" in order to use one of those terms of German Old Testament studies which, through the efforts of John Wansbrough, made their way into Anglo-American orientalism. But who tells us that mediated revelation is not, nevertheless, verbal revelation? The angels are, according to the Muslim view, "mere functionaries" as Fritz Meier put it, "reine Beamte"; they have no will of their own and they simply do what God wants and tells them to do.

However, revelation is a task of its own. Juwaynī, the teacher of al-Ghazzālī, thought that Gabriel had communicated with the Prophet in two different ways. One time he read something to him from a text which was written down; this statement was verbally identical with God's speech. But then, at another time, he repeated only virtually what God had told him, according to its meaning. Juwaynī thus imagined how a messenger could proceed in living reality. The question is only which particular cases he had in mind. Suyūṭī who quotes this passage in his *Itqān* wants to restrict the latter case—repetition ad sensum, not verbatim—to the *sunna* which, for him, was a second kind of revelation. But we may doubt whether this was what Juwaynī had wanted to say. Almost five centuries had passed since his time, and the intellectual climate had decisively changed. It is true that Gabriel had always been conceived as the transmitter of a *revelatio specialissima*, first in the Book of Daniel (9.21), then in the Gospel of Luke, with regard to the Annunciation (Lk 1.26 ff.), and finally in the Quran. But the speciality of this revelation had always been in contents not in its linguistic form. Revelation (*waḥy*) is described in the Quran as if Muḥammad could find the appropriate words himself; he is "guided" to the right formulation. Ibn Abī Sarḥ who, for some time, served as his secretary claimed after his temporary defection from Islam that once when writing down a particular revelation he had found a fortunate—and therefore better—wording himself and Muḥammad then included it in the "Quran", i.e. accepted it as the approbated version. This story, frequently told by people like Ṭabarī and others, was, of course, a scandal, but not so much because Ibn Abī Sarḥ had changed God's word, but rather because he pretended to have a greater capability of expression than the Prophet.

So, again, we are left in the clair-obscur which seems to be typical for this question. Let us therefore try a last criterion, one of those with which the discussion is normally closed before it is opened: the fact that Quranic verses, when they are quoted, are introduced with the formula *qāla llāhu taᶜālā*. It is true that, in Christian texts, we would rather find "it is written" or "the Bible says", but what is meant in both cases is not more and not less than the fact that "the Word of God" is reproduced in such a place. It seems that, in Iraq during the first century of Hijra, the formula still met with some opposition. Rabīᶜ b. Khuthaim warned: "Be on your guard and don't say *qāla llāhu fī kitābihī*, 'God says in his Scripture', for God might object 'You are a liar. I did not say that'!". And Rabīᶜ's disciple ash-Shaᶜbī, the famous early jurist, when being asked, with reprimanding overtones, 'Does God not say so?' is said to have rejoined: "Who tells you so? From where do you know?". Jāḥiẓ, who preserved both remarks in his *K. al-Ḥayawān*, himself used a somewhat more elaborate formula: *qāla llāh fī kitābihī ᶜalā lisāni nabiyyih* "God said in His Book through the mouth (or: in the language) of His Prophet". This is not a typically Muᶜtazilī wording; we also find it in the *K. al-Ḥayda*, an anti-Muᶜtazilī (and anti-Jahmī) text which describes a disputation about the *khalq al-Qurʾān* during the *miḥna*—a text, by the way, which seems to have a Kullābī background. Similarly, the Muᶜtazilite Ibn al-Munajjim says somewhat later in his *K. al-Burhān*, before the background of the *iᶜjāz* discussion, that the Quran came about through God's help as a sign of Muḥammad's special eloquence.

When formulating in such a cautious and circumspect way theologians and other people seem, at certain moments, have considered the danger of the Scripture being ideologically misused when it was sealed off too strongly. Hishām al-Fuwaṭī, a Muᶜtazilite and disciple of Abū l-Hudhayl, wanted that certain passages from the Quran which were used in anti-Muᶜtazilī polemics, especially concerning the question of free will, but also with regard to a transcendent notion of God, should be quoted literally only during the recitation, i.e. in liturgy, whereas in normal discourse or in theological debate they should be reformulated. This insight did, of course, come more easily to somebody who was the victim of ideological or fundamentalist attack himself. Shahrastānī was suspected of not believing in the literal character of revelation, i.e. of not accepting verbal inspiration, since he avoided using the formula *qāla llāh*. He was an Ismāᶜīlī; people may have surmised that he substituted to the Quran an inner meaning. He stood in the tradition of Avicenna, and Avicenna's doctrine of prophecy could scarcely by reconciled with verbal inspiration. For if the prophet talks to the masses in images so that they better understand his message (which is Ibn Sīnā's standpoint) then truth is not *in* the words but *behind* them.

The formula *qāla llāh* was probably justified by and derived from the fact that God frequently addressed his prophet in the Quran with the word *qul*. But again this is a detail which does not help us much in our question. As is well-known we find such a direct form of address already in the Old Testament. In Exodus 31.13 Moses, when establishing the commandment of the Sabbath, is told by God:

"Tell the children of Israel and say!". But the commandment which followed this formula did not necessarily reproduce in a literal form what God wanted His prophet to proclaim. This was clearly expressed by Juwaynī: a messenger is only obliged to repeat the contents; the way, however, in which he brings them over depends on the situation and the comprehension of the recipient. By the imperative *qul* Muḥammad is instructed, as is shown by the relevant passages, how to react during specific situations in a specifically approbated and therefore frequently stereotype way; maxims are introduced like that, prayers and statements of belief, but especially rhetorical questions by which he is supposed to address his opponents. God therefore always talks about Himself here in the third person. The Prophet should, for his own best, faithfully keep to these directions, but this does not mean that, in the living performance of his speech, he would of necessity have to repeat these sentences verbatim. And even if they are repeated verbatim then only because they form a stabilizing element in the discourse of the community. Nothing is "dictated" here; rather certain dialogue situations are imagined in a paradigmatic form. What is intended is not verbal inspiration but—in order to use again a term derived from modern hermeneutics—*simulatio*, i.e. the reconstruction of a certain situation for pedagogical purpose. When such a verse is quoted in theological literature the *qul* may sometimes even be omitted.

IV

Do we have to say then that verbal inspiration did not exist in Islam? Not at all. On the contrary, subconsciously it was the prevailing axiom; all the theological speculations I mentioned were only attempts to cautiously modify it or to point to its dangers. In Christianity where theology worked on the basis of four Gospels verbal inspiration was an extremist doctrine, at least in Europe, and nowadays Christian theologians are so embarrassed by it that they prefer not to mention it at all. In Islam, however, where people believe in one Book they also believed in one Word, and only certain perspicacious thinkers reminded them that things were not so simple. In both religions, the dynamics of doctrinal evolution went into contrary directions. In a non-secularized world verbal inspiration is, after all, quite a normal assumption; whoever thinks he is listening to God's word wants to have it in its totality, not with restrictions and caveats. In all religions which are based on revelation God's speech is His principal form of epiphany. The German egyptologist Siegfried Morenz has coined the expression "Genialität des Hörens" as a quality of Near Eastern mentality altogether, the "genius for listening"; audition was nobler than vision. In the realm of religion this had much to do with the fact that listening was equal to obeying; by speaking God proved himself to be the Lord. "I listen and obey" (*samᶜan wa-ṭāᶜatan*) was the formula by which the servant complied with an order. He had to obey even when the order came "from behind a veil" whereas the vision of God was in a certain way already an act of mental occupancy and could only be understood as a special favor. Even the caliph or the Shii imam sometimes sat behind a veil. It is true that there were attempts in early Islam to play off Muḥammad's vision during the *miᶜrāj* against Moses's Sinai experience, in a climax of prophetic experience where Abraham had been the "friend" of God, Moses the one who had been spoken to by God but denied a vision since he was not strong enough for it, and finally Muḥammad who had seen God in person. But these speculations were confronted with sharp opposition because of the anthropomorphism involved. Muslim theologians later on called revelation simply *as-samᶜ* "listening"; this corresponded to Muḥammad being primarily a messenger. As has frequently been stressed since the days of Nathan Söderblom, the word of the Quran was a manifestation of the transcendent as was incarnation in Christianity.

Biblical scholarship has taught us how, as a result of this mentality, texts of the Old Testament were edited and reedited, in the run of centuries, in the direction of steadily greater authority. In the prophetical books, the formula "Thus speaks the Lord" (*nᵉʾum Yahwe*) was, in a secondary stage of redaction, frequently added at the beginning of a passage so that the prophetical speech about God became speech of God Himself. In Qumran a sixth book of Moses has been found in which the reports are no longer given in the third person but where God tells the story himself. In Judaism, verbal inspiration appears as an explicit theory since Philo and the penetration of Hellenistic thought; at that time this doctrine which looks old-fashioned to modern Christians was quite modern, clearly resulting from a further push of rationalization inside religion. In the Pastoral Letters which are transmitted, in the Acts of the

Apostles, under the name of St. Paul the theory is circumscribed by the term θεόπνευστος "inspired by God". Support was given to it by the belief that Scripture had to be free of error and eternally valid. Not "the smallest letter nor a dot of the law" will vanish "before all this happens", we hear in the Gospel of Matthew. And for Origen "every letter" is spoken by God, for Gregory of Nazianzen "every dash and every line".

This was an impressive heritage; early Christian texts look rather Islamic in this respect. The Quran changed the "Thus speaks the Lord" into "Thus speaks *your* Lord (*qāla rabbuka*)", *-ka* meaning Muḥammad and thereby making clear that it was not the Prophet who spoke in the name of God, but that God spoke through the Prophet. What was most important now was the text, the Book, not the event as in the life of Christ. After all, Islam was the first religion among those based on a revelation where, *pace* Wansbrough, Scripture was earlier than (prophetic) Tradition. The Gospels only transmitted what had been believed by the first community after the death of Jesus; insofar they were speech about God. In Islam the "speech about" only came to the fore with the *sunnat an-nabī* whereas Muḥammad heard God's word itself, albeit through the voice of Gabriel. Islamic theology therefore never needed presuppose an intervention of the Holy Ghost. But like Protestantism which devaluated tradition together with the authority of the Church, Islamic thinking ran the danger of permitting to Scripture a dynamics of its own. Only a believer can, of course, decide how far he wants these dynamics to go. But if he wants to fight the danger underlying it, the misunderstandings and exaggerations which may ensue from it, the ideological usage as we might say in our terms, he cannot do this, I think, with Descartes and Immanuel Kant—and not even with Paul Ricoeur—nor will he, in the long run, be successful with arrest and executions; he will have to know something about the history of Islamic thought. Fundamentalism may be analyzed by sociology and political science, but if one wants to leave the descriptive level and enter into communication, one has to talk from within. This depends on whether one wants to do so or has the intellectual training and experience which is indispensable for such an attempt. But I must leave that for others to decide.

METHOD OF THEMATIC INTERPRETATION OF THE QUR᾽AN

Hassan Hanafi

I. *Limitations of longitudinal Commentaries*

Qur᾽anic interpretation has proceeded till now from the beginning to the end, from Surat al-Fatiha to Surat al-Nas, surah after surah, verse following verse, from right to left, according to the written order of surahs considered to have been dictated by the prophet himself. The huge voluminous classical commentaries on the Qur᾽an (al-Tabari, Ibn Kathir, al-Zamakhshari, etc.), even modern ones such as *al-Manar* of Rashid Rida and *Fi Zilal al-Qur᾽an* of Sayyid Qutb are organised this way.

The advantages of such longitudinal interpretation are:

(1) It provides maximum information about the text's historical, linguistic and social circumstances. It offers knowledge and makes readers more aware of the objective setting of the text. Classical commentaries by historians give the old setting of the text while new commentaries by reformers illuminate the modern socio-political setting. The purpose of modern reformers is not only to understand meaning but also to change reality.

(2) It follows the traditional and scriptural order of the Qur᾽an, which may have its own wisdom: combining different literary genres: narrative, command, warning, promise, etc., since the Qur᾽an is not only a book of knowledge but also of persuasion and conviction. It does not address itself only to reason but also to feeling. It does not provide only theory but motivation to practice.

(3) It helps us understand the mentality of classical commentators, the sources of their knowledge, historical circumstances, and the level of understanding, since every commentary is a historical one. It also helps us understand the spirit of the time, the state of the art, and the historical period. It shows how understanding of revelation is conditioned by history.

However, the disadvantages of such longitudinal interpretation are also considerable:

(1) It interrupts the presentation of the same theme in several surahs with other themes, for instance: wealth, power, people, reason, senses, individuality, social, solidarity, etc. Each of these themes is exposed partially according to context, but the theme as a whole is lost in concentration on its different parts.

(2) It repeats the same theme several times without accumulating meanings to build a global concept, such as a view of the status of women, which is dispersed throughout the book. Each time, one aspect of the theme is discovered. Insight remains partial and needs to be brought together in one core.

(3) It lacks a structure for the theme, rational, real or both, a structure which permits the theme to stand on its own, having its validity and its verification from within not from without, in reason and in nature, not in Scripture.

(4) It lacks a coherent ideology or global worldview that links partial aspects of the theme in a global view, moving from the parts to the whole. Seeing, hearing, feeling, etc. are parts of cognition. Doing, speaking, interacting, etc. are aspects of consciousness. Cognition and consciousness are different dimensions of human individuality.

(5) The voluminous commentaries are exhausting to read, expensive to buy, difficult to store, heavy in the hand. The quantity of text is discouraging. The reader is puzzled by pedantry. Sometimes the original text of the Qurʾan appears to be more handy and simpler to understand.

(6) Such interpretation confuses information with knowledge. Information is something already known somewhere and communicated from one source to another, while knowledge is something new, an addition to previous information and knowledge. Sometimes the commentaries give information; while the Qurʾan gives knowledge.

(7) The information provided by longitudinal commentaries is separate from the needs of the soul and of present-day society. The reader does not identify with the reading. The reading is cold, useless, and obsolete information while the reader needs living, useful and up-to-date knowledge.

Thematic interpretation fills in the lacunae of longitudinal commentaries. It has the following advantages:

(1) Interpreting the Qurʾan is not only to deduce its meaning from the text but also to induce it from reality, not only to explain (*Auslegen*), but also to understand (*Verstehen*); it is not only knowing (*Wissen*) but being aware of (*Besinnen*).

(2) The interpreter is not only a receiver of a meaning but also a giver. He receives the meaning and puts it in a structure, a rational and a real one. Since reason and reality are the same, thematic interpretation is the discovery of the original identity of revelation, reason and nature.

(3) Interpretation is not only analysis but synthesis, not only division of the whole into its parts, but bringing the parts together to form a whole. Interpretation is seeing the core of the thing, the focal point of the object.

(4) Interpretation is discovering something new between the lines, adding to common knowledge the unknown and the unwritten, going into a deeper level of consciousness. Interpretation is almost writing a new text, the reflection of the Scriptures in the mirror of the individual consciousness.[1]

II. *Disciplinary Commentaries on the Qurʾan*

Traditional commentaries on the Qurʾan are disciplinary commentaries according to the classification of the major Islamic disciplines: scriptural disciplines such as *Qurʾan*, *Hadith*, *Tafsir*, *Sira* and *Fiqh*; scriptural-rational disciplines such as theology (*Kalam*), *Hikma*, jurisprudence (*Usul al-fiqh*), and mysticism (*Tasawwuf*); pure rational disciplines such as mathematics, geometry, music and astronomy, physics (including medicine, pharmacology, botany, biology) and even human disciplines such as philology, rhetoric, geography, and history. The word "discipline" is a better translation than the word science, which has become almost synonymous with natural science. The Qurʾan became the subject of such disciplinary commentaries more to strengthen the discipline than to understand the Qurʾan. The Qurʾan has been used as a means to establish a discipline, and

---

[1] Cf. Hassan Hanafi, "Do we have a theory of interpretation? Which comes first, a theory of interpretation or a method of analysis of living experience? Returning to the source or returning to nature?" in: Contemporary Issues (*Qadaya Muʿasira*) 1 (1976) Cairo, 175–178.

afterwards the discipline has been used to interpret the Qurʾan. That was the beginning of thematic interpretation.

The theme became a whole field of research, a school of thought or a sectarian trend. The following are examples of such commentaries:

(1) Philological interpretation has used the language as an end in itself, as if the Qurʾan were a book of language. Linguistic sciences, philology, phonetics, syntax, semiotics, stylistics, rhetoric, etc. are all subsidiary tools to understand the meaning. Language, after all, is the form of thought, while meaning is its content. External reality is its point of reference. Language is the house of being, not an empty structure. Nuances of expression, refinement of wording and *l'esprit de finesse* are tools for something else, understanding the meaning and discovering reality.[2]

(2) Legal interpretation has tried to deduce from the text the legal qualifications of human actions, since the heart of revelation is law. Jurists are the guardians of revelation. Sometimes it goes beyond sectarian law to the unity of law. However, law is seen as distinct from the creed, from the philosophy of law, and from jurisprudence. Law itself is the expression of the law of custom. That is why legal interpretation has become obsolete and fails to satisfy modern legal needs. Historic law became law of all times.[3] There was no jurisprudential interpretation since jurisprudence is only an axiomatic discipline involving the norms of human behaviour and the analysis of common welfare and public interest. The whole and integral text is not needed in a systematic interpretation, since public interest is changing with time. However, some rules were included in legal interpretation and became the subject-matter of a subsidiary discipline, that of legal rules (*ʿilm al-qawaʾid al-fiqhiyya*).

(3) Historical interpretation has been done by historians who use their knowledge twice, once in writing history and another time in writing historical commentaries. Reality is the original historical cir-

---

[2] al-Zajjaj, *Iʿrab al-qurʾan*, 3 vols., ed. Ibrahim al-Ibyari, Cairo 1953–65.

[3] Al-Jassas, *Akham al-Qurʾan*, Cairo 1347 H. (hanafite); Ibn al-ʿArabi, *Ahkam al-Qurʾan*, Cairo 1331 H. (malikite); al-Qurtubi, *Al-Jamiʿ li-Ahkam al-Qurʾan*, Cairo 1932/45 (malikite); Mikdad al-Suyuri, *Kanz al-ʿirfan fi fiqh al-Qurʾan*, Tabriz 1314 H. (Twelver Shiʿa); Jalaladin al-Suyuti, *al-Iklil fi istinbat al-tanzil*, Ms. al-Azhar no. 1782 (shafiʿite), Yusuf al-Tilani, *al-Thamarat al-yaniʿa*, Ms. Dar al-Kutub, no. 41 (zaydite).

cumstances in which the Qurʾan was revealed. However, this first reality is only a model to be repeated in all other historical instances. Fixing old circumstances blocks history to one of its phases. Jewish narratives were used to complete the information lacking about the history of prophecy. Interpretation as whole was based on an implied theory of correspondence (*adaequatio rationis ad rem*), as if the Qurʾan were a book of history, not a book of wisdom. Historical interpretation fell into the historicist fallacy which is called in Islamic tradition interpretation through narrative (*al-tafsir bi-l-maʾthur*).[4]

(4) Theological interpretation was a means to substantiate the doctrinal opinions of theological schools and a political weapon against political opponents, especially regarding the doctrine of predestination. It fell into literalism and material objectivism, as if doctrines were things in the external world, not motivations for action in the internal world. Reason became subsidiary to Scripture and became a mere justification of the given, not a foundation. Some doctrines were mere justification of the status quo, defending existing political regimes and discrediting the opposition. Some other doctrines were mere hypotheses with no practical implications.[5]

(5) Philosophical interpretation is a late development of theological interpretation, just as philosophy itself is a later development of theology. It is interested in philosophical ideas concerning God, the world, man, destiny, prophecy, eschatology, and the doctrine of the imamate. It is linked to Muʿtazilite interpretation since both interpretations depend on the antinomy between reason and belief. It

---

[4] al-Tabari, *Jamiʿ al-bayan fi tafsir al-Qurʾan*, Cairo 1323 H.; al-Husayn b. Masʿud al-Baghdadi, *Maʿalim al-tanzil*, Cairo 1345 H.; Ibn Kathir, *Tafsir al-Qurʾan al-ʿazim*, Cairo 1356 H.; al-Thaʿalibi, *al-Jawahir al-hisan*, al-Jazaʾir 1323 H.; al-Suyuti, *al-Durr al-manthur*, Cairo 1314 H.; al-Firuzabadi, *Tanwir al-miqyas min tafsir Ibn ʿAbbas*, Cairo 1344 H.; Abu l-Laith al-Samarqandi, *Bahr al-ʿulum*, Ms. Dar al-Kutub no. 3; al-Thaʿalibi, *al-Kashf wa-l-bayan ʿan tafsir al-Qurʾan*, Ms. al-Azhar, no. 136/5561; al-Andalusi, *al-Muharrir al-wajiz fi tafsir al-kitab al-ʿaziz*, Ms. Dar al-Kutub no. 10/356.

[5] Muʿtazilite interpretation: al-Qadi ʿAbdaljabbar, *Tanzih al-Qurʾan ʿan al-mataʿin*, Cairo 1339 H.; al-Sharif al-Murtada, *Amali*, Cairo 1325 H.; al-Zamakhshari, *al-Kashshaf*, Cairo 1350 H.; Imamite interpretation: ʿAbdallatif al-Karzani, *Muqaddimat mirʾat al-anwar wa-mishkat al-aṣrar*, Ajam ⟨?⟩ 1303 H.; al-Hasan al-ʿAskari, *Tafsir*, Tabriz 1314 H.; Abu ʿAli al-Tabarsi, *Majmaʿ al-bayan*, Teheran 1314 H.; Mollah Muhsin al-Kashi, *al-Shafi*, 1244 H.; al-Sayyid ʿAbdallah al-ʿAlawi, *Tafsir al-Qurʾan*, Teheran 1352 H.; Sultan al-Khorasani, *Bayan al-saʿada*, Teheran 1314 H. Zaydi interpretation: al-Shawkani, *Fath al-qadir*, Cairo 1349 H.; Khariji interpretation: Muhammad ʿAtfish, *Haml al-zad ila dar al-maʿad*, Zanzibar 1314 H.

is also linked to mystical interpretation since both practice esoteric taʾwil. It is linked to neighbouring cultures especially the Greek one, absorbing them and even coming to their defence. However, philosophical interpretation went too far in speculative analysis. The purity of reason led to a certain kind of illumination. The macrocosm became identified with the microcosm. Socio-political realities were sacrificed for the sake of utopia.[6]

(6) Mystical interpretation was also a means to strengthen the mystic position within the community against its opponents, the jurists. Esoteric interpretation was a reaction against the legal and exoteric interpretation of the jurists. The world of interiority is conceived as the opposite of the external world. This exegesis appeared under circumstances when active political opposition failed to change the status quo. Mystics refused to yield. They tried to save themselves from the world once they were incapable of saving the world. It began with experience. Revelation was substantiated in human experience. Unity involved everything. Practice had an absolute priority over theory. Finality replaced causality. External opposition turned to internal dialectics. However, mystical interpretation transformed the whole world, including the text, into metaphor. Pathos replaced reason, interiority cancelled exteriority. Isolation was the road to spiritual communtiy. Predestination swallowed free will.[7]

(7) In modern times, reformed interpretation appeared to cope with new circumstances and the modern state of human knowledge and science. "Scientific exegesis" (*tafsir ʿilmi*) began to refer to modern scientific discoveries, showing that the Qurʾan had already alluded to them, if not directly, e.g. the theory of evolution, at least indirectly, e.g. the theory of relatively. This interpretation began with the scientific and technological discoveries of others, with external scientific knowledge based on reason and experiment. Divine

---

[6] Al-Razi, *Mafatih al-ghayb*, Cairo 1289 H.; al-Baydawi, *Anwar al-tanzil wa-asrar al-taʾwil*, Cairo 1330; al-Nasafi, *Madarik al-tanzil wa-haqaʾiq al-taʾwil*, Cairo 1326; al-Khazin, *Albab al-taʾwil fi maʿani al-tanzil*, Cairo 1321 H.; Abu Hayyan, *Al-Bahr al-muhit*, Cairo 1328; Galalaldin al-Mahalli & Galalaldin al-Suyuti, *Tafsir al-Galalayn*, Cairo 1345 H.; al-Nisaburi, *Gharib al-Qurʾan wa-raghaʾib al-furqan*, Cairo 1322 H.; al-Shirbini, *al-Siraj al-munir*, Cairo 1299 H.; al-Alusi, *Ruh al-maʿani*, Cairo.

[7] Sahl al-Tustari, *Tafsir al-Qurʾan al-karim*, Cairo 1308 H.; Abu Muhammad Rozihan, *ʿAraʾis al-bayan fi haqaʾiq al-Qurʾan*, 1315 H.; ʿAbdalraziq al-Kashani, *Tafsir Ibn ʿArabi*, Cairo 1283 H.; al-Sulami, *Haqaʾiq al-tafsir*, Ms. al-Azhar no. 1093; Najmaldin Daya, *al-Taʾwilat al-najiya*, ms. Dar al kutub no. 36.

revelation followed human knowledge and was conditioned by it. Since human knowledge is partial and changing, divine revelation became likewise. This kind of exegesis gives Muslims false certitude that the Qurᵓan already includes all scientific discoveries. The West has science without faith, while Muslims appeared to have science and faith. Transfer of scientific knowledge does not necessarily imply the adoption of a scientific outlook.[8]

(8) Socio-political interpretation is the modern interpretation that comes closest to thematic interpretation. It begins with the socio-political circumstances of present time and uses the text as a critical tool in order to measure the distance between the real and the ideal. Qurᵓanic interpretation is a social critique of Muslim societies. The text is the form, actual reality is the content. Interpretation is directed towards social change, taking into consideration the major problems of the Muslim world, joining theory to practice, going beyond classical interpretation linking the text to present times.[9] However, socio-political problems did not have absolute priority. Textual analysis was still dominant in the analysis of reality. It followed longitudinal interpretation. Social change was partial and did not radically tackle political issues like class, power, wealth. Religion and ethics still had priority over politics and society. Human and social sciences were not used to transform Qurᵓanic interpretation into a rigorous discourse.

(9) Aesthetic interpretation was one of the last modern types of exegesis, interpreting the text as metaphor. Reality is expressed in the text as an image to persuade the reader. The text is a living experience, a mode of consciousness, an aesthetic dimension between the individual and reality. The meaning of the text is expressed by metaphor. It is not in the text but in the self, not in the object but in the subject.[10] However, individual consciousness without external reality is mere subjectivity. Analysis of reality and its statistical description introduce the reader into the real world. Beauty, aesthetics, images, metaphors, stylistics, rhetoric, and grammar of emotions, etc. are means of persuasion, motivation and militancy, but

---

[8] Tantawi Jauhari, *al-Jawahir fi tafsir al-Qurᵓan al-hakim*, Cairo 1340 H.; Abu Zayd al-Damanhuri, *al-Hidaya wa-l-ᶜirfan*, Cairo 1349 H.

[9] Muḥammad ᶜAbduh, *Tafsir juzᵓ ᶜamma*, Cairo 1341 H.; id. & Rashid Rida, *Tafsir surat al-fatiha*, Cairo 1353 H.; Rashid Rida, *Tafsir al-manar*, Cairo 1346 H.; Muhammad M. al-Maraghi, *al-Durus al-diniyya*, Cairo 1356 H.

[10] Sayyid Qutb, *Fi Zilal al-Qurᵓan*, Cairo.

they are removed from the rational and the realistic. Aesthetic interpretation may succeed in mobilising the masses but fails at changing society and building a state.

III. *Premises of the thematic method*

There are some premises prior to the rules of this method. A premise is not a mere presuppostion but a given fact, a statement of reality, a declaration of modesty, a recognition of limitations, the affirmation of pluralism and the motivation for open inquiry. The premises are the philosophical foundation of the method.

(1) Revelation is put in brackets, neither affirmed, nor denied. The interpreter does not ask the question widely debated in 19th-century-Orientalism about the divine origin of the Qurʾan, whether it is from God or from Mohammed by hear-say. Thematic interpretation begins with the already given text without asking questions about its origin before it was given. It begins after the reception of the Book, not before. It deals with the question of what, not the question of how. If the historical origin of the Qurʾan can be examined by historical analysis, its divine origin cannot be proven except negatively, by the limitations of historical analysis. That is why the whole issue is in brackets: it does not matter for the interpreter. A text is a text, divine or human, sacred or profane, religious or secular. Moreover, the question of origin is the problem of genesis, whereas thematic interpretation asks the question of essence.

(2) The Qurʾan is considered to be like any other text. It is subject to interpretation as a legal code, a literary work, a philosophical text, a historical document, etc. It does not have any special status as sacred or religious. All texts are subjects to the same rules of interpretation. The distinction between the holy and the profane is not related to general hermeneutics, but to religious practice. Moreover, the Qurʾan itself, and similarly the Hadith, is a transfiguration of human language. This includes Arabic and non-Arabic words, utterances pronounced by believers and non-believers.[11] The Qurʾan created a new literary genre amidst the more ancient genres of poetry, prose, liturgy.

---

[11] Cf. Hassan Hanafi, "Revelation and reality. Studies in *Asbab al-Nuzūl*" in: id., *Islam and Modernity*, London 1987, 133–75.

(3) There is no true or false interpretation, right or wrong understanding. There are only different efforts to approach the text from different angles with different motivations. The conflict over interpretation is a conflict of interest, even in the linguistic interpretation of the text's linguistic changes. An accurate explanation of a text as a paraphrasis according to linguistic principles is a mere tautology. A complete equation of the text explained and the explanation of the text is a formal presupposition based on the law of identity. The distance in time between the moment of utterance and the moment of explanation is now over fourteen centuries, which makes the theory of equation between the text and its interpretation almost impossible.

(4) There is no single interpretation of a text, but there are many interpretations given the differences in understanding between different interpreters. An interpretation of a text is essentially pluralistic. The text is also a vehicle for human interests and even passions. The text is a mere form. The interpreter fills it with content from his own time and place.

(5) The conflict of interpretation is essentially a socio-political conflict, not a theoretical one. Theory is in fact only an epistemological cover-up. Each interpretation expresses the socio-political commitment of the interpreter. Interpretation is an ideological weapon used by different socio-political powers to maintain or to change the *status quo*, a conservative weapon to maintain and a revolutionary weapon to change.[12]

IV. *Rules of thematic interpretation*

Since every method, deductive or inductive, rational or experimental, has certain rules to follow, thematic interpretation is a method with several rules, which can be summarised as follows:

(1) Socio-political commitment. The interpreter is not a neutral person. He is a citizen, living the drama of his society and the crisis of his time. He is anguished by reality and obsessed by social change. He identifies with the poor and the oppressed. *Sitz im Leben* applies not only to the text but also to the interpreter. There is no

---

[12] Cf. Hassan Hanafi, "Difference in interpretation or difference in interest?" in: id., *Religion and Revolution in Egypt 1952–1981*, vol. 7, 117–120, Cairo 1989.

interpreter without a commitment to something. The absence of commitment is a commitment to do nothing. An interpreter is a person committed to a cause. He is a reformer, a social actor, a revolutionary.

(2) Looking for something. The interpreter does not enter his field empty-handed, without knowing what he is looking for. He does not have a neutral attitude but a positional one. His consciousness is oriented towards an aim. He is looking for a solution to a problem. Reason is interest. This is the old topic of *Asbab al-nuzul*, the priority of reality over the text, of the question over the answer. The stimulus comes before the response.

(3) Synopsis of the verses concerning one theme. All of the verses sharing one thematic interest are gathered, read in conjunction and understood together, if necessary several times over until the major orientation of the texts as a whole becomes apparent. The Qurʾan interpreted is not the Holy Qurʾan, but the Qurʾan concordance, *al-Muʿjam al-mufahras*, i.e. the Qurʾan edited according to themes and topics in alphabetical order of words and roots.

(4) Classification of linguistic forms. The first indication of meaning is the linguistic form which content-analysis tries to classify. Language as a form of thought gives a clue to meaning. Linguistic form may be classified as follows:

(a) Verbal and nominal: the verb indicates action while the noun refers to substance. *Tawhid*, the first principle in Islamic faith, for instance, is a verbal noun, neither the verb *wahhada*, nor a noun *wahid*. This means that *tawhid* is a process, an activity leading from action to being.

(b) Verbal time: present, past and future forms indicate the difference between the narrative, the factual description and the future. Reality, which is equal to truth, is expressed in three modes of time to indicate the permanence of truth in the permanence of time.

(c) Number: nouns are singular, dual or plural. The singular indicates individuality, e.g., *shuʿur*, "consciousness", whereas plurals refer to collectives and social groups such as *nas*, "men, people".

(d) Possessive pronouns and adjectives: the noun without a possessive adjective cannot be owned or personalised, e.g. *al-samaʾ wa-l-ard* "Heaven and earth". Personal pronouns can be first person, the second person, the addressee in the dialogue, or the third person, the absent other.

(5) Building the structure. After the linguistic forms have given the orientation of the meaning, the interpreter tries to build the structure of the signified, going from the meaning to the object, from *noesis* to *noema*. The meaning and the object are a unity, two facets of the same intentionality. The meaning is the subjective object, the object is the objective subject. They are two correlations of the same consciousness.

(6) Analysing the factual situation. After building the theme as an ideal structure, the interpreter switches to factual reality such as the issues of poverty, oppression, human rights, power, wealth, etc., in order to know quantitatively and statistically the real components of the situation, the causes of phenomena, factors of change—all this with the maximum of precision and using figures and diagrams like in the human and social sciences. Social diagnosis of reality is another way to understand meaning in the dynamics of the text in the external world.

(7) Comparison between the ideal and the real. After building the structure, giving the qualitative theme and analysing the factual situation, giving the quantitative status of the theme as a socio-political phenomenon, the interpreter draws the comparison between the ideal structure deduced by content analysis from the text and the factual situation as shown by statistics and social sciences. The interpreter lives between the text and reality, between the ideal and the real, between *Sein-Sollen* and *Sein*. In Hegelian terms, between being and nothingness becoming emerges.

(8) Description of the mode or action. Once the distance is seen between the ideal world and the real world, between the kingdom of Heavens and the kingdom of Earth, action emerges as a new step in the interpretation process. The interpreter himself switches from text to action, from theory to practice, from understanding to change. Logos and praxis converge in bridging the gap between the ideal and the real, by finding a means of communication between the two worlds, adapting the ideal to be closer to the real and changing the real to be closer to the ideal. Gradual steps, time, and combined efforts are required, avoiding jumping of steps or use of violence. The complete realisation of the ideal and the idealisation of the real are natural processes of reason and nature.[13]

---

[13] Cf. Hassan Hanafi, *Les methodes d'exégèse*, Cairo 1965, 309–21.

V. *The scheme of thematic interpretation*

Thematic interpretation is not merely interpretation of themes since themes are related to an order, to a system, or to a scheme. Old schemes, for instance, in disciplinary interpretation were theories of essence, attributes and acts in Ash'arite theology, then five principles in Mu'tazilite theology, the trivium (logic, physics, and metaphysics) in philosophy, states (*Ahwal*) and steps (*Maqamat*) in mysticism. Other schemes were intentions (*Maqasid*), legal qualifications (*Ahkam*), objective qualifications (*Ahkam al-wad'*), subjective qualifications (*Ahkam al-taklif*) in jurisprudence; ritual relations (*'Ibadat*) and social relations (*Mu'amalat*) in *Fiqh*, etc. Thematic interpretation could be symbolised in three concentric circles, having the same centre: Being (*Sein*), Being with others (*Mitsein*), and Being in the world (*In-der Welt-sein*).

(1) Individual consciousness is the core of the world. Being as *Besinnung* is *Cogito ergo sum*. In Fichte's terms, the self posits itself in opposing the external world. The self is identical with itself as self-consciousness, a first given, an act of consciousness, a feeling, an awareness, an enlightenment, a vocation. Being is the conscious being, not the material one. The discovery of the body is a second cogito. The first is in time, while the second is in space. Individual consciousness is a whole world including senses, external and internal, sensation, perception, cognition, feeling, emotion, motivation, inclination, action, etc. Interiority is the condition of exteriority in knowing and doing.

(2) Being with others indicates the social, the intersubjective and the human world, the relation of the individual with other individuals in marriage, paternity, maternity, filiality, brotherhood, sisterhood, friendship. Political relations include the relation between the citizen and the state. Economic relations manifest themselves in relations of productivity, commerce, wages, prices, profits, exploitation, monopoly, ownership, contracts. Social relations also include equality, social justice, honesty, etc.

(3) Being in the world refers to the relation of individual consciousness to nature, to the world of things. Nature is made for human subservience. Nature is full of signs denoting its origin and its significance. It is subjected to man. Nature refers to the heaven, sky, sun, moon, stars, winds, clouds. It refers also to water: rivers, springs, wells, seas. Nature is also the realm of plants: vegetation,

pastures, fields, gardens, trees, crops, fruits and flowers. Animals are part of nature: cattle, beasts, insects, and flies. Human beings also belong to nature: body, material needs, actions in the world.[14]

VI. *Examples of thematic interpretation*

Three examples will be used to show the interest and relevance of thematic interpretation: human being (*insan*), money (*mal*), and land (*ard*).

(1) The term *insan* is mentioned in the Qurʾan 65 times in the singular indicating individuality and 6 times in the plural form *unas* denoting a group and once *ins* (human being in the singular). From the same root we find the verbal adjective *mustaʾnas* meaning "familiar, intimate, close".

Concerning the content, there are five orientations of meaning. First, man is created *ex nihilo*, out of an experience of nothingness expressed by contemporary existentialist philosophers (12 times). He is created from clay and sperm. He is also created from knowledge. Knowledge is the real foundation of being. Knowledge is expressed in language. Second, man is a psychological structure (33 times), which is much more important than his material origin. He is weak, fragile, unaware of time, fearful, moved by passions. He asks for help in moments of crisis; once the crisis is solved, he forgets. He is happy and unhappy, hopeful and despairing, generous and avaricious, strong and weak. He can be tyrannical, arrogant, immoral, ignorant, sceptical, hesitant, speculative, suspicious, etc. Third, man is challenged by an enemy who does not recognise his value and does not admit his potential and honour. The greatness of man appears in the acceptance of the challenge. The challenger is not necessarily a person, but can be the sociopolitical milieu man lives in. Fourth, man is responsible: he has a vocation to fulfill on earth. Assuming this responsibility man becomes greater than heaven, earth and mountain. His life is strife. His existence is temptation and a test. Fifth, man's greatness lies in

---

[14] Cf. Hassan Hanafi, "Human subservience of nature, an Islamic model?" in: Swedish Council for Planning and Coordination of Research, The Committee for future-oriented research (ed.), *Nature resources in a cultural perspective*, Stockholm 1980.

his success in transforming his weakness into strength, his fragility into solidity, his imperfection into perfection. Man is alone, individually responsible. However, there is one obligation: to his parents.[15]

(2) *Mal* in the Qur'an does not mean "money" in a literal sense but denotes wealth or ownership in general. As far as linguistic forms are concerned, the word *mal* is mentioned in the Qur'an 86 times in different forms. Its importance comes close to the concept "prophet" (80 times) or "revelation" (78 times). The word occurs as an isolated noun 32 times and in connection with a possessive pronoun 54 times. This may indicate that wealth can exist outside private ownership. Ownership is the link between man and wealth, a deposit, a relation and an investment. Wealth cannot be monopolised or hoarded. Etymologically, *mal* is not a substantive but a relative pronoun linked to the preposition *li-*, meaning "belonging to ...". The word is mentioned 17 times in the indefinite form and 15 times in the definite form, which means that wealth can be known or unknown. Definition is established by the definite article or by the conjunction with the possessive pronoun. The word is mentioned 18 times in the singular, its plural *amwal* is mentioned 14 times, which indicates the priority of individual wealth in the accumulation of wealth. The word is mentioned in the nominative case twice, in the accusative 13 times, which means that wealth is rarely an effective cause. It is more a recipient of human action and its result. *Mal* is never a subject of a verbal clause or a nominal predicate in a nominal clause, but normally an object for a verb. The two times in which *mal* occurs as a nominative is in negative sentences. *Mal* is often connected to possessive pronouns: 7 times to the first person singular, but 47 times to the third person plural. This means that wealth should be seen as collective ownership for the absentees, the deprived, the poor and the orphan. The first person indicates the upper class, the second person refers to the middle class, while the third person refers to the lower class. With regard to the content, there are three orientations of meaning. First, wealth, ownership and inheritance belong to God not to man, they are entrusted to man as a deposit. Man has the right to use not to misuse, to invest not to hoard, to spend not to waste, to develop not to monopolise.

---

[15] Cf. Hassan Hanafi, "Why was the research on man absent in our old traditions?" in: Islamic Studies, Cairo 1981, 393–415.

Second, wealth is shared by many. It circulates in society in a dynamic and productive way, in peace and war, in development and defense. Third, the moral independence of the human mind makes wealth a simple means to human perfection. Wealth is for man, not man for wealth.[16]

(3) *Ard* "land" or "earth" is repeated in the Qur'an 462 times, 454 times as an independent substantive and 8 times linked to a possessive pronoun, which indicates that land is not an object of possession. Land is in the category of being, not having. The only time the word is connected to the first person, it is used in relation to God, which means that God is the only owner of the land. Concerning the orientations of meaning, there are five. First, God is the only possessor of the land. God is also the only true heir of the land. In this sense, *al-ard* means the earth, all land. The land obeys God and worships him during its lifetime, for land is not eternal. Second, *al-ard* as natural land, as green soil is the image of fertility and beauty. Agriculture is an image of creativity in human life. It nourishes mankind, man dwells on it, it is created for his benefit. Land is also the dwelling place for all living creatures, an image of plurality and of human settlement. It is also a land of conflict, a battlefield, a land of immigration and exile, a land of experience and temptation. *Al-Ard* is where human history takes place. History is the test for human vocation and then fulfillment of God's word on earth. Third, man's vocation is fulfilled on earth, since God is God of Heaven and Earth. This connection is made 217 of 462 times. Man is the vicegerent of God on earth since God does not interfere directly in the world. Man's vicegerency means his eligibility for succession and inheritance. Only man's deeds can qualify him for this eligibility. Land leaves man space for his actions. Man's vocation on earth transforms his weakness into individual strength. This vocation is not a mere inclination but corresponds to an objective truth, on which the earth is founded. Fourth, the fulfillment of man's vocation for the land begins by the belief in unity, which manifests itself in good deeds. Nature is as docile and obedient to man as it is to God. Heritage of the land is not an assignment for ever, not an absolute right. Land is to be protected, not destroyed or polluted. Fifth, a

---

[16] Cf. Hassan Hanafi, "*Al-Mal* in the Qur'an (content analysis)" in: id., *Religion and Revolution in Egypt, 1952–1981*, vol. VII "Right and Left in Religious Thought", Cairo 1989, 121–145.

universal covenant is offered to every individual, a moral covenant not a material one, a contractual covenant not a unilateral one.[17]

VIII. *Objections and answers*

Some objections may be made to the method of thematic interpretation. For instance:

(1) Thematic interpretation deals with the Qurʾanic text without any distinction made between the sacred and the profane, the divine and the human, the religious and the secular. This could lead to the denial of revelation and the negation of prophecy. This objection could be expected from Muslim conservative circles. Thematic interpretation puts the whole issue of the origin of the Qurʾan in brackets. It is not within its scope, neither positively nor negatively. However, the Qurʾanic text is written in the Arabic language, uttered in a certain time and space, and to be understood by a special community in certain socio-political circumstances. The text has the practical purpose to change society for the better. What is prior to the text belogns to the realm of theology not to thematic interpretation.[18]

(2) Thematic interpretation is a relativist approach to the Qurʾanic text which denies the existence of a true interpretation, which would be valid for all times and spaces. Once every interpreter or every generation has the right to interpret the Qurʾan according to his or their interest, the eternal meaning of the Qurʾan will disappear. Human passions and moods would destroy the objectivity of the meaning of the text. Would there be any criterion of validity in the event of contradictory and mutually exclusive interpretations? The answer is: an eternal meaning of the Qurʾan is a hypothesis and a presupposition for which there is no proof. The interpreter is a human being living in a human condition, having his inclinations and interests. He is mortal and fallible. It would be pretentious for the interpreter to claim that he knows the eternal meaning of the Qurʾan. The validity of a interpretation lies in its power. There is

---

[17] Cf. Hassan Hanafi, "Theology of Land" in: *Religious Dialogue and Revolution*, Cairo 1977.

[18] Cf. Hassan Hanafi, "Levels of the Qurʾanic Text" in: *Adab wa-Naqd*, Cairo (1993) 21–22.

no theoretical validity, the proof of an interpretation is its power.

(3) Thematic interpretation may be accused of Marxist leanings, given its high and clear commitment to the poor, the oppressed and the wretched of the earth. It is true, social justice, labour as a source of value, rejection of super-value, common ownership of the means of production, etc. are all Marxist doctrines. But in reality, these elements are not due to a doctrine but appeared in Marxism as a reaction to the social conditions of the German working class in the 19th century. In the Arab and Muslim world, colonialism, oppression, social injustice, poverty, ignorance, dictatorship and other evils are socio-political facts. Thematic interpretation of the Qurʾan begins with this reality. It is understandable that it appears in a so-called Marxist language. In fact, the situation in which Marxism originated may be similar to the situation in which thematic interpretation came into being. Since Western culture became the sole frame of reference, thematic interpretation could be seen as Marxism. But was not early Islam adopted by the poor, the oppressed and the marginalised in Meccan society?

(3) Since thematic interpretation uses a philosophical language and some technical vocabulary related to phenomenology, it can be quickly accused of being the victim of westernisation. But do humanism, rationalism, criticism, activism really belong to the West? This would give the West the monopoly on innovation and development, and could be understood as if the West was the only culture to have a right to universal values such as humanism, nationalism, or socialism. But the need for these values exists in all cultures. Western philosophical vocabulary in the last two centuries became commonplace in Arab and Muslim discourse. A similar thing happened when Greek terminology influenced the classical philosophical lexicon. But if the modern philosophical vocabulary including phenomenology is used here, it is used as a means of expression only. The content is endogenous. What Socrates, Plato and Aristotle were for the Ancients, Kant, Hegel, and Husserl may well be for the moderns.

REVELATION IN ITS AESTHETIC DIMENSION

Some notes about apostles and artists in Islamic and Christian culture[1]

Navid Kermani

I

In 1847 Søren Kierkegaard, the famous Danish philosopher and theologian, wrote an essay entitled "On the difference between a genius and an apostle"[2], in which he emphasized the absolute incompatibility of profane and sacred inspiration, the inspiration of an artist and the inspiration of an apostle. To evaluate the Gospel of an apostle by aesthetic measures, says Kierkegaard, is totally wicked and impious. You must not ask whether a Gospel is profound or rhetorically superior in order to believe in it. If you do, then you doubt the authority of Jesus Christ and subject him to impertinent examination. And Kierkegaard sharply criticizes all preachers and theologians of his age, who try to convince people of the truth of the Gospels by explaining how beautiful, deep, elegant or meaningful they are. He claims that these people prostitute christianity for the sake of the demands of the scientific age. They want to give people something secure, a confirmation of their belief that can compete with the positiveness of modern science. In fact, the truth of Jesus Christ is the absolute improbable. According to Kierkegaard the beauty of an artist's work may be evident, but not the proclamation of an apostle. As a writer, St. Paul's talent cannot be compared with the genius of Plato or Shakespeare.

Søren Kierkegaard, by objecting to any aesthetic evaluation of

---

[1] The present paper contains some thoughts, which I discussed more comprehensively in an appendix to my M.A.-thesis "Offenbarung als Kommunikation. Das Konzept *waḥy* in Naṣr Ḥāmid Abū Zayds *Mafhūm an-naṣṣ*". It does not claim to present a systematic approach, but only offers some chains of associative reasoning. The character of verbal speech is maintained. I am indebted to Prof. Stefan Wild, Ms. Katajun Amirpur (both Bonn) and Prof. Andrew Rippin (Calgary) for valuable remarks.

[2] In the following I refer to the German translation of "Om Forskjellen mellem et Genie og en Apostel", published as: "Über den Unterschied zwischen einem Genie und einem Apostel", *Kleine Schriften*, Düsseldorf and Köln 1960, 115–34.

the Holy Scriptures, positively marks an important point of Christian belief—even though one might find the way he puts it questionable.[3] Certainly there are poetic passages of overwhelming beauty in the Bible, the Psalms, the Song of Solomon, the Genesis, but their rhetorical radiance cannot be the proof of their truth. On the contrary, in Christian theology the language of the Holy Book is often described as the *genus humile*; its style is believed to be as humble as Jesus Christ himself.

From Kierkegaard's harsh verdict on any attempt to prove the truth of the Holy Book by emphasizing its rhetorical superiority, let us jump to the beginning of Islamic culture. Let us think of the story in which a poem of Labīd was affixed to the door of the Kaᶜba. None of the other poets dared to put up one of their poems in order to compete with his, but then a part of the Qurᵓan was put next to it. Labīd read some verses and was immediately overcome with admiration, professing that such words could only be of divine origin. So he became a Muslim.

The question of whether this story is true or just an apologetic invention is (in this context) not the main issue. We are not talking about history, but about a cultural phenomenon. Maybe it will become clearer this way: Nobody would claim historical truth for the fairy-tales of the Brothers Grimm, although they reveal the core of German Weltanschauung. The sheer number of stories concerning the miraculous beauty of the Qurᵓan indicates an important aspect of its reception by the community of believers. Take for example the story of the deputy of Yathrib who had been told to plug his ears whenever he met someone reciting the Qurᵓan, as the people there had heard rumours concerning the miraculous sound of these recitations. He was sent to Mecca to investigate the stories further. When he arrived in Mecca and saw one of these mysterious recitations, he thought: I am a man of sense, why should I be afraid of someone who is reciting verses. He unplugged his ears, listened to the recitation and immediately became a Muslim. The famous sirens in Homers *Odyssee*, which none of the sailors could bear to listen to, could not have been more tempting.

Similar stories about the wonderous sound of God's word do not only refer to the lifetime of the prophet. Throughout the ages, there

---

[3] On Kierkegaard as a Christian thinker see: Niels Thulstrup & Marie Mikulová Thulstrup (Eds.), *Kierkegaard's View of Christianity*, Copenhagen 1978.

have been reported incidents of people who listened to the Qur᾽an and fell into ecstasy, started to cry or fell unconscious because of the beauty of its sound. A Shafiᶜite theologian of the 11th century even wrote a whole book entitled "The people who listened to the Qur᾽an and died upon listening to it".[4] They did not die because of the Qur᾽an's content as they were believers who already knew it. It was the very sound of the words that had such an extreme effect.

Another indication of the aesthetic perception of the Qur᾽an by its believers is the *iᶜǧāz*-literature. Muslim thinkers made stupendous efforts for the purpose of demonstrating the rhetorical superiority of the Qur᾽an to the works of the poets.[5] In doing so they were comparing the verses deliverd by Muhammad to the verses of the great Arab poets. This very comparison between sacred speech and the artist's speech, so scathingly condemned by Kierkegaard, is a common undertaking in Islamic theology. The truth of the Qur᾽an is thought to be evident, both by the reasonableness of its content and the beauty of its form. I felt the difference between this 'aesthetic' concept of a religion and the Western concept, when I once asked some Cairo taxdrivers why—in the oppressive heat and the compulsory traffic jam—they were listening to a tape with a Qur᾽an recitation.[6] They did not put forward the devotion of its message or the

---

[4] Abū Isḥāq Aḥmad ibn Muḥammad aṯ-Ṯaᶜlabī, *Kitāb mubārak yuḏkar fīhī qatlā l-Qur᾽ān al-ᶜaẓīm allaḏīna samiᶜū l-Qur᾽ān wa-mātū bi-samāᶜihī raḥmat allāh ᶜalayhim wa-ᶜalā ǧamīᶜ al-muslimīn*, GAL, I, 350f.

[5] Of course there are many different theories about the *iᶜǧāz* of the Qur᾽an, but the argument which is most important by far is its rhetorical perfection. A survey about the history of the *iᶜǧāz*-literature gives Issa J. Boullata, "The Rhetorical Interpretation of the Qur᾽ān: *iᶜjāz* and Related Topics", in: Andrew Rippin (ed.), *Approaches to the history of the interpretation of the Qur᾽an*, Oxford 1988, 139–57. On this topic see also: Muṣṭafā Ṣādiq ar-Rāfiᶜī, *Iᶜǧāz al-Qur᾽ān wa-l-balāġa an-nabawīya*, Cairo 1345/1926; Abdul Aleem, "Iᶜjazu 'l-Quran", in: *Islamic Culture* VII (1933), 64–82, 215–33; Ǧalāluddīn as-Suyūṭī, *Al-Itqān fī ᶜulūm al-Qur᾽ān*, 2 vol., Kairo 1951, II, 116–25; Heinz Grotzfeld, "Der Begriff der Unnachahmlichkeit des Korans in seiner Entstehung und Fortbildung", *Archiv für Begriffsgeschichte* 13 (1969), 58–72; Gustav Edmund von Grunebaum, "Iᶜdjāz", *EI*², III (1971), 1018–20; As-Sayyid Muḥammad Ḥusayn aṭ-Ṭabāṭabā᾽ī, *Al-Mīzān fī tafsīr al-Qur᾽ān*, 20 vol. 2ed. Beirut 1393/1973, I, 57–89; Angelika Neuwirth, "Das islamische Dogma der 'Unnachahmlichkeit des Korans' in literaturwissenschaftlicher Hinsicht", *Der Islam* 60 (1983), 166–83; Naṣr Ḥāmid Abū Zayd, *Mafhūm an-naṣṣ. Dirāsa fī ᶜulūm al-Qur᾽ān*, Kairo 1992, 155–78.

[6] On Qur᾽an-recitation see: Georg Bergsträsser, "Koranlesung in Kairo", *Der Islam* 20 (1932), 1–42; 21 (1933), 110–40; Otto Pretzl, "Die Wissenschaft der Koranlesung (*ᶜIlm al-qirā᾽a*)", *Islamica* 6 (1933–34), 290–331; H.G. Farmer, "The

meaningfulness of its content, but said they were listening to it because it is *gamīl giddan*, it is so beautiful.

I hardly could imagine a German taxidriver listening to a Bible recitation, but even if there was one, he would never refer to the beauty of the sound as a reason. *Allāhu ǧamīl*, it says in a famous hadith, God is beautiful.[7] We could add: And so is His speech.

II

Let us go back to Kierkegaard for a moment. In his essay about the difference between apostle and genius he claims that there is not even a trace of similarity between the two. Not only is their language entirely different, but also their personal characteristics, their form of inspiration and their behaviour. Keeping the Christian concept of an apostle in mind, Kierkegaard's statement hardly seems contestable. But the situation is different regarding the Islamic version. In comparing the two, it becomes evident that there is not too much in common between the Christian apostle and the Islamic *rasūl*. What we do notice is a surprising similarity between the concept of a genius in Kierkegaard's age and the Muslim idea of what the prophet was like and how God revealed the Qurʾan to him. In Western thought there are certain characteristics ascribed to an

---

Religious Music of Islām", in: *Journal of the Royal Asiatic Society* (1952), 60–65; M. Talbi, "La qirāʾa bi-l-alḥān", *Arabica* 5 (1958), 183–90; Habib Hassan Touma, "Die Koranrezitation: eine Form der religiösen Musik der Araber", *Baessler-Archiv* (Berlin) 23 (1975), 87–120; Frederick M. Denny, "Exegesis and Recitation: Their Development as Classical Forms of Qurʾānic Piety", in: Frank E. Reynolds & Theodore M. Ludwig (eds.), *Transitions and Transformations in the History of Religion: Essays in Honor of Joseph M. Kitagawa*, Leiden 1980, 91–123; idem, "The *Adab* of Qurʾan Recitation: Text and Context", in: A.H. Johns (ed.), *International Congress for the Study of the Qurʾan*, 2nd ed., Canberra (Australian National University) 1982, 143–60; idem, "Qurʾān Recitation: A Tradition of Oral Performance and Transmission", *Oral Tradition* 4/1–2 (January–May 1989), 5–26; Kristina Nelson, *The Art of Reciting the Qurʾan*, Austin 1985. The two most well-known books in Islamic literature about *taǧwīd*, the art of Qurʾan-recition, are: Muḥammad al-Gazālī, "Ādāb tilāwat al-Qurʾān", 8th book of his *Iḥyāʾ ʿulūm ad-dīn*, 4 vol., Cairo 1358/1939, I, 244–264; Abū Zakariyā an-Nawawī, *At-Tibyān fī ādāb ḥamalat al-Qurʾān*, Kairo 1977. (Both books are introduced by Denny in "The *Adab*".) See also Labib as-Said, *The Recited Koran: A History of the first Recorded Version*, trans. and ed. Bernard Weiss, M.A. Rauf, and Morroe Berger, Princeton 1975.

[7] A.J. Wensinck, *Concordance et Indices de la Tradition Musulmane*, 7 vol., Leiden 1936–1969, I, 373.

artist that are reserved in Islamic culture for the *rasūl*. I have to mention that I am neither speaking about what is commonly understood as a genius today, nor what in Arabic language is an *ʿabqarī* or in Persian a *nubūġ*, but about the notion of a genius in the 19th century, which was especially formed by the so called *Genie-Ästhetik* of the German Enlightenment and Post-Enlightenment. This is the notion Kierkegaard had in mind.

In German philosophy and poetry of the 18th century up to the romantic period in the 19th century, the genius—and only an artist was considered to be a genius—was *the* superior and exceptional person. This cult of the genius reached its zenith in the period of *Sturm und Drang*. Genius was considered inborn, the genius creating his works without knowing how and being constrained to deliver whatever his inspiration determined. Following the traditions of antiquity, Friedrich Schiller traced the unconscious creation of the artist's work back to the intuition of God. It was not in the power of the genius to bring about inspiration, it just happened to him, as Kant said. Schiller therefore saw in the genius a creative *naiveté*, and even later, a thinker like Nietzsche still regarded the *Kindhaftigkeit* as one of the main sources of the creativity of the genius.[8] The most famous and most polished example of a *Genieästhetitk* originates from the young Schelling, along with Hegel and Fichte, the outstanding philosopher of German Idealism.

This is neither the occasion to unfold Schelling's theory and its roots in Greek thought, nor to compare in detail the concept of genius in Schelling's work "System of the Transcendental Idealism"[9] with what are commonly believed by Muslims to be the characteristics of the apostle Muhammad.[10] I will here only indicate some of the similarities.

---

[8] For a history of the concept of the genius in German thought see: Jochen Schmidt, *Die Geschichte des Geniegedankens in der deutschen Literatur, Philosophie und Politik 1750–1945*, 2 vol., Darmstadt 1985; Joachim Ritter, "Genie", in: idem. (ed.), *Historisches Wörterbuch der Philosophie*, Basel 1971ff., III (1974), 279–309.

[9] Friedrich Wilhelm Joseph Schelling, *System des transzendentalen Idealismus*; Tübingen 1800. See also: Klaus Düsing, "Schellings Genieästhetik", in: Annemarie Gethmann-Siefert (ed.), *Philosophie und Poesie. Otto Pöggeler zum 60. Geburtstag*, 2 vol., Stuttgart/Bad Canstatt 1988, I, 193–213.

[10] Muhammad is *rasūl* and *nabīy*, messenger (apostle) and prophet, and it is impossible to define exactly what specified him as a *rasūl* and what as a *nabīy* (although the difference is usually seen in the existence of a *kitāb* in the mission of the *rasūl*). As, in the following I compare some ideas about the genius-artist with the Islamic

Both Schelling's genius and the Islamic *rasūl* are seen as the medium of the absolute. To make sure Muhammad was solely a transmitter of God's communication to man, he had to be an *ummī* in popular Islamic belief, an illiterate without poetic or philosophic education. We might compare this with the creative *naiveté* or *Kindhaftigkeit* necessary for the Absolute to manifest itself in the work of the genius.

Neither the *nabīy* nor the *genius* is speaking or acting himself, but God is speaking and acting through them in the moment they are gripped by him. By this, God divulges or reveals himself. During their inspiration the prophets are, as Rumi says in his *Discourses*, like birds of stone on the banks of pools, and out of their mouths the water comes and pours into the pool. "The water," says Rumi, "does not issue out of the mouth of a stone bird; it issues out of another place."[11] Schelling emphasizes that in the work of the genius there is something objective, which is not due to any action on the part of the artist.[12]

In the same way that, for Schelling, there is only one work of art, but one which can exist in many different forms, and that all works of genius are merely one and the same,[13] so the divine revelation in Islam is principally one. It is merely presented to the various people in different languages, by mediation of the various messengers.

In both cases the creative process, or the instant of inspiration, is accompanied by unbearable pain. "I hear sounds as if someone is hammering on metal. Then I listen, and often I think I am dying of pain," Muhammad is reputed to have said of the moment of revelation.[14] The Absolute, Schelling writes, is inexorable in exposing the genius to this superhuman pain, but is equally merciful to him by redeeming him the moment the inspiration is over and the work is produced.[15]

---

image of Muhammad, it would be correct to mention him only as *nabīy* and *rasūl*. For reasons of simplicity I do not do so in the text. I should also mention that the translation of *nabīy* as "prophet" is not fully satisfying, because the Arabic notion differs in its meaning and connotations from the biblical prophet (see: Toshihiko Izutsu, *God and Man in the Koran: Semantics of the Koranic Weltanschauung*, Tokyo 1964 (reprint New York 1980), 181ff.; Arthur Jeffery, *The Foreign Vocabulary of the Qurʾān*, Baroda 1938, 276.

[11] Trans. A.J. Arberry, London 1961, 52.

[12] *System des transzendentalen Idealismus*; loc. cit., 460.

[13] Ibid, 474.

[14] A.J. Wensinck, "Waḥy", *EI*[1], IV (1934), 1181–84.

[15] *System des transzendentalen Idealismus*; loc. cit., 459.

There are more analogies like these, and in order to give you an impression of how close the two concepts are, I will venture upon a little demonstration and read two sentences of Schelling's book to you, substituting two words, *rasūl* for *artist* and *kitāb* for *art*. With these small deviations the passage of Schelling's book reads:

"Just as the fatal man does not do what he wants to do, or what he intends to do, but what he has to do, being under the influence of an incomprehensible fate, just like him the *rasūl*, whatever he might intend, seems to be under the influence of a power which separates him from other human beings and which forces him to express himself on matters or portray matters he himself cannot see through and whose significance is tremendous. Since the absolute coincidence of actions that flee each other is not explicable, but rather an incident that cannot be denied—although it is uncomprehensive—, so the *kitāb* is the one and only and everlasting revelation existing, and the miracle that would, even if it had just existed once, convince us of the absolute reality of the supreme."[16] I would imagine every Muslim would agree with these words.

There is no such absolute gap between the concept of a genius and the concept of the Islamic apostle as there is between the genius and the Christian apostle. In the one chapter of the "System of the transcendental Idealism" which deals with the genius, I noticed 18 aspects which are comparable with the Islamic concept of a *nabīy* and *rasūl*.

Certainly, objections to the parallel may be found. Not every aspect of Schelling's *Genie-Ästhetik* has its counterpart in the Islamic *rasūl*, for example. The concepts are not the same, otherwise Muhammad could be described as a genius, and this is absolutely not what I intend to suggest. All I am saying is that certain characteristics applied to the genius-artist in the West are shared with, or overlap with, those applied to the apostle in the Arabic-Islamic culture. There is inherent in the concept of the *rasūl* in Islam a combination of features which in Christianity are divided between the two different concepts of art and religion.

These similarities between *nabīy* and genius are not as spectacular as they might appear at first sight. Had there not been something in Muhammad's appearance that reminded his contemporaries of

---

[16] Ibid., 460 (my translation).

the poets—and poetry was the outstanding art form in those days—his opponents would not have tried to dispose of him by announcing that he was a poet. If there were no parallels, the Qurʾan and later the theologians would not have been so eager to stress that Muhammad was not a poet. And even in our time Nasr Abou Zaid, a scholar taking part in this conference, analysed, subsequent to Ibn Ḫaldūn, the analogy between the vision (the *ruʾyā*) of Muhammad and the vision of the poet.[17] That does not imply in any way that Muhammad was a poet, but that he had something in common with, and thus reminded his contemporaries of, one. My intention here is to shed a different light on this obvious fact by contrasting it to Western images.

III

In Arab culture Prophecy and poetry have a close relationship dating back to mythical ages—this is a well-known phenomenon. As the prophet's revelation is poetic, so the poetry of the Jahiliyya poets is prophetic. Originally there was hardly a difference between prophecy and poetry. As a sort of shaman, the poet (*aš-šāʿir*, literally: "the knower") proclaimed supernatural knowledge, corresponding to the prophecies of the soothsayers (*kuhhān*), who expressed their visions in the rhythmical speechform of *sağʿ*.[18] Knowledge of the Other World was deeply connected with metrical speech.[19] Such was the cultural context in which the Qurʾan was revealed. Given this link between supernatural knowledge and poetic speech, it would have made no sense to the contemporaries of Muhammad, had he expressed his inspiration for which he claimed a transcenden-

---

17 *Mafhūm an-naṣṣ*, loc. cit., 52–59.

18 See Ignaz Goldziher, *Muhammedanische Studien*, 2 vol., Halle 1888 (2nd reprint Hildesheim/New York 1971), I, 44–50; idem, "Die Ğinnen der Dichter", *ZDMG* 45 (1891), 685–690; idem, *Abhandlungen zur arabischen Philologie*, Leiden 1896, 1–121; Paul Arno Eichler, *Die Dschinn, Teufel und Engel im Koran*, Inaugural diss., Universität Leipzig 1928; Izutsu, *God and Man in the Koran*, loc. cit., 173–75; Toufic Fahd, *La Divination Arabe: Études réligieuses, sociologiques et folkloriques sur le milieu natif de l'Islam*, Leiden 1966, 117.

19 Some modern Arab poets like Adonis refer to this prophetic concept of poetry. See: Adūnis, *Muqaddima li-š-šiʿr al-ʿarabī*, 5th edition Beirut 1986, 77–143; Asʾad Khayrallah, "Prophetic Vision in Modern Arabic Poetry", in: *ZDMG*, Supplement III, 2 (XIX. Deutscher Orientalisierung), Wiesbaden 1977, 700–708.

tal source in prosaic speech. The language of the Qurʾan is necessarily poetic. But as the Qurʾan introduced the One God as a new source of inspiration, it also introduced a new form of poetic speech. Seen from this angle the Qurʾan is not poetry. As Taha Hussein said, it is neither poetry nor prose, it is the Qurʾan.

Religious history shows that the symbiosis of revelation and poetry is the rule rather than the exception. One should not take the modern Western notion of religion as the only one possible.[20] The experience of inspiration always results in an inspired language which is often poetic, as are the solemn words of Buddha, the songs of the Chinese Shi-king or the 17 hymns (Gathas) of Zarathustra. Today the Hindu vedas are still recited by singing. In older Christian rites, just as in the synagogue, the Holy Scriptures are sung. In the Old Testament, some revelations are written down in verses, and Alfred Guillaume noticed that "all the Hebrew prophets were poets".[21] The 18th century Christian philosopher Johann Georg Hamann realized that "poetry was the mother tongue of the human species".[22] We find close ties between art and religion in almost every culture, as can be explained by their common historical origin in the cult. The relatively clear separation between art and religion in the Western mind—I do not say Christian, for the situation is different in Eastern churches—is rather the exception, and one is tempted to turn the discussion of the aesthetic dimension of the Qurʾan into the question of why this dimension is largely lost in the Western image of religion.

The difference between Islamic and Western-Christian views regarding the aesthetic dimension of religion becomes evident if we explore how Greek ideas about the poet-prophet have found a completely different reception in Oriental and European philosophy. I remarked earlier that the German *Genieästhetik*, though it received its

---

20 Kurt Goldammer, *Die Formenwelt des Religiösen. Grundris* (sic!) *der systematischen Religionswissenschaft*, Stuttgart 1960, 239ff.; 266ff. A very important publication on this subject is James L. Kugel (ed.), *Poetry and Prophecy. The beginning of a literary tradition*, Ithaca and London 1990 (Cornell University Press). Unfortunately I only got hold of the book just before the copy dead-line, so I could not make allowance for the extensive useful and stimulating information and thoughts the book no doubt contains.

21 *Prophecy and Divination among the Hebrews and Semites*, London 1938. 243.

22 *Aesthetica in Nuce*, Sämtliche Werke hg. von J. Nadler, 1950, II, 197. A similar thought is formulated by the Syrian poet Niẓār Qabbānī; see: *Al-Aʿmāl an-naṯrīya al-kāmila*, Bd. 7 (Aš-Šiʿr qindīl aḫḍar), Beirut 1993, 60–74.

immediate impulses from England and France, referred to an idea of the poet dating from antiquity. The poet is affected by the god-given mania as much as the prophet, says Plato. The Platonic theory of enthusiasm,[23] which describes the artist as kindred to the prophet, has only since the Renaissance had a distinct response in Europe. In Islamic philosophy the Platonic ideas were assimilated much earlier, beginning with al-Farābī to Ibn Sīnā and Ibn Rušd. The interesting point here is that the Islamic philosophers developed, as a matter of course out of the Greek ideas on inspiration, a theory of prophecy, into which the prophet Muhammad was integrated. The artistic component of the Platonic doctrine of inspiration—which is rooted in even older, mythical images—was of no interest to them. Fazlur Rahman explains this with the fact that the Muslims had a Scripture revealed by God, while in Greek civilisation it was Homer and Hesiod who "during the centuries, deeply influenced the religious life of the people and were later regarded by the Stoics as sages. In this process, poetry itself had come to be regarded as something quasi-divine, giving a peep, even though a blinking one, into reality."[24] That means, because the Muslim philosophers had the Qurʾan, there was no need to give poetry metaphysical consecrations.[25] Thus, with a good deal of simplification we can say: From the same roots—the personal union of prophet and artist in antiquity—the two cultures evolved completely different concepts. While, from the Greek ideas about the receiving of transcendental knowledge, the Muslims found their prophet, in Europe these ideas were identified with the genius-artist. How could this be possible? Only, if there is a substantial proximity—but not a shared identity—between the Islamic prophet and the Western artist. This is the reason for the remarkable parallels of *Genieästhetik* and *nubūwa*.

IV

Islam has been described in many ways. For example it has become a commonplace—if not to say a platitude—that Islam is a religion of law, a *Gesetzreligion*. I think there are much more reasonable argu-

[23] Presented in his *Phaidros* (244a–256d). See also Plato's *Ion*, 533e–535a.

[24] *Prophecy in Islam: Philosophy and Orthodoxy*, London 1958, 62.

[25] Apart from the book of Fazlur Rahman see: Bruno Decker, *Die Lehre von der prophetischen Offenbarung von Wilhelm von Auxerre bis zu Thomas von Aquin*, Breslau 1940, 13–29; Louis Gardet, *La Pensée religieuse d'Avicenna*, Paris 1951.

ments to call Islam a *Kunstreligion*, a religion that is art.[26] We have to take this aesthetic dimension of the Islamic religion in general and of the Qurʾan in particular much more into consideration in order to have a better understanding of the relation between the Muslim believers and their Holy Book. It is often overlooked that the relationship between art and religion in the Islamic culture is very delicate, if only because there are so many affinities between them. That is why art was despised, opposed and forbidden by orthodox theologians, not because Islam is generally hostile to art.[27]

Apart from that, let us not forget that the Qurʾan gave many impulse to the arts, and not only to the divine arts. Just consider the innovative influence of the Qurʾan on Arab poetry—especially on the movement of poetry that started in the late 8th up to the 10th century, called the *muḥdaṯūn*, the "moderns". It led the Syrian poet Adonis, certainly not a very religious man, to the statement that modernity in Arab poetry has its roots in the Qurʾan.[28] The relationship between art and religion in the Islamic culture is extremely ambivalent. The Qurʾan cannot be called a piece of art, not because it is something completely different from art, but because it is so artistic, it could not be man-made art. We have seen how different this thought is from the Christian concept of religion. It seems to be very clear that, being tied to their own cultural background, Western scholars did not perceive certain aspects which were unfamiliar to them. They could not really think that religion in its very heart could be aesthetic. To mention only one striking example, I suggest the article about *iʿǧāz* in *The Encyclopaedia of Islam*.[29] The writer did not even think it possible that there was a sensual experience of the Muslim community of believers that led to the formation of the *iʿǧāz*-

---

26 The notion of 'Kunstreligion' was a central motif in German romanticism and idealism. For the first time it was used by Schleiermacher to indicate a reciprocal penetration of art and religion. Novalis and other poets and philosophers received it with enthusiasm, influenced by images like "The church is to be regarded as a piece of art" (Schelling) or "Artists are the preachers of beauty" (Stifter). Hegel (in his *Phenomenology of the Geist*) gave the notion of 'Kunstreligion' its most pregnant and weighty definition.

27 The same would apply to Muhammad's complicated relationship to the poets which is often described as pure hostility. A recent publication showing this tendency is Johann Christoph Bürgel, *Allmacht und Mächtigkeit. Religion und Welt im Islam*, München 1991, 230–33.

28 *An Introduction to Arab Poetics*, Cairo 1992, 49.

29 Grunebaum, "Iʿdj̲āz", loc. cit.

theory, an experience of the metaphysical beauty of the Qurʿan, as Prof. Neuwirth put it in an important lecture.[30] *Iʿǧāz* is not fully understood if it is described as pure apologetic speculation. And, although the parallels between the Islamic apostle and the European genius-artist are, I think, obvious, they were not seen before, as they were just not expected to be seen.

In recent times there have been attempts to take this aesthetic dimension of Islam into consideration.[31] I believe we have to continue this path in order to understand the Islamic culture on its own terms. Especially in our postmodern times, where the transcendental aspect of art becomes a new actuality, the connection between art and religion, as it is manifested in Islam, is worth studying.

---

[30] "Das islamische Dogma der 'Unnachahmlichkeit des Korans' in literaturwissenschaftlicher Hinsicht", loc. cit., 170.

[31] Apart from the mentioned studies of Angelika Neuwirth, Frederick M. Denny and Kristina Nelson see for example: Kenneth Cragg, *The Event of the Qurʾān, Islam in its scripture*, London 1971; William A. Graham, "*Qurʾān* as Spoken Word: An Islamic Contribution to the Understanding of Scripture", in: Richard C. Martin (Ed.), *Approaches to Islam in Religious Studies*, Tucson (The University of Arizona Press) 1985, 23–40; Michael Zwettler, "A Mantic Manifesto: The Sūra of 'The Poets' and the Qurʾānic Foundations of Prophetic Authority", in: Kugel (ed.), *Poetry and Prophecy*, loc. cit., 75–119 (see note 20 herein); A.H. Johns, "The Quranic presentation of the Joseph story: Naturalistic or formulaic language", in: G.R. Hawting & Abdul-Kader A. Shareef (Eds.), *Approaches to the Qurʾān*, London/New York 1993, 37–70; Stefan Wild, "'Die schauerliche Öde des heiligen Buches'". Westliche Wertungen des koranischen Stils", in: Alma Giese and J. Christoph Bürgel (Eds.), *Gott ist schön und Er liebt die Schönheit. Festschrift für Annemarie Schimmel zum 7. April 1992 dargebracht von Schülern, Freunden und Kollegen*, Bern 1994.

NEUE MATERIALIEN ZUR *TAFSĪR*-FORSCHUNG IN DER MOSCHEEBIBLIOTHEK VON QAIRAWĀN*

Miklos Muranyi

I. Goldziher's Vorträge an der Universität Uppsala im Jahre 1913 über die Entwicklung der koranexegetischen Literatur—1920 als *Die Richtungen der islamischen Koranauslegung* erschienen—haben an Aktualität in der gegenwärtigen Koranforschung nichts eingebüßt. H. Birkeland hat in seinem *Old Muslim Opposition Against Interpretation of the Koran* (Oslo 1955) die von Goldziher dargestellte Entwicklungsreihe der frühen *tafsīr*-Literatur in mancher Hinsicht zu korrigieren versucht, ohne jedoch von der wegweisenden Substanz der "Richtungen . . ." im wesentlichen abzuweichen. Ein Meilenstein in der Koranforschung—zehn Jahre vor Goldziher's "Richtungen . . ." erschienen—ist indes nahezu in Vergessenheit geraten: Th. Nöldeke's *Neue Beiträge zur semitischen Sprachwissenschaft* (Straßburg 1910), dort vor allem Teil I.: *Der Korān und die ʿArabīja*, in dem der Verfasser den Korantext durch eine Fülle von Belegen einer scharfsinnigen und überzeugenden *stilistisch-grammatischen* Analyse unterzog.

Zu grundsätzlich unterschiedlichen Forschungsergebnissen sind in den letzten Jahrzehnten N. Abbott in ihren *Studies in Arabic Literary Papyri. II. Qurʾanic Commentary and Tradition* (Chicago 1967), dann F. Sezgin in der *Geschichte des arabischen Schrifttums* (GAS). I. (Leiden 1968) einerseits und J. Wansbrough in seinen *Quranic Studies* (Oxford 1977) andererseits gekommen.

Es ist hier nicht der Ort, die Diskussionswürdigkeit dieser Arbeiten hervorzuheben oder gar auf ihre Ergebnisse im einzelnen einzugehen. Auch Fallstudien zu verschiedenen Teilaspekten der *tafsīr*-Literatur sollen an dieser Stelle nicht näher erörtert werden. Nur dort, wo es Indizien gibt, die vorgebrachten Theorien in ihrer Substanz und im eng begrenzten Rahmen folgender Ausführungen

---

* Ein Teil folgender Ausführungen lag dem Colloquium "From Jāhiliya to Islam" (Jerusalem, 5–10. September 1993) als Vortrag vor. Der Abschnitt über die *šawāhid* aus der arabischen Poesie in der Koranexegese stellt den erweiterten Beitrag des Verfassers zum internationalen Symposium "Der Koran als Text" (Bonn 17–21. November 1993) dar.

möglicherweise revidieren zu müssen, erscheint mir der Hinweis auf diese Studien als angebracht.

I

Die *Genese* der *tafsīr*-Literatur neu zu diskutieren, ihren frühen Entwicklungsgang anhand der hier genannten Studien auf ihre Tragfähigkeit hin zu überprüfen, um vielleicht zu einer wünschenswerten Synthese zwischen den vorliegenden, größtenteils kontroversen Forschungsergebnissen beim Verständnis dieses Zweiges der religiösen Literatur und ihrer Geschichte zu gelangen, ist indes begründet. A. Rippin—bei nur eingeschränkter Anerkennung von Goldziher's "Richtungen ..."—formuliert den Sachverhalt deutlich genug: "A new history of *tafsīr* is needed"[1]—und verbindet dies zwangsläufig mit methodologischen Fragen, welche im übrigen *ergänzungsfähig* sind, wie folgt: "But the problem then becomes one of how to go about writing such a history. What form should such a work take? What approach should it take?"[2] Ebenfalls im Vorfeld eines solchen zweifelsfrei wünschenswerten Unternehmens versucht F. Leemhuis in seinem Beitrag *Origins of the* tafsīr *Tradition* der Geschichte der Koranexegese auf der Grundlage der eingangs genannten Arbeiten von Abbott, Sezgin und Wansbrough näherzukommen, in ihrer Entwicklung neue Akzente zu setzen und stellt insofern die überlieferungsgeschichtlich zentrale Frage: "Are the claims of the authors of the late second and the third Islamic century, that they merely pass on the material of older authorities, historically correct?"[3]

Pessimismus scheint wiederum angebracht zu sein, wenn man die Problematik der *Schriftlichkeit* im frühen Überlieferungswesen—hier auf die Koranexegese beschränkt—anreißt:

> The fixation in writing of already existing variant versions of a *tafsīr* tradition that took place around 150/767 makes it impossible to reconstruct original works from before that time, because we have no means

---

[1] A. Rippin (ed.): *Approaches to the History of the Interpretation of the Qurʾān*. Oxford 1988. S. 4.

[2] ebd. 4–5.

[3] F. Leemhuis: *Origins and Early Development of the* tafsīr *Tradition*. In: A. Rippin (ed.), op.cit. S. 14–15.

> of deciding to whom the variants are due (...). Whatever the role of writing in the transmission of *tafsīr* may have been before that time, such works, conceived as definitive and complete literary works (sic—M.M.), probably never existed[4].

Somit steht nicht nur die Frage der frühen Schriftlichkeit an sich, sondern auch die der *Rekonstruierbarkeit* des alten Textbestandes in der *tafsīr*-Literatur wieder im Vordergrund: sie wird von F. Sezgin durch die Zuverlässigkeit der Isnāde vorbehaltlos bejaht (GAS 1/19 und *passim*), während Wansbrough die älteste Kommentarform, die sog. erzählend-erbaulichen Kommentare ("haggadic or narrative exegesis") vergleichsmäßig spät ansetzt; denn sie (sind) "... despite biographical information on its putative authors, are not earlier than the date proposed to mark the beginnings of Arabic literature, namely, 200/815"[5].

Entsprechend sind—nach Wansbrough—auch die Überlieferer-ketten der exegetischen Traditionen zu beurteilen: "The supplying of isnāds, whether traced to the prophet, to his companions, or to their successors, may be understood as an exclusively formal innovation and cannot be dated much before 200/815".[6]

Zunächst wären Urheberschaft und Authentizität der in den *Quranic Studies* benutzten angeblich alten Materialien—die Muqātil, Muḥammad b. Sāʾib al-Kalbī und Sufyān al-Ṯaurī zugeschriebenen Exegesen—in den jeweils vorliegenden Leseausgaben bzw. Handschriften im einzelnen zu klären, zumal wir es mit relativ spät angefertigten Handschriften zu tun haben, deren überlieferungsgeschichtlicher Werdegang nicht überzeugend nachzuzeichen ist und somit ihre *literarhistorische Zuordnung* weiterhin problematisch bleibt. Vor diesem Hintergrund ist die nach inhaltlichen Merkmalen geschaffene chronologisch-typologische Klassifizierung des *Tafsīr* durch Wansbrough in ihrem Ergebnis nur begrenzt aussagekräftig und—bedingt durch bisher nicht benutzte Handschriften—literarhistorisch fraglich. Schon die systematische Auswertung des umfangreichen *tafsīr*-Materials in den alten Fragmenten von Yaḥyā b. Sallām al-Baṣrī (bis 200/815—GAS 1/39)—wobei zwangsläufig auch der *Muḫtaṣar* von Ibn Abī Zamanīn al-Ilbīrī (bis 399/1008—

---

[4] F. Leemhuis, op.cit. S. 21–22.

[5] J. Wansbrough: *Quranic Studies. Sources and methods of scriptural interpretation.* Oxford 1977, S. 144.

[6] Wansbrough, *op.cit.* 179.

GAS 1/46) zum selben Werk als *spätere* literarhistorische Entwicklungsstufe heranzuziehen wäre—läßt in der *tafsīr*-Chronologie neue Akzente setzen.[7]

Seit einiger Zeit liegt ein Unikum der *tafsīr*-Literatur im Druck vor: das *K. Tafsīr kitāb Allāh al-ᶜazīz* des Ibāḍiten Hūd b. Muḥakkam al-Huwwārī (ed. Balḥāǧǧ b. Saᶜīd Šarīfī. Beirut 1990). Der Herausgeber, der sich Jahre bemüht hat, Fragmente und Abschriften dieses unbekannten Werkes zu sammeln und literarhistorisch zuzuordnen, macht in der Einleitung zur Edition (Bd. I. S. 26–27) eine interessante Beobachtung: die Exegese von Hūd deckt sich an vielen Stellen mit dem *Tafsīr* von Ibn Sallām, dessen eigene exegetische Ausführungen er wörtlich übernimmt. Die Richtigkeit dieser Beobachtung konnte ich durch den Vergleich bisher ungenutzter Fragmente aus Ibn Sallāms Werk in Qairawān mit dem *Tafsīr* von Hūd bestätigen; stark paraphrasiert erscheinen lediglich diejenigen Partien bei Hūd, die Ibn Sallām auf seine älteren Quellen—Muǧāhid, al-Kalbī, al-Ḥasan al-Baṣrī u.a.—zurückführt. Es ist allerdings nicht festzustellen, wie der ibāḍitische Exeget aus dem späten 3. Jh. d.H. in den Besitz von Ibn Sallāms *Tafsīr* gelangte; denn als Quelle zitiert er seinen Vorgänger kein einiges Mal.

Die Darstellung einer "new history of *tafsīr*" (A. Rippin) ist kein leichtes Geschäft; sie muß—zunächst im Vorfeld eines solchen Unterfangens—mit der konsequenten Aufarbeitung von Unikaten, die seit Jahrzehnten bekannt und sogar—was keineswegs alltäglich ist—zugänglich sind, beginnen. Vielleicht als Anregung zu detaillierteren Analysen im Bereich der Grundlagenforschung sollen nunmehr einige Aspekte der frühen Überlieferungsgeschichte des *Tafsīr* kurz skizziert werden.

II

Neue Handschriftenfunde sind nunmehr Anlaß, die mehrfach wiederholte Forderung nach einer neuen literarhistorischen Rekonstruktion des schriftlich überlieferten *Tafsīr* neu zu überprüfen. Denn das heute handschriftlich vorliegende Material—um dies zu

---

[7] An die z.T. äußerst schwierigen Handschriften des Kommentars von Yaḥyā b. Sallām hat sich bisher niemand herangewagt. Die Editionsvorhaben von Ḥammādī Ṣammoud und Hind Šalabī sind nicht realisiert worden. Siehe IBLA 33/1970–72/227ff. und die ausführliche Einleitung zum *K. al-Taṣārīf* von Yaḥyā b. Sallām (Tunis 1979), S. 10ff.: bes. 79–84 von Hind Šalabī und von ders.: *al-Qirā'āt bi-Ifrīqiyā*. Tunis 1983. S. 151ff.

Beginn vorwegzunehmen—ist wesentlich älter als die von F. Sezgin z.T. erstmalig vorgestellten Handschriften aus der *tafsīr*-Literatur insgesamt. Während die in der *Geschichte des arabischen Schrifttums* (GAS) angeführten—in der bisherigen *tafsīr*-Forschung allerdings nur teilweise benutzten—Werkfragmente ausnahmslos aus dem 6. Jh. d.H. und später stammen, wobei das schon erwähnte *Tafsīr* von Yaḥyā b. Sallām al-Baṣrī aus dem ausgehenden 4. Jh. d.H. eine beachtenswerte Ausnahme darstellt, ist das Material, worauf ich mich im folgenden stütze, wesentlich älter: diese Hss auf Pergament (*raqq*) sind *spätestens* um 290/902–3 nach älteren schriftlichen Vorlagen in Qairawān aufgezeichnet worden.

Selbstverständlich ist das hohe *Alter* eines Hs noch kein Beweis für die *Echtheit* des überlieferten Materials. Um die Genese der *tafsīr*-Literatur, die *Rekonstruierbarkeit* ihrer frühen Entwicklungsphasen darstellen zu können, müssen daher Authentizitätsfrage und Altersbestimmung der für ein solches Vorhaben relevanten Vorlagen geklärt werden. Hierbei ist weniger die Erfüllung allgemein geltender Beschreibungskriterien von Handschriften—Incipit/Explicit u.a.—ausschlaggebend als die Untersuchung folgender zwei Aufgabenbereiche:

I.a) Altersbestimmung der Hs; I.b) nachweisbare *Riwāya* der Hs; I.c) die Identifizierung weiterer—evtl. vom Kopisten benutzter—Vorlagen des Werkes, d.h. die Definierung einer älteren schriftlichen Überlieferungsschicht; I.d) das Fortleben des Inhalts in späteren (Sammel)werken, möglicherweise in identischen *Riwāyāt* (siehe I.b) und I.c)).

Sind diese Aspekte geklärt, stellt sich folgerichtig der zweite Aufgabenbereich:

II.a) Identifizierung der benutzten Quellen der Hs (Primärquellen); II.b) Nachweis dieser Quellen in späteren (Sammel)werken (siehe I.d)) und ihre synoptische Auswertung im Vergleich mit dem Original (siehe I.c)); II.c) mögliche Urheberschaft des überlieferten Gedankengutes.

Wie es sich zeigt, stehen beide Aufgabenbereiche in einer engen Wechselwirkung zueinander und ergänzen sich gegenseitig. Durchläuft man die hier vorgeschlagenen Aufgabenbereiche als *Vorarbeiten* in der Grundlagenforschung zur frühen exegetischen Literatur, so wird es wohl dann auch möglich sein, die im untersuchten Handschriftenmaterial erhaltenen Erläuterungen zum Korantext inhaltlich einer Entwicklungsstufe zuzuordnen, die literarhistorisch um einiges älter ist als die Vorlage selbst.

Handschriften aus späterer Zeit stellen in dieser Hinsicht wesentlich größere Anforderungen an die Forschung. Denn nicht einmal der Werdegang—d.h. lückenlose Überlieferung und schriftliche Fixierung der Vorlage—ist in den meisten Fällen rekonstruierbar. Die sog. "Sammelhandschriften", in denen einzelne, von einander unabhängige *aǧzāʾ* unterschiedlichen Inhalts und Ursprungs zusammengeführt worden sind, sind ein Problem für sich.

Die Handschriften

Gegenwärtig liegen *drei* vollständige, z.T. beschädigte Hss aus den Schriften des Ägypters ʿAbd Allāh b. Wahb (bis 197/812) von insg. 78 Folios in verschiedener Größe vor, die—unter dem Titel *al-Ǧāmiʿ*—koranexegetischen Inhalts sind. Eine dieser Hss ist speziell den philologischen—lexikographischen Erörterungen des Korantextes (Lesevarianten), ferner der *nāsiḫ/mansūḫ*—Thematik und den *faḍāʾil/ṯawāb al-Qurʾān* gewidmet. Zur näheren Beschreibung des Materials siehe mein: *ʿAbd Allāh b. Wahb: al-Ǧāmiʿ; Die Koranwissenschaften.* (Wiesbaden 1992) und unter demselben Titel, aber mit dem Untertitel "*Die Koranexegese*" (Wiesbaden 1993).—Über den Verfasser siehe mein *ʿAbd Allāh b. Wahb; Leben und Werk.* (Wiesbaden 1992).

Die Überlieferung der drei Hss ist identisch; sie gehen geradlinig über ʿĪsā b. Miskīn (214/829–295/907—*Aghlabides*/Talbi 232ff.; Ben Cheneb 142–43; *Dībāǧ* 2/66–70; al-Ḏahabī, *Siyar* 13/573) auf den Qairawāner Rechtsgelehrten Saḥnūn b. Saʿīd (bis 240/854—GAS 1/468–71) zurück. Dieser studierte gegen 185/801—auf seiner Studienreise zwischen 178–191/794–806—in ägyptischen Gelehrtenkreisen, u.a. auch bei Ibn Wahb, dem Verfasser des *Ǧāmiʿ*. Saḥnūn's Abschriften dienten im Kreis des ʿĪsā b. Miskīn als Vorlage zur Herstellung eines neuen Exemplars vom *Ǧāmiʿ*, welches in der Moscheebibliothek (*al-maktaba al-ʿatīqa*) von Qairawān erhalten ist. Die Weitergabe der Bücher von Ibn Wahb kann diesmal somit nicht nur aus den einschlägigen biographischen Angaben der für diesen Zeitraum reichhaltigen und sehr informativen *ṭabaqāt*-Literatur, sondern auch aus den Hss selbst abgeleitet werden. Hervorzuheben ist, daß die überlieferungsgeschichtlich und bibliographisch bedeutsamen Kollationsvermerke von *derselben Hand* stammen wie die Handschriften selbst: vom Kopisten ᶜAbd Allāh b. Masrūr al-Tuǧībī, Ibn al-Ḥaǧǧām dem Mitglied einer bekannten Qairawāner Familie, deren Grabinschriften auf dem alten Friedhof der Stadt bekannt sind (Roy-Poinssot 1/266–69). Er ist zugleich durch entsprechende Eintragungen (*tamalluk*) auf den Titelblättern als Besitzer der Hss ausgewiesen. Er war Schüler von ᶜĪsā b. Miskīn und starb 346/958 (*Tartīb al-madārik* 5/330–33; *Maᶜālim* 3/57–59; *Riyāḍ al-nufūs* 2/422–24).

Somit stammen die am Kolophon der Hs eingetragenen Kollationsvermerke "*muqābal bi-kitāb Saḥnūn*" aus der Zeit, als Ibn al-Ḥaǧǧām seine Abschriften bei seinem *šaiḫ*, dem 295/907 verstorbenen ᶜĪsā b. Miskīn angefertigt hatte. Am Ende eines weiteren Fragmentes aus dem *Ǧāmiᶜ* sind sogar Sitzungsort und Datum des Unterrichts festgehalten: im Hause von ᶜĪsā b. Miskīn im Jahre 290/901–2. Nur selten sind wir in der Lage, Hörerzertifikate und Kollationsvermerke samt *Riwāya* des Materials in einem solch hohen Alter vorzufinden. Daraus ergibt sich—ohne weitere Interpretationsbedürftigkeit—die erste Schlußfolgerung: zwischen den erhaltenen Hss und dem Verfasser Ibn Wahb liegen zwei Vermittlerstufen (Saḥnūn—ᶜĪsā b. Miskīn), zwischen der *Vorlage* unserer Hss und dem Verfasser lediglich eine einzige, *schriftlich nachweisbare* Überlieferungsstufe (Saḥnūn's *kitāb*—Ibn Wahb) vor.

Saḥnūn's Abschrift war indes nicht die einzige, auf die man in der zweiten Hälfte des 3. Jahrhunderts d.H. zurückgreifen konnte; diese war spätestens in seinen letzten Lebensjahren, nach der Absetzung seines ḥanafitischen Vorgängers im Qāḍī-Amt, Ibn Abī 'l-Ǧawād durch den Aġlabiden-Emir Muḥammad b. Aġlab (234/848), nunmehr auch im öffentlichen Gelehrtenalltag der Stadt im Umlauf. Einige Marginalien vor der Hand des Kopisten—und nicht von fremder Hand!—wie: *muḥawwaqun ᶜalaihi fī kitāb Saḥnūn/ wa-huwa ṣaḥīḥun fī riwāyat Abī 'l-Ṭāhir aḫbaranī bi-hi ᶜĪsā* und: *lam yarwi bi-hā Saḥnūn wa-aḫbaranā bi-hā ᶜĪsā ᶜan Abī 'l-Ṭāhir* und: *laisa ᶜalaihi taḥwīqun fī kitāb ᶜĪsā*, sind bibliographisch eindeutige Hinweise auf die Existenz eines *zweiten* Exemplares des *Ǧāmiᶜ* zum Zeitpunkt der Herstellung der uns vorliegenden Hss. Diese Abschrift ist allerdings um einiges jünger als das *kitāb* Saḥnūn's, der seine Exemplare nach seiner Rückkehr nach Qairawān schon im Jahre 191/806–7 besaß. Die Kontakte von ᶜĪsā b. Miskīn zu ägyptischen Gelehrten sind dagegen etwas später anzusetzen; erstmalig ist er im Schülerkreis von Ibn Wahb um die Mitte des 3. Jahrhunderts d.H.—unter ihnen bei Abū 'l-Ṭāhir, Aḥmad b. ᶜAmr b. ᶜAbd Allāh b. al-Sarḥ (bis 250/864 oder 255/869—al-Ḏahabī, *Siyar* 12/62; *Tartīb al-madārik* (Rabat) 4/173–74; Subkī, *Ṭabaqāt al-šāfiᶜiyya* 2/26; al-Mizzī 1/415; *Tahḏīb* 1/64)—anzutreffen. Die inhaltlichen Unterschiede zwischen den beiden älteren Vorlagen unserer Hss in den obigen *Riwāyāt* sind allerdings unerheblich; es handelt sich hierbei lediglich um Wiederholungen von Passagen, die an anderen Stellen bereits erschienen sind oder um einfache Dittographien und Namensergänzungen durch die *Nisbe* u.ä. Nur entstanden diese Abschriften in zwei Zeitabschnitten; das *kitāb* von Saḥnūn spätestens gegen 191/806 im Kreis des Verfassers, die Überlieferungsvariante von ᶜĪsā b. Miskīn nach Abū 'l-Ṭāhir—Ibn Wahb rund eine Generation später.

Damit wären die im Vorspann genannten Forderungen I. a)–I. c) im großen und ganzen erfüllt. Das Fortleben des Inhalts dieser Hss in späteren (Sammel)werken (I. d) kann in den oben dargestellten *Riwāyāt* jedoch *nicht* bestätigt werden. Was gegenwärtig vorliegt, sind einige Fragmente, die von Qairawān aus auf eine andalusische Überlieferungslinie hinauslaufen und allem Anschein nach auf schriftliche Vorlagen von Muḥammad b. Waḍḍāḥ al-Qurṭubī (bis 287/900) zurückzuführen sind; somit wären sie genauso alt wie die Abschriften von Ibn al-Ḥaǧǧām. (Zur Überlieferung der Schriften von Ibn Wahb im islamischen Andalus siehe mein *ᶜAbd Allāh b. Wahb; Leben und Werk* ..., Wiesbaden 1992. S. 62ff.).

Überlieferungsgeschichtlich bedeutend sind die strukturellen und inhaltlichen Gemeinsamkeiten zwischen zwei *Ǧāmiᶜ*-Fragmenten in voneinander ebenfalls unabhängigen *Riwāyāt* aus derselben Zeit, aber an zwei verschiedenen Orten; das von J. David-Weill publizierte Papyrusfragment des *Ǧāmiᶜ* aus Edfu, versehen mit einem Hörerzertifikat vom I. *Rabīᶜ* 276/Juli 889 in Esna/Ägypten, deckt sich ab Blatt 98,9 mit einem Fragment in der obigen *Riwāya* und Abschrift von Ibn al-Ḥaǧǧām in Qairawān. Die letzten Blätter (bis Blatt 106,16 in der Edition von David-Weill) stimmen mit dem Beginn des Qairawāner Fragmentes in jeder Hinsicht überein, letzteres ergänzt das Papyrusfragment aus Edfu sogar um einige Seiten. Somit haben wir von einer exakten—schriftlich fixierten—Weitergabe der unter dem Titel *al-Ǧāmiᶜ* zusammengefaßten Sammlung bereits in der Schaffungsperiode von Ibn Wahb auszugehen.

Diese textgeschichtlich geradezu zwingenden Teilergebnisse, wenn auch nur vorläufiger Natur und konkretisierungsbedürftig.

zeigen, daß Wansbrough's These betreffs Datierung der ältesten, d.h. erzählend-erbaulichen Kommentare (haggadic or narrative exegesis) um das Jahr 200/815 jeder literarhistorisch vertretbaren Grundlage entbehrt. Denn das hier vorgestellte Material, die Qairawāner Abschriften aus den koranexegetischen Teilen des *Ǧāmiᶜ* von Ibn Wahb, sind auf keinen Fall als Produkte der Schülergenerationen Ibn Wahb's im frühen 3. Jh. d.H. zu werten. Sie sind vielmehr als dessen eigenständige Schriften anzusehen, die nachweislich noch im ausgehenden 3. Jh. d.H. an *verschiedenen* Orten—Esna und Qairawān—und in voneinander *unabhängigen* Überlieferungen als homogener Textbestand des *Ǧāmiᶜ* überliefert wurden. Diese Beobachtung gilt ohne Einschränkungen für alle in Qairawān gefundenen *Ǧāmiᶜ*—und *Muwaṭṭaʾ*—Fragmente des Ibn Wahb, welche Ḥadīṯ—bzw. Rechtsmaterialien aus den 2. Jh. d.H. beinhalten.

An dieser Stelle sei in diesem Zusammenhang folgendes Beispiel genannt: zwar ist der Beleg diesmal der frühen *fiqh*-Literatur und nicht dem *Tafsīr* entnommen, doch zeigt er sehr eindrucksvoll, wie getreu Materialien und Rechtslehren in der Generation vom Saḥnūn—Ibn Wahb vermittelt wurden. In der *Mustaḫraǧa min al-asmiᶜa* ... des Andalusiers al-ᶜUtbī, Muḥammad b. Aḥmad b. ᶜAbd al-ᶜAzīz (bis 255/869—GAS 1/472; über ihn und sein Werk siehe *Materialien* 50–65) ist eine—in der Rechtsliteratur umstrittene—Lehre Mālik's über einen Teilaspekt von Verkaufsverträgen zwischen zwei Vertragspartnern überliefert. Der rechtsbezogenen Inhalt braucht hier im einzelnen nicht erörtert zu werden.

Die *Mustaḫraǧa* ... (*al-ᶜUtbiyya*) hat den Passus ursprünglich im Kapitel "*min Nawāzil suʾila ᶜanhā Saḥnūn*" verzeichnet und ist heute im *ᶜUtbiyya*-Kommentar des Abū 'l-Walīd b. Rušd (bis 520/1126), im *al-Bayān wal-taḥṣīl* ... Bd. VII. S. 499—also nicht direkt in den gegenwärtig bekannten *ᶜUtbiyya*-Fragmenten—erhalten: *aḫbaranā Saḥnūn ᶜan Ibn Wahb qāla: qāla Mālik ᶜan raǧulain tabāyaᶜā silᶜatan fa-ʾḫtalafā fī-'l-ṯaman/fa-qāla 'l-bāʾiᶜu: biᶜtuka bi-'l-naqd/wa-qāla 'l-muštarī: ʾštaraytu min-ka ilā aǧalin* ... usw. (zur Sache vgl. *al-Mudawwana* 4/188–89; *al-Muwaṭṭaʾ*/Yaḥyā 2/S. 671–72). Was hier speziell von Interesse ist, geht aus dem Nachsatz in der *ᶜUtbiyya* hervor: *qāla lī Saḥnūn: ḫuḏ minnī hāḏā 'l-aṣl fa-inna-hu qad iḫtalafa fī-hi qaulu Mālikin iḫtilāfan šadīdan wa-huwa afḍalu mā tatazawwadu ilā baladi-ka.*

Zweifelsfrei ist mit *hāḏā 'l-aṣl* der *Muwaṭṭaʾ* des Ibn Wahb gemeint, den Saḥnūn—neben dem *Ǧāmiᶜ*—in Qairawān in direkter *Riwāya* weitergab. Angesichts kontrovers überlieferter Lehrmeinungen Mālik's in der Sache empfiehlt er seinem—näher nicht genannten—Schüler sogar, den in diesem *aṣl* verzeichneten Grundsatz Mālik's sich zu eigen zu machen; möglicherweise einem derjenigen Schüler aus al-Andalus, die Saḥnūn in den ersten Dekaden des 3. Jahrhunderts d.H. in Qairawān aufgesucht haben. Unser Beleg ist seit Ibn Wahb in der Tat durch viele Hände gegangen, bis ihn Abū 'l-Walīd b. Rušd al-Qurṭubī im ausgehenden 5. Jh. d.H. *via al-ᶜUtbiyya* in seinen Kommentar aufnahm. Daß uns dennoch eine authentische Überlieferung des Ibn Wahb (*al-aṣl*) aus der zweiten Hälfte des 2. Jahrhunderts d.H. vorliegt, beweist der *Muwaṭṭaʾ* von Ibn Wahb selbst, aus dem das *K. al-Qaḍāʾ fil-buyūᶜ* in der direkten *Riwāya* Saḥnūn's ebenfalls in Qairawān erhalten ist. Hier, auf fol. 6a steht der obige Passus in identischem Wortlaut, wie im *ᶜUtbiyya*-Kommentar, in einer Handschrift, die *spätestens* um die Mitte des 3. Jahrhunderts d.H. in Qairawān angefertigt wurde und schon ein *sekundär* (!) eingetragenes Hörerzertifikat aus dem Jahr 290/902–3 bei ᶜĪsā b. Miskīn enthält. Eine Rückprojezierung der erwähnten Rechtsnorm durch Saḥnūn oder durch seine Schüler ist somit unwahrscheinlich; vielmehr trifft die Beobachtung zu, daß Saḥnūn das Material angesichts kontroverser Aussagen bereits *selektierend* weitergibt und sich dabei der Variante Ibn Wahb—Mālik anschließt.

Man verstand es, mit dem schriftlich überlieferten Material sorgfältig umzugehen und war darauf bedacht, die verfügbaren Handschriften—wie bereits erwähnt—eingehend zu prüfen, Unterschiede und Varianten genau zu vermerken. Somit erscheint die stets hervorgebrachte Skepsis gegenüber der Urheberschaft alter Schriften mit dem Argument, es handele sich vielmehr um *spätere*, erst von den Schülergenerationen "alter Meister" hergestellte und nicht um in sich abgeschlossene Schriften von Autoritäten—etwa aus der Mitte des 2. Jahrhunderts d.H.—zumindest in diesem hier erörterten Zusammenhang als unbegründet.

Dies gilt nahezu uneingeschränkt für die Arbeiten von G.H.A. Juynboll, vor allem für sein *Muslim Tradition* 104; 114ff. über den Beitrag von Ibn Wahb zur *ḥadīṯ*-Literatur anhand seines—ihm zugeschrieben—*al-Ǧāmiᶜ*. Ähnlich korrekturbedürftig ist seine isnadanalytische Schlußfolgerung über diejenigen Dicta und ihre Datierung, die unter dem Namen von Šuraiḥ al-Qāḍī laufen; dieser und der spätere Qāḍī Ibn Šubruma (bis 144/761) sollen erst *nach* 250/864–65 in Isnāde aufgenommen worden sein:

siehe ebd. 87–88. Beide Figuren sind im frühen Rechtsleben aber schon im *Muwaṭṭa*ʾ des Ibn Wahb in medinensisch-irakischen Mischisnāden berücksichtigt worden; siehe mein *ʿAbd Allāh b. Wahb; Leben und Werk* ... 179 und 201. Damit will ich aber den Mißbrauch ihrer Namen in späteren Generationen (siehe schon Schacht, *Origins* 228–29) keineswegs ausschließen; nur ist eine differenzierte Betrachtung des Sachverhalts erforderlich.

In dem bisher noch nicht publizierten Teil aus dem Korankommentar von Ibn Wahb (Die *Koranexegese* II. fol. 10a, 15–10b, 8) wird die—umstrittene—Praxis von *qirāʾat ḫalfa ʾl-imām* im Gebetsritual u.a. wie folgt erörtert:

أبو الرّبيع قال : حدّثنا (10b) ابن وهب قال : حدّثني أسامة بن زيد اللّيثي قال :
سألتُ القاسَم بن محمّد عن القراءة خلف الإمام فقال لي:إنْ قرأتَ فقد قرأ قوْمٌ بهم أسوة
وأخذْتَ بالسنّة، وإنْ تركْتَ فقد ترك قوْمٌ بهم أسوة وأخذُتَ بستّةٍ، وإنْ كان عبْدُ
الله بن عمر لا يقرأ . قال :وسمعتُ ابن وهب يقول :إذا خاف الوسوسة فليقرأ فيما
يُسرّ فيه الإمامُ فليقرأ ما فيه من القرآن دعاءً:ربنا لاَ تُزِغْ قُلُوبَنَا، (Sur. 3,8) الآية
أو نحبوها .

Auf die ritualrechtliche Komplexität der Frage soll hier im einzelnen nicht eingegangen werden. Was an dieser Stelle interessiert, ist der *Randvermerk des Kopisten* in der Höhe der letzten Zeile von fol. 10a; hier stand ursprünglich ein *qāla wa-ḥaddaṯanī ʿAbd Allāh b. Masʿūd*, was aber der Kopist sorgfältig durchgestrichen hatte. Dieser Passus folgt dann auf fol. 10b als neuer Abschnitt nach dem obigen *qaul* von Ibn Wahb. Der Randvermerk bezieht sich somit—mit Klammern gekennzeichnet—nur auf die hier zitierte Stelle:

ليس في الأ وهو مكتوبفي حاشية وليس هوفي كتابفي دار سليمَن ولا كتاب عيسى
ابن مسكين

Auf insgesamt drei Vorlagen weist der Kopist hin: auf die Abschrift von Sulaimān (d.i. b. Sālim), auf die von ʿĪsā b. Miskīn (siehe oben, S. 231) und auf das Original (*al-umm*); unter letzterem wird wohl die Erstabschrift Saḥnūn's, dier er aus Ägypten mitgebracht hatte, zu verstehen sein und die auch im Kollationsvermerk erwähnt wird (siehe oben, S. 231). Man scheute sich nicht, sogar im Haus von Sulaimān dessen Abschrift zu überprufen; er ist Sulaimān b. Sālim, Ibn al-Kaḥḥāla (bis 289/901–2); Verwalter des *maẓālim*-Amtes unter ʿĪsā b. Miskīn, später dessen Qāḍī in Sizilien. Bekannt war er auch für seine Überlieferungen und für die schriftliche Fixierung seiner Materialien: *kāna ʾl-ġālib ʿalā Sulaimān b. Sālim al-riwāyatu wal-*

taqyīdu: Ben Cheneb 148; *Maᶜālim* 2/206; *Aghlabides*/Talbi 260–61; über seinen Beitrag zum Fiqh siehe meine *Materialien* 79–80. Überliefern konnte er nach seinem Lehrer Saḥnūn direkt; sein Exemplar vom *Ǧāmiᶜ* ging wahrscheinlich auf dessen *Riwāya* zurück. Wir wissen, daß er ein Exemplar vom *K. al-Tarġīb* (*fī-'l-Qurʾān*) aus dem *Ǧāmiᶜ* von Ibn Wahb in der *Riwāya* Saḥnūn's besaß und es im Studienkreis seines Lehrers benutze (siehe mein *al-Ǧāmiᶜ. Die Koranwissenschaften*. S. 8. Anm. 1.)

Der Zusatz, beginnend mit dem Namen Abū 'l-Rabīᶜ, war somit für den Kopisten neu; nur konnte er den Passus in den damals zugänglichen Abschriften im Text selbst offensichtlich nicht wiederfinden. Denn die Stelle—eingeleitet mit Abū 'l-Rabīᶜ—Ibn Wahb—stand als Randbemerkung (*ḥāšiya*) in einem näher nicht identifizierbaren Exemplar. Mit seinem Vermerk nahm er den Passus in einer neuen *Riwāya* in seine Abschrift dennoch auf. Unter den Schülern von Ibn Wahb trägt ein bedeutender *Rāwī* seiner *Ḥadīṯe* die *kunya* Abū 'l-Rabīᶜ: er heißt Sulaimān b. Dāwūd al-Mahrī aus Ägypten (bis 253/867: *Tahḏīb* 4/186; al-Mizzī 11/409; *Tartīb al-madārik* 4/179).

Wie kam nun der fragliche Passus nach Qairawān und fand in den *Ǧāmiᶜ* Eingang, obwohl die vom Kopisten benutzten Abschriften diese *Riwāya* nicht verzeichnet haben? Hierbei hilft nur die lokale *ṭabaqāt*-Literatur etwas weiter: unter den Qairawāner Gelehrten jener Zeit ist Yaḥyā b. ᶜUmar al-Kinānī (213/828–289/902—GAS 1/475; *Materialien* 92–94) der einzige, der Kontakte zu Abū 'l-Rabīᶜ al-Mahrī in Ägypten hatte. Er überlieferte nach Abū 'l-Rabīᶜ dessen *K. ᶜIbād al-miṣriyyīn* (*Tartīb al-madārik* 4/180). Auch sein Beitrag zur Weitergabe des *Muwaṭṭaʾ* von Ibn Wahb im Qairawān des 3. Jahrhunderts d.H. konnte inzwischen nachgewiesen werden: *ᶜAbd Allāh b. Wahb; Leben und Werk* ... 77–79. Man benutzte seine Vorlagen als Unterrichtsmaterial. Seine eigenhändig eingetragenen Randvermerke auf einigen Handschriften—darunter Eintragungen auf *Mudawwana*-Fragmenten Saḥnūn's mit Hinweis auf die *Riwāyāt* von Ibn Wahb—sind bibliographisch wertvolle Belege für seinen regen Anteil am Gelehrtenleben der Stadt, in deren Großen Moschee er seine Sitzungen abzuhalten pflegte. Möglicherweise auf einen solchen Vermerk von Yaḥyā b. ᶜUmar—nach Abū 'l-Rabīᶜ—geht auch die obige Eintragung in unserer Hs zurück. Sie ist zwar inhaltlich im richtigen Zusammenhang, aber in dieser *Riwāya*—Abū 'l-Rabīᶜ—Ibn Wahb—Usāma b. Zaid—al-Qāsim b. Muḥammad—war sie zum Zeitpunkt der Herstellung der uns vorliegenden Handschrift ein Fremdkörper; der Randvermerk an sich ist somit eine überlieferungstechnische Maßnahme[8] des Kopisten, die unsere Beachtung verdient.

Man könnte allerdings den Einwand erheben—wie dies hie und da sogar berechtigterweise geschehen mag—, daß Abū 'l-Rabīᶜ selbst für den Inhalt des Einschubs verantwortlich ist, da der Passus, wie dies der Qairawāner Kopist eberfalls vermerkt—in den damals bekannten Exemplaren des *Ǧāmiᶜ* nicht erhalten gewesen ist. Somit können diese Zeilen ursprünglich nicht im Korankommentar des Ibn Wahb gestanden haben. Vielmehr seien diese Zeilen als Produkte der Folgegeneration—bestenfalls der Schülergeneration von Ibn Wahb—zu werten. Damit würden wir uns chronologisch schon im 3. Jh. d.H. bewegen, also—wie es Wansbrough ja vorschlägt—hinter der "magischen Grenze" von 200/815–16.

Diese methodologisch fragliche Auffassung vertritt u.a. Juynboll, *Muslim Tradition* 114ff. mit Schlußfolgerungen, die literarhistorisch einer Korrektur bedürfen. Das von ihm benutzte Ms Chester Beatty 3497, welches schon Arberry irrtümlich als Teil des *Ǧāmiᶜ* oder des *Muwaṭṭaʾ* auf das 3. Jh. d.H. datiert ist, wie es sich zeigt (*ᶜAbd Allāh b. Wahb; Leben und Werk* . . . 56–58), eine spätere Sammlung von Traditionen, die als solche keine Rückschlüsse auf den Inhalt des *Ǧāmiᶜ* von Ibn Wahb selbst erlaubt; es ist dies aber der Schritt, den Juynboll in seiner Analyse und Darstellung der Genese der *man kaḏaba ᶜalayya*-Tradition unternimmt und das Postulat aufstellt, Ibn Wahbs *Ǧāmiᶜ* beinhalte die fragliche Tradition nicht (S. 117). Das Dictum ist im *K. al-ᶜilm* des *Ǧāmiᶜ* (Ms Qairawān) mit Varianten verzeichnet.

Die Aufgabe quellenkritischer Analysen ist es, solche "Fremdkörper" oder überlieferungsgeschichtlich zunächst nicht passende Einschübe in einer Handschrift sowohl formal als auch inhaltlich zu deuten, damit der literarhistorische Werdegang des benutzten Materials transparent dargestellt werden kann. Solche Fälle gibt es natürlich, wenn auch an dieser Stelle nicht bewußt gesammelt, *en masse*[9]; manche von ihnen sind nur auf Umwegen einer fremden

---

8 Manche Maßnahmen führten nicht selten zu beachtenswerter inhaltlicher Bereicherung des ursprünglichen Materials im Original. Der Qairawāner Abū 'l-ᶜArab al-Tamīmī (bis 333/944—GAS 1/356–57) hat seine Nachträge zu al-ᶜIǧlī's *riǧāl*-Werk direkt in den Text aufgenommen; sie sind in der alten Hs aus dem Privatbesitz von Abū 'l-ᶜArab als dessen Vorarbeiten zu seinem eigenen *ṭabaqāt*-Buch zu werten: siehe meine *Qairawāner Miszellaneen* IV.: Zur Entwicklung der *ᶜilm al-riǧāl*-Literatur im 3. Jh. d.H. in: ZDMG 142/1992/57–71.

9 Mit äußerster Präzision hat er Qairawāner Faqīh al-Qābisī (bis 403/1012—

und sekundären Überlieferungsschicht zuzuordnen: siehe z.B. Abū ᶜUbaid: *K. al-Nāsiḫ wal-mansūḫ*/Burton, S. 40 (arab. Text, fol. 80a–b), wozu der Herausgeber lediglich vermerkt: *hāḏā 'l-ḥadīṯ fī 'l-aṣl maḍrūb ᶜalaihi* (*Anm.* 163—zur Sache siehe meine Bemerkungen in: WdI 31/1991/266).

Die Echtheitsfrage und damit verbunden die überlieferungsgeschichtliche Zuordnung des Passus nach Abū 'l-Rabīᶜ ist diesmal leichter zu beantworten als erwartet; denn den Medinenser Usāma b. Zaid (bis 153/770)—die Primärquelle im *Ǧāmiᶜ*—, von dem Ibn Wahb eine *nusḫa ṣāliḥa* besaß (vgl. Ibn ᶜAdī 1/386; al-Mizzī 1/350; al-Ḏahabī, *Siyar* 6/342), bringt man mit dieser Diskussion bei al-Qāsim b. Muḥammad (bis 105–6/723–24; Ibn Saᶜd V. 139–43; *Tahḏīb* 7/333) mehrfach in Verbindung. Al-Šaibānī bestätigt durch diesen Passus die irakische Auffassung über *qirāʾa ḫalfa 'l-imām* und erwähnt die Diskussion als Kommentar zu seiner *Riwāya* des *Muwaṭṭaʾ* (Nr. 118): *ḥaddaṯanā Usāma b. Zaid al-Madanī qāla ḥaddaṯanā Sālim b. ᶜAbd Allāh b. ᶜUmar qāla: kāna Ibn ᶜUmar lā yaqraʾu ḫalfa 'l-imām/qāla fa-saʾaltu 'l-Qāsima bna Muḥammad ᶜan ḏālika fa-qāla in tarakta fa-qad taraka-hu nāsun yuqtadā bihim wa-in qaraʾta fa-qad qaraʾa nāsun yuqtadā bihim/wa-kāna 'l-Qāsimu mimman lā yaqraʾu.*

Im *Muwaṭṭaʾ*/Yaḥyā b. Yaḥyā (Bd. I. 85. Nr. 41) haben wird die direkte medinensische Variante vorliegen: Yaḥyā b. Saᶜīd—Rabīᶜa b. Abī ᶜAbd al-Raḥmān *anna 'l-Qāsima bna Muḥammad kāna yaqraʾu ḫalfa 'l-imām fī-mā lā yağharu fī-hi 'l-imāmu bi-'l-qirāʾati* (siehe auch: Ibn ᶜAbd al-Barr: *al-Istiḏkār* 2/194 und *Tamhīd* 11/54: Usāma b. Zaid—al-Qāsim—stets mit der in Medina geltenden Einschränkung *fī-mā lā yağharu 'l-imāmu fī-hi*; vgl. ferner die kontroverse Darstellung zur Frage bei ᶜAbd al-Razzāq 2/Nr. 2810–11; 2814–15 und den Kapitel).

Daß man bei der Klärung dieser Frage des Gebetsrituals nicht einmal im ḥiǧāzisch-medinensisch orientierten *maḏhab* eine Einigung zu erzielen vermochte, zeigen nicht nur die im *Ǧāmiᶜ* gesammelten *aqāwīl* der *ṣaḥāba*, die auf ein Verbot der *qirāʾa ḫalfa 'l-imām* hinauslaufen, sondern auch das im œvre des Ibn Wahb nur selten be-

---

GAS 1/482–83) verschiedene Abschriften und *Riwāyāt* der *Mudawwana* Saḥnūn's miteinander kollationiert; zu diesen seltenen Vermerken siehe meine Untersuchungen *Notas sobre la transmision escrita de la Mudawwana en Ifrīqiya* ... In: al-Qanṭara 10/1989/215ff. und meinen Vortrag: *Maṣādir ǧadīda ḥaula riwāyati 'l-kutub al-mudawwana li-Saḥnūn bil-Qairawān*. In: Muḥāḍarāt multaqā 'l-Imām Saḥnūn (Qairawān, Dezember 1991) S. 134–44 mit neuen Belegen.

obachtete Phänomen, daß der Verfasser hier selbst mit seinem *Raʾy* vermittelnd in die Diskussion eingreift. Damit endet an dieser Stelle der fragliche Einschub in der *Riwāya* von Abū ʾl-Rabīʿ, die im Qairawān des 3. Jahrhunderts d.H. bis dahin offensichtlich unbekannt gewesen ist. Jedoch weder Autorschaft noch Authentizität des hier als Illustration kurz behandelten Abschnittes kann in Zweifel gezogen oder gar als *später Einschub*—in unserer Hs käme dann erst das späte 3. Jh. d.H. in Frage—gewertet werden. Was hier vorliegt, ist vielmehr ein "isoliertes" Fragment aus dem ersten Jh. d.H., möglicherweise ein schon in den *ṣaḥāba*-Kreisen diskutiertes Problem, welches dann in medinensischen Gelehrtenzirkeln um al-Qāsim b. Muḥammad, Usāma b. Zaid und seiner Zeitgenossen zu ritualrechtlichen Differenzen in der ohnehin nur vage formulierten Gebetspraxis geführt haben muß, deren Spuren in disparaten Ansätzen der frühen *ḥadīṯ*- und *fiqh*-Literatur eruierbar sind.

Zum gleichen Ergebnis führt auch die "Gegenprobe"; die Gegenüberstellung der Primärquellen des Ibn Wahb im *Ǧāmiʿ* mit entsprechenden Passagen in der Folgeliteratur in *verwandten*, jedoch nicht auf Ibn Wahb zurücklaufenden *Riwāyāt*: siehe oben II. a)–II. b) Hierzu im folgenden einige Beispiele.

III

Bisher galt das von A. Spitaler bereits 1952 publizierte Kapitel *al-Zawāʾid min al-ḥurūf allatī ḫūlifa bi-hā ʾl-ḫaṭṭ* (*fī ʾl-Qurʾān*) aus dem *K. Faḍāʾil al-Qurʾān* des Abū ʿUbaid al-Qāsim b. Sallām (bis 223–24/838–39)—immerhin in seinen Abschriften aus dem 6. und 8. Jh. d.H. (Ms. Tübingen Ma VI 96 bzw. Berlin 451)—als die älteste Abhandlung über die Lesarten bestimmter Koranverse. Anhand der nunmehr vorliegenden Teile koranexegetischen Inhalts aus den Schriften von Ibn Wahb (Wansbrough: *masoretic exegesis*) sind wir in der Lage, eine wesentlich ältere Überlieferungsschicht zu philologisch-lexikographischen Erläuterungen des Korantextes zu rekonstruieren, deren Spuren uns weit in das frühe 2. Jh. d.H. zurückführen.

Ibn Wahb: *al-Ǧāmiʿ* (Die Koranwissenschaften), fol. 9b,19–21:

أخبرني ابن لهيعة عن يزيد بن أبي حبيب عن لهيعة بن عقبة أنّه سمع أبان بن عثمان
ابن عفّان يوم الجمعة على المنبر يقرأ سورة الأنعام : مِنَ ٱلضَّأْنِ ٱثْنَانِ.

Die Lesevariante zu Sur. 6, 143 مِنَ ٱلضَّأْنِ ٱثْنَيْنِ referiert Abū ᶜUbaid (Nr. 44) nach identischen Quellen: Abū 'l-Aswad *ᶜan* Ibn Lahīᶜa ... usw. und im selben Wortlaut; lediglich die indirekte Rede "... *anna-hu samiᶜa Abāna bna ᶜUṯmān* ..." wird dort als "... *qāla samiᶜtu Abāna bna ᶜUṯmān* ..." als direkte Rede von Lahīᶜa b. ᶜUqba wiedergegeben.

Ibn Wahb, op.cit. fol. 13a, 21–22:

وأخبرني ابن لهيعة قال : سمعت أبا طُعْمة يقرأ : مُتَّكِئِينَ عَلَى رَفَارِفَ خُضْرٍ

Auch diesmal geht bei Abū ᶜUbaid (Nr. 101) die Überlieferungslinie *via* Abū 'l-Aswad, d.i. al-Naḍr b. ᶜAbd al-Ǧabbār al-Miṣrī (145/762–219/834—al-Mizzī 29/391; *Tahḏīb* 10/440) auf die Primärquelle von Ibn Wahb zurück; allerdings bringt man dort auch die Lesevariante zum Vers (Sur. 55,76): وَعَبَاقِرِيٍّ حِسَانٍ statt des kodifizierten عَبْقَرِيٍّ mit dem erläuternden Nachsatz zum Isnād: *wa-kāna Abū Ṭuᶜma min qurrā' ahli 'l-Madīnati*. Daß hier ein Einschub von Ibn Lahīᶜa vorliegt, geht aus der Variante bei Ibn ᶜAbd al-Ḥakam (*Futūḥ Miṣr*, 264,16) hervor: *qāla Ibn Lahīᶜa wa-kāna Abū Ṭuᶜma awwala man aqra'a ahla Miṣra*. Das Fehlen der Variante عَبَاقِرِيَ bei Ibn Wahb zeigt, daß die Passage im *Ǧāmiᶜ* im Vergleich zu Ibn Lahīᶜa bereits die *spätere* Überlieferungsschicht darstellt, denn man kannte noch in der Generation *nach* Ibn Wahb, d.i. bei Abū ᶜUbaid—Abū 'l-Aswad—Ibn Lahīᶜa die Lesevariante *ᶜabāqiriyyin* in identischer *Riwāya*.

Ibn Wahb, op. cit. fol. 11b,17–21:

وحدّثني الليث بن سعد عن محمّد بن عجلان عن عون بن عبد الله يَرْفَعُ الحديث الى عبد الله بن مسعود أنّه كان يُقْرِىء رجلا أعجميًّا هذه الآية : إِنَّ شَجَرَةَ ٱلزَّقُّومِ طَعَامُ ٱلْأَثِيمِ فيقول الأعجميّ : طَعَامُ ٱلْيَتِيمِ، فقال ابن مسعود: أتستطيع أن تقول : طعام الفاجِر قال : نعم، قال : فاقرأ كذلك.

Die Variante اليتِيم zu Sur. 44,44 ist einschließlich Rahmengeschichte mit diesem Isnād auch bei Abū ᶜUbaid (Nr. 97) verzeichnet: allerdings fand dies in seine Sammlung auf Umwegen Eingang: *via* Nuᶜaim b. Ḥammād al-Marwazī (bis 228/884—GAS 1/104)—ᶜAbd al-ᶜAzīz b. Muḥammad (bis 187/802–3—*Tahḏīb* 6/353)—Muḥammad b. ᶜAǧlān (bis 148–49/765–66—*Tahḏīb* 9/341) also, im Gegensatz zu den anderen Beispielen, über zwei vorgeschaltete Vermittlerstufen, was sich an der Textgestaltung—durch den deutlich erzählerischen Charakter—bemerkbar macht: "... *fa-raddada-hā* (d.i. Ibn Masᶜūd) *ᶜalaihi fa-lam yastaqim bihā lisānuhu* ...". Die Aussage selbst wird aber in ihrem Kern—denn die vorgeschlagene

Variante الفاجر ist ja die Pointe des Sujets—identisch weitergegeben. Sie war im übrigen auch Mālik b. Anas bekannt und von ihm geduldet: Ibn Wahb, op.cit. fol. 11b, 21–23; siehe hierzu die späten Überlieferungsfragmente bei Abū 'l-Walīd b. Rušd (*al-Bayān wal-taḥṣīl* 18/419) und—ebenfalls mit einer andalusischer *Riwāya*—den *Muwaṭṭa*ʾ-Kommentar von Ibn ʿAbd al-Barr mit eindeutigen Hinweis auf den *Ǧāmi*ʿ von Ibn Wahb: *wa-ḏakara Ibn Wahb fī kitāb al-tarġīb min Ǧāmi*ʿ*ihi* (*Tamhīd* 8/292,1).

Die Textkonstituierung der *qirā*ʾ*āt* im *Ǧāmi*ʿ erfolgte mit Rückgriff auf die genannten Primärquellen, die—wie oben dargestellt—auch in späteren Bearbeitungen als Vermittler dieser Lesevarianten erscheinen, in der Schaffungsperiode von Ibn Wahb, der etwa ab 144/761 außerhalb Ägyptens sich mehrfach in ḥiǧāzisch-medinensischen Gelehrtenkreisen aufhielt (siehe mein ʿ*Abd Allāh b. Wahb, Leben und Werk* . . ., S. 18–20). Das von ihm vorgefundene Material, welches er schon *selektierend* zu verarbeiten scheint, wird schon um die erste Jahrhundertwende d.H. in dieser oder einer anderen Form, jedoch mit identischer Aussage im Umlauf gewesen sein. Literarhistorisch nachweisbar ist die Bearbeitung koranischer Lesevarianten somit spätestens im *Ǧāmi*ʿ, dessen Kapitelüberschriften "*fī Iḫtilāf ḥurūf al-Qur*ʾ*ān*", ferner die *abwāb* u.d.T. "*Tarġīb al-Qur*ʾ*ān*" und "*fī 'l-*ʿ*Arabiyyati bi-'l-Qur*ʾ*ān*" die ältesten Darstellungen zu diesem Zweig koranischer Wissenschaftsdisziplinen einleiten, die wir gegenwärtig besitzen. Inwieweit hier auf "vollständige literarische Werke" (F. Leemhuis) zurückzugreifen ist, wird die Forschung vielleicht nie mit Sicherheit beantworten können. Eher dürfte die Annahme richtig sein, und dies ergibt sich aus dem fragmentarischen Charakter des überlieferten alten Materials insgesamt, daß eine *vollständige* und *zusammenfassende* Darstellung der disparaten Beiträge Einzelner zum *tafsīr*, zu den *qirā*ʾ*āt* oder gar zu der Abrogationsfrage im frühen 2. Jh. d.H. noch nicht möglich und zunächst auch nicht angestrebt war. Man arbeitete für sich und verwertete das zugängliche Material nach eigenen Vorstellungen; die Systematisierung und konsequente *Auslese dieser alten Materialien* blieb den Folgegenerationen vorbehalten. Daß hierbei vieles unter den Tisch fiel oder heute als Fragment nur sporadisch und isoliert erscheint, liegt in der Natur der späteren *Auswahl* begründet. Bei der Rekonstruierung der Entstehungsgeschichte eines literarischen *Genres* kommt aber gerade diesen alten Überlieferungsschichten, die von Fall zu Fall—wenn auch nur fragmentarisch—aufgedeckt werden müssen, eine immense Bedeutung zu. Mir scheint, daß die Grundlagenforschung ohne einen sorgfältig zusammengestellten und isnādanalytisch erfaßten Fragmentenkatalog disparater Belege exegetischen Inhalts nicht auskommen wird.

IV

Die eingangs genannten zwei vollständigen Hefte koranexegetischen Inhalts aus dem *Ǧāmiʿ* auf insg. 51 Folios bieten uns schon wegen der Fülle des inhaltlich homogenen Materials wesentlich bessere Möglichkeiten zu einer überlieferungsgeschichtlichen Rekonstruktion der frühen *tafsīr*-Literatur. Was auf's erste überrascht, ist der ungewöhnliche Aufbau beider Hss; denn die sonst gewöhnliche und sicherlich bevorzugte Zusammenstellung und in den großen *tafsīr*-Werken übliche Anordnung nach Sure/Vers ist im *Ǧāmiʿ* nicht nachweisbar. Der Verfasser ordnet sein Material nach seinen *Primärquellen* an; was also vorliegt, ist eine Art "*musnad*"-Werk, wobei nicht einmal diese in der *tafsīr*-Literatur unübliche Anordnung konsequent beibehalten wird. Daß man diesen für die Koranexegese denkbar unpraktischen Aufbau nicht einmal in den Folgegenerationen—hier: im Kreis von Saḥnūn, ʿĪsā b. Miskīn oder gar im Kreis des Kopisten Ibn al-Ḥaǧǧām (siehe oben, S. 230–32) im ausgehenden 3. Jh. d.H.—zugunsten der zweifelsfrei übersichtlicheren Sure/Vers-Anordnung aufgegeben hatte, spricht für den archaischen Charakter beider Hss bei Beibehaltung der wohl ursprünglichen Struktur des *Ǧāmiʿ* aus der Schaffungsperiode von Ibn Wahb, also etwa ab 144/761.

Das Ordnungsprinzip des Verfassers nach seinen Primärquellen —trotz Inkonsequenzen—und nach deren jeweiligen Isnāden zeigt eindrucksvoll, daß hier koranexegetische Materialien aus der ersten Hälfte des 2. Jahrhunderts d.H. oder gar früher in der bereits von Ibn Wahb geprägten Form als *Sammlung* vorliegen.

Dieser alte und offensichtlich unpraktische Aufbau von Ibn Wahb's Korankommentar erfuhr dann spätestens bei al-Ṭabarī eine konsequente Umgestaltung; denn Kommentare, die in *einem* Abschnitt—nach der Primärquelle von Ibn Wahb—*mehrere* Koranstellen erörtern, erscheinen in al-Ṭabarī's Sammlung gemäß Sure/Vers-Anordnung jeweils an den entsprechenden Stellen. Somit kommt es zwangsläufig manchmal zu Wiederholungen des dem *Ǧāmiʿ* entnommenen Textbestandes.

Beide Handschriften beinhalten all diejenigen Typen von Korankommentaren, die J. Wansbrough in seiner genannten Studie zu unterscheiden und dadurch entsprechend auch die chronologische Folge ihres Auftretens in der Exegese zu definieren versucht hat. Allerdings haben wir auch hier—wie bei der Darstellung der Lesevarianten—von einem Corpus auszugehen, dessen literarhistorische Existenz mit den darin verzeichneten Quellen um die Mitte des 2. Jahrhunderts d.H. als gesichert angesehen werden darf. Somit verliert aber die in den *Quranic Studies* durchgeführte typologische Klassifizierung der *tafsīr*-Genese ihren chronologischen Aspekt—eine sowohl inhaltlich als auch isnādanalytisch geradezu zwingende Folgerung, die Wansbrough's Theorie, dernach die *Anfänge* der arabischen Literatur erst um 200/815—also *nach* der Schaffungsperiode von Ibn Wahb—anzusetzen sind, zumindest in dieser Hinsicht als fraglich erscheinen läßt.

V

Das Fehlen der Poesie zum Zwecke etymologischer und lexikographischer Erläuterungen schwieriger Termini des Korans oder solcher, die in ihrer Bedeutung umstritten oder gar verblaßt waren, ist ein von Wansbrough mehrfach angesprochenes und seiner Ansicht nach für die frühe Koranexegese charakteristisches Phänomen. Seine Beobachtungen faßt er wie folgt zusammen:

> The most flagranty intrusive of the explicative elements found in haggadic exegesis is poetry to explain Quranic lexica. It is not present in Muqātil, al-Kalbī (d.i. Muḥammad b. Sāʾib al-Kalbī—M.M.) or Sufyān (d.i. al-Ṯaurī—M.M.) and instances in the Sīra may be attributed to the editorial intervention of Ibn Hishām ("Quranic Studies" 142).

In einem ähnlichen Zusammenhang, um nunmehr die Chronologie der frühen *tafsīr*-Literatur zu definieren, stellt er fest:

> It is difficult, if not altogether impossible, to determine chronologically the point at which the problems of *lingua sacra* could be fruitfully referred to the data of profane literature . . . ", um dann zu folgendem Resultat zu kommen: "A virtual *terminus a quo* may be elicited from Ibn Hishām's recension of the Sīra . . . " usw. ("Quranic Studies" 217).

In der Tat liegen uns dort Erklärungen koranischer Termini vor:

eine nach Abū ᶜUbaida (st. gegen 210/825—GAS I. 102–3), dem Vertreter der basrensischen Schule arabischer Philologie seiner Zeit, der Sur. 18,6: *bāḫiᶜun nafsaka* mit einer Verszeile nach Ḏū 'l-Rumma (st. gegen 117/735—GAS 2/394–97) erklärt; eine andere Stelle, der Begriff *šaṭaṭ* in Sur. 18,14: *la-qad qulnā iḏan šaṭaṭan*, wird—ohne weitere Quellenangabe—mit einer Verszeile des Aᶜšā b. Ṯaᶜlaba gedeutet. Auch den koranischen *al-waṣīd* (Sur. 18,8) und *al-zūr* in Sur. 25,72 (siehe auch: 22,30; 25,4; 58,2) erklärt Ibn Hišām—von Wansbrough allerdings nicht angegeben—durch das Heranziehen von Verszeilen aus der alten Poesie. Wider Erwarten—stellt Wansbrough anschließend fest—erläutern al-Buḫārī und Muslim jeweils nur eine Koranstelle (Sur. 9,114 bzw. 7,31) mit je einer Verszeile, bei al-Tirmiḏī erscheint die Poesie als exegetische Quelle koranischer Termini überhaupt nicht. Bei al-Farrāʾ (bis 207/822)—als immerhin bei dem Vorgänger der genannten *ḥadīṯ*-Kompilatoren—ist eine systematische Anwendung von *šawāhid* aus der Poesie in diesem Sinne zu beobachten ("Quranic Studies" 217–18).

Das islamische Traditionswesen hatte zur Poesie ein stets gespanntes Verhältnis gehabt. Dies braucht an dieser Stelle im einzelnen nicht erörtert zu werden. Hervorzuheben ist es allerdings, daß die *ḥadīṯ*-Literatur auch hier, bei der Stellenwertbestimmung der alten Dichtung—wie in allen Bereichen des Dogmas, des Rechts, der Theologie und der *ᶜibādāt*—die Vertreter unterschiedlicher Auffassungen zitiert und somit kontroverse Materialien liefert. Insgesamt sind diese Materialien vor dem Hintergrund der sicherlich schon früh gestellten Frage zu beurteilen, ob die Dichtung der alten Araber zur Deutung von nur schwer verständlichen oder in ihrer Bedeutung umstrittenen Begriffen des Korans anwendbar sei, ob einzelne Worte der göttlichen Offenbarung in ihrer Bedeutung durch die *profane Literatur* erörtert werden können, ja gar dürfen. Einiges hierzu hat al-Suyūṭī in seinem *Itqān* (I. 157–58) zusammengetragen. Daß die Poesie wohl schon in der Frühzeit, in den Anfängen der Koranauslegung in diesem Sinne als Hilfsmittel benutzt wurde—nicht zur Freude der Poesiegegner—, zeigt uns die eindeutige Empfehlung, die man durch den Papst der frühen Exegese, Ibn ᶜAbbās, wie folgt formulieren läßt: "Wenn im Koran etwas fremdartig erscheint, so schlagt in der Poesie nach. Denn die Poesie ist arabisch . . . (*iḏā taᶜāǧama šayʾun min al-Qurʾān fa-ʾnẓurū fil-šiᶜr/fa-inna 'l-šiᶜr ᶜarabiyyun*: TT 17/206 bei der Interpretation von *ḥaraǧ* in Sur.

22,78; vgl. schon Goldziher, *Richtungen* 70; Wansbrough 217. Eine ähnlich ausgerichtete Aussage ist auch bei al-Suyūṭī, op.cit. 157 erhalten: *iḏā saʾaltumūnī ʿan ġarībi 'l-Qurʾān fa-'ltamisūhu fil-šiʿr/fa-inna 'l-šiʿr dīwān al-ʿarab* (vgl. al-Baihaqī 10/241).

Selbst die Offenbarung versteht sich im übrigen in diesem Sinne: *Wir haben sie (d.i. die Schrift) als einen arabischen Koran hinabgesandt (innā anzalnāhu qurʾānan ʿarabiyyan*—Sur. 12,2); nach Sur. 26,195 ist der Koran in "deutlicher arabischer Sprache" (*bi-lisānin ʿarabiyyin mubīnin*) geoffenbart (siehe auch Sur. 20,113; 39,28; 41,3; 42,7; 43,3; 46,12). Auch die alte Traditionswissenschaft hebt dieses Selbstverständnis der Offenbarung deutlich hervor und läßt den Kalifen ʿUṯmān sprechen: "... *anzalahu 'llāhu ʿalā raǧulin bi-lisānin ʿarabiyyin mubīnin*": (Siehe *Ibn Wahb: al-Ǧāmiʿ; Die Koranwissenschaften*, fol. 6a,15). Und: "*aʿribū 'l-Qurʾāna fa-innahu ʿarabiyyun*", ein Imperativ, den schon der Ägypter ʿAbd Allāh b. Wahb in einem eigens dieser Frage gewidmeten Kapitel seines *Ǧāmiʿ* (*fil-ʿArabiyyati bil-Qurʾān*) zitiert, ein Spruch, den sein unmittelbarer Nachfolger Abū ʿUbaid sowohl als *mauqūf* als auch als *marfūʿ* kennt.[10]

In diese Richtung weist ferner die angebliche Empfehlung des Kalifen ʿUmar, dem die Traditionswissenschaft stets über Gebühr viel zuzuschreiben bestrebt war, in der es nunmehr heißt: Ihr müßt euch mit der Ǧāhiliyya-Dichtung beschäftigen, denn darin ist die Erklärung eueres Buches enthalten: *ʿalaykum bi-ašʿāri 'l-Ǧāhiliyya fa-inna fī-hā tafsīra kitābikum* (vgl. Goldziher, *op.cit.* 69. Anm. 4; Wansbrough, *op.cit.* 217).

Schließlich trug die Festellung: *inna min al-šiʿr ḥikmatan*—enthalten sowohl in den *musnad*-Sammlungen als auch im Kap. *Adab* der großen *muṣannaf*-Werke des späten 3. Jahrhunderts d.H.—zur positiven Stellenwertbestimmung der Poesie der alten Araber sicherlich viel bei.[11] Ibn Wahb hat solche Ḥadīṯe *pro und contra* Poesie in seinem *Ǧāmiʿ* gesammelt; sie sind u.d.T. *K. al-Šiʿr wal-ġināʾ*, in einer Abschrift aus dem Jahr 290 d.H., erhalten. Dort erfahren wir

---

10 fol. 8b,7–8; 10–12; fol. 9a,3–4; Abū ʿUbaid, *Faḍāʾil al-Qurʾān*. Ms Berlin, Petermann II. 449, fol. 48a; Ibn Abī Šaiba, *al-Muṣannaf* 10/Nr. 9962–63; al-Ṭabarānī, *al-Muʿǧam al-kabīr* 9/Nr. 8684–86.

11 Abū Dāwūd 4/Nr. 5011–12; siehe auch Ibn Ḥanbal 4/Nr. 2424; 2473; 2761; 2815; 2861; 5/Nr. 3026; 3069; Abū Yaʿlā 4/Nr. 2332 mit der vokalisierten Variante von *ḥukman* statt *ḥikmatan*; bei al-Tirmiḏī 5/Nr. 2845 steht dagegen ein *ḥikaman*; al-Baihaqī 10/237; Ibn Abū Šaiba 8/Nr. 6056–60; 6062.

auch, daß die Poesie als *kalām* sowohl schönes als auch verwerfliches beinhaltet; denn man läßt die Prophetenfrau ʿĀʾiša wie folgt sprechen: "Mache dir das schöne zu eigen und verzichte auf das verwerfliche." (*al-šiʿru kalāmun/fa-minhu ḥasan wa-minhu qabīḥ/fa-ḫud bil-ḥasan wa-daʿ il-qabīḥ*;—fol. 6b; vgl. Buḫārī/Fatḥ 10/S. 539; al-Baihaqī 10/239; 240)

Mit dem Dictum *inna min al-šiʿr ḥikmatan* ... hat sich zuletzt G.H.A. Juynboll auseinandergesetzt: *On the origins of the poetry in muslim traditions literature*. In: Festschrift für E. Wagner zum 65. Geburtstag (Hrg. W. Heinrichs und G. Schoeller. (Bd. II. Studien zur arabischen Dichtung.) Beirut 1994. S. 188–90. In seiner isnādorientierten und daher rein formalen Analyse datiert er die Tradition spät und bringt ihre erste Verbreitung mit dem Namen von Ibrāhīm b. Saʿd al-Zuhrī (bis 183/799) zusammen. Ibn Wahb verzeichnet das Dictum in seinem *K. al-Šiʿr wal-ġināʾ* insgesamt viermal: fol. 4b,5; 6a,1ff.; 6b,17–18; 8a,7–8; einmal mit der auch von Ibn ʿAdī (1/248) zitierten Überlieferungslinie, allerdings *nicht* nach Ibrāhīm b. Saʿd. Somit wird nicht Juynboll, sondern Ibn ʿAdī zu korrigieren sein, der die Variante nach Yūnus b. Yazīd al-Aylī—al-Zuhrī ... usw. bei Ibn Wahb offenbar nicht gekannt hat. Verfährt man allerdings nach der vorgeschlagenen Isnādanalyse Juynboll's, bleibt im Kern die für Medina spezifische Linie über Hišām b. ʿUrwa—ʿUrwa, hie und da verlängert bis ʿĀʾiša—Prophet, als "common link" übrig. Es besteht keinerlei Anlaß, etwa den Nachsatz bei Ibn Wahb: *ṯumma yunšidu ʿUrwa šiʿran kaṯīran min al-ḥikam fa-yaqūlu: laisa hāḏā bi-ḥikmatin* als Fälschung zu apostrophieren. Um jene Zeit lief die Diskussion um die Stellung der Poesie—wohl vor dem Hintergrund des Korantextes und seines Stils—schon auf vollen Touren; hierbei erfüllt Ibn Wahb—ab 144/761–62 überwiegend in Medina—die dankenswerte Aufgabe des Sammlers und nennt unter seinen Primärquellen Mālik b. Anas, Rabīʿa b. Abī ʿAbd al-Raḥmān aus Medina, Ibn Lahīʿa und Saʿīd b. ʿAbd al-Raḥmān aus Ägypten. Der *Ǧāmiʿ* ist somit die bisher älteste schriftliche Quelle, in der die im Medina des 1. Jahrhunderts d.H. aufgeworfene Problematik mehrfach angesprochen wird. Ob die Übernahme in den Irak erst später erfolgt ist, muß noch untersucht werden; dort ist das Dictum Importware aus Medina mit dem bei Ibn Ḥanbal mehrfach registrierten Isnād Simāk b. Ḥarb (bis 123/740–41—*Tahḏīb* 6/234–35)—ʿIkrima—Ibn ʿAbbās (vgl. auch al-Ṭabarānī, *al-Muʿǧam al-kabīr* 12/Nr. 12888).

Somit bedurfte selbst der Koranvers (Sur. 26,224): "Und den Dichtern (die ihrerseits von Satanen inspiriert worden sind) folgen diejenigen, die (vom rechten Weg) abgeirrt sind. (225) Hast du denn nicht gesehen, daß sie in jedem Wadi schwärmen" einer eindeutigen Klärung; und das nicht nur in der Exegese, sondern gleich in der Offenbarung, wohl als Ergebnis der Proteste einiger Dichter im Umkreis des Propheten. Denn diese Dichter sind Polytheisten—

heißt es im *Tafsīr* (*šuʿarāʾ al-mušrikīna*/Var. *kuffār*)[12]—im Gegensatz zu denjenigen, "die glauben und tun, was recht ist, Gottes ohne Unterlaß gedenken . . ." (Vers 227). In den Ausführungen der Exegeten heißt es hierzu dann: "Gottes ohne Unterlaß *in ihren Gedichten* gedenken" (*ḏakarū 'llāha fī šiʿrihim*)—Dichter also, die den Islam bereits angenommen haben und sich somit von den Dichtern der Ungläubigen/Polytheisten in Vers 224 unterscheiden.

Zweifelsfrei erfüllen Tradition und Exegese die für viele willkommene Aufgabe, die Position der Dichtung als Hilfsmittel zur Klärung koranischer Termini im frühen Traditionswesen zu bestimmen. Daß hierbei den am Wortschatz reichen Beduinen ebenfalls keine geringe Rolle zukam, ist seit langem bekannt; J. Blau hat das Phänomen in seiner Studie *The role of the beduins as Arbiters in linguistic questions* bereits 1963 überzeugend dargelegt (siehe: JSS 8/1963/42ff.). Zu fragen ist aber, ob die Anwendung der Poesie in diesem Sinne in der Tat erst zu Beginn des 3. Jh. d.H. anzusetzen ist, wie dies Wansbrough vorschlägt.

Seine Beobachtung, daß die frühen *mufassirūn* keinerlei Belege aus der Dichtung anführen, spricht nicht gegen die Existenz solcher Materialien in den ersten Jahrzehnten des 2. Jahrhunderts d.H. und davor. Eine solche Schlußfolgerung ist bei Wansbrough natürlich zwingend, denn er datiert die sog. *haggadic/narrative exegesis*, d.i. den erzählend-erbaulichen Korankommentar ". . . not earlier than the date proposed to mark the beginnings of Arabic literature, namely" 200/815 (*op.cit.* 144), in einer Zeit als die Anwendung von Isnāden als "formal innovation" (*op.cit.* 179) ebenfalls anzusetzen ist.

Wie es scheint, liegen die Dinge heute anders.

Unter den philologischen Korankommentaren—von den entsprechenden Ausführungen im *Kitāb al-ʿAin* des Ḫalīl b. Aḥmad (st. 175/791) bzw. seines Rezensenten al-Laiṯ b. al-Muẓaffar (st. gegen 200/815) und bei Sībawaih (st. gegen 180/796) ist hier abzusehen—gewinnt die in ihrer Authentizität stets umstrittene Sammlung, die sog. *Masāʾil Nāfiʿ b. al-Azraq* an Ibn ʿAbbās in diesem Zusammenhang wieder an Bedeutung. Denn nicht nur die Tatsache, daß schon Abū ʿUbaida (st. 210/285) bei der Abfassung seines *Maǧāz al-Qurʾān* diese Sammlung durch irakische Vermittlung benutzt hat, sondern

---

12 al-Ṭabarī, *Tafsīr* 19/128–30; Buḫārī/Fatḥ 10/450–41; al-Baġawī, *Tafsīr* 3/403–4.

auch neuere Forschungsergebnisse über Struktur und Werdegang dieser sagenumwobenen Sammlung sind nunmehr berechtiger Anlaß dafür, daß bei der *Tafsīr*-Genese ein zeitlich erheblicher Schritt in das frühe 2. Jh. d.H.—und möglicherweise davor—erforderlich ist, um die Anfänge und Entwicklung der *Tafsīr*-Literatur insgesamt in den Griff zu bekommen. Anhand bisher unausgewerteter Handschriftenmaterialien bereichert jetzt A. Neuwirth die seit langem geführte Diskussion über den Stellenwert philologischer Korankommentare mit neuen Aspekten und stellt überlieferungsgeschichtlich wichtige Verbindungen zwischen dieser *masāʾil*-Sammlung und dem *K. al-ʿAin* her: siehe *Zeitschrift für arabische Linguistik* 25/1993/233ff.

Im folgenden stütze ich mich weiterhin auf die eingangs kurz beschriebenen Fragmente aus den koranexegetischen Schriften des Ägypters ʿAbd Allāh b. Wahb in der Moscheebibliothek von Qairawān. Die Belege aus dem *Tafsīr* des Ibn Wahb—einschließlich des noch nicht publizierten *ǧuzʾ* (zitiert als Koranexegese II)—bestätigen den Rückgriff auf die alte Poesie zwecks Erklärung koranischer Lexeme im Frühstadium der exegetischen Literatur.

I. Sur. 70,37: عَنِ ٱلْيَمِينِ وَعَنِ ٱلشِّمَالِ عِزِينَ ; . . . (und sich) in (einzelnen) Grüppchen von rechts und von links her (vordrängen) . . .

Ibn Wahb: *al-Ǧāmiʿ* (Die Koranexegese I.), fol. 24a,7–9:

حدّثني ابن لهيعة في قول الله عن اليمين وعن الشّمال عِزِينَ، قال : يقال : العزينُ المتفرّقون؛ وقال الشّاعر :

بمعزاة أضحت صداها ترى ركبانها عُصَبًا عِزِينا

Die Lexikographie und *Tafsīr*-Literatur erläutern den Begriff *ʿizīna*—erstere auch mit Rückgriff auf die Koranstelle—in ähnlichem Sinne wie Ibn Lahīʿa bei Ibn Wahb. Nur konnte die Verszeile in der Poesie bisher nicht bestätigt werden; meine Suche in der *Concordance der arabischen Poesie* (The Hebrew University of Jerusalem) blieb insofern ergebnislos. al-Farrāʾ (3/186) erklärt das Wort in diesem Sinne, bei Zamaḫšarī (6/158) erscheint eine Verszeile nach al-Kumait:

ونحن، وجَنْدَل باغٍ، تركْنا كتائبَ جَنْدَلٍ شتّى عِزِينا

—also im Sinne unseres Beleges bei Ibn Wahb.

II. Sur. 2,61: مِمَّا تُنْبِتُ ٱلْأَرْضُ مِنْ بَقْلِهَا وَقِثَّائِهَا وَفُومِهَا ; . . . was die Erde (anderswo) wachsen läßt,—Grünzeug, Gurken, Knoblauch . . .

Ibn Wahb: *al-Ǧāmiʿ* (Die Koranexegese II.), fol. 3b,12–14:

وحدّثني نافع بن أبي نُعيْم أنّ عبد الله بن عبّاس سُئل عن قول الله : وَفُو ِمها، ما فومُها، قال :: الحنطة؛ قال ابن عبّاس: أما سمعْتَ أُحَيْحة بن الجُلاح وهو يقول:

قَدْ كنْتُ أَغْنَى النّاسِ شخْصًا واحدًا وَرَدَ المدينة عن زراعةِ فُومِ

Zum koranischen *fūm* geben die Exegeten und Lexikographen für die Begriffe *ḥinṭa/ḫubz* und *ṯūm*—wie hier in der Übersetzung von R. Paret (vgl. Th. Nöldeke, *Neue Beiträge* 4. Anm. 1.)—im allgemeinen Getreideprodukte an. Eine Variante in einer ebenfalls ägyptischen *Riwāya* nach Nāfiᶜ b. Abī Nuᶜaim verzeichnet auch al-Ṭabarī, allerdings nach Ibn Wahb. Bekannt ist hier die Primärquelle des Verfassers, der Medinenser Ibn Abī Nuᶜaim: er starb gegen 169/785–86 (al-Ḏahabī, *Siyar* 7/336; ders. *Maᶜrifat al-qurrā*ᵓ 1/107; al-Mizzī 29/281). Daß er dennoch Ibn ᶜAbbās als letzte Autorität nennt, ist für die Chronologie der frühen Exegese sekundär. Als bekanntem Koranleser von Medina mag die Verszeile des Uḥayḥa b. al-Ǧulāḥ, des *sayyid* der B. Aus in Yaṯrib (GAS 2/284–85), in dieser Form durchaus geläufig gewesen sein. Noch al-Aḫfaš (bis 215/830—GAS 9/68–69) greift auf die Verszeile in diesem Sinne zurück (*Lisān al-ᶜarab* 12/460). Während die Aktualisierung der Zeile zwecks Deutung des Koranbegriffes somit zeitlich definierbar ist, bleibt der Urheber des Verses selbst im dunkeln; denn in den sog. *Masāᵓil Nāfiᶜ b. Azraq* an Ibn ᶜAbbās wird der Name des Dichters Abū Ḏuᵓaib al-Huḏalī, Ḫuwailid b. Ḫālid b. Muḥarriṯ (GAS 2/255–56) ins Spiel gebracht: al-Ṭabarānī, *al-Muᶜǧam al-kabīr* 10/Seite 308–9. Auch unser nächster Beleg im *Ǧāmiᶜ* geht auf diesen Ibn Abī Nuᶜaim zurück; diesmal gibt er einen Zeitgenossen als direkte Quelle an: Muslim b. Ǧundab, den Qāḍī und Qāṣṣ von Medina (bis etwa 106/724–25—al-Mizzī 27/495; *Tahḏīb* 10/124):

III. Sur. 28,34: فَأَرْسِلْهُ مَعِىَ رِدْءًا يَصْدُقْني (Lesevariante in der Hs anstatt: يُصَدِّقُنِي); ... schick ihn zur Unterstützung mit mir, damit er mich (in meinem Auftrag) bestätigt ...

Ibn Wahb, *op.cit.* fol. 3b, 15–17:

قال: وحدّثني نافع : سألتُ مسلم بن جندب عن : رِدْءًا يَصْدُقُنِي، قال : الرّدأُ الزّيادةُ، أما سمعْتَ قوْل الشّاعر وهويقول:

وَأَسْمَرَ جَظِيًّا كَأَنّ كُعُوبَهُ نَوَى القَسْبِ قد أَ ذِرَاعا على عشْر

Die Lesevariante zum koranischen *yuṣaddiqunī* als Lesart im Ḥiǧāz und Baṣra (*yaṣduqunī*) war bekannt: al-Ṭabarī 20/75; Zamaḫšarī 4/224; vgl. A. Jefferey, *Materials* 154. In unserer Hs zeichnet der Kopist das Präfix des Verbs ṣ-d-q sorgfältig mit einem *Yā*ᵓ und *Fatḥa*, liest also ebenfalls die obige Variante. Die Exegese konzentriert sich im vorliegenden Passus also nicht auf das Verb, sondern auf die Deutung des Wortes *riḍʾan* im Koranvers. Die zu diesem Zweck herangezogene Verszeile des Dichters Ḥātim b. ʿAbd Allāh, des *sayyid* der ʿAdī b. Aḫzam (GAS 2/208–9), kann gegenwärtig nur im *Tafsīr* des Ibn Wahb bestätigt werden. Und selbst dies geschieht hier auf Umwegen; die koranische Nominalform erläutert man durch den IV. Stamm des Verbs; in diesem Sinne war sie den Lexikographen ebenfalls bekannt: *Lisān al-ʿarab* 1/672; 14/319; 338—mit Varianten.

IV. Sur. 79,14: فَإِذَا هُم بِٱلسَّاهِرَةِ ; ... und sie sind schon (hell) wach.

Ibn Wahb, *op.cit.* fol. 20a,1–3:

وأخبرني أشهل بن حاتم عن رجل عن عكرمة عن ابن عبّاس في هذه الآية : فَإِذَا هُم بِٱلسَّاهِرَةِ، قال : السّاهرةُ الأرْضُ، قال الشّاعر :

صَيْدُ بَحْرٍ وصَيْدُ سَاهِرَةٍ

Hier tun sich die Koranübersetzungen von R. Paret und Bell schwer, denn die hier vorgeschlagene Deutung des Wortes *bil-sāhirati* als Erde/Land/Oberfläche der Erde/Wüste ist bekannt. Hierfür zieht die Exegese eine Zeile aus dem Dīwān von Umayya b. Abī ʾl-Ṣalt (bis 9–10/361–32—GAS 2/298–300) heran (al-Ṭabarī 30/36 gleich in mehreren Überlieferungsvarianten). In unserem Passus ist Ašhal b. Ḥātim al-Ǧumaḥī (st. 208/823–24—*Tahḏīb* 1/360; al-Mizzī 3/299) aus Baṣra zwar die jüngste, aber eine gut bekannte Primärquelle des Ibn Wahb; unter seinen *šuyūḫ* wird auch der Ägypter Ibn Lahīʿ genannt. Die direkten Kontakte zwischen ihm und Ibn Wahb werden wahrscheinlich im Ḥiǧāz zu lokalisieren sein, wo er—indirekt—den etwas strapazierten Isnād ʿIkrima—Ibn ʿAbbās kennengelernt haben dürfte. Einige Varianten, die al-Ṭabarī zur Koranstelle gesammelt hat, enden schon bei ʿIkrima als letzter Autorität, der die Verszeile zur Deutung des Begriffes aktualisiert. Aber schon bei al-Farrāʾ (3/232) wird der Isnād, diesmal *via* Abū Ṣāliḥ, bis Ibn ʿAbbās aufgestockt (vgl. auch Ibn Abī Šaiba 8/Nr. 6098 und 10/10034). Daß der Beleg in unserer Hs alt ist, zeigt das Interesse an dem Dichter Umayya b. Abī ʾl-Ṣalt, dessen Dichtung erst bei den späteren Philologen, wie bei Ibn Qutaiba, umstritten gewesen ist. Schulthess, Frank-Kamenetzky u.a. haben die Beweggründe hierfür im einzelnen erörtert.[14]

---

[14] F. Schulthess: *Umaiya b. Abi ṣ-Ṣalt*. Leipzig 1911. J. Frank-Kamenetzky:

Die *ʿArabiyya* des Gotteswortes steht in den obigen Beispielen auf dem Prüfstand; die Bestätigung dafür liefert in diesem Frühstadium des *Tafsīr* die alte Poesie. Daß dies nachweislich bereits in der ersten Hälfte des 2. Jahrhunderts d.H. mittels Quellenangabe erfolgt, überrascht nicht. Denn der Koranexeget Ibn Wahb erfüllt hierbei lediglich die dankbare Funktion des *Sammlers* von Materialien seiner Vorgänger, deren Wirken im ausgehenden ersten und frühen 2. Jhd. d.H. anzusetzen ist. Manche Fragmente in der Koranexegese sind wahrscheinlich etwas jünger, weisen aber dieselben Grundzüge der Anwendung von *šawāhid* auf und gehen über Ibn Wahb auf seinen medinensischen Zeigenossen ʿAbd al-Raḥmān b. Zaid b. Aslam (st. 182/798), für seine Beiträge zum *Tafsīr* bekannt, zurück. Die Koranstelle Sur. 2,68 *innahā baqaratun lā fāriḍun wa-lā bikrun ʿawānun baina ḏālika*, dort die Lexeme *bikrun* bzw. *ʿawānun*, erläutert er selbst mit einer Verszeile (*aḫbaranā Ibn Wahb anna Bna Zaid anšadahu . . .*), die dann al-Ṭabarī—die Stelle kommentierend—al-Farazdaq zuschreibt (TT 1/343);

قُعُودٌ لدى الأبوابِ طُلاَّبُ حاجةٍ   عَوَانٍ مِنَ الحاجاتِ أو حاجةً بِكْرًا

Al-Ṭabarī hat mehrere Fragmente dieser Art in seinem *Tafsīr* gesammelt und kommentierend weitergegeben; zwar geschieht dies oft ohne weitere Quellenangaben, eine systematische Auswertung dieser Passagen und ihre Ortung in der Poesie wäre dennoch wünschenswert.

Sicherlich fällt die Ausbeute in den beiden *tafsīr*-Fragmenten aus Qairawān in dieser Hinsicht bescheiden aus. Beim Umfang beider Handschriften war mehr ohnehin nicht zu erwarten. Es besteht jedoch berechtigter Anlaß dafür, den von Wansbrough vorgeschlagenen *terminus a quo*—200 d.H. bzw. Ibn Hišām's Erläuterungen zu Koranstellen aus der Poesie—auch in diesem speziellen Zusammenhang um ein ganzes Jahrhundert zu korrigieren. In welchem Maße solche alten Fragmente, wie die angeführten Passagen bei Ibn Wahb, in der Folgeliteratur überlebensfähig waren und nach unserer Quellenlage heute identifiziert werden können, die dann—im übrigen—von späteren Einschüben zu unterscheiden sind, wird möglicherweise die Auswertung koranexegetischer Sammlungen und

---

Untersuchungen über das Verhältnis der dem Umaiya b. Abi ṣ-Ṣalt zugeschriebenen Gedichte zum Qorān. Kirchhain 1911. (Einleitung).

der Lexikographie bei konsequenter Berücksichtigung quellenkritischer Aspekte im einzelnen zeigen.

*

Tafsīr-Texte im Vergleich stellen bei oft beobachteten sprachlich-stilistischen Differenzen und unterschiedlichem inneren Aufbau vor allem die *ideengeschichtliche* Entwicklung islamischer Gelehrsamkeit dar. Al-Ṭabarī's Sammlung, die I. Goldziher treffend als den "Inbegriff und Höhepunkt der *traditionellen Exegese*" (*Richtungen* 93) bezeichnet, ist im islamischen Überlieferungswesen wohl die reichste Quelle zur Erfassung der Vielfalt koranexegetischen Gedankengutes. Neben anderen bereits bekannten Materialien käme noch eine bisher unausgewertete Sammlung hinzu: die Fragmente aus den *Aḥkām al-Qurʾān* von Ismāʿīl b. Isḥāq al-Ǧahḍamī (bis 282/895—GAS 1/475-76), dem mālikitischen Qāḍī von Bagdad. Sie sind ebenfalls in Qairawān erhalten und sind dort—gemäß eines Zertifikates—schon zu Lebzeiten des Verfassers unterrichtet worden. Die Exegese erfolgt hier nach juristischen Gesichtspunkten mit Rückgriff auf das Traditionsmaterial als Instrumentarium zur Erklärung von koranischen Rechtsvorschriften. Daß Spuren dieses *Tafsīr*-Werkes in der Folgeliteratur nicht aufzufinden sind, ist ein überlieferungsgeschichtlich bemerkenswertes Phänomen, dessen Gründe aufzuklären, der künftigen Koranforschung vorbehalten werden muß. Mit dem ebenfalls *fiqh*-orientierten Korankommentar des späteren ḥanafitischen al-Ǧaṣṣāṣ al-Rāzī (bis 370/981—GAS 1/444-45) sind die bisher identifizierten Fragmente aus al-Ǧahḍamī's Werk weder inhaltlich noch strukturell vergleichbar.

Erwähnenswert ist es an dieser Stelle, daß al-Ǧahḍamī koranexegetisches Traditionsmaterial in den mir bekannten drei Fragmenten aus dem *K. Aḥkām al-Qurʾān* auch nach Ibn Wahb verarbeitet hat. Überlieferungsgeschichtlich interessant ist hierbei seine Riwāya; er greift stets auf eine medinensische Quelle zurück: auf Abū Ṯābit, Muḥammad b. ʿUbaid Allāh al-Madanī (bis 227/841; Ibn Saʿd V. 327; *Tahḏīb* 9/324; al-Mizzī 26/46-47). Dieser ist als Schüler von Ibn Wahb und als Rāwī nach Mālik b. Anas ausgewiesen. Es zeigt sich also, daß koranexegetische—und sicherlich auch andere Materialien in der Überlieferung Ibn Wahb's noch nach dessen endgültiger Rückkehr nach Ägypten (nach Mālik's Tod) in medinensischen Gelehrtenzirkeln bekannt und tradiert wurden. Welchen Stellenwert diese disparaten Belege in der ideengeschichtlichen Entwicklung der Koranexegese haben, werden möglicherweise zukünftige Studien aufzeigen können. Meine Bemerkungen sind hier nur vorläufiger Natur und müssen im Einzelfall noch konkretisiert werden. Es zeigt sich aber immer wieder aufs neue, wie umfangreich, verzweigt und entsprechend ungesichtet die diesbezüglichen Materialien heute noch sind, deren quellenkritische Aufarbeitung und inhaltliche Zuordnung jedem Ruf nach einer "*new history of tafsīr*" in der Grundlagenforschung vorausgehen müssen.

Die Suche nach den *Anfängen* des *tafsīr* wird wohl kaum zu einem zufriedenstellenden Abschluß gelangen können; die Darstellung der Genese und früher Entwicklungsphasen der exegetischen Literatur, in der die Vielfalt islamischen Gedankengutes über das Verständnis der Offenbarung sich präsentiert, wird zweifelsfrei erst durch die Erfassung und chronologische Schichtung bisher unausgewerteter Materialien und teilweise isoliert stehender Fragmente möglich sein.

Den Ansatz zu weiterführenden Erörterungen der Koranexegese wird angesichts unserer Quellenlage weiterhin die von I. Goldziher begründete Betrachtungsweise des *Tafsīr* bilden: *Tafsīr* als die Summe der traditionellen und im islamischen Dogma verwurzelten Erklärung des Korans. "Schöne System sprachlicher Prähistorie lassen sich ja aufbauen"—schreibt Th. Nöldeke in der *Vorrede* zu seiner eingangs genannten Studie—"aber die Frage bleibt immer, ob die Wirklichkeit nicht doch anders verlaufen ist." Bei der Aufstellung neuer Theorien über das Wesen der frühen *tafsīr*-Literatur und ihrer Geschichte wird die Forschung diese Vorbehalte uneingeschränkt beherzigen müssen. Zweifelsfrei wird die *Quellenkritik*—hierbei denke ich neben Isnādanalysen vor allem an die exakte Überprüfung handschriftlicher Materialien und an ihre literarhistorische Zuordnung—in dieser Hinsicht an Bedeutung gewinnen, um Fragen der Chronologie in der *tafsīr*-Genese und der typologischen Klassifizierung vorhandener Kommentare im einzelnen nachgehen zu können.

LITERATURVERZEICHNIS

ᶜAbd Allāh b. Wahb: *al-Ǧāmiᶜ. Die Koranwissenschaften.* Hrg. von Miklos Muranyi. Wiesbaden 1992 (Quellenstudien zur Ḥadīṯ- und Rechtsliteratur in Nordafrika).

——, *al-Ǧāmiᶜ. Die Koranexegese.* Hrg. Miklos Muranyi. Wiesbaden 1993. (Quellenstudien zur Ḥadīṯ- und Rechtsliteratur in Nordafrika).

ᶜAbd al-Razzāq: *al-Muṣannaf.* Ed. Ḥabīb al-Raḥmān al-Aᶜẓamī. Beirut 1970–71.

Abū ᶜUbaid: *K. al-nāsiḫ wal-mansrūḫ.* Ed. J. Burton. E.J.W. Gibb Memorial Series. Cambridge 1987.

Abū Yaᶜlā: *al-Musnad.* Ed. Ḥusain Sālim Asad. Damaskus/Beirut 1985–ff.

Aghlabides: *Biographies Aghlabides. Extraites des Madārik di Cadi ʿIyāḍ. Tarāǧim Aġlabiyya*. Ed. M. Ṭalbī. Tunis 1968.

al-Baġawī: al-Ḥusain b. Masʿūd al-Farrāʾ: *Tafsīr al-Baġawī. Maʿālim al-tanzīl*. Ed. Ḫālid ʿAbd al-Raḥmān al-ʿUkk und Marwān Sawwār. 3. Aufl. Beirut 1992.

al-Baihaqī: *al-Sunan al-kubrā*. Haidarabad 1344–55 d.H.

al-Bayān wal-taḥṣīl: siehe Ibn Rušd, Abū 'l-Walīd.

Ben Cheneb: Abū 'l-ʿArab: *K. Ṭabaqāt ʿulamāʾ Ifrīqiyā*. Al-Ḫušanī: *K. Ṭabaqāt ʿulamāʾ Ifrīqiyā*. Abū 'l-ʿArab: *K. Ṭabaqāt Tūnis*. Ed. M. ben Cheneb Alger o.J. Nachdruck Beirut o.J.

Buḫārī/Fatḥ: Ibn Ḥaǧar al-ʿAsqalānī: *Fath al-bārī bi-šarḥ Ṣaḥīḥ al-Buḫārī*. Ed. ʿAbd al-ʿAzīz b. ʿAbd Allāh b. Bāz, Muḥammad Fuʾād ʿAbd al-Bāqī und Muḥibb al-Dīn al-Ḫaṭīb. Kairo 1380 d.H.

al-Ḏahabī: *Maʿrifat al-qurrāʾ*. Beirut 1984.

——, *Siyar aʿlām al-nubalāʾ*. Ed. Šuʿaib al-Arnaʾūṭ *et alii*. Beirut 1982–88.

Dībāǧ: Ibn Farḥūn: *al-Dībāǧ al-muḏahhab fī maʿrifat aʿyān al-maḏhab*. Ed. Muḥammad Aḥmadī Abū 'l-Nūr. Kairo 1972.

al-Farrāʾ: *Maʿānī al-Qurʾān*. Kairo 1955–1972.

GAS: Sezgin, Fuat: *Geschichte des arabischen Schifttums*. Bd. I. *Qurʾānwissenschaften. Ḥadīṯ. Geschichte. Fiqh. Dogmatik. Mystik bis ca. 430 H*. Leiden 1967. Bd. II. *Poesie. Bis ca. 430 H*. Leiden 1975.

Ibn ʿAbd al-Barr: *al-Tamhīd li-mā fil-Muwaṭṭaʾ min al-maʿānī wal-asānīd*. Rabat 1967–92.

Ibn Abī Šaiba: *al-Muṣannaf fil-aḥādīṯ wal-āṯār*. Haidarabad 1966f.

Ibn ʿAdī: *al-Kāmil fī ḍuʿafāʾ al-riǧāl*. (2. Aufl.) Beirut 1985.

Ibn Ḥanbal: *Musnad Ibn Ḥanbal*. Ed. Kairo/Būlāq 1313 H. Ed. Aḥmad Muḥammad Šākir. Kairo 1946–54 (unvollständig).

Ibn Saʿd: *K. Ṭabaqāt Ibn Saad. Biographien Muhammeds, seiner Gefährten* . . . Hrg. E. Sachau et alii. Leiden 1904–40. Nachdruck Bagdad o.J.

Ibn Rušd: *al-Bayān wal-taḥṣīl wal-šarḥ wal-tauǧīh wal-taʿlīl fī masāʾil al-Mustaḫraǧa*. Ed. Muḥammad al-Hiǧǧī *et alii*. Beirut 1984–88.

Jefferey, A.: *Materials for the History of the Text of the Qurʾān*. Leiden 1937.

Juynboll, G.H.A.: *Muslim Tradition*. Cambridge 1983.

Lisān al-ʿarab: Ibn Manẓūr: *Lisān al-ʿarab*. Beirut 1955–56.

Maʿālim al-īmān: ʿAbd al-Raḥmān b. Muḥammad al-Dabbāġ: *Maʿālim al-īmān fī maʿrifat ahl al-Qairawān*. Bd. I. Ed. I. Šabbūḥ. Kairo 1968; Bd. II. Ed. Muḥammad al-Aḥmadī Abū 'l-Nūr und Muḥammad Mādūr. Kairo 1972. Bd. III. Ed. Muḥammad Mādūr. Kairo 1978. Bd. IV. Ed. Muḥammad al-Maǧdūb und ʿAbd al-ʿAzīz al-Maǧdūb. Tunis 1993.

Materialien: siehe Muranyi.

al-Mizzī: *Tahḏīb al-Kamāl fī maʿrifat al-riǧāl*. Ed. Baššār ʿAwwād Maʿrūf. Beirut 1983–1992.

Mudawwana: Saḥnūn b. Saʿīd: *al-Mudawwana al-kubrā*. Kairo 1323 H. Nachdruck Bagdad o.J. in sechs Bänden.

Muranyi, M.: *Materialien zur mālikitischen Rechtsliteratur*. Wiesbaden 1984.

——, QM III. *Notas sobre la transmission escrite de la Mudawwana en Ifrīqiya segun algunos manuscritos recientemente descubiertos*. In: al-Qanṭara 10/1989/215ff.

——, QM IV. *Zur Entwicklung der ʿilm al-riǧāl-Literatur im 3. Jh. d.H.* In: ZDMG 142/ 1992/57ff.

——, *ʿAbd Allāh b. Wahb; Leben und Werk. al-Muwaṭṭaʾ*: *K. al-muḥāraba*. Wiesbaden 1992.

Muwaṭṭaʾ: Mālik b. Anas: *al-Muwaṭṭaʾ*; Rez. Yaḥyā b. Yaḥyā. Ed. Muḥammad Fuʾād ʿAbd al-Bāqī. Kairo 1951. Rez. al-Šaibānī. Ed. ʿAbd al-Wahhāb ʿAbd al-Laṭīf. Kairo 1967. Rez. ᶜAlī b. Ziyād al-Tūnisī. Ed. Muḥammad al-Šāḏilī al-Naifar. Tunis/Beirut 1980.

Nöldeke, Th.: *Zur Sprache des Korans*. In: *Neue Beiträge zur Semitischen Sprachwissenschaft*. Straßburg 1910.

Riyāḍ al-nufūs: Abū Bakr al-Mālikī: *Riyāḍ al-nufūs fī ṭabaqāt ᶜulamāʾ al-Qairawān wa-Ifrīqiyā wa-Tūnis*. Ed Bašīr Bakkūš. Beirut 1983.

Roy-Poinssot: *Inscriptions arabes des Kairouan*. Bd. I. Paris 1950; Bd. II. Paris 1958.

Šalabī, Hind: *al-Qirāʾāt bi-Ifrīqiyā*. Tunis 1983.

Schacht, J.: *Origins of Muhammadan Jurisprudence*. Oxford 1967.

Spitaler, A. (hrg.): *Ein Kapitel aus den* Faḍāʾil al-Qurʾān *von Abū ᶜUbaid al-Qāsim ibn Sallām*. In: *Documenta Islamica Inedita*. Berlin 1952. S. 1–24.

al-Suyūṭī: *al-Itqān fī ᶜulūm al-Qurʾān*. Kairo o.J.

al-Ṭabarānī: *al-Muᶜǧam al-kabīr*. Beirut 1984ff (bisher 24 Bde; unvollst. von Bd 13 bis Bd 16).

al-Ṭabarī: *Ǧāmiᶜ al-bayān ᶜan taʾwīl āy al-Qurʾān*. 2. Aufl. Kairo 1954.

Taḏkira: al-Ḏahabī: *Taḏkirat al-ḥuffāẓ*. Haidarabad 1955–58.

Tahḏīb: Ibn Ḥaǧar al-ᶜAsqalānī: *Tahḏīb al-Tahḏīb*. Haidarabad 1325–27 H.

Tartīb al-madārik: al-Qāḍī ᶜIyāḍ b. Mūsā b. ᶜIyāḍ al-Yaḥṣubī: *Tartīb al-madārik wa-taqrīb al-masālik li-maᶜrifat aᶜlām Mālik*. Ed. Rabat 1965–83.

al-Tirmiḏī: *al-Ǧāmiᶜ al-Ṣaḥīḥ*. Bde I–II. Ed. Aḥmad Muḥammad Šākir. Kairo 1937. Bd. III. Ed. Muḥammad Fuʾād ᶜAbd al-Bāqī. Kairo 1937. Bde IV–V. Ed. Ibrāhīm ᶜAṭwa ᶜAwaḍ. Kairo 1962–67.

Yaḥyā b. Sallām: *al-Taṣārīf. Tafsīr al-Qurʾān mimmā ʾštabahat asmāʾuhu wa-taṣarrafat maᶜānīhi*. Ed. Hind Šalabī. Tunis 1979.

al-Zamaḫšarī, Abū ʾl-Qāsim Muḥammad b. ᶜUmar: *al-Kaššāf ᶜan ḥaqāʾiq al-tanzīl*. Kairo 1966.

WURZELN DER SCHWIERIGKEIT INNERISLAMISCHEN GESPRÄCHS ÜBER NEUE HERMENEUTISCHE ZUGÄNGE ZUM KORANTEXT

Rotraud Wielandt

Muslime, die heutzutage innerhalb ihrer Religionsgemeinschaft ein wissenschaftliches Gespräch über neue hermeneutische Zugänge zum Korantext in Gang bringen wollen, haben es damit nicht leicht. Das illustriert ein aktuelles Beispiel: die in Ägypten nun schon seit Dezember 1992 anhaltende und inzwischen dramatisch eskalierte Auseinandersetzung um Naṣr Ḥāmid Abū Zayd, dem offenbar hauptsächlich wegen seines entschiedenen Eintretens für eine Neuorientierung der Koranexegese bis auf weiteres die Beförderung zum Professor verwehrt wurde.[1] Diese Auseinandersetzung soll hier zum Anlaß genommen werden, einmal der Frage nachzugehen, woher die angesprochene Schwierigkeit innermuslimischen Gesprächs über solche exegetischen Neuansätze eigentlich genau rührt. Über ihre Ursachen könnten die Turbulenzen um Abū Zayd wenig lehren, handelte es sich bei ihnen lediglich um einen Einzelfall, an dem sich nichts über ihn Hinausweisendes erkennen ließe. Dem ist aber nicht so: Was Abū Zayd widerfuhr, hat in etlichen Zügen, wenn auch nicht den extremsten, Parallelen in den Erfahrungen anderer muslimischer Autoren der jüngeren Vergangenheit, die mit ähnlicher Zielrichtung ebenfalls neue Wege in der Koraninterpretation propagierten, und macht insofern ein allgemeineres Problem sichtbar. Um einen vorläufigen Begriff von den Dimensionen dieses Problems zu gewinnen, empfiehlt es sich zunächst, sich einen Überblick darüber zu verschaffen, wie die vertretenen Neuansätze einerseits und die durch sie ausgelösten Reaktionen andererseits aussahen. Von hier aus kann dann die weiterführende Frage aufgerollt werden, woraus sich das Verhältnis zwischen den vorgeschlagenen neuen exegetischen Modellen und den Reaktionen auf sie erklärt; sie soll uns dabei helfen, die Wurzeln

---

[1] Für wertvolle Hilfe bei der Beschaffung von Material zum Fall Abū Zayd aus Kairo danke ich ʿAbdassalām Ḥaydar, Andrea Haist und Jürgen Wasella.

der Gesprächsschwierigkeit, um die es uns hier zu tun ist, ein Stück weit aufzudecken.

Neue methodische Ansätze in der Koraninterpretation, die auf einer reflektierten Theorie des Verstehens aufbauen, gibt es bei muslimischen Gelehrten bereits seit etwa einem halben Jahrhundert. Hier sei nur an einige wichtige Innovationsversuche dieser Art erinnert:

In Ägypten hat Amīn al-Ḫūlī, der an der Universität Kairo das Fach Arabische Literaturwissenschaft lehrte, mit seiner 1944 veröffentlichten Studie *at-Tafsīr, maᶜālim ḥayātihī, manhağuhū l-yawm* erste Anregungen zu einer hermeneutisch fundierten neuen Koraninterpretation gegeben.[2] Der Koran ist, so urteilte er, das bedeutendste Buch in arabischer Sprache und damit vor allem anderen ein Stück Literatur; deshalb forderte er, man müsse den Koran, bevor man ihn beispielsweise auf Glaubenswahrheiten, Rechtsnormen oder ethische Prinzipien hin auswerte, zunächst einmal als literarischen Text zu verstehen suchen, und zwar mittels der auch sonst in der Literaturwissenschaft anerkannten Methoden. Zu diesen gehörten für ihn z.B. die systematische Berücksichtigung der Entstehungsgeschichte und des historischen Umfelds des Textes, die Analyse seiner stilistischen und rhetorischen Qualitäten und die Untersuchung seiner Themen und Motive. Beiträge zur praktischen Verwirklichung des damit vorgezeichneten Programms leisteten die Ehefrau al-Ḫūlīs, die Arabistikprofessorin ᶜĀʾiša ᶜAbdarraḥmān (mit Pseudonym Bint aš-Šāṭiʾ), die mehrere Werke zum Koran als sprachlichem Kunstwerk verfaßte,[3] und einige seiner Schüler.[4] Am weitesten hat unter diesen Muḥammad Aḥmad Ḫalafallāh die Reflexion über die Bedingungen eines dem Koran und zugleich den Maßstäben moderner Wissenschaft gerecht werdenden Textverstehens vorangetrieben, und zwar in seiner 1947 eingereichten Dis-

---

[2] Zu ihm s. u.a. J.J.G. Jansen, *The Interpretation of the Koran in Modern Egypt*, Leiden 1974, S. 67 f. und Index.

[3] So z.B. den vor allem auf rhetorische Qualitäten des Korantexts abhebenden zweibändigen Teilkommentar *at-Tafsīr al-bayānī li-l-qurʾān al-karīm* (1966); zu ihrem interpretatorischen Ansatz s. J.J.G. Jansen, *op. cit.* S. 68–76.

[4] Ğābir ᶜUṣfūr erwähnt in seinem Aufsatz *"Mafhūm an-naṣṣ" wa-l-iᶜtizāl al-muᶜāṣir*, in: *al-Ibdāᶜ* Nr. 3 (März 1991), S. 38 ohne Angabe eines Jahres als ersten in dieser Richtung tätig gewordenen Schüler al-Ḫūlīs Šukrī ᶜAyyād (später ebenfalls an der Universität Kairo Dozent für Arabische Literarturwissenschaft) mit einer Magisterarbeit zum Thema *Min waṣf al-qurʾān al-karīm—yawm ad-dīn wa-l-ḥisāb,* von der ich keinen Druck feststellen konnte.

sertation *al-Fann al-qaṣaṣī fī l-qurʾān al-karīm.*[5] Seine Erforschung koranischer Textpartien unter dem Gesichtspunkt der Erzählkunst basierte auf der These, die Erzählungen des Koran über Ereignisse aus der früheren Heilsgeschichte seien keine Berichte über historische Tatsachen; vielmehr habe Gott im Koran, um seine Botschaft für Muhammads Zeitgenossen leicht verstehbar und emotional gut annehmbar zu machen, Erzählstoffe, die ihnen vertraut waren, aufgegriffen und in künstlerischer Freiheit so ausgestaltet, daß er damit die beabsichtigte didaktische Wirkung bestmöglich erreichen konnte.

Auch außerhalb Ägyptens sprachen sich muslimische Gelehrte aufgrund hermeneutischer Erwägungen für eine neue Art der Koraninterpretation aus. Das tat z.B. um die Jahreswende 1957/1958 auf dem Internationalen Islamischen Kolloquium in Lahore der Pakistaner Muhammad Daud Rahbar mit einem später unter dem Titel *The Challenge of Modern Ideas and Social Values to Muslim Society: The Approach to Quranic Exegesis* gedruckten Vortrag;[6] er erörterte die hermeneutische Bedeutung der beiden schon von mittelalterlichen Korankommentatoren mitbedachten Phänomene der historischen "Anlässe der Offenbarung" (*asbāb an-nuzūl*) und der Abrogation (*nasḫ*) früher verkündeter Koranverse durch später verkündete und zog aus ihr die Konsequenz der Notwendigkeit einer modernen Exegese, die die historische Begrenztheit der Geltung bestimmter koranischer Einzelvorschriften einräumt, zugleich aber um eine Neuformulierung des bleibenden normativen Gehalts des Koran für Menschen der Gegenwart bemüht ist. Fazlur Rahman, der gleichfalls aus Pakistan stammte, jedoch seit den späten sechziger Jahren in den Vereinigten Staaten wirkte, entwickelte in seinem 1982 erschienenen Werk *Islam and Modernity*[7] ein hermeneutisches Modell für den Umgang zeitgenössischer Muslime mit normativen Aussagen des Koran zu Ethik und Recht. In mehreren Veröffentlichungen aus den achtziger Jahren schlug außerdem Mohammed Arkoun neue Zugänge zum Verständnis der kora-

---

[5] Näher vorgestellt in meiner Arbeit *Offenbarung und Geschichte im Denken moderner Muslime*, Wiesbaden 1971, S. 135 ff.

[6] Zu ihm *ibid.* S. 156 f.; der Vortrag erschien in *MW* 48 (1958), S. 274–285.

[7] Kurz besprochen in meinem Artikel *Menschenwürde und Freiheit in der Reflexion zeitgenössischer muslimischer Denker*, in: Johannes Schwartländer (Hrsg.), *Freiheit der Religion—Christentum und Islam unter dem Anspruch der Menschenrechte*, Mainz 1993, S. 206.

nischen Offenbarung und zugleich eine kritische Hinterfragung überkommener "orthodoxer" Formen der Koraninterpretation vor.[8]

Der in jüngster Zeit am meisten beachtete Vorstoß zugunsten einer hermeneutischen Neuorientierung der Koranexegese wurde wiederum in Ägypten unternommen. Dort hat während der letzten fünf Jahre Naṣr Ḥāmid Abū Zayd, der in der Arabistischen Abteilung der *Kullīyat al-ādāb* der Universität Kairo lehrt, in einer Reihe von Publikationen, vor allem seinem Buch *Mafhūm an-naṣṣ* aus dem Jahr 1990,[9] zu einer tiefgreifenden Revision tradierter Muster des Umgangs mit dem Korantext aufgerufen. Er verband das von Amīn al-Ḫūlī ins Gespräch gebrachte Konzept vom Koran als einem Werk der Literatur mit einem kommunikationstheoretischen Modell[10] für das Verständnis des Offenbarungsvorgangs. Auf dieser Basis gelangte er zu dem Urteil, der Korantext sei wie alle anderen Texte auf den ursprünglichen historischen Kontext seiner Übermittlung bezogen, und zwar mittels des seiner Gestaltung zugrundeliegenden "Codes", der in bestimmten Elementen auf die zeit- und kulturbedingten Verstehensmöglichkeiten seines ersten Empfängers, des Propheten, und der von diesem unmittelbar angesprochenen Menschen zugeschnitten war. Diese immer schon vorhandene, allerdings bisher unzureichend erforschte "menschliche Seite" des Korantexts verbiete es, Aussagen des Koran in ihrem vordergründigen Wortsinn mit der ewigen göttlichen Wahrheit gleichzusetzen. Die Offenbarung sei immer nur als von Menschen

---

[8] S. dazu besonders sein Buch *Lectures du Coran*, 1. Aufl. Paris 1982, und seinen Artikel *The Notion of Revelation: from Ahl al-Kitāb to the Societies of the Book*, in: *WI* N.S. 28 (1988), S. 62–89.

[9] Zu diesem Werk Stefan Wild, *Die andere Seite des Textes: Naṣr Ḥāmid Abū Zaid und der Koran*, in: *WI* N.S. 33 (1993), S. 256–261.

[10] Das von Abū Zayd zugrundegelegte Modell des Kommunikationsprozesses, das diesen als Übermittlung einer Nachricht von einem sie codierenden Sender zu einem sie decodierenden Empfänger begreift, geht in letzter Instanz auf den amerikanischen Mathematiker und Informationstheoretiker Claude Elwood Shannon zurück, der es in dem von ihm 1949 zusammen mit W. Weaver veröffentlichten Buch *The Mathematical Theory of Communication* entwickelte; es hat in den sechziger und siebziger Jahren in die Texttheorie, auch die literaturwissenschaftliche, vielfältig Eingang gefunden, unter anderem im Anschluß an Roman Jakobson, der zu den von Abū Zayd zitierten Autoren zählt. Über Shannons Modell, einige seiner späteren Modifikationen und die Problematik seiner Anwendung auf den literaturwissenschaftlichen Textbegriff unterrichtet in Kürze Dieter Breuer, *Einführung in die pragmatische Texttheorie*, München 1974, S. 44–55; s. zu seiner Wirkung z.B. auch Siegfried J. Schmidt, *Texttheorie*, München 1973, S. 107–111 und Heinrich F. Plett, *Textwissenschaft und Textanalyse*, Heidelberg 1975, S. 41–46.

bereits decodierte, d.h. interpretierte greifbar. Daher bekomme man auch mit den frühesten Interpretationen nicht einfach die Gottesbotschaft an sich in die Hand. Wenn der Korantext über die ursprüngliche Verkündigungssituation hinaus dauerhaft Offenbarung sei, so müsse sein Code außerdem die Besonderheit aufweisen, auch für Muslime späterer Zeiten von deren verändertem Verstehenshorizont aus entschlüsselbar zu sein; damit seien diese dann aber auch berechtigt, ihn für sich von ihrer je eigenen Lebenswirklichkeit her immer neu auszulegen. Deshalb könne keine einzelne im Laufe der Geschichte propagierte Exegese für sich die Autorität unbegrenzter, nicht mehr weiter diskutierbarer Geltung beanspruchen. Schreibe man, wie es die meisten Religionsgelehrten der Gegenwart tun, den Koraninterpretationen längst vergangener Zeiten dennoch eine solche Autorität zu und mache sie damit selbst zu einem Glaubensgegenstand von unangreifbarer Heiligkeit, so entspringe dies einem ideologisch begründeten Interesse an der Erhaltung oder Wiederherstellung eines durch sie legitimierten politischen und gesellschaftlichen Zustands, der durch eine sich auf eine abweichende Exegese berufende Opposition ins Wanken gebracht werden könnte.

Im Überblick über die vorgestellten Ansätze zu hermeneutisch reflektierten neuen Methoden der Koranexegese[11] fällt auf, daß sie bisher zum allergrößten Teil nicht von der professionellen Hochschultheologie islamischer Länder kamen. Noch weiter reicht jedoch die Gemeinsamkeit des Schicksals, das ihnen beschieden war: Sie sind bisher von dieser Hochschultheologie noch nie positiv aufgegriffen worden. Soweit sie, wie dies bei denen von Arkoun und Fazlur Rahman der Fall ist, in Veröffentlichungen entfaltet wurden, die in Europa oder Nordamerika auf französisch oder englisch

---

[11] Auch noch Werke mehrerer weiterer Autoren aus den letzten Jahrzehnten enthalten hermeneutische Überlegungen zur Koranexegese, so z.B. die 1965 gedruckte Pariser Dissertation *Les méthodes d'exégèse, essai sur la science des fondements de la compréhension* des inzwischen an der Universität Kairo als Philosophieprofessor tätigen Ḥasan Ḥanafī und die Studie des tunesischen Historikers und Religionsphilosophen Mohamed Talbi mit dem Titel *Quelle clé pour lire le Coran*, in: Mohamed Talbi und Maurice Bucaille, *Réflexions sur le Coran*, Paris 1989, S. 10–154. Der Neuigkeitswert dieser Arbeiten liegt allerdings, was das Offenbarungsverständnis betrifft, mehr in der Art der verwendeten Begrifflichkeit als im sachlichen Gehalt. Talbis genannte Publikation ist in unserem Zusammenhang dennoch insofern von Interesse, als sie einen kritischen Überblick über von anderen Autoren—darunter auch mehreren der oben genannten—in jüngerer Zeit versuchte methodische Neuansätze in der Koranexegese einschließt (S. 52–66).

erschienen, läßt sich das allenfalls noch durch deren schwere Greifbarkeit auf den Buchmärkten islamischer Länder und durch die bestehenden Sprachbarrieren erklären, die dazu führten, daß die dortigen Religionsgelehrten sie nur in geringem Umfang kennenlernten und von ihnen auch keinen nennenswerten Einfluß auf das einheimische Publikum erwarteten, der sie hätte zur Stellungnahme veranlassen müssen. Diese Rezeptionshemmnisse bestanden aber nicht, wo muslimische Autoren in islamischen Ländern und in der dortigen Landessprache für eine hermeneutisch fundierte neuartige Koranexegese plädierten, wie das etwa Ḫalafallāh und Abū Zayd getan haben. In solchen Fällen entbrannten um die vorgeschlagenen Neuansätze zwar schon mehrfach lebhafte Diskussionen, doch unterblieb auch hier bislang eine wissenschaftlich adäquate inhaltliche Auseinandersetzung der Hochschultheologie mit ihnen.

Selbstverständlich wäre eine Auseinandersetzung nicht nur dann adäquat, wenn sie die Übernahme der betreffenden Ansätze nach sich zöge. Wer glaubt, über gute Argumente zu verfügen, ist wissenschaftlich sehr wohl berechtigt, den Auffassungen etwa von Ḫalafallāh oder Abū Zayd im ganzen oder in Einzelheiten zu widersprechen, vorausgesetzt, er hat erst einmal korrekt zur Kenntnis genommen, was sie eigentlich sagen, und begründet seinen abweichenden Standpunkt sachlich. Das aber haben Hochschultheologen in den Auseinandersetzungen um die Arbeiten von Ḫalafallāh und Abū Zayd eindeutig nicht getan.

So warfen Azhar-Gelehrte Ḫalafallāh in einer Denkschrift vor, er habe Muḥammad zum Autor des Koran gemacht,[12] was schlicht nicht zutrifft. Und ᶜAbdaṣṣabūr Šāhīn, der mit seinem negativen Drittgutachten fürs erste die Nichtbeförderung Abū Zayds erwirken konnte und, wiewohl Professor an der *Kullīyat Dār al-ᶜulūm* der Universität Kairo, seinem Bildungstyp nach ebenfalls zu den *ᶜulamā*ʾ gehört, beschuldigte Abū Zayd, er habe verlangt, die Muslime sollten sich von den Texten des Koran und der Sunna befreien,[13] was genausowenig den Tatsachen entspricht.[14]

---

[12] *Muḏakkira marfūᶜa min ǧabhat ᶜulamāʾ al-Azhar* . . ., in: *Maǧallat al-Azhar* Bd. 19 (1367/1947), S. 86 f.

[13] S. den Abdruck des Gutachtens in der Zeitschrift *al-Qāhira* Nr. 125 (April 1993), S. 73 (vollständiger Text dort S. 72–78). Diese Fehldeutung des von Abū Zayd wirklich Gesagten wurde in Ägypten von Kanzelrednern und Publizisten, die sich der von Šāhīn eingeleiteten Ketzerjagd gegen Abū Zayd offensichtlich ohne eigene Lektüre seiner Arbeiten anschlossen, später vielfach wiederholt (s. z.B. auch Muṣṭafā Maḥmūd in *al-Ahrām* vom 10. April 1993).

[14] Abū Zayd forderte lediglich ihre Befreiung von der fälschlich mit der gött-

Sowohl im Falle Ḫalafallāhs als auch in dem Abū Zayds trat an die Stelle einer differenzierten Diskussion der tatsächlichen Thesen der Verfasser ein Negativurteil über deren persönlichen Glaubensstatus. Abū Zayd sah sich mehrfach mit dem offenen Vorwurf des Unglaubens (*kufr*) oder des Atheismus (*ilḥād*)[15] konfrontiert, der bisweilen noch dazu im Ton unflätiger persönlicher Beschimpfung geäußert wurde.[16] Ḫalafallāhs Dissertation rief, nachdem sich die Kunde von der in ihr angeblichen enthaltenen Leugnung des göttlichen Ursprungs des Koran verbreitet hatte, soviel Unruhe hervor, daß man über sie sogar im Parlament debattierte; ähnlich wie schon

---

lichen Offenbarung identifizierten und daher absolut gesetzten Autorität späterer Interpretationen, die sich in traditionellen Kommentaren als "Sekundärtexten" finden. Darauf hat auch die Professorenversammlung der Arabistischen Abteilung der *Kullīyat al-ādāb* der Universität Kairo in ihrem gegen das Gutachten Šāhīns und den auf es gegründeten Kommissionsbeschluß gerichteten Protestmemorandum vom 7. Dezember 1992 (abgedruckt ebenfalls in *al-Qāhira* Nr. 125, April 1993, dort S. 86) zurecht hingewiesen. Abū Zayd hat diesen Punkt inzwischen an mehreren weiteren Stellen erneut ausdrücklich klargestellt (s. z.B. seinen Artikel *Abū Zayd wa-"l-ḫiṭāb ad-dīnī"*, in: *Qaḍāyā fikrīya* Bd. 13/14, Oktober 1993, S. 391 und das von ᶜAbla ar-Ruwaynī durchgeführte Interview mit ihm in *al-Qāhira* Nr. 132, November 1993, S. 243 f.; an der letztgenannten Stelle betrachtete er allerdings—was eine bemerkenswerte Fortentwicklung seiner Position darstellt—nur noch den Koran als "Primärtext" und rechnete die Sunna zu den kommentierenden "Sekundärtexten" [S. 244]).

15 Diese Vorwürfe waren bereits in der ursprünglichen Version des Gutachtens von Šāhīn enthalten; die Bezeichnung *kāfir* für Abū Zayd und die Kennzeichnung von dessen Aussagen als *"kalām ašbahu bi-l-ilḥād"* wurden dann zwar auf Verlangen der Mitglieder der Beförderungskommission zusammen anderen persönlich verunglimpfenden Etikettierungen aus dem Text getilgt, blieben aber wegen flüchtiger Löschung gut sichtbar (s. das Protestmemorandum der Professoren der Arabistischen Abteilung [Fundstelle in der vorigen Anm.], S. 80 f.). Obgleich Šāhīn selbst später geleugnet hat, diese Vorwürfe erhoben zu haben (Erklärung in der ᶜAmr-b.-al-ᶜĀṣ-Moschee vom 2. April 1993 [s. u. S. 21 mit Anm. 39], S. 100; Interview mit Ḥanafī al-Maḥallāwī in der Zeitung *al-Aḫbār* vom 7. April 1993), wurden sie von denen, die sich in der nachfolgenden öffentlichen Debatte auf seine Seite schlugen, begierig aufgegriffen—bis zur Konsequenz des auch in der internationalen Presse beachteten gerichtlichen Antrags des als Mitglied einer fundamentalistischen Vereinigung bekannten Rechtsanwalts Muḥammad Ṣamīda, die Ehe von Abū Zayd wegen dessen angeblichen Abfalls vom Glauben für geschieden zu erklären.

16 So titulierte etwa der der Muslimbruderschaft nahestehende bekannte Azhar-Gelehrte Muḥammad al-Ġazālī in seiner regelmäßigen Kolumne "Dies ist unsere Religion" in *aš-Šaᶜb*, dem Organ der mit den Muslimbrüdern alliierten Partei der Arbeit, Abū Zayd als *"kuwayfir maġrūr"*, "verblendeten kleinen Ungläubigen" (Ausgabe vom 11. *Ḏū* l-qaᶜda 1413 / 4. Mai 1993). Die Deminutivform *kuwayfir* ist offensichtlich selbst für einen Kontext wie den gegebenen eine in ihrer Despektierlichkeit ungewöhnliche Schmähung, denn dieses Wort wurde für den Druck in der Zeitung als einziges des ganzen Artikels zur Erleichterung der Lesung mit Vokalzeichen versehen.

rund zwanzig Jahre vorher in dem Konflikt um Ṭāhā Ḥusayns Buch *Fī š-šiʿr al-ǧāhilī* (1926), in dem der Autor die Historizität der koranischen Abrahamserzählungen verneint hatte, wurde hier also eine Kontroverse um das rechte Koranverständnis zu einem innenpolitischen Streitfall. Die Auseinandersetzung um den exegetischen Neuansatz Abū Zayds ist bisher nicht ganz so offensichtlich auf die Ebene der Politik verlagert worden. Dennoch hatte sie von Anfang an nicht zu unterschätzende politische Aspekte: Der Drittgutachter Šāhīn ist ein prominentes Mitglied der staats- und regierungstragenden Nationaldemokratischen Partei und steht deren Ausschuß für religiöse Angelegenheiten vor; er hat deshalb auch einen leichten Zugang zu den staatlich gelenkten Massenmedien und tritt häufig in Fernsehsendungen religiösen Inhalts auf. Daß sich zunächst die Mehrheit der Beförderungskommission und dann der Leitungsrat der betroffenen Universität, der in Beförderungsfragen das letzte Wort hat, unter Führung des Universitätspräsidenten—eines im ägyptischen Hochschulsystem vom Ministerium ernannten Spitzenbeamten—dem negativen Gutachten Šāhīns trotz zweier ihm entgegenstehender positiver anschloß, kann sehr wohl etwas mit Scheu vor den Unannehmlichkeiten zu tun haben, die Šāhīn diesen Instanzen bei gegenteiligem Verhalten über die ihm so zu Gebote stehenden Kanäle hätte bereiten können.

Die bis heute andauernde Kontroverse um Abū Zayd wird mit noch deutlich breiterer öffentlicher Anteilnahme und auch spürbar größerer Schärfe ausgetragen als die vorangegangenen Konflikte um neue Anschauungen zur Koranexegese seit *Fī š-šiʿr al-ǧāhilī*; quer durch zahlreiche verschiedene Presseorgane meldeten sich in ihr—teils als Verteidiger, teils als Gegner der tatsächlichen oder vermeintlichen Positionen Abū Zayds[17]—auch etliche zu Wort, die weder Hochschullehrer säkularen Zuschnitts wie Abū Zayd sind noch dem Stand der *ʿulamāʾ* angehören. In den Chor derer, die Abū Zayd des Unglaubens bezichtigten, stimmten dabei eilfertig nicht nur Exponenten des fundamentalistischen Lagers ein, sondern beispielsweise auch der Vorsitzende des Schriftstellerverbandes Ṯarwat

---

[17] Zugunsten von Abū Zayd griff auch Muḥammad Aḥmad Ḫalafallāh in die Diskussion ein (*al-Ahālī* vom 14. und 28. April 1993). Damit hat er trotz guter Absicht Abū Zayds Lage vermutlich eher erschwert. Denn er selbst war ja von al-Azhar längst öffentlich als gefährlicher Abweichler gebrandmarkt. Unterstützung von seiner Seite konnte unter diesen Umständen leicht dahingehend gedeutet werden, daß nun ein Ketzer dem anderen zu Hilfe eile.

Abāẓa.[18] Der Journalist Fahmī Huwaydī verkündete gar, Abū Zayds Art des Herangehens an den Koran stelle in einem Land wie Ägypten, in dem der Islam Staatsreligion ist, einen Angriff auf die Verfassung und die öffentliche Ordnung dar,[19] und suggerierte damit, daß sie eigentlich als Hochverrat geahndet werden müßte.

Woher rührt es, daß die Auseinandersetzung um Abū Zayds Vorstellungen zur Koranexegese noch weitere Kreise zog und heftigere Formen annahm als frühere Konflikte verwandter Art? Das hat mehrere Gründe: Zunächst einmal zeichnet sich unter den genannten Neuansätzen derjenige von Abū Zayd nicht nur durch ein besonders hohes Niveau der theoretischen Fundierung aus, sondern auch dadurch, daß er weit mehr als die früheren mit frontaler Kritik an den vorgefundenen Formen der Koraninterpretation und an deren politischen Förderern wie Nutznießern verknüpft ist; das fordert heraus. Außerdem kommentierte schon das Gutachten Šāhīns, von dem die Initialzündung zur offenen Kontroverse ausging, die von Abū Zayd mit seinem Beförderungsantrag eingereichten Schriften ungewöhnlich zornig und aggressiv. Ägyptische Beobachter vermuteten dafür einen persönlichen Hintergrund besonderer Art: Unter diesen Schriften befand sich Abū Zayds Aufsatzsammlung *Naqd al-ḫiṭāb ad-dīnī*;[20] sie enthält eine der schärfsten bisher in Ägypten erschienenen Kritiken an fragwürdigen religiösen Denkmustern nicht nur der fundamentalistischen Gruppierungen im Lande, basiert sie doch auf der Einschätzung, daß sich die im Solde des Staates stehende etablierte islamische Religionsgelehrtenschaft —also der Berufsstand Šāhīns—in Mentalität und Aussagen inzwischen nicht mehr nennenswert von diesen Gruppierungen unterscheidet und darum gemeinsam mit ihnen als derselbe "religiöse Diskurs" anzusprechen ist. Außerdem hatte Abū Zayd in diesem Band kritisch vermerkt, die sogenannten "islamischen" Investitionsgesellschaften, die in den späten achtziger Jahren die Gerichtsbarkeit beschäftigten, weil sie ungezählte Bürger Ägyptens um Einlagen in Höhe vieler Millionen Pfunde betrogen hatten, hätten ihre unseriösen Geschäfte nicht tätigen können, wäre nicht zuvor von

[18] In zwei von Abū Zayd in *al-Ahālī* vom 1. Dezember 1993 erwähnten Zeitungsartikeln, die mir bis zur Fertigstellung des Manuskripts nicht erreichbar waren.

[19] In *al-Waṭan* vom 21. Dezember 1993.

[20] Erschienen in Kairo 1992.

Vertretern des "religiösen Diskurses" unter den Landesbewohnern ein Irrationalismus verbreitet worden, der letztere scharenweise auf sie hereinfallen ließ;[21] Šāhīn hatte für die größte dieser Investitionsgesellschaften, die Šarikat Rayyān, als Berater fungiert[22] und hatte also Grund, diese Anklage in besonderem Maße auf sich zu beziehen.

Zu einer größeren Breite und Vehemenz der Auseinandersetzung trug im Falle Abū Zayds aber auch noch die veränderte zeitgeschichtliche Situation bei: Einerseits hat sich während des letzten Vierteljahrhunderts unter dem wachsenden Einfluß fundamentalistischer Tendenzen eine in religiösen Belangen hellhörige, mitsprachewillige und mobilisierbare Öffentlichkeit von früher unbekannten Ausmaßen herausgebildet; andererseits lief die seitens der ägyptischen Staatsführung beharrlich betriebene Politik, die potentielle Gefolgschaft fundamentalistischer Kräfte durch begrenzte Zugeständnisse zu beschwichtigen und unter Kontrolle zu halten, inzwischen schon so oft auf eine amtliche Bestätigung einzelner Züge des Islamverständnisses dieser Kräfte hinaus, daß es manch einem Publizisten von der Klugheit geboten erscheinen mag, gegen neuartiges theologisches Gedankengut, das fundamentalistischen Vorstellungen zuwiderläuft, lieber gleich Stellung zu beziehen. Im Ergebnis ist damit eine Lage entstanden, in der bei Bekanntwerden eines neuen Modells der Koraninterpretation wie desjenigen von Abū Zayd mit heftigen Abwehrreaktionen weit über die Kreise der etablierten Hochschultheologie hinaus gerechnet werden muß.

Mehreren der genannten Neuansätze auf dem Gebiet der Koranexegese wurde mit Bewältigungsstrategien begegnet, die darauf abzielten, den möglichen Einfluß ihrer Urheber auf die öffentliche Meinung statt mit sachlichen Argumenten auf anderem Wege zu reduzieren. Bei Daud Rahbar bediente man sich dazu des Mittels der Zensur: Die pakistanischen Veranstalter des Kolloquiums, auf dem er seinen Entwurf vorgetragen hatte, verweigerten die Aufnahme seines Beitrags in die Kongreßakten. In anderen Fällen suchte man diesen Einfluß durch soziale Deklassierung und moralische Diskreditierung einzudämmen: Ḫalafallāh und Abū Zayd

---

[21] Der entsprechende Passus steht im Vorwort auf S. 8 f.

[22] Dazu Luṭfī al-Ḫūlī in *al-Ahrām* vom 7. April 1993; Ḥāmid ʿAmmār in *al-Ahālī* vom 21. April 1993. Abū Zayd kam auf diesen Zusammenhang selbst in *al-Ahālī* vom 1. Dezember 1993 zu sprechen.

wurden in ihrem akademischen Fortkommen behindert; bei Ḫalafallāh entdeckte man neben anderen peinlichen Details aus seiner Biographie plötzlich im nachhinein, daß er sich angeblich die Verbeamtung durch unwahre Angaben über sein Geburtsjahr erschlichen haben sollte;[23] und Šāhīn, der schon erwähnte Drittgutachter in der Beförderungsangelegenheit Abū Zayds, setzte die groteske Behauptung in die Welt, dieser habe seine Arbeiten absichtlich in lauter obskuren und wenig gelesenen Zeitschriften untergebracht, weil er sich vor der sicheren Verwerfung seiner Ansichten durch die Gesellschaft gefürchtet habe.[24] Darüber hinaus suchten Religionsgelehrte und Publizisten Abū Zayd gezielt dadurch zu diskreditieren, daß sie ihn den Reihen jener zuschlugen, die bei vielen zeitgenössischen Muslimen im Geruch notorischer Islamfeindschaft stehen: Bald erklärten sie ihn zum Marxisten oder Kommunisten,[25] bald sagten sie ihm Anleihen bei den Orientalisten nach;[26] Abū Zayd blieb auch nicht der Vorwurf erspart, sich begeistert für Salman Rushdies *Satanische Verse* ausgesprochen zu haben,[27] obwohl er nie irgendeine inhaltliche Übereinstimmung

---

[23] Schreiben des Rektors der Universität Kairo (damals Fuʾād-Universität) an Ḫalafallāh, referiert bei Abdelhamid Muhammad Ahmad, *Die Auseinandersetzung zwischen al-Azhar und der modernistischen Bewegung in Ägypten*, Diss. Hamburg 1963, S. 64.

[24] Text des Gutachtens (s. Anm. 13) S. 72.—Zur Demontage der Glaubwürdigkeit von Abū Zayd wurde auch das Verfahren benutzt, ihn in der Presse wegen eines einzelnen zwar tatsächlich groben, aber doch nur punktuellen historischen Lapsus, bei dem man ihn in einem seiner Bücher ertappt hatte, ganz generell zum hoffnungslosen Ignoranten abzustempeln, der nicht einmal über den Wissensstand kleiner Schulbuben verfüge (Muḥammad al-Ġazālī, *loc. cit.* [s. o. Anm. 16]; Muḥammad Ǧalāl Kišk, *Min al-imām aš-Šāfiʿī ilā l-muʿallim Naṣr! . . . . Faḍīḥa tārīḫīya ǧāmiʿīya!* [Zeichensetzung von Kišk] in der Wochenzeitschrift *Uktūbar* vom 14. November 1993, S. 18 f). Abū Zayd hatte auf S. 16 seines Buches *al-Imām aš-Šāfiʿī wa-taʾsīs al-īdiyūlūǧīya al-wasaṭīya* (Kairo 1992) geglaubt, einem von ihm benutzten Werk der arabischsprachigen Sekundärliteratur entnehmen zu dürfen, aš-Šāfiʿī habe "mit den Umayyaden kooperiert", obgleich die Umayyadenherrschaft im Jahr 750 n. Chr. endete und aš-Šāfiʿī erst 767 geboren wurde; im Vorwort (S. 5) gibt er aber das Geburtsjahr aš-Šāfiʿīs richtig an, und er läßt in anderen Teilen des Buches korrekte chronologische Vorstellungen erkennen.

[25] Šāhīn, Erklärung in der ʿAmr-b.-al-ʿĀṣ-Moschee vom 2. April 1993 (s. u. S. 21 mit Anm. 39), S. 101 f.; Muṣṭafā Maḥmūd in *al-Ahrām* vom 10. April 1994; Muḥammad al-Ġazālī, *loc. cit.* (s. o. Anm. 16); Muḥammad Ǧalāl Kišk in der Wochenzeitschrift *Uktūbar* vom 14. November 1993, S. 18.

[26] Gutachten Šāhīns (s. o. Anm. 13) S. 75.

[27] *Ibid.* S. 73; dieser Vorwurf wurde von Muṣṭafā Maḥmūd in einem Artikel in *al-Ahrām* vom 10. April 1993 zusammen mit anderen offensichtlich ohne jede eigene Überprüfung aus dem—wenige Tage vorher in der Aprilnummer von *al-Qāhira* veröffentlichten—Gutachten Šāhīns abgeschrieben.

mit Rushdie bekundet hat.[28] Da man ihn somit auf die eine oder andere Weise eindeutig im Lager des äußeren Feindes lokalisiert hatte, konnte es kaum ausbleiben, daß die beliebte Theorie einer von modernen westlichen "Kreuzfahrern" und Zionisten angezettelten internationalen Verschwörung gegen den Islam um die Variante bereichert wurde, auch er und seine Verteidiger wirkten an diesem Komplott mit.[29] Ein Artikelschreiber diffamierte Abū Zayd auch noch mittelbar durch die summarische Behauptung, in dem Konflikt um seine Beförderung hätten "alle, die sich an den Muslimen rächen wollen," für ihn Partei ergriffen.[30]

Auch wenn man aus dem bisherigen Bild der Kontroverse um Abū Zayd diejenigen besonders grellen Farben ausfiltert, die sich durch die Direktheit seiner eigenen Kritik an von ihm erblickten Mißständen, durch die gesellschaftliche Rolle und die persönliche Vorgeschichte des Gutachters Šāhīn und durch das unter wachsendem Druck von fundamentalistischer Seite entstandene spezielle innenpolitische Klima im heutigen Ägypten hinreichend erklären lassen, bleibt in seinem Falle noch genau wie in den genannten anderen der Eindruck, daß die eingetroffenen Abwehrreaktionen in keinem rationalen Verhältnis zur Art der wirklich vertretenen neuen Vorstellungen von wissenschaftlicher Koranexegese standen. Im Hinblick auf solche Verläufe sei nun die Frage gestellt: Weshalb ist es unter zeitgenössischen Muslimen so schwierig, ein Gespräch über derartige neue Ansätze in Gang zu bringen und sachlich zu führen?

Dazu ist zunächst einmal festzuhalten: Nicht nur für Muslime, sondern auch für Anhänger anderer Offenbarungsreligionen, deren

---

[28] Er hatte lediglich in seiner Aufsatzsammlung *Naqd al-ḫiṭāb ad-dīnī* (Kairo 1992, S. 23 f.) den Fall Rushdie als eines von mehreren Beispielen für die seiner Einschätzung nach verhängnisvolle Neigung der Vertreter des "religiösen Diskurses" innerhalb und außerhalb Ägyptens angeführt, Kunstwerke, darunter auch Werke der schönen Literatur, ohne ausreichende fachliche Kompetenz für die Beurteilung von Kunst unter dogmatischen Aspekten zu verdammen und mit politischen Machtmitteln bis hin zu der berüchtigten "Todesurteils-"Fetwa Khomeinis auf ihr Verbot oder die Ausschaltung ihrer Urheber hinzuarbeiten, statt es im Vertrauen auf die Kraft des rechten Glaubens den einzelnen Muslimen zu überlassen, selbst darüber zu befinden, ob diese Werke ihren religiösen Überzeugungen tatsächlich widersprechen, und sich gegebenfalls von ihnen abzuwenden.

[29] Diese Diagnose verkündete Šayḫ Muḥammad al-Ġazālī (*loc. cit.,* s. o. Anm. 16), der auch in seinen—seit 1988 in einer Serie von Bänden gedruckt nachlesbaren—Predigten oft und gern das Schreckgespenst dieser angeblichen antiislamischen Weltverschwörung an die Wand malt.

[30] So Muḥammad Ǧalāl Kišk (s. Anm. 24), S. 18.

Glaube sich auf heilige Schriften gründet, ist das Gespräch über neue, dem hermeneutischen Reflexionsstand des fortgeschrittenen 20. Jahrhunderts angemessene exegetische Zugänge zu den heiligen Texten eine kritische, in besonderem Maße mit Ängsten und Abwehrhaltungen belastete Angelegenheit. Dies aus gutem Grund: Bei solchen Neuansätzen geht es darum, die Offenbarung so mit den Erfahrungen und dem intellektuellen Horizont heutiger Menschen in Verbindung zu bringen, daß sie sie verstehen, für sich selbst als relevant erkennen und im Glauben bejahen können; zugleich geht es aber auch darum, die Offenbarung nicht gänzlich ins Menschliche einzuebnen, sondern ihr ihre Göttlichkeit zu erhalten, aus der sie ihren Anspruch auf Normativität bezieht.

Was Gläubige an Offenbarungsreligionen primär als bedeutsam und bindend erleben, ist nicht ihr eigenes menschliches Verstehen der Offenbarung, sondern gerade der göttliche Anspruch,[31] dessen Wahrung darum ihre erste Sorge gilt. Deshalb geraten neue interpretatorische Zugänge zu den heiligen Texten, die erklärtermaßen das Ziel verfolgen, einer seit dem Offenbarungsereignis eingetretenen Verschiebung des Horizonts menschlichen Verstehen- und Bejahenkönnens Rechnung zu tragen, natürlicherweise leicht in den Verdacht, dem Menschlichen nun auf Kosten der bleibenden Normativität des Gottgegebenen Geltung einräumen und damit letztlich die Glaubensbasis im Innerweltlichen auflösen zu wollen: und so verwundert es nicht, wenn Theologen, die sich von Berufs wegen mehr als andere für die unverkürzte Weitervermittlung der von ihrer Religionsgemeinschaft geglaubten Gottesbotschaft zuständig fühlen, solche Neuansätze mit besonders kritischer Wachsamkeit beobachten. Eine Offenbarung kann es allerdings nicht nur ohne Gottesbotschaft, sondern auch ohne das menschliche Verstehen nicht geben; denn eine unverstandene Offenbarung würde niemandem etwas offenbaren. Wenn sich daher Verteidigungsreaktionen zu einer beharrlichen Weigerung verfestigen, die historisch konkreten menschlichen Verstehensbedingungen von heiligen Texten überhaupt mitzubedenken, dann ist ein sachliches Gespräch über Recht oder Unrecht exegetischer Neuansätze, die eben diese Bedingungen systematisch berücksichtigen, außerordentlich erschwert.

Gesprächsschwierigkeiten solcher Art machen heute in je spezi-

---

[31] Dieser Sachverhalt ergibt sich daraus, daß Gläubige der Intention nach nicht an ihren jeweiligen eigenen Gottesbegriff, sondern an Gott glauben.

fischen Formen den Anhängern verschiedener Offenbarungsreligionen zu schaffen. Auch im zeitgenössischen Christentum ist man mit ihnen noch nicht fertig. Hier sei nur beispielhaft an einen hermeneutischen Entwurf aus der jüngeren Vergangenheit erinnert, der innerhalb der Theologie und mehr noch der Gemeindefrömmigkeit bis heute zuweilen heftige Abwehr auslöst. Als der evangelische Theologe Rudolf Bultmann 1950 in seinem programmatischen Artikel *Das Problem der Hermeneutik* die Ausgangsbasis seiner existentialen Auslegung des Neuen Testaments in die Formulierung faßte, die biblischen Schriften unterlägen bei ihrer Interpretation "nicht anderen Bedingungen des Verstehens als jede andere Literatur",[32] da war diese Aussage—auch nach hundert Jahren historisch-kritischer Theologie—zunächst einmal für nicht wenige anstößig, und sie ist es zum Teil noch immer, ja heute im Zeichen auch unter Christen erstarkender fundamentalistischer Tendenzen wieder mehr als früher.

Die zitierte Formulierung von Bultmann könnte, ersetzte man in ihr die biblischen Schriften durch den Korantext, ohne weiteres von Abū Zayd stammen; sie brächte dann genau dessen Position zum Ausdruck. Was beide Denker über die Religionsgrenzen hinweg verbindet und an ihren Ansätzen auf viele der jeweiligen Glaubensgenossen zunächst einmal schockierend wirkt, ist die Vorentscheidung, dem Text des Offenbarungsbuchs bei der wissenschaftlichen Betrachtung keinen ihn von allen anderen Texten radikal unterscheidenden Sonderstatus zuzuerkennen, sondern ihn unter einen Allgemeinbegriff "Text" zu subsumieren, der von exakt denselben wissenschaftlich feststellbaren gemeinsamen Grundmerkmalen sämtlicher einzelnen Texte und darum auch der Notwendigkeit ihrer Erforschung nach denselben methodischen Prinzipien ausgeht. Nimmt man aber, so fragen sich erschrockene Gläubige begreiflicherweise häufig zunächst, dem Offenbarungsbuch nicht gerade das Außerordentliche, das es über die oft so wenig verläßlichen Erzeugnisse menschlicher Rede erhebt, wenn man es solchermaßen dem Allgemeingültigkeitsanspruch menschlicher Textwissenschaft[33]

---

[32] *Glauben und Verstehen, Gesammelte Aufsätze* Bd. 2, 2. Aufl. Tübingen 1958, S. 231.

[33] Auch Bultmann spricht in dem genannten Artikel wie später Abū Zayd in seinem Buch *Mafhūm an-naṣṣ* durchgängig vom "Text" als dem Gegenstand jeder wissenschaftlichen Interpretation einschließlich der Bibelinterpretation der Theologie, faßt freilich den Begriff "Text" noch nicht so allgemein, wie Abū Zayd das

unterstellt? Sprengt nicht gerade Offenbarung alle sonst gewohnten Kategorien und Methoden und so auch die der Textwissenschaft?

Die damit umrissene strukturelle Problematik, die Anhängern aller Offenbarungsreligionen bei einem entsprechenden Stand der Reflexion über die Angemessenheit ihres eigenen Verstehens heiliger Texte zu schaffen macht, ist im zeitgenössischen Islam aber nicht die einzige Wurzel der Schwierigkeit innerislamischen Gesprächs über neue hermeneutische Zugänge zum Korantext. Diese Schwierigkeit hat dort vielmehr auch noch spezifische Hintergründe. Sie liegen, wie gleich zu zeigen sein wird, nicht allein in der Besonderheit islamischer Glaubenslehre als solcher, sondern darüber hinaus in einer speziellen Art der aktuellen Verflechtung von religiösen und außerreligiösen Belangen und Motiven. Im folgenden seien einige Überlegungen zu ihnen angestellt.

Auf den ersten Blick erscheint der in der islamischen Tradition tief verwurzelte Glaube an das wörtliche Inspiriertsein des Korantexts durch Gott als Haupthindernis für eine positive Bewertung neuer Verfahren der Exegese, die die Korrelation zwischen dem Korantext und dem geschichtsbedingten Verstehenshorizont seiner ersten Adressaten systematisch berücksichtigen. Es ist auch nicht zu bezweifeln, daß dieser Glaube psychologisch betrachtet eine höhere Barriere gegen die Bereitschaft zur Annahme solcher hermeneutisch fundierter Interpretationsmethoden aufbaut als andere Formen des Offenbarungsverständnisses. Denn indem er den ausschließlich göttlichen Ursprung des Koran akzentuiert, begünstigt er die Tendenz, im Offenbarungsbuch etwas ganz und gar Übermenschliches zu sehen und darum dann dessen konkrete Textgestalt nicht nur dem Urheber, sondern auch den Ausdrucksformen und Inhalten nach allein von Gott her zu erklären; wer sich ausschließlich diese Perspektive zueigen macht, wird rasch dazu geneigt sein, jedes genauere Nachdenken über mögliche Entsprechungen zwischen der Gestalt des Offenbarungstextes und den Verstehensbedingungen der mit ihm angeredeten Menschen schon als frevelhafte Infragestellung seines gottgegebenen Ranges wahrzunehmen. Der Sache nach ist die Reflexion über die mögliche Bezogenheit des Koran auf den Verstehenshorizont seiner menschlichen Empfänger allerdings durchaus nicht notwendig mit einer Abkehr vom Konzept der Ver-

---

im Anschluß an sein kommunikationstheoretisches Modell tut, sondern versteht darunter nur "Literatur" im weitesten Sinne.

balinspiration gleichbedeutend. Denn es ist *eine* Frage, wer der Autor des Offenbarungstextes ist, und eine andere, warum dieser Text—von wem auch immer—seine vorliegende Gestalt erhielt. Die Differenz zwischen beiden war schon mittelalterlichen islamischen Koranexegeten nicht unbekannt;[34] es müßte, so sollte man meinen, auch zeitgenössischen Religionsgelehrten möglich sein, sie zu erkennen und also nicht gleich jeden, der mit dem Hinweis auf im Korantext berücksichtigte menschliche Verstehensbedingungen eine neue Art der Exegese fordert, dessen zu verdächtigen, er negiere die Verbalinspiration.

Wo liegt nach den bisherigen Erfahrungen eigentlich genau die Schwelle, von der ab seitens der etablierten Theologie und eines Teiles der engagierten Öffentlichkeit ein hermeneutischer Entwurf als sachlich indiskutabel eingestuft wird und Blockadereaktionen zeitigt? Offensichtlich nicht erst dort, wo jemand die Verbalinspiration des Koran zu leugnen beginnt. Dies hat keiner der genannten Autoren getan, wenngleich flüchtige Leser bei dem einen oder anderen von ihnen zu dem Schluß gekommen sein können, das sei seine Absicht gewesen. Die Schwelle liegt auch nicht dort, wo jemand die bleibende Verbindlichkeit der prophetischen Botschaft Muhammads in Frage stellt. Das hat ebenfalls keiner der genannten Autoren getan. Kritisch wird es vielmehr schon dort, wo ein Autor einen spezifischen Bezug von Form und Inhalt des Korantextes auf die historische Situation und die zeit- und ortsgebundenen Verstehensmöglichkeiten seiner ersten Adressaten annimmt—wohlgemerkt ohne deshalb etwa zu behaupten, daß sich die Bedeutung des Koran in diesem Bezug erschöpfen würde. Diese Annahme bedeutet für die Exegese noch nichts anderes, als daß der Skopus koranischer Aussagen aus dem Verstehenskontext der ersten Hörer herausgeschält und in denjenigen der heutigen transponiert werden muß. Eine solche Operation läuft freilich darauf hinaus, daß einzelnen normativen Aussagen, die an die Erstadressaten des Koran gerichtet waren, wegen ihrer Gebundenheit an vergangene historische Umstände und ein ebenfalls der Vergangenheit angehörendes Weltbild heutzutage in ihrem vordergründigen Wortsinn keine Geltung mehr zugesprochen werden kann und daß ein unter jetzigen Voraussetzungen bejahbares neues Verständnis der ihnen zugrunde-

---

[34] S. u. S. 273 f. zur traditionellen Berücksichtigung der *asbāb an-nuzūl* und zu den exegetischen Anschauungen aš-Šāṭibīs, die das Bewußtsein dieser Differenz bereits ein Stück weit voraussetzen.

liegenden Intentionen Gottes gefunden und auf seine Konsequenzen für die Gegenwart hin konkretisiert werden muß. Man kommt hier also nicht um die Unterscheidung von bleibend verbindlichem Gotteswillen und dessen mit Rücksicht auf die Geschichtlichkeit der menschlichen Offenbarungsempfänger begrenzt gültigen Ausdrucksformen herum. Diese mit hermeneutischen Ansätzen wie denen von Ḫalafallāh, Fazlur Rahman und Abū Zayd geforderte Unterscheidung zielt nur auf ein neues menschliches *Verständnis* des Korantextes anstelle eines alten ebenfalls menschlichen, nicht auf die Leugnung der göttlichen Autorität des Korantextes als solcher. Dennoch wurde sie von der etablierten Religionsgelehrtenschaft bisher stets so gut wie geschlossen als Anschlag auf diese göttliche Autorität klassifiziert und entsprechend vehement bekämpft.

Warum diese festgefahrene Reaktion? Grundsätzlich wäre ja auch eine andere Entwicklung vorstellbar. Warum setzt sich nicht etwa ein Professor für *tafsīr* an der al-Azhar-Universität, nachdem er beispielsweise Abū Zayds Buch *Mafhūm an-naṣṣ* gründlich studiert und die darin enthaltenen Auffassungen sachlich diskutiert und vielleicht noch in dem einen oder anderen Punkt modifiziert hat, an die Spitze einer neuen exegetischen Schulrichtung, die sich die in diesem Buch enthaltenen Erkenntnisse über die Wechselbeziehung zwischen dem Text und seinen Rezipienten zueigen macht? Warum ersetzt nicht nach und nach der eine oder andere Theologe wenigstens für die eigene Person erklärtermaßen sein bisheriges Textverständnis durch ein neues nach einem solchen Modell?

Allein die Macht alter Denkgewohnheiten erklärt die beobachtbare Blockade des gesamten Standes der Berufstheologen gegen eine solche Möglichkeit noch nicht ausreichend. Auch die Vorstellung, daß Muslime infolge ihres Offenbarungsbegriffes eine solche Wechselbeziehung zwischen dem Text und den Rezipienten in ihrer historischen Situation grundsätzlich nicht denken könnten, ist längst widerlegt—nicht nur durch die tatsächliche Existenz hermeneutisch begründeter exegetischer Neuansätze aus den letzten fünfzig Jahren, sondern auch durch weiter zurückliegende unverdächtige historische Präzedenzentwicklungen, an die die Vertreter dieser Neuansätze wiederholt angeknüpft haben und in denen mit Sicherheit kein Zweifel am Offenbarungscharakter des Koran im Spiel war. Schon das zum traditionellen Gemeingut der Koranexegese gehörende Verfahren der Berücksichtigung der *asbāb an-nuzūl* setzt eine Beziehung der Offenbarung auf die historische Situation ihrer ersten

Adressaten voraus. Und schon der Malikit aš-Šāṭibī im 14. Jahrhundert formulierte für die Rechtsmethodologie das Prinzip der exegetischen Berücksichtigung des Zugeschnittenseins koranischer Aussagen auf den Horizont der altarabischen Heiden—ein Gedanke, der später in seiner Rechtsschule weiter ausgebaut und dort noch vor wenigen Jahrzehnten von dem Marokkaner ʿAllāl al-Fāsī zum Ausgangspunkt für eine Theorie einer zeitgemäßen Neuinterpretation koranischer Rechtsnormen[35] gemacht worden ist, ohne daß das besondere Aufregung verursacht hätte.

Zu den Auslösern der Abwehrhaltung der Berufstheologen mag in einem Teil der Fälle eine unterschwellige Allergie gegen eine befürchtete zu enge Annäherung an christliches Gedankengut gehören: Eine Exegese, die eine notwendige Bezogenheit der Textgestalt des Koran auf die Verstehensbedingungen der menschlichen Offenbarungsempfänger voraussetzt, muß annehmen, daß sich im Korantext, auch wenn er ausschließlich und unmittelbar Gottes Werk ist, von vornherein Göttliches *und* Menschliches niedergeschlagen hat—an Menschlichem z.B. semantische Konventionen und zugleich mit ihnen ein bestimmtes Welt- und Geschichtsbild. Der Gedanke an einen im allerweitesten Sinne nun doch "gottmenschlichen" Koran kann dabei begreiflicherweise für Muslime besonders beunruhigend werden, sofern sie die Bedeutung des Koran für den Islam in enger struktureller Analogie zu derjenigen der Person Jesu für das Christentum begreifen. Das zeigt ein Passus in Šāhīns Gutachten: Šāhīn urteilt hier, Abū Zayds Modell für das Verständnis des Korantexts laufe—*horribile dictu*—auf eine Art Inkarnationslehre nach christlichem Muster hinaus.[36] Die Vorstellung, Menschliches könne in irgendeinem Sinne, und wäre es auch nur als "andere Seite des Textes" im Sinne Abū Zayds, am koranischen Gotteswort Anteil haben, bewegt sich für ihn offensichtlich schon am Rande eines Zurückgleitens in den *širk* nach Christenart. Es ist jedoch keineswegs so, daß Muslime mit entsprechenden hermeneutischen Reflexionen zur Koranexegese zwangsläufig Anschauungen in Richtung des Inkarnationsgedankens verbinden *müßten*: Keiner der vorgestellten Gelehrten, die im 20. Jahrhundert entsprechende interpretatorische Neuansätze vertraten, hat das auch nur im entferntesten getan, und auch aš-Šāṭibī und die, die

[35] S. dazu meinen Artikel *Menschenwürde und Freiheit* (wie o. Anm. 7) S. 206 f.
[36] Gutachten (s. o. Anm. 13) S. 76.

seine hermeneutischen Erwägungen zum Koran zu seiner Zeit oder im Verlauf der späteren Entwicklung der malikitischen Rechtsschule studierten, haben, soweit bekannt, keinerlei Assoziationen solcher Art bekundet.

Zeigen aber schon Erfahrungen aus Geschichte und Gegenwart, daß der Glaube an die von Gott gegebene bleibende Verbindlichkeit der koranischen Offenbarung auch von Muslimen sehr wohl mit hermeneutisch fundierten Formen des Textverständnisses vereinbart werden kann, ohne daß sie deshalb das Konzept der Verbalinspiration aufgeben oder vom strikt monotheistischen Gottesgedanken zugunsten einer quasi inkarnatorischen Auffassung des Koran abweichen, dann muß in den heute zumeist beobachtbaren weitgehend uniformen Abwehrreaktionen der Theologen und eines Teiles der Öffentlichkeit gegen entsprechende exegetische Neuansätze auch noch anderes am Werk sein als nur die Sorge um die Autorität des Gotteswortes oder um den nötigen Abstand zum Christentum, von der ja zweifelsfrei auch mittelalterliche Religionsgelehrte, die hier mehr Beweglichkeit an den Tag legten, beseelt waren.

Einen Teil dessen, worum es hier wirklich geht, hat der Azhar-Gelehrte Šayḫ Muḥammad al-Ġazālī in einer gedruckt vorliegenden Predigt mit dem Genre entsprechender Griffigkeit artikuliert. In ihr wirft er denjenigen, die heute ein neues Verständnis des Koran fordern, charakteristischerweise vor, sie wollten einen "Islam ohne Texte" (*islām bilā nuṣūṣ*).[37] Er identifiziert also sein eigenes bisheriges Textverständnis, das er bei allen aufrechten Gläubigen voraussetzt, bedenkenlos mit dem Text selbst, indem er den menschlichen Verstehensakt als solchen gar nicht wahrnimmt, sondern zugunsten eines vermeintlich direkten Zugriffs auf die gottgegebene Offenbarung überspringt. Auch ʿAbdaṣṣabūr Šāhīn ignoriert in seinem Gutachten die von Abū Zayd klar herausgearbeitete und stets sorgfältig beachtete Differenz zwischen dem Offenbarungstext selbst als bleibender Glaubensgrundlage und den verschiedenen historisch wandelbaren menschlichen Interpretationen dieses Textes—genau deshalb wirft er Abū Zayd auch vor, er propagiere die Befreiung der Muslime vom Koran, obwohl er in Wirklichkeit nur gefordert hat, sie sollten sich von der Herrschaft überlieferter Interpretationen

---

[37] *Ḫuṭab aš-Šayḫ Muḥammad al-Ġazālī fī šuʾūn ad-dīn wa-l-ḥayāh,* hrsg. von Quṭb ʿAbdalḥamīd Quṭb, revidiert von Muḥammad ʿĀšūr, Bd. 1, Kairo 1988, S. 112–120.

befreien, die Šāhīn seinerseits für zeitlos gültig hält. Das Stück Selbstvergottung, das in dieser Identifikation des eigenen menschlichen Koranverständnisses mit der Offenbarung als solcher steckt, könnte gerade vom islamischen Glaubensbekenntnis her durchaus kritisch beurteilt werden; das wird den beiden Religionsgelehrten aber augenscheinlich gar nicht als Problem bewußt.

In der Praxis bedeutet eine solche Berufung auf den Text als solchen, als wäre er unabhängig von Bedingungen und Begrenztheiten menschlichen Verstehens zugänglich, eine ungeheure Erhöhung der Autorität nicht einfach des Koran, sondern derer, die für seine Exegese zuständig sind—nach herkömmlichen Begriffen also vor allem der *ʿulamāʾ*, zu denen auch Muḥammad al-Ġazālī und Šāhīn zählen. Denn deren de-facto-Interpretation gewinnt damit unvermerkt Anteil am Wahrheitsanspruch der göttlichen Offenbarung selbst.

An einer solchen Autoritätserhöhung gibt es—das darf nicht verkannt werden—auch ein berufsständisches Interesse, das aus naheliegenden Gründen in der gegenwärtigen historischen Situation besonders ausgeprägt sein dürfte. Die islamischen Religionsgelehrten, die in der Gesellschaft aufgrund des Stellenwerts der Gegenstände ihrer Studien für den Staat wie für das Leben der einzelnen viele Jahrhunderte lang das Zentrum des Bildungsbewußtseins markiert und mit der Ausbildung in den am höchsten angesehenen Wissenschaften auch einen Großteil der Karrierewege kontrolliert hatten, haben seit dem frühen 19. Jahrhundert in fast der ganzen islamischen Welt als Folge des Vordringens eines neuartigen, weitgehend säkularen Wissenschaftsverständnisses westlicher Provenienz eine drastische Beschneidung des ihnen zugestandenenen Kompetenz- und Tätigkeitsbereichs hinnehmen müssen. Daß solche Erfahrungen besondere Selbstbehauptungs- und Autoritätssicherungsbedürfnisse wecken, ist nicht verwunderlich.

Darauf, daß es in den bisherigen Auseinandersetzungen um neue hermeneutische Zugänge zum Korantext sehr wesentlich auch um die Frage der berufsständischen Autorität der *ʿulamāʾ* ging, deutet einiges an ihrem Verlauf hin. Wenn z.B. die Religionsgelehrten von al-Azhar in der Kontroverse um Ḫalafallāhs exgetischen Ansatz durch den Druck eine an den König, die "zuständigen staatlichen Instanzen" und "die islamische öffentliche Meinung"[38] gerichtete

---

[38] S. den Titel in *Maǧallat al-Azhar* Bd. 19 (1367/1947), S. 86.

Denkschrift verbreiteten, um die Obrigkeit und die muslimischen Landsleute—wie schon zwei Jahrzehnte zuvor in der Auseinandersetzung um Ṭāhā Ḥusayns Buch *Fī š-šiʿr al-ǧāhilī* (1926), bei der es ebenfalls um das rechte Koranverständnis ging—zum Einschreiten gegen den Autor und sein Werk zu bewegen, dann wählten sie damit nicht nur einen ihnen besonders wirksam scheinenden Weg zur Verteidigung des wahren Glaubens gegen eine vermeintliche Bedrohung; sie testeten vielmehr zugleich auch aus, wie weit ihr Einfluß im Verhältnis zu demjenigen der Wissenschaftler einer nichtreligiösen Hochschule in Staat und Öffentlichkeit noch reichte. Hätte nicht das Interesse an einem solchen Test bestanden, dann hätte alles für das im Hinblick auf den Schutz der Gläubigen vor vermeintlichen Irrlehren sicherere Verfahren gesprochen, gegen den seinerzeit noch kaum bekannten Doktoranden Ḫalafallāh und seine Ansichten rein innerhalb des akademischen Rahmens und allenfalls noch durch eine nichtöffentliche Demarche beim zuständigen Ministerium als der Aufsichtsbehörde der Universität Kairo tätig zu werden. Denn der politisch sehr hoch angesetzte öffentliche Protest der Azhar-Gelehrten verschaffte Ḫalafallāh mit seinem exegetischen Ansatz ein Maß an Publizität, das er auf andere Weise nie hätte erreichen können. Aber man wollte eben wissen und demonstrieren, wer in Ägypten das Sagen hatte, wenn es um Fragen der Religion ging. Als ʿAbdaṣṣabūr Šāhīn bei einer seiner Freitagspredigten in der ʿAmr-b.-al-ʿĀṣ-Moschee in Kairo im April 1993 um eine Stellungnahme zu seiner Rolle im Fall Abū Zayd gebeten wurde, spielten in der von ihm abgegebenen Erklärung[39] fernab von allen inhaltlichen Argumenten auffälligerweise zwei Dinge die Hauptrolle: die Versicherung, daß er selbst und die übrigen Kommissionsmitglieder, die Abū Zayd nicht befördert sehen wollten, unerhört bedeutende Gelehrten seien,[40] und das Insistieren darauf, daß es das Recht von seinesgleichen sei, andere zu Professoren zu

---

39 Im—offensichtlich nach einer Tonbandaufnahme transkribierten—Originalwortlaut, der im Dialekt und in sehr laxen, gedanklich wie syntaktisch relativ unkontrollierten Formulierungen gehalten war, nachzulesen in der Zeitschrift *al-Qāhira*, Nr. 125 vom April 1993, auf S. 100–102.

40 Er sprach unter anderem von *"abāṭirat al-ʿilm wa-aʾimmat kibār al-ʿulamāʾ"* und ließ die Zuhörer wissen, er selbst habe die Professors-"Prüfung", zu der Abū Zayd jetzt erfolglos angetreten sei, schon vor 15 Jahren auf Anhieb bestanden, und zwar "mit Auszeichnung" (S. 101)—dies, obgleich die Beförderungskommission in Wirklichkeit gar keine Noten vergibt.

machen oder auch nicht, und beispielsweise Leute wie Abū Zayd durchfallen zu lassen. Was Šāhīn hier vor allem bewegte, war also die Statusfrage, wer wen zensieren und wer über wessen Zukunft in der Wissenschaft befinden darf. Um dieselbe Zeit fragte ihn ein Journalist in einem Zeitungsinterview mit Bezug auf das Urteil, das er in seinem Gutachten über Abū Zayds Arbeiten gefällt hatte, ob man denn jeden *iǧtihād* als Unwissenheit oder als Abweichung vom rechten Glauben abtun könne; der Kernsatz von Šāhīns Antwort lautete: "... das Wichtige ist hier, daß der *iǧtihād* in die richtige Richtung geht, und wer die kennt, das sind natürlich die *ʿulamāʾ*."[41] Diese Aussage verrät den Wunsch, eine traditionelle Domäne des Standes der Religionsgelehrten, die Koranexegese, gegen einen aus der Literaturwissenschaft kommenden *afandī* Abū Zayd zu verteidigen.

Eine Öffnung der Theologie für neue Methoden der Koraninterpretation auf hermeneutischer Basis würde im übrigen, da unter Menschen islamischer Länder genau wie anderwärts heutzutage im allgemeinen eine größere Zahl von kulturgeschichtlich ungleichzeitigen Verstehenshorizonten deutlich verschiedener Prägung nebeneinander existiert, mit großer Wahrscheinlichkeit sehr bald zu einer spürbaren Pluralisierung der exegetischen Positionen führen. Diese würde nicht nur die Möglichkeit geschlossenen korporativen Auftretens der Religionsgelehrten einschränken und damit deren Position in Staat und Gesellschaft verändern. Gegen eine solche Pluralisierung besteht vielmehr auch noch auf anderen Seiten und aus anderen Motiven eine Abwehr.

Seit dem späten 19. Jahrhundert wurde im Kampf gegen die europäischen Kolonialmächte vielfältig die Anschauung vertreten und verbreitet, daß es gerade die Uneinigkeit der Muslime gewesen sei, die dem Westen die Unterjochung islamischer Länder ermöglicht habe, und daß darum Einigkeit unter den Muslimen die wichtigste Voraussetzung für die Wiedergewinnung und Erhaltung der eigenen Selbstbestimmung auf allen Gebieten sei. Diese Anschauung ist weithin zum volkstümlichen Gemeingut geworden und wird gerade jetzt durch fundamentalistische Gruppierungen aufgrund ihres militant antiwestlichen Impetus wieder neu belebt. Unter diesen Umständen wird auf offen bekundeten Dissens gerade

---

[41] In *al-Aḫbār* vom 7. April 1993 (Interview durchgeführt von Ḥanafī al-Maḥallāwī).

im religiösen Bereich begreiflicherweise besonders empfindlich reagiert, und wer ihn erkennen läßt oder gar unter Hinweis auf neue wissenschaftliche Methoden, die er mit westlichen Wissenschaftlern teilt, für seine generelle Zulassung plädiert, gerät leicht in den Verdacht, das Geschäft des äußeren Feindes zu betreiben. Und wenn jemand diese Methoden dann vollends noch auf den Koran als das Fundament der gesamten islamischen Kulturtradition angewandt sehen will, dann lädt er sich für etliche seiner Landsleute über die Relevanz seines indivuellen Standpunkts hinaus zum Symbol für die gesamte Bedrohung einheimischer Existenz und Identität auf, die mit dem westlichen Kolonialismus und dessen Folgen assoziiert ist; umgekehrt geraten die, die ihn zum Schweigen zu bringen versuchen, wohl in ihrer Selbstwahrnehmung und der ihrer Anhänger unbewußt nicht selten zum Symbol mannhafter Verteidigung gegen diese gesamte tödliche Bedrohung. Ohne diese symbolische Aufladung ist die überproportionale Heftigkeit des Ungläubigkeitsvorwurfs, ja—wie sich im Falle Abū Zayds zeigte—neuerdings manchmal latente Gewalttätigkeit bis hin zur Morddrohung, mit der entsprechende hermeneutische Entwürfe bekämpft werden, kaum zu verstehen.

Dazu kommt ein weiteres Moment, das die Bereitschaft zur Zulassung von Pluralität gerade in Fragen der Koranexegese zusätzlich herabzusetzen geeignet ist. In mehreren wichtigen islamischen Ländern ist infolge der tiefgreifenden sozialen und kulturellen Wandlungen und Verwerfungen, die die Ausbreitung der westlich geprägten Moderne über den Globus dort ausgelöst hat, und der dadurch dramatisch verschärften Lebensprobleme weiter Bevölkerungsteile der gesellschaftliche Minimalkonsens, ohne den kein Gemeinwesen Bestand haben kann, deutlich brüchig geworden. Das ist nicht der subjektive Eindruck einiger Schwarzmaler unter den Orientalisten, sondern ein Phänomen, das auch kompetente einheimische Beobachter vielfach konstatiert haben. Schon im September 1981, nach dem großen Rundumschlag, mit dem Sadat etwa einen Monat vor seiner Ermordung rund 1500 Oppositionelle jeglicher Couleur durch Verhaftung auszuschalten suchte, äußerte z.B. der Soziologe Sayyid ʿUways in *al-Ahrām*[42] die Einschätzung, dieser Minimalkonsens sei am Zusammenbrechen und könne nur durch eine gewaltige Anstrengung aller Gutwilligen noch einmal gerettet werden. In der

[42] Ausgabe vom 6. September 1981.

Situation eines de facto erheblich in Frage gestellten gesellschaftlichen Minimalkonsenses liegt der Versuch nahe, die Spaltungen, die zwischen auseinanderdriftenden sozialen Gruppen aufbrechen, an der Oberfläche immer wieder durch betonte Affirmation der Einigkeit aller in der Religion zusammenzukitten, die als Bekenntnis der Bevölkerungsmehrheit traditionell der tragende Grund gemeinsamen Zugehörigkeitsgefühls war.

Dieses Konsensfestigungsverfahren wurde auch von staatlichen Instanzen, die betont als Schutzmacht des wahren Glaubens agierten und in diesem Rahmen z.B. in Diskussionen um neue koranexegetische Auffassungen bisher im Zweifelsfall Entscheidungen zugunsten des herkömmlichen Religionsgelehrtenverständnisses herbeiführten, im Interesse ihres eigenen Machterhalts eingesetzt. Für sie hat es den Vorteil, sozial harmonisierend zu wirken und damit ganz generell die Neigung zu systemverändernder Radikalopposition herabzusetzen und außerdem unter den gegenwärtigen Verhältnissen speziell der sich religiös begründenden Opposition Wind aus den Segeln zu nehmen. Abgesehen davon wäre die Zulassung einer Pluralisierung der Koranexegese für die Regierenden in bezug auf den politischen und sozialen Sprengstoff, den sie eventuell freisetzen könnte, wesentlich schwerer kalkulierbar als die heute unter Hochschultheologen dominierende noch relativ einheitliche Art des Zugangs zum Korantext und selbst das Koranverständnis fundamentalistischer Gruppen, bei dem man wenigstens in etwa weiß, was von ihm an praktischen Konsequenzen zu erwarten ist. Wie wäre es z.B. angesichts des krassen Gegensatzes zwischen dem materiellen Status einer kleinen Elite und der erdrückenden Armut der Massen in etlichen dieser Länder wohl um deren aktuelle politische Systeme bestellt, wenn ein angesehener Religionsgelehrter aus dem Koran, für dessen Botschaft die dortigen Menschen im allgemeinen noch ansprechbarer sein dürften als heutige katholische Mittel- und Südamerikaner für das Neue Testament, so etwas wie eine Theologie der Befreiung herausinterpretierte? Und ganz allgemein partizipiert die sich überwiegend noch autokratisch verstehende Staatsgewalt, die sich als Verteidigerin der Religion und hier vor allem eines als einzig wahr deklarierten überkommenen Verständnisses des Korantextes gibt, an dem Nimbus der Unangreifbarkeit der göttlichen Offenbarung, die sie damit vordergründig gewährleistet. Das kann ihr in Zeiten eines wachsenden demokratischen Bewußtseins, wie wir sie heute—übrigens auch in einem Teil der religiös motivierten Opposition—in mehreren arabischen Ländern erleben, nur willkommen sein.[43]

Aufgrund solcher Zusammenhänge besteht, so ist zusammenfassend festzustellen, aller Anlaß zu der Annahme, daß die augenblicklich noch gegebene Schwierigkeit, in islamischen Ländern ein sachliches und offenes Gespräch über die Hermeneutik des Korantexts in Gang zu bringen und damit auch neuen Möglichkeiten der Exegese Raum zu schaffen, nicht einfach die Folge dogmatischer Vorbehalte oder geistiger Erstarrung ist, sondern in erheblichem Ausmaß auf sozialen und politischen Rahmenbedingungen beruht, die wissenschaftlicher und weltanschaulicher Pluralität, auch wo sie gesellschaftlich de facto bereits besteht, noch keine ungehinderte Entfaltung an der Öffentlichkeit erlauben. Und hier stellt sich vor allem das Problem der fortdauernden Verbindung von religiösem Wahrheitsanspruch und politischer Macht, nicht nur in seiner von den Ursprüngen des Islam her historisch gewachsenen Gestalt, sondern auch in seinen oft noch fragwürdigeren, weil in ganz anderem als dem Streben nach Schutz und Verbreitung der Wahrheit begründeten zeitgenössischen Varianten.[44]

Die weltanschauliche und damit auch wissenschaftliche Pluralität ist in Europa und Nordamerika in dem Maße, in dem wir sie heute bis in die christliche Theologie hinein haben, nur zugleich mit der Pluralisierung der politischen Ordnungen bis hin zur Herausbildung säkularer demokratischer Strukturen möglich geworden. Es sollte aber nicht in Vergessenheit geraten, daß der lange Weg, der dahin führte, ernsthaft nicht vor den leidvollen Konflikterfahrungen und Brüchen des konfessionellen Zeitalters—etwa den furchtbaren Glaubenskriegen des 17. Jahrhunderts und der Verfolgung kleinerer reformatorischer Sekten durch die protestantischen Großkirchen—beschritten worden ist, die die Menschen in unserem Teil der Welt mühsam zu der Einsicht brachten, daß sich ein einheitliches Wahrheitsverständnis aller mit politischen Machtmitteln nicht her-

---

[43] Abū Zayd sieht sehr klar, daß die Zulassung von Pluralität im Verständnis der Religion, besonders des Koran, und die Demokratisierung einander wechselseitig fördern können, und setzt sich unablässig für alles beides ein; damit wird sein Versuch, das von Vertretern des "religiösen Diskurses" für ihre Art der Koraninterpretation reklamierte Monopol aufzubrechen, erst recht zu einem Politikum.

[44] Auch dieses Problem hat Abū Zayd, der entschieden für einen säkularen Staat eintritt, schon häufig beim Namen genannt.

beizwingen läßt und darum die Staatsmacht um des Friedens willen nicht eine einzelne geglaubte Wahrheit schützen, sondern größtmöglichen Respekt vor allem als wahr Geglaubten sichern muß.[45]

Die Entstehung von mehr Freiraum für das innermuslimische Gespräch über neue hermeneutische Zugänge zum Korantext als dem Angelpunkt aller gläubigen Wahrheitsbindung könnte, soweit man hier eine Entwicklungsanalogie annehmen darf, nicht zuletzt durch das Leiden der Beteiligten an den Formen der Auseinandersetzung vorangetrieben werden, die dieses Gespräch derzeit noch aufs schwerste belasten, ja vielfach geradezu unmöglich machen. Das ist gewiß im individuellen Fall—etwa dem Abū Zayds—für den Hauptbetroffenen ein schwacher Trost, aber vielleicht doch längerfristig eine hoffnungsvollere Perspektive. Eine Veränderung der derzeit noch wenig pluralitätsfreundlichen und wenig demokratischen Rahmenbedingungen würde allerdings, sofern die Analogie noch weiter reicht, wohl nur dann zu erwarten sein, wenn es die Mehrheit wäre, die unter ihnen litte—und ob und wann damit zu rechnen ist, läßt sich schwer abschätzen.

---

[45] Warum es auch für Bürger einer westlichen Demokratie bis heute eine oft beschwerliche Aufgabe ist, sich dieser Einsicht immer neu zu stellen und sie in die Lebenspraxis umzusetzen, hat Hans F. Zacher in seinem Vortrag *Notwendigkeit und Last des Pluralismus*, in: Klaus Kienzler (Hrsg.), *Der neue Fundamentalismus—Rettung oder Gefahr für Gesellschaft und Religion?*, Düsseldorf 1990, S. 102–124, sehr scharfsinnig und prägnant dargelegt.

LIST OF CONTRIBUTORS

Hartmut Bobzin, Institut für Aussereuropäische Sprachen und Kulturen der Universität Erlangen—Nürnberg

Josef van Ess, Orientalisches Seminar der Universität Tübingen

Claude Gilliot, Université de Provence, Aix en Provence

Omar Hamdan, College of Sharīʿa and Islamic Studies, Baqa al-Garbieh

Hassan Hanafi, Department of Philosophy, Cairo University

Lamya Kandil, Orientalisches Seminar der Universität Bonn

Navid Kermani, Orientalisches Seminar der Universität Bonn

Miklos Muranyi, Seminar für Orientalische Sprachen der Universität Bonn

Tilman Nagel, Seminar für Arabistik der Universität Göttingen

Angelika Neuwirth, Arabistisches Seminar der Freien Universität Berlin, z.Zt. Orient-Institut der Deutschen Morgenländischen Gesellschaft; Beirut

Gerd-R. Puin, Abteilung Orientalistik der Universität des Saarlandes

Matthias Radscheit, Orientalisches Seminar der Universität Bonn

Andrew Rippin, Department of Religious Studies, University of Calgary

Rotraud Wielandt, Abteilung Orientalistik der Universität Bamberg

Stefan Wild, Orientalisches Seminar der Universität Bonn

INDEX OF SUBJECTS AND PERSONAL NAMES

The different systems of transcription used by the authors in their articles for Arabic terms and personal names have been unified for the indices according to the rules of transcription of the DMG. Names of persons are included in their respective best-known form under their *kunya*, *ism*, *laqab* or *nisba*, that is, as a rule, as they are cited in the articles. Keyterms in different languages referring to the same subject-matter are summarized under the Arabic or the English term.

B

C

H/Ḥ/Ḫ

I

J

K

N

O

P

INDEX OF QUR'ANIC REFERENCES